普通高等教育基础课系列教材

微 积 分

上册

主　编　杨淑辉　王　娜　罗敏娜
参　编　吴志丹　卢立才　吴　优　刘　智

机 械 工 业 出 版 社

本套书是编者根据20年的教学经验凝练而成的，内容的深度和广度符合《经济管理类本科数学基础课程教学基本要求》. 本套书分上、下两册，本书为上册，内容包括：函数、极限与连续、导数与微分、中值定理与导数的应用、不定积分等，小节配有相应的练习题，每章配有总复习题和自测题，习题难度逐级提升，编者也筛选了相应的考研真题，书末附有初等数学常用公式、积分表、部分习题参考答案与提示. 本书结构严谨，逻辑清晰，注重应用，文字流畅，例题丰富，扫描书中的二维码可观看重点例题讲解、习题详解等数字教学资源.

本书适合高等院校经济管理类各专业教学使用，也可作为自学考试、硕士研究生入学考试的参考用书.

图书在版编目（CIP）数据

微积分. 上册/杨淑辉，王娜，罗敏娜主编.
北京：机械工业出版社，2025. 9. --（普通高等教育基础课系列教材）. --ISBN 978-7-111-78390-9

Ⅰ. O172

中国国家版本馆CIP数据核字第2025P11V11号

机械工业出版社（北京市百万庄大街22号　邮政编码100037）
策划编辑：汤　嘉　　责任编辑：汤　嘉　张金奎
责任校对：龚思文　陈　越　　封面设计：张　静
责任印制：任维东
天津市光明印务有限公司印刷
2025年9月第1版第1次印刷
184mm×260mm · 17.75印张 · 451千字
标准书号：ISBN 978-7-111-78390-9
定价：55.00元

电话服务　　网络服务
客服电话：010-88361066　　机 工 官 网：www.cmpbook.com
010-88379833　　机 工 官 博：weibo.com/cmp1952
010-68326294　　金 书 网：www.golden-book.com
封底无防伪标均为盗版　　机工教育服务网：www.cmpedu.com

前　言

本套书参照教育部最新颁布的研究生入学数学考试的考试大纲编写，内容的深度和广度符合《经济管理类本科数学基础课程教学基本要求》，适合高等院校经济管理类各专业教学使用.

编写团队在多年教学实践的基础之上，精心编撰了本套书，本套书被推荐为沈阳师范大学“十四五”规划教材，这也是团队优秀教学成果的集中体现.

本套书分为上、下两册，从介绍微积分的研究对象——函数、极限开始，到学习一元函数微分学及其应用、一元函数积分学及其应用，再到多元函数微积分、无穷级数、微分方程和差分方程. 书末附有部分习题参考答案与提示.

本套书尽量体现以下特点：

1. 在保持数学学科本身的科学性和系统性的同时，体现应用性，尽量采用生活实例和经济案例来引入基本概念，内容层次分明，体现教学重点和难点.

2. 教学内容进行了必要的调整，适当淡化运算上的一些技巧，降低了一些理论要求，删除了一些不必要的推理论证过程，突出了理论的应用，强化理论与实际的结合.

3. 根据每章教学内容，设计了 MATLAB 数学实验，增强学生的建模和解模能力，提升实践创新能力.

4. 配有章末阅读资料，从历史的角度揭示数学概念和方法的演变过程，帮助学生理解数学的内在逻辑和发展规律，培养学生的科学思维和创新能力.

5. 习题类型丰富，层次递进. 小节中的同步习题为基础题目，是对学生的基本要求. 章末总复习难度加大，体现知识点的综合运用. 自测题，供学生进行全章内容的复习与检验.

6. 本套书为立体化教材，扫描书中二维码可观看例题精讲、习题详解、教学案例等丰富的线上学习资源.

特别声明：本套书的编写参考了众多的国内外教材. 尤其是在绪论及每章的阅读材料部分，引用了山东教育出版社出版的《数学史辞典新编》的部分内容，此部分引用已经征得主编杜瑞芝教授的同意，同时感谢杜教授及辞典编委会其他所有参编学者的支持.

机械工业出版社的相关领导和编辑对本套书的编审和出版给予了热情的支持和帮助，在此表示致谢！

尽管我们在编写过程中精益求精，但由于水平有限，书中仍难免有不足之处，恳请广大读者不吝赐教.

编　者

2024 年 10 月

目　录

绪　论[一]

微积分在数学领域中有着无可替代的地位. 它是近代数学发展的基础，被誉为数学中的转折点. 微积分的创立，标志着数学从静态研究转向动态研究，从有限研究转向无限研究. 它不仅为数学的发展提供了新的工具和方法，而且推动了数学与其他学科的交叉融合，促进了数学的整体进步.

微积分的思想萌芽可以追溯到古希腊时代. 公元前 5 世纪，德谟克利特创立原子论，把物体看成由大量的不可分割的微小部分(称之为原子)叠合而成，从而求得物体体积. 公元前 4 世纪，欧多克索斯建立了确定面积和体积的新方法——穷竭法，从中可以清楚地看出无穷小分析的原理. 阿基米德成功地把穷竭法、原子论思想和杠杆原理结合起来，求出抛物线弓形的面积和回转锥线体的体积，他的方法为近代积分学的思想奠定了基础.

在中国古代，《庄子 · 天下篇》记载的"一尺之棰，日取其半，万世不竭"，以及刘徽所创的"割圆术"，用圆内接正多边形近似圆，谓"割之弥细，所失弥少，割之又割，以至于不可割，则与圆合体，而无所失矣"，都包含着极限和积分概念的萌芽.

9~15 世纪，中东和近东的学者们在研究古希腊著作的基础上，也建立了某些计算体积的方法.

到了 17 世纪，解析几何学的创立成为数学发展的转折点. 自然科学研究的中心问题转向自然界的运动和变化. 在数学中自然而然地引入了变量与函数的概念. 微积分的出现，最初是为了处理人们所关注的几类典型的科学问题. 计算曲线所围的面积、曲面所围成的体积、曲线长、物体的重心等问题是积分学的典型问题；而研究物体运动的瞬时速度、曲线的切线、函数的极值等问题则是微分学的典型问题.

在这一时期，最早研究体积问题的是德国天文学家、数学家开普勒. 他把体积分成许多微小部分，建立了所谓"无限小元素法"，求出近百个旋转体的体积. 意大利几何学家卡瓦列里把开普勒的"无限小元素法"发展为纯粹的几何方法，提出了著名的"不可分原理"，从而确定出一些面积的比值.

意大利数学家托里拆利、英国数学家沃利斯，以及法国数学家帕斯卡、费马和罗贝瓦尔等都围绕积分学的问题做了大量工作，提出了许多具有启发性的方法，他们的工作使卡瓦列里的"不可分原理"趋于算术化. 随着有

[一] 杜瑞芝. 微积分学[M]//杜瑞芝. 数学史辞典新编. 济南：山东教育出版社，2017：585-587.

关面积、体积、弧长及重心位置等众多问题的解决，人们逐步意识到所有可归结为求面积的这类问题之间的共同性.

17 世纪，人们关注求曲线切线的问题. 法国数学家笛卡儿将切线看成割线的极限位置. 费马建立了求函数极值的原理，相当于给出可微函数取极值的必要条件. 他还利用同样方法确定平面曲线的切线. 法国数学家罗贝瓦尔和意大利数学家托里拆利同时从运动学的角度来考虑曲线的切线，把曲线视为质点的运动轨迹，把运动看成两个简单运动的合成. 他们提出“平行四边形法则”来确定质点运动瞬时速度的方向——曲线在该点的切线方向. 牛顿的老师巴罗利用“微分三角形”把切线的斜率定义为两个无穷小的比值，他其实已经得到了现代微分法的要领.

事实上，早期的数学家们围绕微积分学所做的大量工作还只停留在某些具体问题的细节之中，他们缺乏对这门科学的普遍性和一般性的认识. 微积分学的最终创立要归功于英国数学家牛顿和德国数学家莱布尼茨.

据牛顿自述，他于 1665 年 11 月发明流数(微分)法，次年 5 月创立反流数(积分)法，但他当时只是以手稿形式在朋友中传播自己的发现. 牛顿微积分思想的发展大体可分为四个阶段：流数法的初建，向几何不可分量观点的摇摆，成熟的流数法，首末比方法及其改进.

1669 年，牛顿完成了他的第一篇微积分论文《运用无穷多项方程的分析学》. 在该文中，他称变量的无穷小增量为“瞬”，给出了求一个变量(关于时间的)瞬时变化率的普遍方法，并且证明了面积可以由求变化率的逆过程得到. 这一事实就是我们现在所谓的微积分学基本定理. 牛顿对于流数法的系统论述是在他 1671 年写成的小册子《流数法与无穷级数》中给出的. 在这篇文章中，牛顿从运动学的角度考虑问题，认为变量就是量的连续运动，因此他称变量为流量，称其变化率为流数. 他阐明了流数法的基本问题是从已知流量间的关系求它们的流数间的关系以及其逆运算. 在他的第三篇微积分论文《曲线求积术》(1676)中，牛顿放弃了无穷小量(即“瞬”)的提法，而试图把流数法建立在极限概念的基础上. 为此，他引进了最初比和最末比的概念，并给出它们的几何解释. 这种首末比方法相当于求函数自变量与因变量变化之比的极限，因此可以认为是极限方法的先导.

牛顿关于微积分的基本论文完成后，经过很长时间才发表出来. 他的第一本包括流数法的书是发表于 1687 年的巨著《自然哲学的数学原理》. 但在三年前，即 1684 年，莱布尼茨就发表了他的第一篇微分学论文——《一种求极大、极小值与切线的新方法》，他与牛顿共享创立微积分学的荣誉.

牛顿建立微积分学主要从运动学的角度出发，而莱布尼茨则是从几何学的角度考虑问题. 莱布尼茨很早就意识到，求曲线的切线依赖于纵坐标与横坐标的差值(当它们变成无穷小时)的比，而求面积则依赖于在横坐标的无穷小区间上的纵坐标之和或无限窄矩形面积之和，并且这种求差与求和的运算是互逆的. 这就是说，莱布尼茨的微分学是把微分看作变量相邻二值的无限小的差，而他的积分则以变量分成的无穷多个微分之和的形式出现. 莱布尼茨关于积分学的首篇论文发表于 1686 年，以后又陆续发表了各种积分法的结果.

莱布尼茨是历史上最伟大的符号学家之一，他所创立的符号 d 与 $\int$ 体现了微分与积分的“差”与“和”的实质，在学界获得普遍接受，对微积分的传播和发展产生了很大的影响，并且一直沿用至今.

17 世纪，牛顿和莱布尼茨的工作只是作为分析学这个数学分支深入发展的开始. 他们的功绩主要在于：把各种有关问题的解法统一成微分法和积分法；有明确的计算步骤；微分法和积分法互为逆运算. 由于运算的完整性和应用的广泛性，微积分成为当时解决问题的重要工具.

18 世纪，微积分学已发展成为一门独立的学科，具备了极为丰富的内容和十分广泛的应用，但尚未形成逻辑严密的理论体系，甚至连最基本的概念，如函数、导数、微分、积分、极限、函数的连续性等，都还没有给出严密的定义. 关于微积分基础的争论也愈演愈烈. 无穷小量究竟是不是零？无穷小及其分析是否合理？由此而引起了数学界甚至哲学界长达一个半世纪的争论，造成了第二次数学危机.

19 世纪，分析的严格化开始于高斯、波尔查诺、柯西、阿贝尔和狄利克雷的工作，并由魏尔斯特拉斯进一步发展. 1812 年，高斯对超几何级数所进行的系统研究是数学史上第一项有关级数收敛性的重要工作. 1817 年，波尔查诺首先抛弃无穷小量概念，用极限观念给出导数和连续性的定义，并得到判别级数收敛的一般准则，但他的工作被长期忽视. 柯西是对分析严格化影响最大的学者. 他在《无穷小分析教程概论》中独立地得到与波尔查诺相同的结果，并且用极限概念定义了连续函数的定积分. 这是建立分析严格理论的第一部重要著作. 1822 年，德国数学家、物理学家欧姆发表论文，尝试将分析学算术化. 阿贝尔在 1826 年最早使用一致收敛的思想证明了连续函数的一个一致收敛级数的和在收敛区域内部连续. 1837 年，狄利克雷在研究三角级数的论文中给出现代意义下的函数定义. 1841 年以后，魏尔斯特拉斯开始了将分析算术化的工作，他发展了柯西的极限概念，用 ε-δ 语言，通过不等式给出函数连续性的确切定义. 他还使用明确的一致收敛概念，使级数理论更趋完善. 他构造出处处连续却处处不可微的函数实例，告诫人们必须精细地处理分析学的对象，这种严谨的思维对后来实变函数论的兴起起了催化作用. 魏尔斯特拉斯由于对分析的奠基性贡献，被后人誉为“现代分析之父”. 分析的严密化促进了实数系逻辑基础的建立. 1872 年，魏尔斯特拉斯、G. 康托尔和戴德金等人在确认有理数存在的前提下，通过不同途径(戴德金分割、有理数的基本序列等)给无理数以精确定义. 又经过多位数学家的努力，最终由佩亚诺在 1889 年发表的《算术原理》中建立了自然数的公理化体系，并由此从逻辑上严格定义有理数. 至此，分析的严格化历程告一段落.

微积分名称的由来可追溯到牛顿. 牛顿称微积分为流数法(Fluxions)，这个名称后来被逐渐淘汰. 莱布尼茨使用“差的计算”(Calculus Differentialis)与“求和运算”(Calculus Summatorius)的术语. “差的计算”后来变成专门术语“微分学”(Differential Calculus).

莱布尼茨的朋友、瑞士数学家约翰·伯努利主张把“求和运算”改为“求整运算”，它就成为专门术语“积分学”(Integral Calculus)的来源. 两者合起来叫作微积分学，英文简称为“Calculus”.

第一本微积分学的中译本是李善兰和伟烈亚力合译的《代微积拾级》，共18卷，1859年由上海墨海书馆发行. 原书是罗密士(今译卢米斯)著的*Analytical Geometry and Calculus*(1850). 译名中的“代”指“Analytical Geometry”，“微积”指“Calculus”. 序中说，“我国康熙时，西国来本之(今译莱布尼茨)、奈端(今译牛顿)二家又创微分、积分二术……其理大要：凡线面体皆设为由小渐大，一刹那中所增之积即微分也，其全积即积分也”. 这就是汉语中微积分名称的由来.

微积分的创立极大地推动了数学的发展，并由此派生出诸多新的数学分支，如微分方程、无穷级数、离散数学等. 原有的一些数学分支，如函数与几何等，也因微积分的引入而进一步发展成为复变函数和解析几何.

微积分在科学领域中的应用极为广泛. 在物理学中，微积分被用来描述物体的运动、力学、热力学等现象，为科学研究提供了数学工具支持. 在工程学中，微积分用于解决工程问题中的最优化、模拟、建模等方面，推动了工程技术的发展. 在计算机科学中，微积分被应用于算法设计、数据处理、人工智能等领域，提高了计算机技术的效率和精度.

微积分在经济和社会领域也发挥着重要作用. 在经济学中，微积分被用于解决最优化问题、微观经济学和宏观经济学中的问题，为经济政策的制定提供了科学依据. 在社会科学中，微积分被用于分析社会现象的变化趋势和规律，为社会管理和发展提供了理论支持.

微积分在教育领域具有重要价值. 它不仅帮助学生全面认识数学的价值，还使学生对变量数学的思想方法有新的理解. 通过学习微积分，学生可以更好地理解运动、辩证、对立统一的思想方法，提高其思维能力，培养其科学精神. 此外，微积分的学习还可以为学生未来从事科学研究、工程技术、经济管理等领域的工作奠定坚实的基础.

随着科技的不断发展，微积分在未来科技发展中将继续扮演重要角色. 在人工智能领域，微积分将更深入地应用于数据处理、模型训练等关键过程. 在生物技术领域，微积分将促进生物数据处理、遗传算法等技术的发展. 在太空探索领域，微积分将带来更精确的轨道计算、导航技术等创新发展. 微积分在未来科技发展中必将发挥更加重要的作用.

第 1 章 函数

【学习目标】

1. 理解函数的概念，掌握函数的表示方法，会建立应用问题的函数关系.
2. 掌握函数的奇偶性、单调性、周期性和有界性.
3. 理解复合函数及分段函数的概念，了解反函数和隐函数的概念.
4. 掌握基本初等函数的性质及其图形，了解初等函数的概念.

通过初等数学阶段的学习，我们对函数的概念和性质已经有了初步的了解，知道函数是数学中最基本的概念之一. 微积分研究的就是函数的一些局部的和整体的性态.

本章是初等数学内容与高等数学内容的衔接，首先回顾一些基本知识，如集合的概念、集合间的关系与运算，然后介绍函数的概念和几何性质，以及反函数、复合函数、基本初等函数等概念，最后学习经济学中几种常用的函数.

本章知识结构图

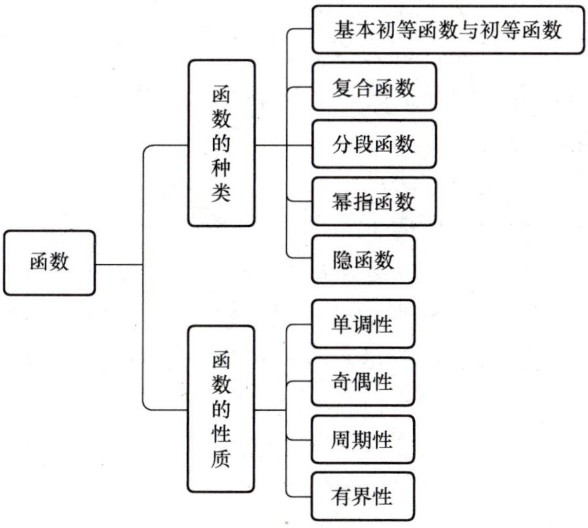

1.1 集合

通过本节的学习，回顾集合的概念、集合间的关系与运算，回顾绝对值的运算性质，学习区间的分类及邻域的定义和表示方法，为研究无限趋近做好知识储备.

1.1.1 集合的概念

集合是一个只能描述而难以精确定义的概念，我们只给出集合的一种描述.

定义 1.1.1 具有共同属性的事物的总体，称为**集合**，简称**集**，组成集合的每一个对象称为该集合的**元素**.

下面举几个集合的例子：

例 1.1.1 2016 年 1 月 1 日在中国出生的人.

例 1.1.2 平面上所有的直角三角形.

例 1.1.3 $x^2-3x-4=0$ 的根.

例 1.1.4 直线 $x-y=1$ 上所有的点.

定义 1.1.2 由有限个元素构成的集合，称为**有限集合**，如例 1.1.1 和例 1.1.3；由无限多个元素构成的集合，称为**无限集合**，如例 1.1.2 和例 1.1.4.

通常用大写字母 A,B,X,Y 等表示集合，用小写字母 a,b,x,y 等表示集合中的元素. 若 x 是集合 A 的元素，则说 x **属于** A，记作 $x\in A$；若 x 不是集合 A 的元素，则说 x **不属于** A，记作 $x\notin A$.

不含有任何元素的集合称为**空集**，记为$\varnothing$，空集在研究集合运算和集合之间的关系时，有其逻辑上的意义. 如，由方程 $x^2+1=0$ 的实根构成的集合，即为空集.

集合一般有两种表现方法：

一是**列举法**，把它的所有元素一一列举在一个花括号内. 例如，集合 A 由元素 $a_1,a_2,\cdots,a_n$ 组成，表示为 $A=\{a_1,a_2,\cdots,a_n\}$；自然数集 $\mathbf{N}$ 表示为 $\mathbf{N}=\{0,1,2,\cdots,n\}$. 这种表示法一般适用于有限集和可数无限集.

二是**描述法**，指明集合中元素所具有的确定性质. 一般形式为

$$A=\{x\mid x\text{ 具有性质 }P\}.$$

如，方程 $x^2-3x-4=0$ 的解集，记为

$$A=\{x\mid x^2-3x-4=0\}.$$

又如，平面上以原点为中心的单位圆内的点的全体组成的集合，记为

$$A=\{(x,y)\,|\,x^2+y^2<1\}.$$

元素为数的集合称为**数集**，通常用 **N** 表示**自然数集**，**Z** 表示**整数集**，**Q** 表示**有理数集**，**R** 表示**实数集**，**C** 表示**复数集**. 有时我们在表示数集的字母右下角添加"+"、"-"下标，来表示该数集的几个特定子集，以实数为例，$\mathbf{R}_+$表示全体**正实数集**，其他数集的情况类似，不再赘述.

只有一个元素的集合，称为**单元素集**，记为$\{x\}$.

若集合 A 的元素都是集合 B 的元素，则称 A 是 B 的**子集**，记作 $A\subseteq B$ 或 $B\supseteq A$.

若集合 A 与集合 B 互为子集，即 $A\subseteq B$ 且 $B\subseteq A$，就称 A 与 B **相等**，记作 $A=B$.

若 A 是 B 的子集，而 B 中至少有一个元素不属于 A，则称 A 是 B 的**真子集**，记作 $A\subsetneqq B$ 或 $B\supsetneqq A$.

空集$\varnothing$是任何集合的子集.

1.1.2 集合的运算

集合有三种基本运算，即并集、交集和补集.

设 A，B 是两个集合，则集合 $A\cup B=\{x\,|\,x\in A \text{ 或 } x\in B\}$ 称为 A 和 B 的**并集**.

集合 $A\cap B=\{x\,|\,x\in A \text{ 且 } x\in B\}$ 称为 A 和 B 的**交集**.

集合 $\complement_U A=\{x\,|\,x\in U \text{ 但 } x\notin A\}$ 称为 A 的**补集**.

其中 U 称为**全集**，如在实数集 **R** 中，集合 $A=\{x\,|\,|x|<1\}$，则补集为 $\complement_U A=\{x\,|\,x\leqslant -1 \text{ 或 } x\geqslant 1\}$

集合的并集、交集、补集满足如下运算律：

(1) 交换律 $A\cup B=B\cup A$，$A\cap B=B\cap A$；

(2) 结合律 $(A\cup B)\cup C=A\cup(B\cup C)$，$(A\cap B)\cap C=A\cap(B\cap C)$；

(3) 分配律 $A\cap(B\cup C)=(A\cap B)\cup(A\cap C)$，
$A\cup(B\cap C)=(A\cup B)\cap(A\cup C)$；

(4) 德摩根律 $\complement_U(A\cap B)=(\complement_U A)\cup(\complement_U B)$，$\complement_U(A\cup B)=\complement_U A\cap\complement_U B$.

另外可以验证下列等式的正确性：

$A\cup\varnothing=A$， $A\cap\varnothing=\varnothing$， $A\cup U=U$， $A\cap U=A$，

$A\cap\complement_U A=\varnothing$， $A\cup\complement_U A=U$， $\complement_U(\complement_U A)=A$.

例 1.1.5 设集合 $M=\{x\,|\,x^2+x-6<0\}$，$N=\{x\,|\,1\leqslant x\leqslant 3\}$，求 $M\cap N$.

解 因为 $M=\{x\,|\,-3<x<2\}$，$N=\{x\,|\,1\leqslant x\leqslant 3\}$，所以 $M\cap N=[1,2)$.

1.1.3 绝对值

设 x 为一实数，则其绝对值定义为

$$|x|=\begin{cases} x, & x\geqslant 0,\\ -x, & x<0,\end{cases}$$

$|x|$的几何意义是表示数轴上从原点 O 到点 x 的距离，而$|x-y|$则表示数轴

上两点 x 和 y 之间的距离.

设 $a>0$，则 $|x|<a$ 表示数轴上点 x 与原点 O 之间的距离小于 a，即 $-a<x<a$，所以

$$|x|<a \Leftrightarrow -a<x<a,$$

而

$$|x|>a \Leftrightarrow x<-a \text{ 或 } x>a.$$

绝对值不等式性质：设 x，y 是任意两个实数，则有

(1) $|x| \geqslant 0$；　　(2) $-|x| \leqslant x \leqslant |x|$；

(3) $|xy|=|x||y|$；　　(4) $\left|\dfrac{x}{y}\right|=\dfrac{|x|}{|y|}$，$y \neq 0$；

(5) $|x|-|y| \leqslant |x \pm y| \leqslant |x|+|y|$.

上面性质由定义不难证明，请读者自己试证.

1.1.4　区间和邻域

在微积分中，用得最多的数集是区间和邻域，下面先介绍区间的分类和表示方法. 区间分成有限区间和无限区间两种.

1. 有限区间

$\forall a, b \in \mathbf{R}, a<b$.

开区间 $(a,b)=\{x \mid a<x<b\}$. 数轴表示如图 1.1 所示.

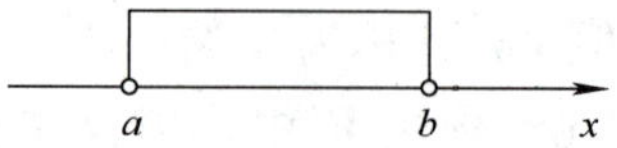

图 1.1

闭区间 $[a,b]=\{x \mid a \leqslant x \leqslant b\}$. 数轴表示如图 1.2 所示.

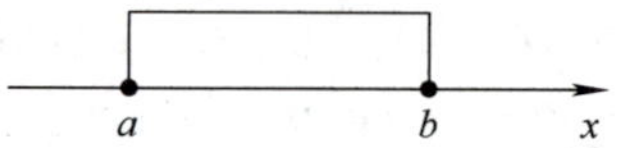

图 1.2

半开半闭区间 $[a,b)=\{x \mid a \leqslant x<b\}$. 数轴表示如图 1.3 所示.

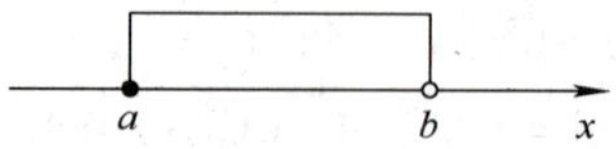

图 1.3

半开半闭区间 $(a,b]=\{x \mid a<x \leqslant b\}$. 数轴表示如图 1.4 所示.

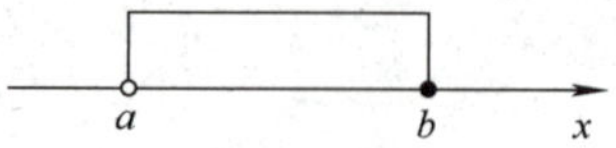

图 1.4

2. 无限区间

$[a,+\infty)=\{x \mid x \geqslant a\}$；　$(-\infty, b)=\{x \mid x<b\}$；

$(a, +\infty) = \{x \mid x > a\}$；　$(-\infty, b] = \{x \mid x \leqslant b\}$；

$(-\infty, +\infty) = \{x \mid -\infty < x < +\infty\} = \mathbf{R}$.

两端点间的距离(线段的长度)称为**区间的长度**.

除了区间的概念外，为了阐述函数的局部性态，还常用到邻域的概念.

3. 邻域

定义 1.1.3　设 a 与 δ 是两个实数，且 $\delta>0$，数集 $\{x \mid |x-a|<\delta\}$ 称为**点 a 的 δ 邻域**，记作 $U(a,\delta)$，点 a 叫作**邻域的中心**，δ 叫作**邻域的半径**，有

$$U(a,\delta) = \{x \mid a-\delta < x < a+\delta\},$$

所以 $U(a,\delta)$ 就是开区间 $(a-\delta, a+\delta)$ (见图 1.5).

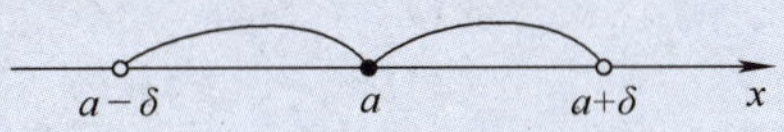

图　1.5

定义 1.1.4　在 $U(a,\delta)$ 中去掉中心 a 后得到的数集

$$\{x \mid 0 < |x-a| < \delta\},$$

称为**点 a 的去心 δ 邻域**，记作 $\mathring{U}(a,\delta)$，有

$$\mathring{U}(a,\delta) = (a-\delta, a) \cup (a, a+\delta),$$

所以 $\mathring{U}(a,\delta)$ 就是两个开区间的并集(见图 1.6).

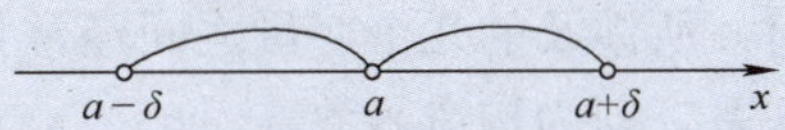

图　1.6

开区间 $(a-\delta, a)$ 称为**点 a 的左 δ 邻域**，开区间 $(a, a+\delta)$ 称为**点 a 的右 δ 邻域**.

定义 1.1.5　设 M 是任意一个正数，集合 $\{x \mid |x|>M\}$ 称为**∞ 的 M 邻域**，记作 $U(\infty, M)$，有 $U(\infty, M) = \{x \mid |x|>M\} = (-\infty, -M) \cup (M, +\infty)$ (见图 1.7).

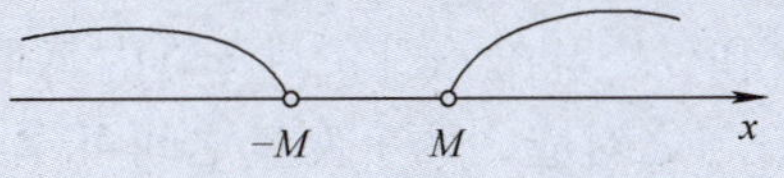

图　1.7

例 1.1.6　用区间和邻域表示不等式 $|x+2| \leqslant 3$ 的解集.

解　由绝对值不等式的性质去掉绝对值符号，

$$-3 \leqslant x+2 \leqslant 3,$$

解得

例 1.1.6

$$-5 \leqslant x \leqslant 1,$$

解集的区间表示为$[-5,1]$.

解集的邻域表示为$U(-2,3)$.

1.1.5 同步习题

1. 用集合的描述法表示下列集合：

(1) 大于5的所有实数集合；

(2) 圆 $x^2+y^2=25$ 内部(不包含圆周)一切点的集合；

(3) 抛物线 $y=x^2$ 与直线 $x-y=0$ 交点的集合.

2. 选择题

(1) 已知集合 $A=\{1,2,3,4\}$，那么 A 的真子集的个数是(　　).

A. 15　　B. 16　　C. 3　　D. 4

(2) 已知集合 $M=\{(x,y)|x+y=2\}$，$N=\{(x,y)|x-y=4\}$，那么集合 $M\cap N$ 为(　　).

A. $x=3,y=-1$　　B. $(3,-1)$

C. $\{3,-1\}$　　D. $\{(3,-1)\}$

(3) 设集合 $A=\{4,5,7,9\}$，$B=\{3,4,7,8,9\}$，全集 $U=A\cup B$，则集合 $\complement_U(A\cap B)$ 中的元素共有(　　).

A. 3个　　B. 4个　　C. 5个　　D. 6个

3. 用区间表示满足下列不等式的所有 x 的集合：

(1) $|x|\leqslant 2$；　　(2) $|x-4|<3$；

(3) $|x-1|\geqslant 5$；　　(4) $|x-2|>4$.

1.2 函数的概念及性质

通过本节的学习，回顾函数的概念及几何特性. 会根据所给条件构造函数关系建立简单的数学模型.

1.2.1 函数概念

在研究实际问题时，所涉及的几个变量之间经常具有某种确定的关系，建立变量之间的动态关系，即为构造函数.

例 1.2.1 设某超市购进鸡蛋2000kg，按6元/kg的价格出售，当售出的数为 $x$kg 时，其收益 L 可按公式 $L=6x$ 计算，$x\in[0,2000]$.

分析 对于变量 x 和 L，当在 $x\in[0,2000]$ 内取一个定值 x_0，L 就有唯一确定的值 $L_0=6x_0$ 与之对应，两个变量之间可建立函数关系.

例 1.2.2 某物体以10m/s的速度做匀速直线运动，则该物体走过的路程 S(单位：m)和时间 t(单位：s)有如下关系

$$S=10t,\ t\in[0,+\infty).$$

分析 对于变量 t 和 S，当在 $t\in[0,+\infty)$ 内每取一个定值 t_0，S 就有唯一确定的值 $S_0=10t_0$ 与之对应，两个变量之间可建立函数关系.

特点 上面两个例子虽然来自两个不同领域，实际意义也不同，但是它们都是通过一定的对应法则($L=6x,S=10t$)来反映两个变量之间的依赖关系的，这就是我们中学数学中学习过的函数关系.

1. 函数的定义

定义 1.2.1　设 D 是一个非空实数集合，f 是一个对应法则，在此法则下，对每一个 $x\in D$，都有唯一确定的实数 y 与之对应，则称对应法则 f 为定义在 D 上的一个函数关系，称变量 y 是变量 x 的**函数**，记作 $y=f(x)$，$x\in D$.

其中 x 称为**自变量**；y 称为**因变量**；集合 D 称为该函数 f 的**定义域**；因变量的取值集合称为函数的**值域**，记作 $R=\{y\mid y=f(x),x\in D\}$.

学习函数概念，要注意以下几点：

（1）函数概念中的 f 和 $f(x)$ 的含义不同. f 表示从自变量 x 到因变量 y 的对应法则，而 $f(x)$ 则表示与自变量 x 对应的函数值. 有时也常用 $y=y(x)$ 表示函数，这时右边的 y 表示对应法则，左边的 y 表示与 x 对应的函数值.

（2）在数学中，通常用小写或大写的拉丁字母 $f,g,h,\cdots,F,G,H,\cdots$ 和一些希腊字母 $\phi,\varphi,\psi,\cdots$ 作为表示函数的记号.

（3）函数概念反映了自变量 x 与因变量 y 之间的依赖关系，即集合 D 到集合 R 之间的对应规律. 确定函数的两个要素是定义域和对应法则. 如果两个函数的定义域和对应法则都相同，那么这两个函数是**同一函数**.

（4）函数概念中要求对于 $\forall x\in D$，都有唯一确定的 y 值与之对应.

但对于 $y=\pm\sqrt{1-x^2}$，$\forall x\in[-1,1]$，都有两个 y 值与之对应，不符合函数的定义. 也可以将其定义为一个函数，称之为**多值函数**，相应地，把定义 1.2.1 中所指的情形称为**单值函数**. 书中提到的函数，除特别说明均指单值函数.

例 1.2.3　判别函数 $y=x,x\in(-\infty,+\infty)$ 与 $y=\sqrt{x^2}$，$x\in(-\infty,+\infty)$ 是否为同一函数?

解　虽然定义域相同，但当 $x<0$ 时，$y=x<0$，$y=\sqrt{x^2}>0$，可见它们的对应法则不同，值域不同，所以这两个函数不是同一函数.

2. 函数的表示方法

函数常见的表示法一般有三种：解析法、列表法及图像法.

绘制一个两行多列的表格，第一行是自变量的取值，第二行是对应的函数值，这种用表格表示两个变量之间的函数关系的方法叫作**列表法**.

如一水库的水位在5h内变化情况(见表 1.1).

表　1.1

t/h	0	1	2	3	4	5
y/m	10	10.05	10.10	10.15	10.20	10.25

从表中能推出5h中的水位随时间变化的情况.

以自变量 x 的取值为横坐标，对应的函数值 y 为纵坐标，在平面直角坐标系中描出各个点，这些点构成了函数的图像，这种用图像表示两个变量之间函数关系的方法叫作**图像法**.

如某气象站用温度自动记录仪记录某地的气温变化情况，设某天 24h 的气温变化曲线如图 1.8 所示.

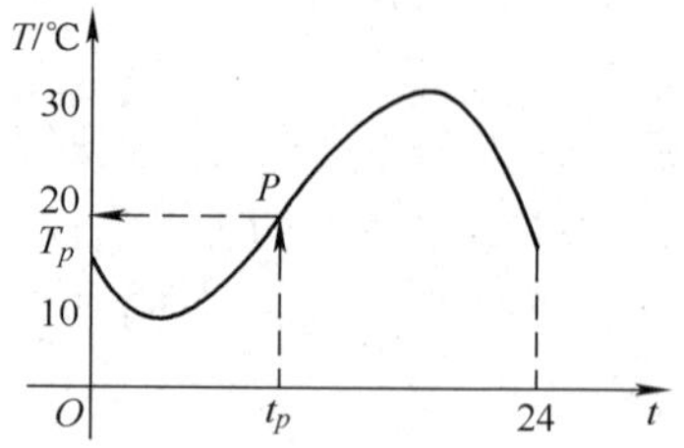

图 1.8

用数学表达式表示两个变量之间的函数关系，这种表示方法叫作**解析法**，这个数学表达式叫作函数的**解析式**.

如设有一个半径为 R 的半圆形铁皮，将此铁皮做成一个圆锥形容器，问该圆锥形容器的体积 V 是多少？

$$V=\frac{1}{3}\pi r^2 h=\frac{\sqrt{3}}{24}\pi R^3.$$

函数的不同表示法具有不同的特点：解析法的特点是能简明、全面地概括变量间的关系；图像法的特点是直观形象地表示出函数的变化情况；列表法的特点是便于求出函数值. 三种表示法各有不同的特点，所以我们常将它们结合起来使用，在中学数学中已经学习过，这里就不再举例说明了.

在许多实际应用中，在自变量的不同取值范围内需要使用不同的数学表达式来表示. 这种函数称为**分段函数**.

下列函数都是分段函数：

（1）$y=f(x)=\begin{cases}2\sqrt{x}, & 0\leqslant x<1,\\ -x, & x\geqslant 1,\end{cases}$

定义域 $D=[0,+\infty)$，值域 $R=(-\infty,+\infty)$.

（2）取整函数 $y=[x]$

表示不超过 x 的最大整数，定义域 $D=(-\infty,+\infty)$，值域 $R=\{0,\pm1,\pm2,\cdots\}$. 例如，$[2.6]=2$，$[-1.3]=-2$. 取整函数与函数之间的关系为 $[x]\leqslant x<[x]+1$.

（3）符号函数

$$y=\operatorname{sgn}x=\begin{cases}1, & x>0,\\ 0, & x=0,\\ -1, & x<0,\end{cases}$$

定义域 $D=(-\infty,+\infty)$，值域 $R=\{1,0,-1\}$.

（4）狄利克雷（Dirichlet）函数

$$y=f(x)=\begin{cases}1, & x\text{ 为有理数},\\ 0, & x\text{ 为无理数},\end{cases}$$

定义域 $D=(-\infty,+\infty)$，值域 $R=\{1,0\}$.

例 1.2.4 设 $f(x)=\begin{cases}|\sin x|, & |x|<\dfrac{\pi}{3},\\ 0, & |x|\geqslant\dfrac{\pi}{3},\end{cases}$ 求 $f\left(\dfrac{\pi}{6}\right)$，$f\left(\dfrac{\pi}{4}\right)$，$f\left(-\dfrac{\pi}{4}\right)$，$f(-2)$.

解 $f\left(\frac{\pi}{6}\right)=\left|\sin\frac{\pi}{6}\right|=\frac{1}{2}$，$f\left(\frac{\pi}{4}\right)=\left|\sin\frac{\pi}{4}\right|=\frac{\sqrt{2}}{2}$，

$f\left(-\frac{\pi}{4}\right)=\left|\sin\left(-\frac{\pi}{4}\right)\right|=\frac{\sqrt{2}}{2}$，$f(-2)=0$.

3. 函数定义域的求法

在实际问题中，函数的定义域是根据问题的实际意义确定的. 若不考虑函数的实际意义，而抽象地用解析式表达的函数，则规定函数的定义域是使解析式有意义的一切实数组成的集合.

求函数的定义域时，应考虑以下情况：

(1) 当函数是多项式时，定义域为$(-\infty,+\infty)$；

(2) 分式函数的分母不能为零；

(3) 偶次根式的被开方式必须大于或等于零；

(4) 对数函数的真数必须大于零；

(5) 反正弦函数与反余弦函数的定义域为$[-1,1]$；

(6) 如果函数表达式中含有上述几种函数，则应取各部分定义域的交集；

(7) 分段函数的定义域是各个表达式的定义域的并集.

例 1.2.5 求下列函数的定义域：

(1) $y=\sqrt{x+2}+\frac{1}{x^2-1}$；　(2) $y=\sqrt{x^2-4}+\arcsin\frac{x}{2}$.

解 (1) 要使 $y=\sqrt{x+2}+\frac{1}{x^2-1}$有意义，必须满足：

$$\begin{cases}x+2\geqslant 0,\\ x^2-1\neq 0,\end{cases}\quad 即\begin{cases}x\geqslant -2,\\ x\neq \pm 1,\end{cases}$$

所以该函数定义域为$[-2,-1)\cup(-1,1)\cup(1,+\infty)$；

(2) 要使 $y=\sqrt{x^2-4}+\arcsin\frac{x}{2}$有意义，必须满足：

$$\begin{cases}x^2-4\geqslant 0,\\ -1\leqslant\frac{x}{2}\leqslant 1,\end{cases}\quad 即\begin{cases}x\geqslant 2 \text{ 或 } x\leqslant -2,\\ -2\leqslant x\leqslant 2,\end{cases}$$

所以该函数的定义域是$\{x\mid x=\pm 2\}$.

例 1.2.6 设$f(x)=\begin{cases}1, & 0\leqslant x\leqslant 1,\\ -2, & 1<x\leqslant 2,\end{cases}$求函数$f(x+3)$的定义域.

解 由于$f(x)=\begin{cases}1, & 0\leqslant x\leqslant 1,\\ -2, & 1<x\leqslant 2,\end{cases}$ 则$f(x+3)=\begin{cases}1, & 0\leqslant x+3\leqslant 1,\\ -2, & 1<x+3\leqslant 2,\end{cases}$

即有
$$f(x+3)=\begin{cases}1, & -3\leqslant x\leqslant -2,\\ -2, & -2<x\leqslant -1.\end{cases}$$

所以，函数$f(x+3)$的定义域是$[-3,-1]$.

例 1.2.7 已知$f(e^x-1)=x^3+2$，求$f(x)$的定义域.

解 令$t=e^x-1$，则$x=\ln(1+t)$，可得

$$f(t)=\ln^3(t+1)+2,$$

即

$$f(x)=\ln^3(x+1)+2.$$

所以函数$f(x)$的定义域为$(-1,+\infty)$.

1.2.2 函数的几何特性

给定一个函数，它会具有各种各样的特性，其中与函数的几何图像有关的单调性、有界性、奇偶性和周期性最为重要，本节将做简单介绍.

1. 奇偶性

定义 1.2.2 给定函数$y=f(x)$，

对于$\forall x\in D$，有$f(-x)=f(x)$，则称$f(x)$为**偶函数**；

对于$\forall x\in D$，有$f(-x)=-f(x)$，则称$f(x)$为**奇函数**.

例如，$f(x)=x^2$在定义域$(-\infty,+\infty)$上是偶函数，因为$f(-x)=(-x)^2=x^2=f(x)$.

又如，$f(x)=x^3$在定义域$(-\infty,+\infty)$上是奇函数，因为$f(-x)=(-x)^3=-x^3=-f(x)$.

$y=C$在区间$(-\infty,+\infty)$上是偶函数. $y=\sin x+\cos x$在区间$(-\infty,+\infty)$上是非奇非偶函数.

思考 $y=0$在区间$(-\infty,+\infty)$上是奇函数还是偶函数？为什么？

偶函数的图形关于y轴是对称的. 因为若$y=f(x)$是偶函数，则$f(-x)=f(x)$，所以如果$A(x,f(x))$是图形上的点，那么它关于y轴对称的点$A'(-x,f(x))$也在图形上（见图1.9）.

奇函数的图形关于原点是对称的. 因为若$y=f(x)$是奇函数，则$f(-x)=-f(x)$，所以如果$A(x,f(x))$是图形上的点，那么它关于原点对称的点$A''(-x,-f(x))$也在图形上(见图1.10).

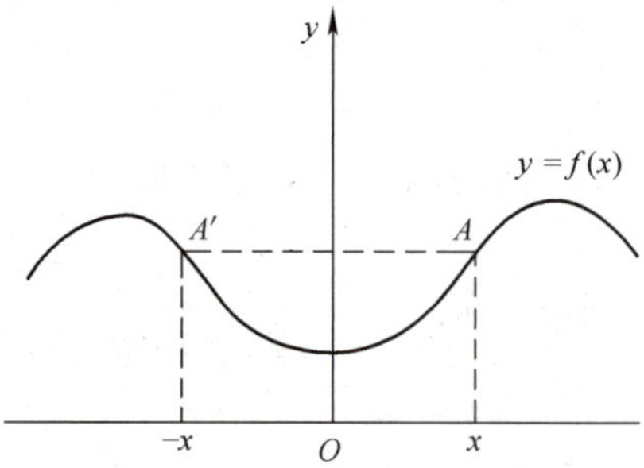

图 1.9

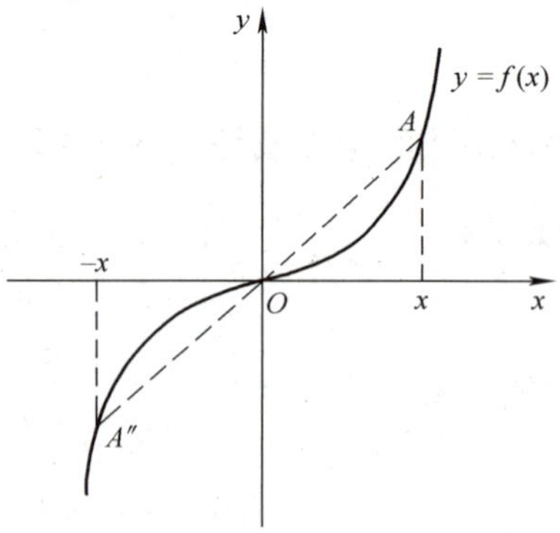

图 1.10

奇函数与偶函数的性质

(1) 奇函数的图形关于原点对称，若在原点处有定义，则$f(0)=0$；偶

函数的图形关于 y 轴对称；

（2）奇 + 奇 = 奇；偶 + 偶 = 偶；奇 × 奇 = 偶；偶 × 偶 = 偶；奇 × 偶 = 奇；

（3）定义域关于原点对称的任意函数 $f(x)$，均可以表示为一个奇函数与一个偶函数的和，即

$$f(x)=\frac{f(x)-f(-x)}{2}+\frac{f(x)+f(-x)}{2},$$

其中 $f(x)-f(-x)$ 为奇函数，$f(x)+f(-x)$ 为偶函数.

例 1.2.8　判断函数 $f(x)=\dfrac{a^x+a^{-x}}{2}$ 的奇偶性，并给出其图像的对称性.

解　因为 $f(-x)=\dfrac{a^{-x}+a^{-(-x)}}{2}=\dfrac{a^x+a^{-x}}{2}=f(x)$，所以函数 $f(x)$ 为偶函数，其图像关于 y 轴对称.

2. 单调性

定义 1.2.3　设函数 $f(x)$ 的定义域为 D，区间 $I\subset D$，如果对于区间 I 上任意两点 x_1 及 x_2，当 $x_1<x_2$ 时，恒有

（1）$f(x_1)\leqslant f(x_2)$（$f(x_1)<f(x_2)$），则称函数 $f(x)$ 在区间 I 上是**单调递增函数（严格单调递增函数）**（见图 1.11）；

（2）$f(x_1)\geqslant f(x_2)$（$f(x_1)>f(x_2)$），则称函数 $f(x)$ 在区间 I 上是**单调递减函数（严格单调递减函数）**（见图 1.12）.

单调递增函数与单调递减函数统称为单调函数，称区间 I 为函数的单调区间.

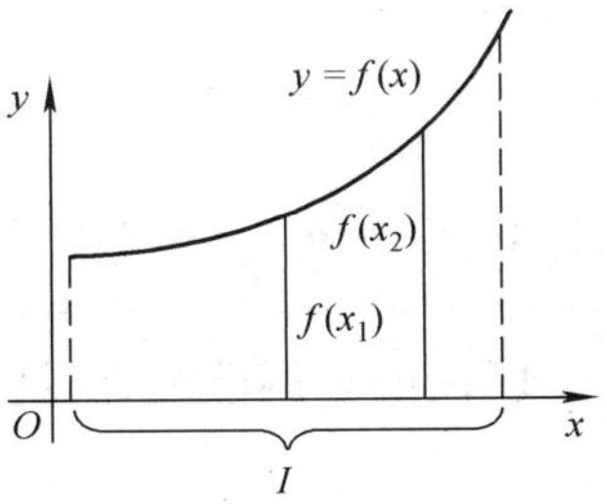

图　1.11

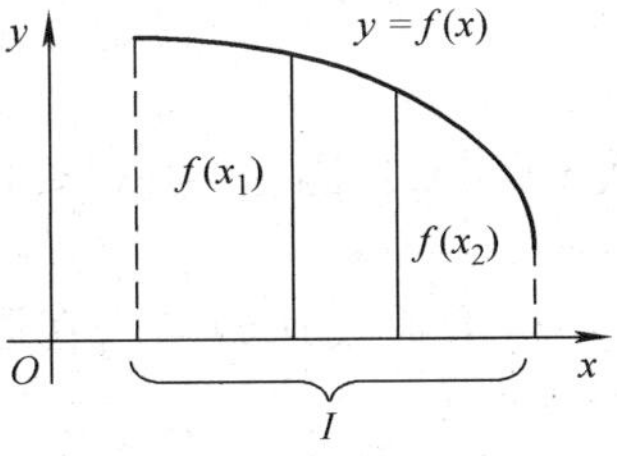

图　1.12

例如，$y=x^2$ 在区间 $(-\infty,0)$ 内是单调递减的，在区间 $[0,+\infty)$ 内是单调递增的，而在区间 $(-\infty,+\infty)$ 内不是单调函数.

3. 有界性

定义 1.2.4　设区间 $X\subset D$，若 $\exists M>0$，使得对于 $\forall x\in X$，有 $|f(x)|\leqslant M$ 成立，则称函数 $f(x)$ 在区间 X 上**有界**，否则称**无界**（见图 1.13）.

函数的有界性还可以等价地表述为如果存在常数 M_1，M_2 使得 $M_1\leqslant$

$f(x)\leqslant M_2(\forall x\in X)$，则称函数 $f(x)$ 在 X 上有界，M_1 称为 $f(x)$ 在 X 上的**下界**，M_2 称为 $f(x)$ 在 X 上的**上界**(见图 1.14).

注 无界函数可能有上界而无下界，也可能有下界而无上界，或既无上界又无下界，函数 $f(x)$ 的有界性与讨论的区间 X 有关.

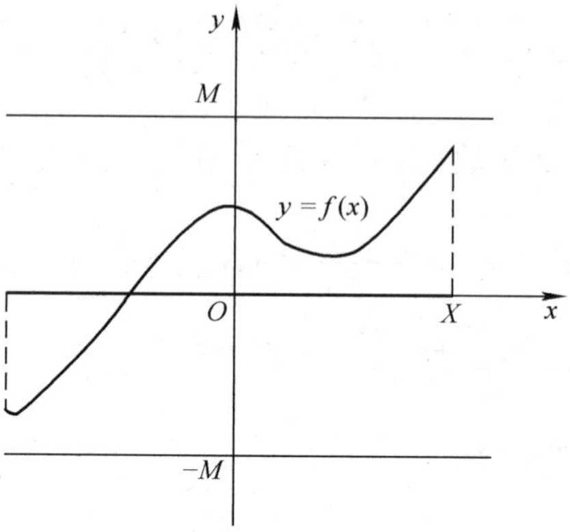

图 1.13

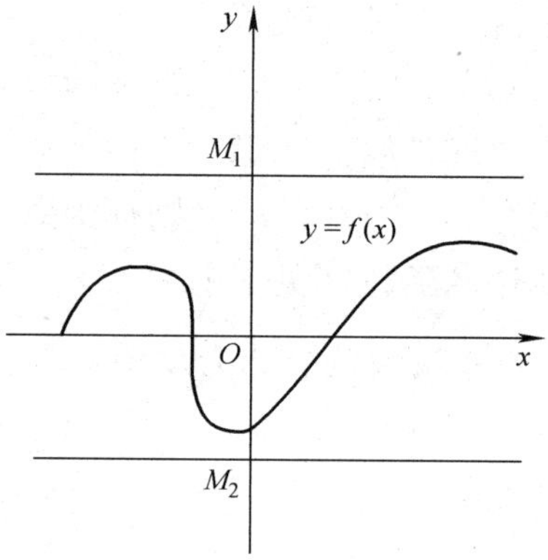

图 1.14

如函数 $y=\sin x$，因为 $|\sin x|\leqslant 1$，所以它在 $(-\infty,+\infty)$ 内是有界的.

例 1.2.9 讨论函数 $f(x)=\dfrac{1}{x^2}$ 在区间 $(0,1)$ 内的单调性及有界性.

例 1.2.9

解 $\forall x_1,x_2\in(0,1)$，且 $x_1<x_2$，有

$$f(x_2)-f(x_1)=\frac{1}{x_2^2}-\frac{1}{x_1^2}=\frac{x_1^2-x_2^2}{x_1^2x_2^2}<0,$$

所以 $f(x)$ 在区间 $(0,1)$ 内是单调递减的.

$\forall M>1$，令 $f(x_1)=\dfrac{1}{x_1^2}=M$，$x_1\in(0,1)$，解得 $x_1=\dfrac{1}{\sqrt{M}}$.

又因为 $f(x)$ 在区间 $(0,1)$ 内是单调递减的，$\forall x_2\in(0,1)$ 且 $x_1>x_2$，都有

$$f(x_2)>f(x_1)=M,$$

所以 $f(x)$ 在区间 $(0,1)$ 内是无界的.

综上可知，$f(x)$ 在区间 $(0,1)$ 内是单调递减且无界的.

4. 周期性

定义 1.2.5　设函数 $f(x)$ 的定义域为 D，如果存在一个不为零的常数 T，使得对于 $\forall x \in D$，且都有 $f(x+T)=f(x)$ $(x \pm T \in D)$ 恒成立，则称 $f(x)$ 为**周期函数**，T 称为 $f(x)$ 的**周期**（见图 1.15）.

如果在函数的所有正周期中有一个最小的，则称它是函数的最小正周期.

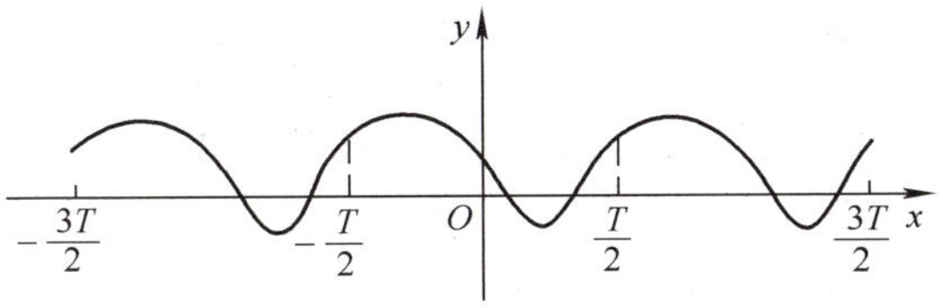

图　1.15

如 $y=\sin x$，$y=\cos x$ 都是以 2π 为周期的周期函数；函数 $y=\tan x$，$y=\cot x$，$y=|\sin x|$ 都是以 π 为周期的周期函数.

若 $f(x)$ 的最小正周期为 T，则 $f(\omega x+b)$ $(\omega \neq 0)$ 的最小正周期为 $\frac{T}{|\omega|}$.

例 1.2.10　讨论函数 $f(x)=\tan(3x-2)$ 的周期性.

解　已知函数 $\tan x$ 的周期为 π，当 $T=\frac{\pi}{3}$ 时，

$$f(x+T)=\tan[3(x+T)-2]=\tan[(3x-2)+\pi]=\tan(3x-2)=f(x),$$

故 $y=\tan(3x-2)$ 是以 $\frac{\pi}{3}$ 为周期的周期函数.

1.2.3　建立数学模型

为解决实际应用问题，首先要将该问题量化，从而建立起该问题的数学模型，即建立函数关系. 为此需明确问题中的因变量与自变量，再根据题意建立等式，从而得出函数关系，然后确定函数定义域. 应用问题中的定义域，除函数的解析式外还要考虑变量在实际问题中的含义.

下面，我们通过几个实例来介绍如何建立函数关系，为以后运用高等数学的方法解决实际问题做铺垫.

例 1.2.11　要做一个圆柱形油桶，体积为 V，桶底半径为 r，试建立表面积与半径之间的函数关系式.

解　设油桶高为 h，表面积为 S，则有

$$S=2\pi r^2+2\pi rh.$$

由于 $V=\pi r^2 h$，所以 $h=\frac{V}{\pi r^2}$，于是

$$S=2\pi r^2+\frac{2V}{r},\quad (0<r<+\infty).$$

此为表面积 S 与半径 r 之间的函数关系式.

例 1.2.12 某商品的单价因购买量不同而不同，若购买量不超过 50kg（含 50kg），单价是 5.00 元/kg；购买量多于 50kg 但不超过 100kg（含 100kg），单价是 4.95 元/kg；购买量多于 100kg 但不超过 200kg（含 200kg），单价是 4.92 元/kg；购买量超过 200kg，单价是 4.90 元/kg. 试将总价 y 表示为购买量 x 的函数，并求购买量为 60kg、200kg 和 300kg 时的总价.

解 由题意可得

$$y=\begin{cases}5.00x, & 0<x\leqslant 50,\\ 4.95x, & 50<x\leqslant 100,\\ 4.92x, & 100<x\leqslant 200,\\ 4.90x, & x>200.\end{cases}$$

当 $x=60$ 时，总价 $y=4.95\times 60=297$（元），

当 $x=200$ 时，总价 $y=4.92\times 200=984$（元），

当 $x=300$ 时，总价 $y=4.90\times 300=1470$（元）.

例 1.2.13 一房地产公司有 80 套公寓要出租，房租每月最少为 200 元/套，按 100 元的整数倍递增. 当租金定为每月 1500 元/套时，公寓会全部出租. 当租金每月增加 100 元/套时，就有一套租不出去，而租出去的每套公寓每月需要花费 200 元的维护费. 试建立每个月房租与房地产公司的总收入之间的关系.

解 设租金为 x 元/月.

当 $200\leqslant x\leqslant 1500$，且 x 是 100 的整数倍时，公寓会全部出租，出租房总收入为 $R(x)$ 元. 此时

$$R(x)=80(x-200).$$

当 $x>1500$ 时，总收入

$$R(x)=(\text{房租}-\text{维修费})\times\text{租出去的公寓的套数}.$$

另外，由题意可知，此时可租出去的公寓套数为 $80-\dfrac{x-1500}{100}$ 套.

根据问题描述，

$$80-\frac{x-1500}{100}\geqslant 0,$$

房租可定价为 1600 元，1700 元，…，9500 元，最多不超过 9500 元.

因此，此时总收入

$$R(x)=(x-200)\left(80-\frac{x-1500}{100}\right),\quad x=1600,\ 1700,\ \cdots,\ 9500.$$

$$R(x)=\begin{cases}80(x-200), & x=200,\ 300,\ \cdots,\ 1500,\\ (x-200)\left(80-\dfrac{x-1500}{100}\right), & x=1600,\ 1700,\ \cdots,\ 9500.\end{cases}$$

总结 要解决实际问题，首先要根据实际问题建立各种变量之间的函数关系式，在建立函数关系式时，要理解题意，设出自变量和因变量，从

问题中找出变量间的关系，这种关系用解析式或方程表示出来，就是所要建立的函数关系式.

1.2.4 同步习题

1. 选择题

(1) 下列各对函数中，为同一函数的是( ).

A. $y=\lg[x(x-1)]$与$y=\lg x+\lg(x-1)$

B. $y=\lg[x(x+1)]$与$y=\lg x+\lg(x+1)$

C. $y=\lg\frac{3-x}{x-2}$与$y=\lg(3-x)+\lg(x-2)$

D. $y=\lg\frac{x+1}{x}$与$y=\lg(x+1)-\lg x$

(2) 如果函数$f(x)$的定义域为$[0,1]$，则函数$g(x)=f\left(x+\frac{1}{4}\right)+f\left(x-\frac{1}{4}\right)$的定义域是( ).

A. $[0,1]$　　B. $\left[-\frac{1}{4},\frac{3}{4}\right]$

C. $\left[\frac{1}{4},\frac{3}{4}\right]$　　D. $\left[-\frac{1}{4},\frac{5}{4}\right]$

(3) 函数$y=\lg(\sqrt{1+x^2}+x)+\lg(\sqrt{1+x^2}-x)$( ).

A. 是奇函数，非偶函数

B. 是偶函数，非奇函数

C. 是非奇函数，又是非偶函数

D. 既是奇函数，又是偶函数

2. 填空题

(1) 函数$y=\sqrt{x-1}+\frac{2}{x-2}+\lg(4-x)$的定义域为________.

(2) 函数$y=\frac{\sqrt{x^2-4}}{x-2}$的定义域是________.

(3) 函数$y=\frac{\sqrt{x+3}}{|x|-x}$的定义域为________.

(4) 分段函数$y=\begin{cases}x^2, & -2<x\leqslant 0,\\ 2^x, & 0<x\leqslant 3\end{cases}$的定义域为________.

(5) 已知$f(x)=\begin{cases}e^x, & x<0,\\ 3, & 0\leqslant x\leqslant 2,\\ x^2-1, & x>2,\end{cases}$则$f(-4)$，$f(4)$，$f(0)$分别为________.

(6) 设$f(x)$是定义在实数域上的一个函数，且$f(x-1)=x^2+x+1$，则$f\left(\frac{1}{x-1}\right)=$________.

(7) 若函数$f(\sin x)=3-\cos 2x$，则$f(\cos x)=$________.

3. 判断下列每对函数是否为同一函数：

(1) $y=\frac{x^2-4}{x-2}$与$y=x+2$；

(2) $y=e^{-\frac{1}{2}\ln x}$与$y=\frac{1}{\sqrt{x}}$；

(3) $y=2\lg x$与$y=\lg x^2$；

(4) $y=\sin^2x+\cos^2x$与$y=1$.

4. 建立函数关系式

(1) 设有一块边长为a的正方形薄板，将它的四角剪去边长相等的小正边形制作一只无盖盒子，试将盒子的体积表示成小正方形边长的函数.

(2) 某货运公司规定货物的每吨每公里运价：在100km以内为a元，超过100km时，超过部分为$\frac{4}{5}a$元. 试写出每吨货物运价p与里程x(单位：km)之间的函数关系式.

1.3 初等函数

1.3.1 基本初等函数

常数函数、幂函数、指数函数、对数函数、三角函数、反三角函数统称为**基本初等函数**. 下面给出基本初等函数的基本性质.

1. 常数函数

称函数$y=C$为常数函数. 其中C为常数，它的定义域为$(-\infty,+\infty)$，该函数是偶函数、周期函数但没有最小正周期，图像为平行于x轴的一条直线(见图1.16).

2. 幂函数

称函数 $y=x^{\mu}$ 为幂函数. 其中 μ 为常数，它的定义域随 μ 而不同，但在 $(0,+\infty)$ 都有定义. 经过点 $(1,1)$，在第一象限内，当 $\mu>0$ 时，为增函数；当 $\mu<0$ 时，为减函数. 常见的幂函数有 $y=x$，$y=x^2$，$y=x^3$，$y=x^{-1}$，$y=\sqrt{x}$（见图 1.17）.

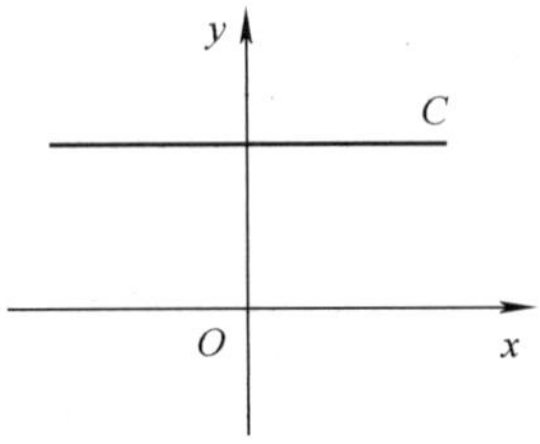

图　1.16

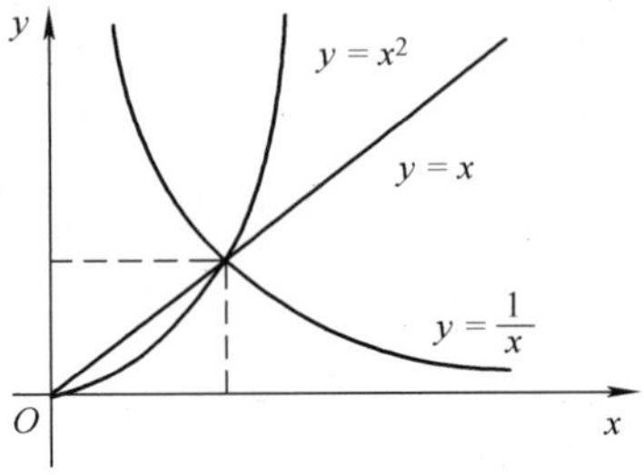

图　1.17

3. 指数函数

称函数 $y=a^x(a>0,a\neq1)$ 为指数函数. 它的定义域为 $(-\infty,+\infty)$，图像在 x 轴上方，且都经过点 $(0,1)$，当 $0<a<1$ 时，是单调递减函数；当 $a>1$ 时，是单调递增函数（见图 1.18）.

4. 对数函数

称函数 $y=\log_a x(a>0,a\neq1)$ 为对数函数. 它的定义域为 $(0,+\infty)$，图像在 y 轴右侧，都经过点 $(1,0)$，当 $0<a<1$ 时，$\log_a x$ 是单调递减函数；当 $a>1$ 时，$\log_a x$ 是单调递增函数（见图 1.19）.

特别地，当 $a=\mathrm{e}=2.71828\cdots$ 时，函数 $y=\log_{\mathrm{e}} x=\ln x$ 称为自然对数.

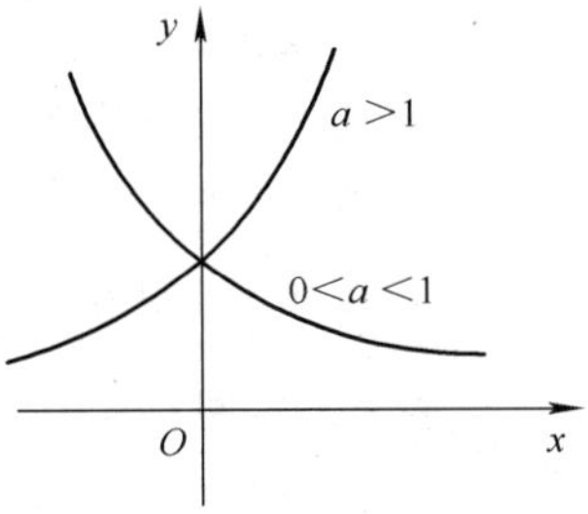

图　1.18

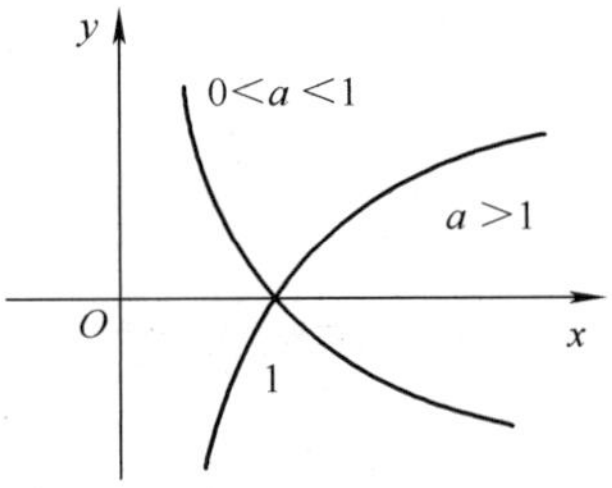

图　1.19

5. 三角函数

（1）称函数 $y=\sin x$ 为正弦函数，它的定义域为 $(-\infty,+\infty)$，值域为 $[-1,1]$.

该函数是有界函数、奇函数、周期为 2π 周期函数，在 $\left(2k\pi-\frac{\pi}{2},2k\pi+\frac{\pi}{2}\right)(k\in\mathbf{Z})$ 内单调递增，在 $\left(2k\pi+\frac{\pi}{2},2k\pi+\frac{3\pi}{2}\right)(k\in\mathbf{Z})$ 内单调递减（见图 1.20）.

（2）称函数 $y=\cos x$ 为余弦函数，它的定义域为 $(-\infty,+\infty)$，值域

为$[-1,1]$.

该函数是有界函数、偶函数、周期为2π的周期函数，在$(2k\pi-\pi,2k\pi)$ $(k\in\mathbf{Z})$内单调递增，在$(2k\pi,2k\pi+\pi)$ $(k\in\mathbf{Z})$内单调递减(见图 1.21).

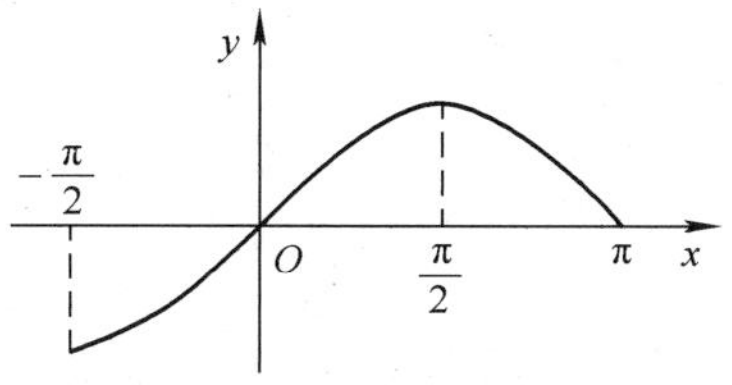

图　1.20

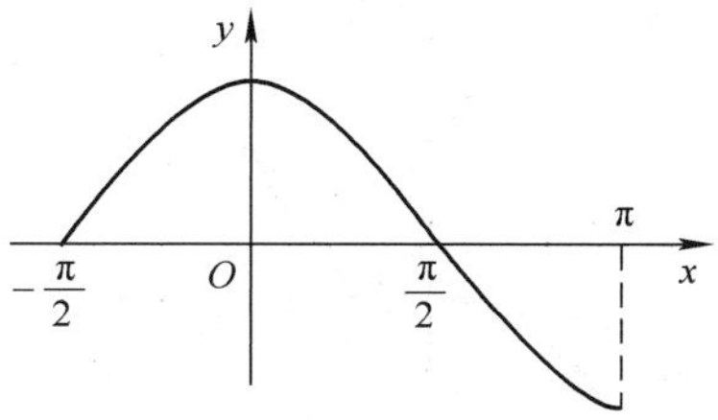

图　1.21

(3) 称函数 $y=\tan x$ 为正切函数，它的定义域为$\left(k\pi-\frac{\pi}{2},k\pi+\frac{\pi}{2}\right)$ $(k\in\mathbf{Z})$，值域为$(-\infty,+\infty)$.

该函数为无界函数、奇函数、周期为π的周期函数，在$\left(k\pi-\frac{\pi}{2},k\pi+\frac{\pi}{2}\right)$ $(k\in\mathbf{Z})$内是单调递增函数(见图 1.22).

(4) 称函数 $y=\cot x$ 为余切函数，它的定义域为$(k\pi,k\pi+\pi)$ $(k\in\mathbf{Z})$，值域为$(-\infty,+\infty)$.

该函数为无界函数、奇函数、周期为π的周期函数，在$(k\pi,k\pi+\pi)$ $(k\in\mathbf{Z})$内是单调递减函数(见图 1.23).

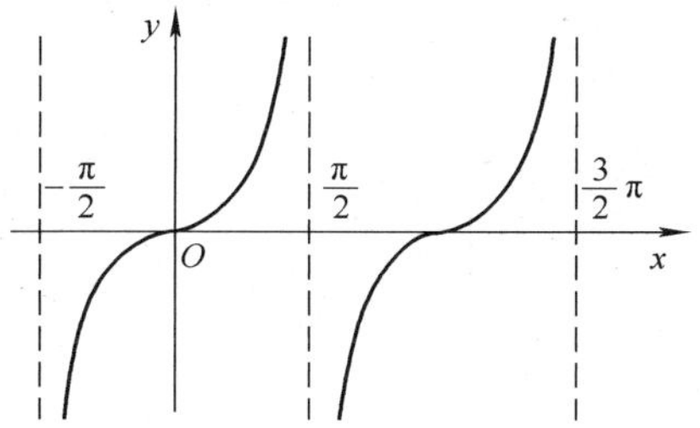

图　1.22

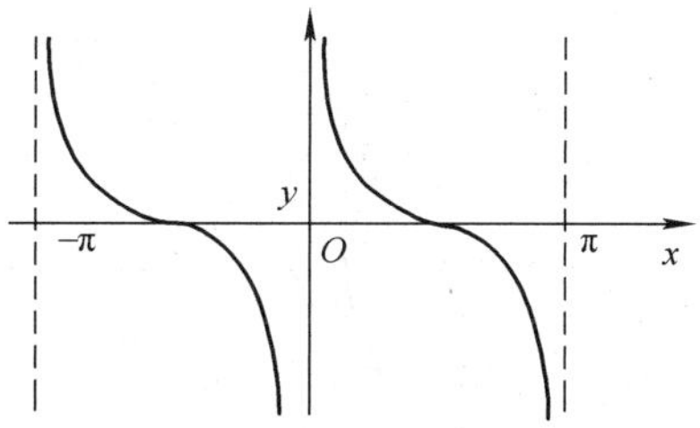

图　1.23

(5) 称函数 $y=\sec x=\dfrac{1}{\cos x}$为正割函数.

(6) 称函数 $y=\csc x=\dfrac{1}{\sin x}$为余割函数.

以上讲述的正弦函数、余弦函数、正切函数、余切函数、正割函数和余割函数统称为三角函数.

6. 反三角函数

(1) 称函数 $y=\arcsin x$ 为反正弦函数，它的定义域为$[-1,1]$，值域为$\left[-\frac{\pi}{2},\frac{\pi}{2}\right]$. 该函数是有界函数、奇函数、单调递增函数、非周期函数(见图 1.24).

(2) 称函数 $y=\arccos x$ 为反余弦函数，它的定义域为$[-1,1]$，值域为

$[0,\pi]$.

该函数是有界函数、非奇非偶函数、单调递减函数、非周期函数(见图 1.25).

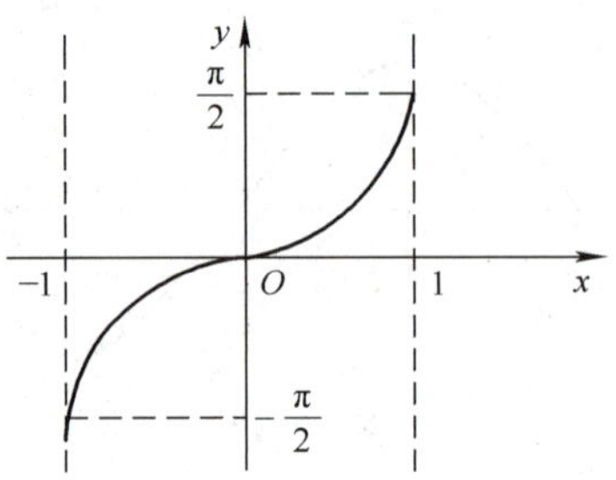

图 1.24

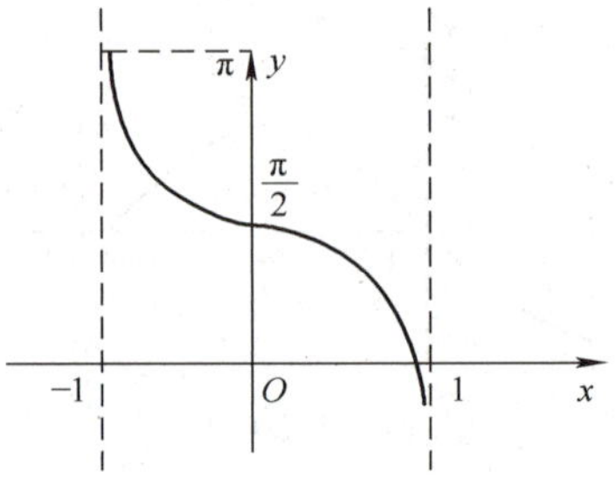

图 1.25

(3) 称函数 $y=\arctan x$ 为反正切函数，它的定义域为$(-\infty,+\infty)$，值域为$\left(-\dfrac{\pi}{2},\dfrac{\pi}{2}\right)$.

该函数是有界函数、奇函数、单调递增函数、非周期函数(见图 1.26).

(4) 称函数 $y=\operatorname{arccot} x$ 为反余切函数，它的定义域为$(-\infty,+\infty)$，值域为$(0,\pi)$.

该函数是有界函数、非奇非偶函数、单调递减函数、非周期函数(见图 1.27).

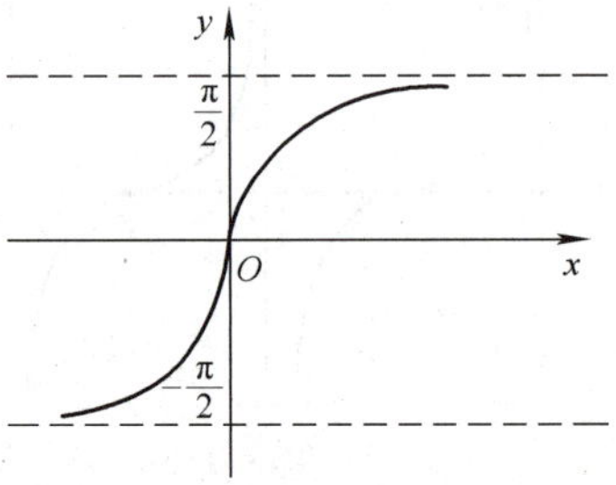

图 1.26

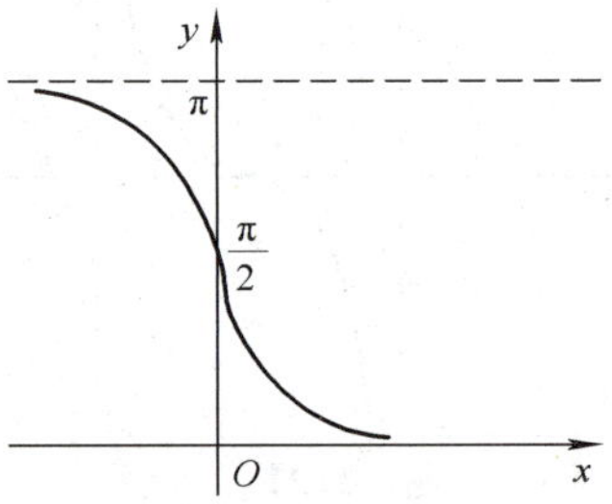

图 1.27

需要指出的是，由于三角函数是周期函数，对于值域内的每个 y 值，都有无穷多个值与之对应，因此，必须限制其在单调区间上建立反三角函数.

1.3.2 复合函数

客观事物往往是错综复杂的，因此表示自然规律、生产规律的函数结构也是复杂的，微积分中为了便于理解和计算，需要把复杂的函数分解为几个简单的函数；有时也需要把两个或两个以上的简单函数组合成另一个复杂函数. 下面我们给出两个例子：

例如，$y=\cos^2 x$ 可以看成 $y=u^2$ 和 $u=\cos x$ 组合而成的；又如，由

$y=e^u$，$u=\cos x$ 可组合成 $y=e^{\cos x}$.

在这些例子中，除自变量 x 和因变量 y 外，还出现了中间的变量 u，y 通过 u 而成为 x 的函数，称 y 为 x 的复合函数.

1. 复合函数的定义

定义 1.3.1 设函数 $y=f(u)$，$u\in D_f$，$y\in R_f$，$u=g(x)$，$x\in D_g$，$u\in R_g$. 如果 $R_g\cap D_f\neq\varnothing$，则称函数 $y=f[g(x)]$，$x\in\{x|g(x)\in D_f\}$ 为由函数 $y=f(u)$，$u=g(x)$ 复合而成的**复合函数**. 其中 x 为自变量，y 为因变量，u 称为中间变量.

注 复合函数的定义域记为 D_F，且 $D_F=\{x|g(x)\in D_f\}$.

2. 关于概念的几点说明

(1) 不是任何两个函数都可以构成一个复合函数. 函数 $y=f(u)$，$u=g(x)$ 可以构成复合函数的条件是 $R_g\cap D_f\neq\varnothing$.

(2) 复合函数不仅可以有一个中间变量，还可以有多个中间变量，如 u，v，w，t 等.

(3) 复合函数通常不一定是由纯粹的基本初等函数复合而成，而更多是由基本初等函数经过四则运算形成的简单函数构成的，因此复合函数的合成和分解往往是对简单函数进行的.

(4) 函数的复合一般与复合的次序有关，即 $f[g(x)]$ 与 $g[f(x)]$ 一般不是同一函数，甚至可能其中一个有意义而另一个没有意义.

例 1.3.1 函数 $y=3^{\arccos\sqrt{2-x^2}}$ 可以分解成哪几个简单的函数.

解 可以分成 $y=3^u$，$u=\arccos v$，$v=\sqrt{w}$，$w=2-x^2$，其中 u，v，w 为中间变量.

将一个复合函数“拆成”(或“分解”)多个简单函数的复合，在第3章导数的计算中是非常重要的.

例 1.3.2 设 $y=f(u)=1+u^2,u=g(x)=\ln(1+x^2)$，判断以上两个函数是否能复合成 $y=f[g(x)]$. 若能，求其定义域 D_F.

解 由于 $D_f=\mathbf{R}$，$R_g=[0,+\infty)$，且 $D_f\cap R_g\neq\varnothing$，所以能够复合成

$$y=f[g(x)].$$

$y=f[g(x)]=1+g^2(x)=1+\ln^2(1+x^2)$，故 $D_F=\mathbf{R}$.

例 1.3.3 已知 $f(x)=\dfrac{1}{x-1}$，求 $f(1+f(x))$.

解 将 $1+f(x)$ 代入已知，得

$$f(1+f(x))=\frac{1}{1+f(x)-1}=\frac{1}{f(x)}=x-1.$$

例 1.3.4 设 $f\left(\dfrac{1}{x}-1\right)=\cos x$，求 $f(x)$.

解 令 $u=\frac{1}{x}-1$，则 $x=\frac{1}{u+1}$，有

$$f(u)=\cos\frac{1}{u+1},$$

即

$$f(x)=\cos\frac{1}{x+1}.$$

1.3.3 初等函数的判别

由基本初等函数经过有限次的四则运算(加、减、乘、除)以及有限次的函数复合所构成的并且可用一个式子表示的函数称为**初等函数**. 本课程所研究的函数主要是初等函数.

例如 $y=\cos^2 x$，$y=\sqrt{2+x^2}$，$y=\lg\sqrt{4+2x^2}$，$y=\arctan\sqrt{\frac{2+\sin 2x}{3+\cos x}}$等都是初等函数. 通常情况下，分段函数、符号函数、取整函数等都不是初等函数.

例 1.3.5

例 1.3.5 判别下列函数是否为初等函数：

(1) $y=\sin(x^2+1)+\ln x\cdot e^{x^2}$；

(2) $y=\sqrt{x}+\ln\left(3-\frac{1}{2}\sin x\right)$；

(3) $y=\begin{cases}2, & x\leqslant 0,\\ -1, & x>0;\end{cases}$

(4) $y=\sqrt{x+\sqrt{x+\sqrt{x+\cdots}}}$.

解 (1) 函数 $y=\sin(x^2+1)+e^{x^2}\cdot\ln x$ 是基本初等函数的有限次复合与四则运算，故为初等函数；

(2) 函数 $y=\sqrt{x}+\ln\left(3-\frac{1}{2}\sin x\right)$是基本初等函数的复合与四则运算，故为初等函数；

(3) 函数 $y=\begin{cases}2, & x\leqslant 0,\\ -1, & x>0\end{cases}$是分段函数，解析式不唯一，不是初等函数；

(4) 函数 $y=\sqrt{x+\sqrt{x+\sqrt{x+\cdots}}}$是基本初等函数无限次的复合与四则运算，故不是初等函数.

初等函数是最常见、应用最广泛的一类函数，它是微积分的主要研究对象.

设$f(x)$,$g(x)$是两个初等函数，$f(x)>0$，则函数 $y=[f(x)]^{g(x)}$ 也是初等函数. $y=[f(x)]^{g(x)}=e^{g(x)\ln f(x)}$，通常把 $y=[f(x)]^{g(x)}$ 称为**幂指函数**. 例如函数 $y=x^x$，$y=(1+x)^{\sin x}$均是幂指函数.

例 1.3.6 指出函数 $y=x^x$，$y=x^{\sin x+1}$的复合过程.

解 由于 $y=x^x=e^{x\ln x}$，所以可以分解为

$$y=e^u,\ u=x\ln x,$$

由于 $y=x^{\sin x+1}=e^{(\sin x+1)\ln x}$，所以可以分解为

$$y=e^u,\ u=(\sin x+1)\ln x.$$

1.3.4 反函数

引例 设某种商品的单价为 p，销售量为 q，则销售收入 R 是 q 的函数为

$$R=pq,$$

这时 q 是自变量，R 是函数.

若已知收入 R，反过来求销售量 q，则有

$$q=\frac{R}{p},$$

这时 R 是自变量，q 就是 R 的函数.

上面的两个式子是同一个关系的两种写法，但从函数的角度来说，对应法则不同，所以它们是两个不同的函数，我们称它们互为反函数.

1. 反函数的定义

定义 1.3.2 设函数 $y=f(x)$ 的定义域是 D_f，值域是 R_f，如果对于 $\forall y\in R_f$，都有唯一对应值 $x\in D_f$，满足 $y=f(x)$，则 x 定义在 R_f 上以 y 为自变量的函数，记此函数为 $x=f^{-1}(y)y\in R_f$，并称其为 $y=f(x)$ 的反函数.

由定义知，函数 $y=f(x)$ 的反函数 $x=f^{-1}(y)$ 的定义域为 $y=f(x)$ 的值域 R_f，值域为 $y=f(x)$ 的定义域 D_f.

习惯上常用 x 表示自变量，y 表示因变量. 因此将 $x=f^{-1}(y)$ 改写为 $y=f^{-1}(x)$. 从图像上看，函数 $y=f(x)$ 与反函数 $y=f^{-1}(x)$ 的图形是关于直线 $y=x$ 对称的.

注 只有一一对应的函数(自变量不同时因变量也不同)才有反函数，反函数是多值函数的可以根据原自变量(反函数的因变量)的取值范围分成几个单值函数.

如 $y=x^2$，$x\in(0,+\infty)$ 时的反函数是 $y=\sqrt{x}$，$x\in(-\infty,0)$ 时的反函数是 $y=-\sqrt{x}$；

2. 求反函数的一般步骤

(1) 把 x 作为未知数，从方程 $y=f(x)$ 中解出，得到 $x=f^{-1}(y)$；

(2) 所得的表达式中 x 与 y 对换，即得 $y=f^{-1}(x)$，并求出相应的函数的定义域.

例 1.3.7 求 $y=2x-1$ 的反函数.

解 由 $y=2x-1$ 求出 $x=\frac{y+1}{2}$. 用 x 表示自变量，y 表示因变量，于是 $y=2x-1$ 的反函数是 $y=\frac{x+1}{2}(x\in\mathbf{R})$.

例 1.3.8 设$f(x)=\begin{cases}x-1, & x<0,\\ x^2, & x\geqslant 0,\end{cases}$求反函数$f^{-1}(x)$.

解 分别求出各区间上的反函数与定义域(原函数的值域).

(1) 当$x<0$时，由$y=x-1$，解得$x=y+1$；

(2) 当$x\geqslant 0$时，由$y=x^2$，解得$x=\sqrt{y}$；

(3) 将x，y位置互换，得反函数$f^{-1}(x)=\begin{cases}x+1, & x<-1,\\ \sqrt{x}, & x\geqslant 0.\end{cases}$

1.3.5 隐函数

到目前为止，我们所遇到的函数y，它们均由自变量x的某一个解析式所表达，例如

$$y=x^3,\ y=\log_a x(a>1,a\neq 1),\ y=\frac{2x+1}{\sqrt{x-3}}.$$

这种函数称为**显函数**；但还有一种形式的函数，自变量x与因变量y之间的对应法则不像上面的函数表示那样明显，而是包含于一个二元方程$F(x,y)=0$之中，这样确定的函数$y=f(x)$称为**隐函数**.

例如，由方程$xy-2x+3y-1=0$确定的隐函数$y=f(x)$，这时可以用y来表示，即$y=\dfrac{2x+1}{x+3}$；

再如，由方程$xy-e^y=0$确定的隐函数$y=f(x)$，这时y无法用x的显函数形式来表达.

由此可见，并不是所有由方程确定的隐函数都能表示成显函数的形式. 我们将在第3章和第8章继续学习.

1.3.6 同步习题

1. 下列函数中不是初等函数的是(　　).

A. $y=x^2$　B. $y=|x|$　C. $y=\operatorname{sgn}x$　D. $\begin{cases}x=3t\\ y=t\end{cases}$

2. 填空题

(1) 函数$y=\ln\sin^2 x$的复合过程是$y=$______，$u=$______，$v=$______.

(2) 设$f(x)=\dfrac{1}{1-x^2}$，则$f(-x)=$______，$f[f(x)]=$______，$f\left[\dfrac{1}{f(x)}\right]=$______.

(3) 设函数$f(x)=\begin{cases}1, & \frac{1}{e}<x<1,\\ x, & 1\leqslant x\leqslant e\end{cases}$及函数$\varphi(x)=e^x$，则$f(\varphi(x))=$______.

(4) 已知$y=\sqrt{1+u^2}$，$u=\sin v$，$v=\log_a x$，则y表示为x的函数是______.

(5) 函数$y=|\sin x|$的周期是______.

(6) 函数$y=1+\lg(x+2)$的反函数为______.

(7) 已知$f(x)=\sin x$，$f[\varphi(x)]=1-x^2$，则$\varphi(x)=$______.

(8) 设$f(x)=\dfrac{ax}{2x+3}$，且$f(f(x))=x$，则$a=$______.

(9) 函数$y=\dfrac{2^x-2^{-x}}{2^x+2^{-x}}$与函数$y=g(x)$关于直线$y=x$对称，则$g(x)=$______.

(10) 设函数$f\left(x+\dfrac{1}{x}\right)=x^2+\dfrac{1}{x^2}$，则函数$f(x)=$______.

3. 若函数$f(x)=(x-1)^2$，$g(x)=\dfrac{1}{x+1}$，求$f[g(x)]$.

4. 求下列函数的反函数及其定义域：

(1) $y=\dfrac{x+4}{x-1}$；

(2) $y=\begin{cases}2-\sqrt{4-x^2}, & 0\leqslant x\leqslant 2,\\ 2x-2, & 2<x\leqslant 3.\end{cases}$

1.4 经济学中常见的函数

为了解决经济应用问题，首先要对经济问题建立相应的数学模型，即建立经济函数模型. 为此需要明确经济问题中的自变量与因变量，再根据实际问题建立模型，从而得到相应的函数关系，然后确定函数定义域，应用问题中的定义域除了需要考虑函数的解析式，还要考虑变量在实际问题中的含义.

本节将介绍一些常用的经济函数.

1.4.1 需求函数与供给函数

1. 需求函数

在经济学中，需求量被理解为购买者愿意在某一段时间内，在一定的价格下，购买商品的数量. 需求不仅反映购买者的愿望，而且也反映购买的能力. 在所观察的时间段内，如果我们把购买的收入、爱好看作不变的因素，与该商品有关的其他商品的价格也认为不变，我们只研究需求与价格的关系.

设 P 表示商品的价格，Q 表示需求量，那么 $Q_d=f(P)$ 称为**需求函数**.

一般地，需求量随价格的上涨而减少. 因此，通常情况下需求函数是价格的单调递减函数.

在企业管理和经济学中常见的需求函数如下：

(1) 线性需求函数：$Q=a-bp$，其中 $b>0$，$a\geqslant 0$ 均为常数；

(2) 指数需求函数：$Q=a\mathrm{e}^{-bp}$，其中 $a>0$，$b>0$ 均为常数.

2. 供给函数

在经济学中，**供给量**的含义为卖方在一定时间段内以任一可能的价格愿意并有能力出售某种商品的数量. 供给不仅与生产中投入的成本及技术状况有关，而且与卖方对其他商品和劳务价格的预测因素有关. 在这里略去价格以外的其他因素，只讨论供给与价格的关系.

设 P 表示商品的价格，Q 表示供给量，那么 $Q_s=g(P)$，称为**供给函数**.

一般地，价格越低，厂商愿意并能够提供的商品数量越少；价格越高，厂商的供给越多. 因此，通常情况下供给函数是价格的单调递增函数.

常用的供给函数为

(1) 线性供给函数：$Q=aP-b$，其中 $b\geqslant 0$，$a\geqslant 0$ 均为常数；

(2) 指数供给函数：$Q=a\mathrm{e}^{bp}$，其中 $a>0$，$b>0$ 均为常数.

例 1.4.1　当鸡蛋收购量为 5.5 元/kg 时，某收购站每月能收购 4000kg. 若收购价每千克提高 0.2 元，则收购量可增加 500kg，求鸡蛋的线性供给函数.

解 设鸡蛋的线性供给函数为

$$Q_s = aP - b,$$

由题意有
$$\begin{cases} 4000 = 5.5a - b, \\ 4500 = 5.7a - b. \end{cases}$$

解得 $a = 2500$，$b = 9750$，所求供给函数为

$$Q_s = 2500P - 9750.$$

3. 均衡价格

需求函数与供给函数密切相关，由于需求函数是单调递减函数，供给函数是单调递增函数，当价格达到一定值时，商品的供给量和需求量相等，即 $Q_s = Q_d$，这时的价格称为**均衡价格**.

例 1.4.2 已知某商品的需求函数和供给函数分别为 $Q_d = 13 - 2P$，$Q_s = -5 + 4P$，求该商品的均衡价格 P_0.

解 由均衡价格的定义得 $Q_s = Q_d$，有

$$13 - 2P = -5 + 4P,$$

得均衡价格为

$$P_0 = \frac{18}{6} = 3.$$

1.4.2 成本函数

在生产和经营活动中，经营者最关心的是产品的成本(如劳力、原料、设备等). **总成本**是指生产一定数量的产品所需要的全部经济资源投入的价格或费用总额. 它由固定成本和可变成本两部分组成.

固定成本由生产设备的折旧费，车间的经费及企业管理费等构成，这些费用一般不随产品产量的增减而变化，是一个常量；**可变成本**由原材料费、直接参加生产的工人工资等构成，它随产品的产量的增减而变化，是个变量.

平均成本是生产一定量产品，平均每单位产品的成本.

在生产水平和生产要素的价格不变的条件下，产品的总成本、平均成本都是产量的函数.

设 c 为总成本，c_0为固定成本，c_1 为可变成本，$\bar{c}$ 为平均成本，Q 为产量. 则有总成本函数

$$c = c(Q) = c_0 + c_1(Q);$$

平均成本函数
$$\bar{c} = \bar{c}(Q) = \frac{c(Q)}{Q}.$$

例 1.4.3 某工厂生产 Q 个单位的总成本函数为 $c = c(Q) = 108 + Q + \frac{1}{9}Q^2$，求生产 18 个单位的总成本及平均成本.

解 当 $Q = 18$ 时，总成本函数为

$$c(18)=108+18+\frac{1}{9}\cdot 324=162.$$

平均成本为

$$\bar{c}(18)=\frac{c(18)}{18}=9.$$

1.4.3　收益函数与利润函数

1. 收益函数

收益是指商品售出后生产者获得的收入，常用的收益函数有总收益函数与平均收益函数.

总收益函数是销售者售出一定数量商品所得的全部收入，常用 R 表示.

平均收益函数是指售出一定数量的商品时，平均每售出一个单位商品时的收入，常用 $\bar{R}$ 表示.

总收益和平均收益均为产量的函数. 设商品的价格为 P，相应的需求量为 Q，出售这些商品的总收益为 R，平均收益为 $\bar{R}$，需求函数为 $Q=f(P)$，其反函数 $P=g(Q)$，则

$$R=R(Q)=P\cdot Q=Q\cdot g(Q),$$

$$\bar{R}=\frac{R(Q)}{Q}=\frac{Q\cdot g(Q)}{Q}=g(Q).$$

例 1.4.4　设某产品的价格与销售量的关系为 $Q=100-2P$，求销售量为 10 时的总收益和平均收益.

例 1.4.4

解　由 $Q=100-2P$，解得 $P=50-\frac{1}{2}Q$，

所以总收益函数和平均收益函数为

$$R(Q)=Q\cdot P=Q(50-\frac{1}{2}Q)=50Q-\frac{1}{2}Q^2,$$

$$\bar{R}(Q)=\frac{R(Q)}{Q}=50-\frac{1}{2}Q.$$

当 $R=10$ 时，总收益和平均收益为

$$R(10)=500-50=450,\ \bar{R}(10)=45.$$

2. 利润函数

收益函数与成本函数的差为**利润函数**，因此总利润也是产量 Q 的函数. 设总利润为 L，于是

$$L=L(Q)=R(Q)-C(Q).$$

例 1.4.5　某商品的单价为 100 元，单位成本为 55 元，商家为了促销，规定凡是购买超过 200 单位时，对超过部分按单价的 9.6 折出售，求成本函数、收益函数和利润函数.

解　设购买量为 x 单位，则成本函数为

$$C(x)=55x,$$

收益函数为

$$R(x)=\begin{cases}100x, & x\leqslant 200,\\ 200\times 100+(x-200)\times 100\times 0.96, & x>200,\end{cases}$$

$$=\begin{cases}100x, & x\leqslant 200,\\ 96x+800, & x>200.\end{cases}$$

因为

$$L(x)=R(x)-C(x),$$

所以利润函数为

$$L(x)=\begin{cases}45x, & x\leqslant 200,\\ 41x+800, & x>200.\end{cases}$$

1.4.4 库存函数

我们讨论的库存函数(库存函数模型)只限于需求量是确定的，不允许缺货的情形. 首先我们看一个例子，然后总结一般情形.

例 1.4.6 某商场半年均匀销售 3000 台小电器，为了节约库存费，分批进货. 每批订货费用 700 元，每台电器的库存费为每月 1.7 元，试列出库存费和进货费之和与批量之间的函数关系.

解 设批量为 x 台，货进店入库. 由于均匀销售，库存量由 x 台均匀地减少到 0 台，平均库存量为$\frac{x}{2}$台. 半年的库存费用记作 E_1，则

$$E_1=1.7\cdot\frac{x}{2}\cdot 6=5.1x(\text{元}),$$

每次进货 x 台，半年需要进货$\frac{3000}{x}$次，总进货费用记作 E_2，则

$$E_2=700\cdot\frac{3000}{x}=\frac{2100000}{x}(\text{元}),$$

总费用记作 E，则

$$E=E_1+E_2=5.1x+\frac{2100000}{x}(\text{元}).$$

对于这样库存模型，实际上我们做如下假设：

(1) 若计划期为 T(通常以一年为计划期)，在计划期 T 内，对货物的需求量是确定的，记为 Q；

(2) 进货均匀. 在计划期 T 内分 n 次进货，每批(次)进货量为 $q=\frac{Q}{n}$，于是进货的次数为 $n=\frac{Q}{q}$；

(3) 每批进货费用为常数，记为 C_2，每件货物储存单位时间的储存费用为常数，记为 C_1；

(4) 货物均匀投放市场. 一般地，货物先入库储存，然后均匀提出. 这时，最大库存量就是每次的进货量 q，随后均匀降至零. 一旦库存量为零，立即得到货物补充，而且进货随时完成，所以，平均的库存量为 $\bar{q}=\frac{q}{2}$.

在以上假设条件下，总储存费用为

$$E_1 = \bar{q}C_1T = \frac{q}{2}C_1T.$$

总进货费用为

$$E_2 = C_2n = C_2\frac{Q}{q}.$$

于是，总费用为

$$E = E_1 + E_2 = \frac{q}{2}C_1T + C_2\frac{Q}{q}.$$

1.4.5　同步习题

1. 设某商品的需求函数为 $Q_d = 100 - 2.5P$，供给函数为 $Q_s = \frac{5}{4}P - \frac{50}{4}$，（价格单位：元，商品单位：万件）.

（1）求该商品的均衡价格和均衡需求量；

（2）如每件商品征税 6 元，求均衡价格和均衡需求量.

2. 某工厂生产 Q 个单位的总成本函数为 $C = C(Q) = 96 + Q + \frac{1}{8}Q^2$，求生产 8 个单位的总成本及平均成本.

3. 生产某种商品 x 件时的总成本为 $C(x) = 20 + 2x + 0.1x^2$（万元），若每售出一件该商品的收入是 20 万元，求生产该商品 30 件时的总利润.

4. 某商场以每件 a 元的价格出售某种商品，若顾客一次性购买 60 件以上，则超出的部分按照每件 $0.7a$ 元的优惠价出售，写出一次性成交的销售收入 R 关于销售量 x 的函数.

5. 已知某产品的固定成本为 1000 元，产量为 Q 件，每生产一件产品成本增加 7 元，又每件产品的销售价格为 15 元，若产品能全部售出，写出总成本函数和利润函数.

1.5　MATLAB 数学实验

计算函数值是数学中一项基本的操作，而通过 MATLAB 软件可以轻松地计算各种复杂函数的值.

1.5.1　计算幂函数值

在 MATLAB 中，计算函数值的基本语法为 `y = f(x)`. 其中，`f` 是函数的名称，`x` 是输入参数，`y` 是输出参数.

例 1.5.1　对于函数 $y = x^2$，应用 MATLAB 计算函数在 $x = 3$ 处的值.

程序

```
x=3;
y=x^2;
```

在这个例子中，我们定义了输入参数 x 的值，然后计算了函数在 $x = 3$ 处的值，并将其存储在输出参数 y 中. 通过这种方式，我们可以轻松地计算各种函数的值.

1.5.2 计算三角函数值

在 MATLAB 中，可以使用以下函数计算三角函数的值：

`sin(x)`：计算正弦函数的值；

`cos(x)`：计算余弦函数的值；

`tan(x)`：计算正切函数的值；

`csc(x)`：计算余割函数的值；

`sec(x)`：计算正割函数的值；

`cot(x)`：计算余切函数的值.

例 1.5.2 对于函数 $y=\sin x$，应用 MATLAB 计算函数在 $x=\frac{\pi}{4}$ 处的值.

程序

```
x=pi/4;
y=sin(x);
```

在这个例子中，我们首先定义了输入参数 x 的值，然后计算了正弦函数在 $x=\frac{\pi}{4}$ 处的值，并将其存储在输出参数 y 中. 通过这种方式，我们可以轻松地计算各种三角函数的值.

1.5.3 计算指数函数值

在 MATLAB 中，可以使用以下函数计算指数函数的值：

`exp(x)`：计算自然指数函数的值；

`power(a,x)`：计算底数为 a 的指数函数的值.

例 1.5.3 对于函数 $y=e^x$，应用 MATLAB 计算函数在 $x=2$ 处的值.

程序

```
x=2;
y=exp(x);
```

在这个例子中，我们首先定义了输入参数 x 的值，然后计算了 $y=e^x$ 在 $x=2$ 处的值，并将其存储在输出参数 y 中. 通过这种方式，我们可以轻松地计算各种指数函数的值.

1.5.4 计算对数函数值

在 MATLAB 中，可以使用以下函数计算对数函数的值：

`log(x)`：计算自然对数函数的值；

`log10(x)`：计算底数为 10 的对数函数的值；

`log2(x)`：计算底数为 2 的对数函数的值.

例 1.5.4　对于函数 $y=\ln x$，应用 MATLAB 计算函数在 $x=3$ 处的值.

程序

```
x=3;
y=log(x);
```

在这个例子中，我们首先定义了输入参数 x 的值，然后计算了自然对数函数在 $x=3$ 处的值，并将其存储在输出参数 y 中. 通过这种方式，我们可以轻松地计算各种对数函数的值.

1.5.5 计算多项式的值

在 MATLAB 中可以使用以下函数计算多项式函数的值：

`polyval(p,x)`：计算多项式函数 p 在 x 处的值.

其中，p 是多项式系数的向量，x 是输入参数.

例 1.5.5　计算二次函数 $y=2x^2+3x+1$ 在 $x=2$ 处的值.

程序

```
p=[2,3,1];
x=2;
y=polyval(p,x);
```

在这个例子中，我们首先定义了二次函数的系数向量 p，然后定义了输入参数 x 的值，并计算了二次函数在 $x=2$ 处的值，并将其存储在输出参数 y 中. 通过这种方式，我们可以轻松地计算各种多项式函数的值.

1.6 阅读材料

1.6.1 变量的出现㊀

变量(Variable)的概念是由法国数学家**笛卡儿**引入的. **恩格斯**说："数学中的转折点是笛卡儿的变数."变量的引入，使数学发生了巨大的变革. 但事实上，笛卡儿并没有使用过"变量"这个词. 在他的《几何学》中，所谓变量，是指"未知的和未定的量". 具体地说，指具有变化长度和不变方向的线段，还指连续经过坐标轴上所有点的变化着的数. 正是变量的这两种形式使笛卡儿创立了解析几何学. 解析几何的另一位创始人费马在他的著作《平面与立体轨迹引论》中所说的未知量实际上也是"变量". 解析几何是代数与几何相结合的产物，它将变量引进了数学，使运动与变化的定量表述成为可能，从而为微积分的创立铺平了道路.

㊀ 杜瑞芝. 变量[M]//杜瑞芝. 数学史辞典新编. 济南：山东教育出版社，2017：588.

在数学上最早使用“变量”这个词的是瑞士数学家**约翰·伯努利**. 他在1718年表述：“变量的函数就是变量和常量以任何方式组成的量.”

汉语“变数”这个词，是清代数学家**李善兰**最先使用的. 他在《代微积拾级》的译本(1859)的序中说：“中法之四元，即西法之代数也……代数以甲、乙、丙、丁诸元代已知数，以天、地、人、物诸元代未知数. 微分积分以甲、乙、丙、丁诸元代常数，以天、地、人、物诸元代变数.”

1.6.2 函数概念的演变

函数(Function)是数学中最基本、最重要的概念之一. 设 D 是一非空的实数集，f 是某一规则. 若对每一个数 $x\in D$，由 f 唯一地确定出一个相对应的实数 $f(x)$，则称 f 为定义于 D 上的一个函数.

在古代数学中已经知道一大类特殊的函数关系并加以系统研究，但函数中变量依赖的思想并没有明显地表达出来，函数也不是独立的研究对象. 函数概念的雏形在中世纪才开始出现在科学文献中，与解析几何学的产生有密切联系. 在14世纪，法国数学家**奥雷姆**用图线表示依时间 t 而变化的量 x，并称 t 为“经度”，x 为“纬度”，在平面上建立了点与点之间的对应. 在16世纪，英国数学家**哈里奥特**用直角坐标的概念求出曲线的代数方程. 后来**费马**取两相交直线，并以到两直线的距离来规定点的位置，从而导出圆锥曲线的方程. 17世纪上半叶，**笛卡儿**把变量引入数学，他指出了平面上的点与实数对 (x,y) 之间的对应关系. 当动点做曲线运动时，它的 x 坐标和 y 坐标相互依赖并同时发生变化，其关系可由包含 x，y 的方程式给出. 相应的方程式就揭示了变量 x 和 y 之间的关系. **费马**和**牛顿**的工作中也包含着函数的思想.

“函数”作为数学术语是**莱布尼茨**首先采用的. 他在1692年的论文中第一次提出函数这一概念. 起初他用函数一词表示 x 的幂(即 $x,x^2,x^3,\cdots$)，后来他又用函数表示曲线上点的横坐标、纵坐标、切线长等几何量. 现在一般把莱布尼茨引用的函数概念的最初形式看作函数的第一个定义. 把函数理解为幂的同义语，可以看作函数概念的解析起源；用函数表示某些几何量，可以看作函数概念的几何起源.

随着数学的发展，函数的定义不断地改进和明确. 以下按时间顺序列举一些有代表性的函数概念的原始定义，从中我们可以看出函数的概念是如何随着数学的发展而不断扩张的.

约翰·伯努利(1718)：“一个变量的函数是指由这个变量和常量以一定方式构成的一种量.”

欧拉(1748)：“一个变量的函数是由该变量和一些数或常量以任何一种方式构成的解析表达式.”

欧拉(时间不详)：“在 xOy 平面上徒手画出来的曲线所表示的 y 与 x 之间的关系.”

欧拉(1755)：“如果某些量以如下方式依赖于另一些量，即当后者变化时，前者本身也发生变化，则称前一些量是后一些量的函数.”

拉格朗日(1797)："所谓一个或几个量的函数是指任意一个适于计算的表达式，这些量以任意方式出现在表达式中……一般地，我们用字母f或F放在一个变量的前面以表示该变量的任意一个函数，即表示依赖于这个变量的任何一个量，它按照一种给定的规律随着那个变量一起变化."

傅里叶(1822)："一般地，函数$f(x)$代表一系列的值或纵坐标，它们中的每一个都是任意的. 对于无限多个给定的横坐标x的值，有同样多个纵坐标$f(x)$所有的纵坐标都有具体的数值，或是正数，或是负数，或是零. 我们不假定这些纵坐标要服从一个共同的规律，它们以任意一种方式一个接一个地出现，其中的每一个都像是作为单独的量而给定的."

柯西(1823)："如果在一些变量之间有这样的关系，使得当其中之一的值被给定时，便可得出其他所有变量的值. 此时，我们通常认为这些变量可以由它们之中的一个表示出，于是这一个量被称为独立变量，其他被独立变量所表示的量就被称为这个变量的函数."

罗巴切夫斯基(1834)："函数的一般概念要求x的函数是一个数，它对每个x是给定的并逐渐地随x变化. 函数的值可以这样给出，或者用一个解析表达式或者用一个条件，使它能给出试验所有数的方法并选定其中之一；或者最后，存在一种依赖性，它的具体形式我们不必知道."

狄利克雷(1837)："让我们假定a和b是两个确定的值，x是一个变量，它顺序变化取遍a和b之间所有的值. 于是，如果对每个x，有唯一的一个有限的y以如下方式与之对应，即当x连续地通过区间到达b时，$y=f(x)$也类似地顺序变化，那么y被称为该区间中x的连续函数. 而且，完全不必要求y在整个区间中按同一规律依赖于x，确实没有必要认为函数仅仅是可以用数学运算表示的那种关系. 按几何概念讲，x和y可想象为横坐标和纵坐标，一个连续函数呈现为一条连贯的曲线，a和b之间的每个横坐标，曲线上仅有一个点与之对应."

著名的狄利克雷函数：$y=\begin{cases}1, & x\text{为有理数},\\ 0, & x\text{为无理数}.\end{cases}$

黎曼(1851)："我们假定z是一个变量，它可以逐次取所有可能的实数值. 若对它的每一个值，都有未定量W的唯一的一个值与之对应，则称W为z的函数…."

汉克尔(1870)："$f(x)$称作x的一个函数，如果对于某个区间内的每一个x的值都有唯一的和确定的$f(x)$的一个值与之对应. 而且，$f(x)$从何而来，如何确定，是否由量的解析运算或其他什么方式得到，这些都无关紧要，所需的只是$f(x)$的值在各处都是唯一确定的."

戴德金(1887)："系统S上的一个映射包含了一种规则，按照这种规则，S中每一个确定的元素s都对应着一个确定的对象，它被称为s的映象，记作$\Phi(s)$. 我们也可以说，$\Phi(s)$对应于元素s，$\Phi(s)$由映射Φ作用于s而产生或导出；s经映射Φ变换成$\Phi(s)$."

凯里(1917)："一般而论，两类数之间的一个对应可以称为一个函数关系，如果第一类中的每一个数都有第二类中的一个数与之对应. 与第一类中的数相应的变量称为独立变量，与第二类中的数相应的变量称为应变量. 因此，我们可以说，独立变量和应变量之间存在一个函数关系，或像通常所说，称应变量是独立变量的函数……”

库拉托夫斯基(1921)：“集合$(a,b)=\{\{a\},\{a,b\}\}$称为一个序偶. 设f是一个序偶的集合，如果当$(x,y)\in f$且$(x,y)\in f$时$y=z$，则f称为一个函数.”

布尔巴基(1939)：“设E和F是两个集合，它们可以不同，也可以相同. E中的一个变元x和F中的变元y之间的一个关系称为一个函数关系，如果对每一个$x\in E$，都存在唯一的$y\in F$，它与x满足给定的关系.”

从以上所列举的函数定义可以看出，函数概念从欧拉时代的“一个变量对另一个变量的依赖性”，到傅里叶、黎曼等人的“作为两个数集之间的对应关系”，乃至戴德金的“两个任意集合(不必是数集)的映射关系”的发展过程. 函数概念由“对应”关系，还引出其他概念，如“集合”、“关系”或其他的集论或数理逻辑概念. 除了术语“对应”和“映射”外，现代部分文献也使用“变换”、“态射”等术语表示函数关系.

总复习题 1

第一部分：基础题

1. 求下列函数的定义域：

(1) $y=\sqrt{5-x^2}$；

(2) $y=\lg\dfrac{x}{x-2}+\arcsin\dfrac{x}{3}$；

(3) $y=\dfrac{2}{\sqrt{x^2-3x+2}}+1$；

(4) $y=\begin{cases}\dfrac{1}{x}, & x<0,\\ x-3, & 0\leqslant x\leqslant 1,\\ -2x+1, & x>1.\end{cases}$

2. 设函数$f(x)$的定义域是$[0,1]$，求下列函数的定义域：

(1) $f(x^2)$；

(2) $f(x-a)+f(x+a)\quad\left(0<a<\dfrac{1}{2}\right)$.

3. 讨论下列函数的奇偶性：

(1) $f(x)=\dfrac{\sin x}{x}$；

(2) $f(x)=\log_2(x+\sqrt{1+x^2})$；

(3) $f(x)=\dfrac{1}{a^x-1}+\dfrac{1}{2}$；

(4) $y=\dfrac{a^x-1}{a^x+1}$；

(5) $f(x)=\begin{cases}1-x, & x\leqslant 0,\\ 1+x, & x>0;\end{cases}$

(6) $f(x)=x^2-x+1$.

4. 判断下列函数是否为周期函数，如果是周期函数，求出周期：

(1) $y=\sin^2x$；

(2) $y=\sin x+\dfrac{1}{3}\sin 2x$；

(3) $y=3$；

(4) $y=\cos(x-2)$.

5. 指出下列函数的复合过程：

(1) $y=\sqrt{1-\sin x}$；

(2) $y=\cos\sqrt{2x+3}$；

(3) $y=\mathrm{e}^{\sin\frac{1}{x}}$；

(4) $y=4\arcsin(1-x)^3$.

6. 已知函数$f\left(\sin\dfrac{x}{2}\right)=1+\cos x$，求函数$f(x)$.

7. 设$f(x)=\begin{cases}-1, & x<0,\\ 0, & x=0,\\ 1, & x>0.\end{cases}$求$f(x-1)$，$f(x^2-1)$，

第二部分：拓展题

1. 已知$f(x)=\dfrac{1}{\lg(3-x)}+\sqrt{49-x^2}$，求$f(x)$的

定义域及$f[f(-7)]$.

2. 设$f(x)$满足方程$af(x)+bf\left(\frac{x}{x-1}\right)=e^x$，其中$|a|\neq|b|$，求$f(x)$.

3. 已知$f(x)=\begin{cases}x, & x>0,\\ 1+x, & x\leqslant0,\end{cases}$ $g(x)=\begin{cases}-x^2, & x>0,\\ x, & x\leqslant0,\end{cases}$ 求$g[f(x)]$.

4. 设$f(x)=\begin{cases}0, & x\leqslant0,\\ x, & x>0,\end{cases}$ $g(x)=\begin{cases}0, & x\leqslant0,\\ -x^2, & x>0,\end{cases}$ 求$f[f(x)]$，$g[g(x)]$，$f[g(x)]$.

5. 讨论当$a=2$和$a=-2$时，$y=\lg(a-\sin x)$是不是复合函数，如果是复合函数，求其定义域.

6. 求下列函数的反函数及其定义域：

(1) $y=\frac{1}{2}\left(x+\frac{1}{x}\right)$ $(|x|\geqslant1)$；

(2) $f(x)=\begin{cases}x, & x<1,\\ x^2, & 1\leqslant x<4,\\ 2^x, & x\geqslant4.\end{cases}$

7. 一房地产公司有50套公寓房出租，房租最少为100元，按50的整数倍递增. 当租金定为每套每月1000元时，房屋可全部租出，当租金每套每月提高50元时，就有一套租不出去，而每租出一套房，公司每月需交100元的维修费，试求公寓房租金与房地产公司的总收入之间的关系.

8. 某货运公司规定货物的每吨千米运价为在a（单位：km）以内，每吨千米为k元；超过a时，超过部分每吨公里为$\frac{4}{5}k$元. 试写出每吨货物运价m（元）与里程s（单位：km）之间的函数关系式.

9. 一种小排量家用轿车出厂价为100000元，使用后它的价值按年降价率8%的标准贬值，求轿车的价值y（元）与使用时间t（年）的函数关系.

10. 设某商店以每件a元的价格出售某种商品，可销售1000件，若在此基础上降价10%，最多可再售出300件，又知该商品每件进价b元，写出销售该商品的利润与进货数x的函数关系.

第三部分：考研真题

（2001年，数二）$f(x)=\begin{cases}1, & |x|\leqslant1,\\ 0, & |x|>1,\end{cases}$ 则$f\{f[f(x)]\}=$（　　）.

A. 0　　B. 1

C. $\begin{cases}1, & |x|\leqslant1,\\ 0, & |x|>1\end{cases}$　　D. $\begin{cases}0, & |x|\leqslant1,\\ 1, & |x|>1\end{cases}$

自测题1

（满分100分，测试时间45min）

一、单项选择题（本题共10个小题，每小题5分，共50分）

1. 函数$y=\frac{x-1}{\ln x}+\sqrt{16-x^2}$的定义域是（　　）.

A. $(0,1)$　　B. $(0,4)$

C. $(0,1)\cup(1,4]$　　D. $(0,1)\cup(1,4)$

2. 下列函数为同一函数的是（　　）.

A. $\ln x^2$与$2\ln x$　　B. $e^{-\ln x^2}$与$\frac{1}{x^2}$

C. $(\sqrt{x})^2$与$\sqrt{x^2}$　　D. x与$\sin(\arcsin x)$

3. 设$f(x)$在$(-\infty,+\infty)$内有定义，则下列函数中必为奇函数的是（　　）.

A. $y=-|f(x)|$　　B. $y=|f(x)|$

C. $y=c$　　D. $y=xf(x^2)$

4. 函数$y=\lg(x-1)$在下列哪个区间是有界的（　　）.

A. $(1,+\infty)$　　B. $(2,+\infty)$

C. $(2,3)$　　D. $(1,2)$

5. 下列函数为复合函数的是（　　）.

A. $y=3^x$　　B. $y=\sqrt{-x}(x<0)$

C. $y=\sqrt{-(2+x^4)}$　　D. $y=2^{-\sqrt{-(2-\sin x)}}$

6. 函数$y=6^x-6^{-x}$（　　）.

A. 是奇函数，非偶函数

B. 是偶函数，非奇函数

C. 是非奇函数，又非偶函数

D. 既是奇函数，又是偶函数

7. 下列函数$y=f(u)$，$u=\varphi(x)$中能构成复合函数$y=f[\varphi(x)]$的是（　　）.

A. $y=f(u)=\frac{1}{\sqrt{u-1}}$，$u=\varphi(x)=-x^2+1$

B. $y=f(u)=\lg(1-u)$，$u=\varphi(x)=x^2+1$

C. $y=f(u)=\arcsin u$，$u=\varphi(x)=x^2+2$

D. $y=f(u)=\arccos u$，$u=\varphi(x)=-x^2+2$

8. 下列函数中不是初等函数的是（　　）.

A. $y=x^x$　　B. $y=2x^2e^x$

C. $y=\mathrm{sgn}x$　　D. $y=\cos\sqrt{x}$

9. 函数 $y=\sqrt{1-u^2}$ 与 $u=\lg x$ 中能构成复合函数 $y=\sqrt{1-\lg^2 x}$ 的区间是(　　).

A. $[0,+\infty)$　　B. $\left[\frac{1}{10},10\right]$

C. $\left[\frac{1}{10},+\infty\right)$　　D. $[0,10]$

10. 函数 $y=e^x$ 在区间(　　)内无界.

A. $(2,+\infty)$　　B. $(1,2)$

C. $(-\infty,1)$　　D. $(2,3)$

二、判断题(用√、×表示. 本题共 10 个小题，每小题 5 分，共 50 分)

1. 已知 $f(x)=\sqrt{4x-x^2}$，在区间 $[2,4]$ 上为严格单减函数；(　　)

2. 函数 $f(x)=\frac{x}{1+x}$ 在 $(-1,+\infty)$ 是严格单增函数；(　　)

3. 已知 $f(x)=x\cos x$，$x\in(-\infty,+\infty)$，则该函数为有界函数；(　　)

4. 设 $f(x)=x^4$，$g(x)=\begin{cases}\sqrt{x}, & x\geqslant 0,\\ -\sqrt{-x}, & x<0,\end{cases}$ 则 $f(g(x))=x^2$，$x\in(-\infty,+\infty)$；(　　)

5. 已知 $f(x)=\ln x+1$，$g(x)=\sqrt{x}+1$，则 $f[g(x)]=\ln(\sqrt{x}+1)+1$；(　　)

6. 已知 $f(x)=\frac{1}{x-1}$，则 $f(1+f(x))=\frac{1}{x+1}$；(　　)

7. 已知函数 $f(x)=\frac{2x+2}{x^2+2x+2}-\frac{1}{2}$，则其值域为 $\left[-\frac{3}{2},\frac{1}{2}\right]$；(　　)

8. 函数 $y=\sqrt{x(x-1)}$ 与 $y=\sqrt{x}\sqrt{x-1}$ 是同一个函数；(　　)

9. 函数 $y=|x|$ 与 $y=\sqrt{x^2}$ 是同一个函数；(　　)

10. 函数 $y=\sin x^2$ 是周期函数.(　　)

第2章 极限与连续

【学习目标】

1. 理解数列极限和函数极限(包括左极限与右极限)的概念.

2. 理解极限的性质与极限存在的两个准则，掌握极限的四则运算法则和两个重要极限.

3. 理解无穷小和无穷大的概念和基本性质，掌握无穷小的比较方法.

4. 理解函数连续性的概念，明确极限与连续的关系，会判别函数间断点的类型.

5. 了解连续函数的性质和初等函数的连续性，理解闭区间上连续函数的性质(有界性、最大值和最小值定理、介值定理).

极限的理论和方法是整个微积分学的理论基础. 本章我们首先讨论数列极限的概念和性质，再讨论函数极限的概念和性质以及计算方法，并在此基础上给出函数连续性的定义，揭示初等函数的连续性，给出闭区间上连续函数的几个性质，最后介绍经济学中的利息及复利问题.

本章知识结构图

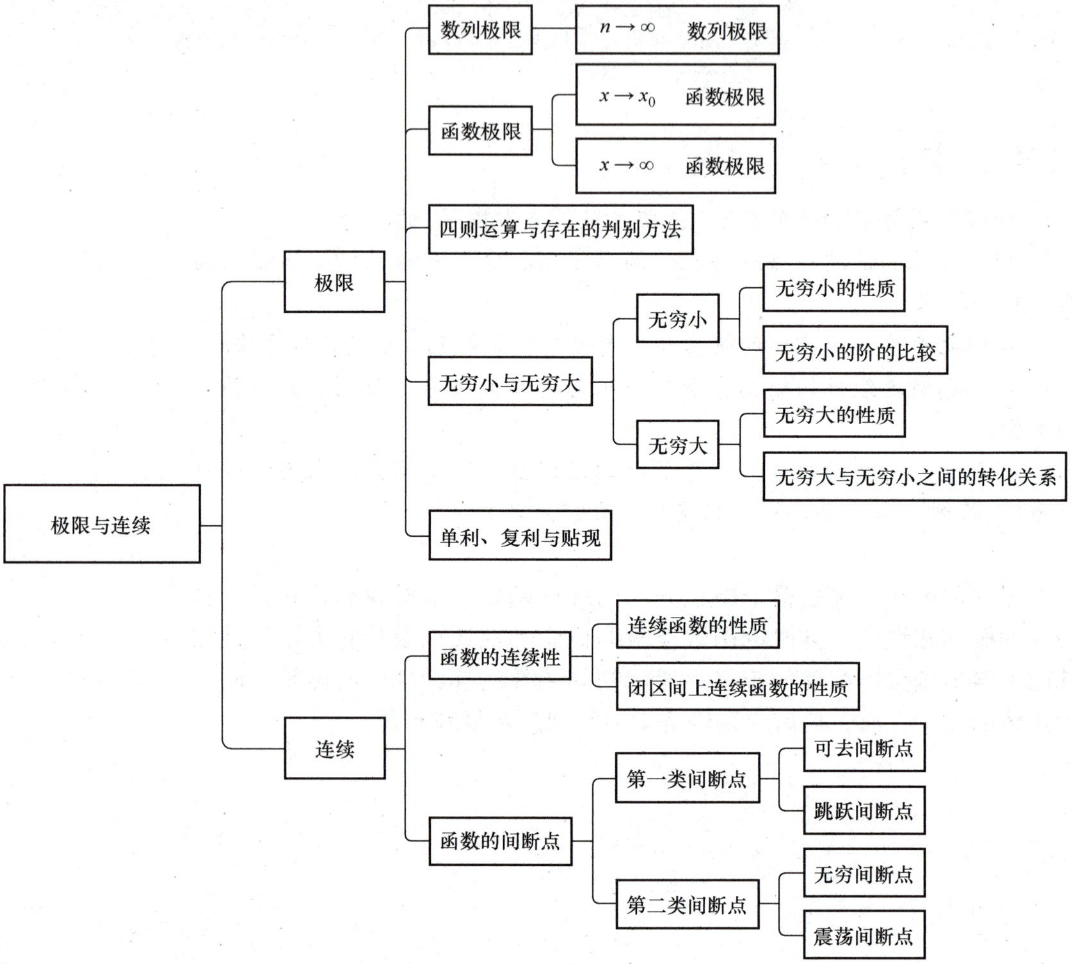

2.1　数列极限

极限思想在几何学、经济学等方面都有着重要的应用，可精确地描述和分析变量之间的关系和变化趋势. 下面从本节数列极限开始，带领读者学习并掌握极限的思想.

2.1.1　引例

极限概念是由求某些实际问题的精确解答而产生的. 例如，我国魏晋时期杰出的数学家刘徽提出了利用圆内接正多边形来推算圆面积的方法——割圆术. 做法如下：

设圆半径为 1，先作圆的内接正六边形，把它的面积记为 A_1；再作内接正十二边形，其面积记为 A_2，再作内接正二十四边形，其面积记为 A_3；依次类推下去，每次边数加倍，这样得到一系列圆内接正多边形的面积：

$$A_1, A_2, A_3, \cdots, A_n, \cdots.$$

它们构成一列有次序的数，随着数的增大，内接正多边形的面积与圆面积的差别就越小，从而可以作为圆面积的近似值的误差就越小. 但无论多大，只要取定，终究是正多边形的面积，而不是圆的面积. 因此，设想让 n 无限增大，即内接正多边形的边数无限增加，在这个过程中，内接正多边形无限接近于圆，同时内接正多边形的面积将无限接近于某一个确定的数值，即圆的面积. 正如刘徽所说“割之弥细，所失弥少，割之又割，以至于不可割，则与圆周合体而无所失矣”. 这个“无限接近”的过程充分体现了极限的思想.

定义 2.1.1　按正整数顺序 1,2,3,⋯排列的无穷多个数，称为**数列**. 数列通常记作

$$a_1, a_2, a_3, \cdots, a_n, \cdots,$$

或简记作 $\{a_n\}$. 数列的每个数称为**数列的项**，第 n 项 a_n 称为数列的**通项**或**一般项**.

例如，

(1) $1, 3, 5, \cdots, (2n-1), \cdots$;

(2) $\frac{1}{2}, \frac{1}{4}, \frac{1}{8}, \cdots, \frac{1}{2^n}, \cdots$;

(3) $2, 4, 8, \cdots, 2^n, \cdots$;

(4) $\frac{1}{2}, \frac{2}{3}, \frac{3}{4}, \cdots, \frac{n}{n+1}, \cdots$;

(5) $1, -1, 1, \cdots, (-1)^{n+1}, \cdots$;

(6) $1, -\frac{1}{2}, \frac{1}{3}, \cdots, (-1)^{n-1}\frac{1}{n}, \cdots$

都是数列. 它们的通项依次为

$$(2n-1); \frac{1}{2^n}; 2^n; \frac{n}{n+1}; (-1)^{n+1}; (-1)^{n-1}\frac{1}{n}.$$

注　(1) 在几何上，数列对应着数轴上一个点列. 可看作一动点在数轴上依次取 $a_1, a_2, a_3, \cdots, a_n, \cdots$(见图 2.1).

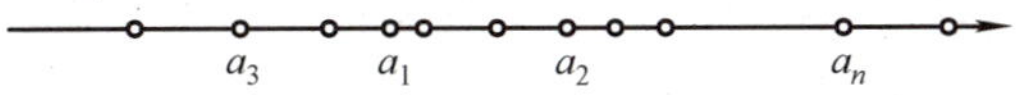

图　2.1

(2) 从函数的观点来看，数列可以看作以正整数为定义域的函数，当自变量按照从小到大的顺序依次取值时，对应的一列函数值就排列成数列，而数列的通项公式就是相应的函数解析式.

对于数列，我们主要研究当 n 无限增大时，通项 a_n 的变化趋势.

通过观察上述例子中的数列(1)～数列(6)，我们看出通项 a_n 的变化趋势分别为

1. 对于数列(1)，当 $n\to\infty$ 时，通项 $(2n-1)$ 也无限增大 $((2n-1)\to\infty)$；

2. 对于数列(2)，当 $n\to\infty$ 时，通项 $\frac{1}{2^n}$ 无限接近于 $0\left(\frac{1}{2^n}\to 0\right)$；

3. 对于数列(3)，当 $n\to\infty$ 时，通项 2^n 无限增大 $(2^n\to\infty)$；

4. 对于数列(4)，当 $n\to\infty$ 时，通项 $\frac{n}{n+1}$ 无限接近于 $1\left(\frac{n}{n+1}\to 1\right)$；

5. 对于数列(5)，当 n 按奇数无限增大时，通项 $(-1)^{n+1}$ 始终为 1；当 n 按偶数无限增大时，通项 $(-1)^{n+1}$ 始终为 -1，因此当 n 无限增大时，通项 $(-1)^{n+1}$ 没有确定的变化趋势；

6. 对于数列(6)，当 $n\to\infty$ 时，通项 $(-1)^{n-1}\frac{1}{n}$ 无限接近于 0. 即 $(-1)^{n-1}\frac{1}{n}\to 0$.

根据上面分析可以得出直观的数列极限的定义.

2.1.2 数列极限的定义

定义 2.1.2 设数列 $\{a_n\}$，当 n 无限增大时，若 a_n 无限接近于一个确定的常数 A，则称 $\{a_n\}$ 以 A 为**极限**，或称 $\{a_n\}$ **收敛于** A. 记作

$$\lim_{n\to\infty} a_n = A \text{ 或 } a_n\to A\ (n\to\infty). \tag{2.1.1}$$

如果当 n 无限增大时，a_n 不能无限接近于某个确定的常数，则称当 $n\to\infty$ 时，$\{a_n\}$ **发散或极限不存在**.

例 2.1.1 考察下面数列当 $n\to\infty$ 时的变化趋势，写出它们的极限.

(1) $\{2\}$；(2) $\left\{\frac{1}{n}\right\}$；(3) $\left\{\frac{1+(-1)^n}{n}\right\}$；

(4) $\{\sqrt{n}\}$；(5) $\left\{2-\frac{1}{3^n}\right\}$；(6) $\left\{2+(-1)^{n-1}\frac{1}{n}\right\}$.

解 (1) $a_n=2$，是一个常数数列，当 $n\to\infty$ 时，a_n 始终为 2，因此 $\lim\limits_{n\to\infty}2=2$；

(2) $a_n=\frac{1}{n}$，当 $n\to\infty$ 时，a_n 无限接近于 0，因此 $\lim\limits_{n\to\infty}\frac{1}{n}=0$；

(3) $a_n=\frac{1+(-1)^n}{n}$，当 $n\to\infty$ 时，a_n 无限接近于 0，因此 $\lim\limits_{n\to\infty}\frac{1+(-1)^n}{n}=0$；

(4) $a_n=\sqrt{n}$，当 $n\to\infty$ 时，a_n 无限增大，没有确定的变化趋势. 为了方便，我们常把这种情况记为 $\lim\limits_{n\to\infty}\sqrt{n}=\infty$，它是极限不存在的一种特殊

情况.

(5) $a_n=2-\frac{1}{3^n}$，当 $n\to\infty$ 时，$\frac{1}{3^n}$无限接近于 0，故 a_n 无限接近于 2，因此$\lim\limits_{n\to\infty}2-\frac{1}{3^n}=2$；

(6) $a_n=2+(-1)^{n-1}\frac{1}{n}$，当 $n\to\infty$ 时，$(-1)^{n-1}\frac{1}{n}$无限接近于0，故 a_n 无限接近于2，因此$\lim\limits_{n\to\infty}2+(-1)^{n-1}\frac{1}{n}=2$.

2.1.3　收敛数列的基本性质

性质 2.1.1（唯一性）　收敛数列的极限是唯一的.

下面先介绍数列的有界性，然后给出收敛数列的有界性.

定义 2.1.3　对数列$\{a_n\}$，若存在正数 M，使得对于一切正整数 n，恒有$|a_n|\leqslant M$ 成立，则称$\{a_n\}$**有界**，否则，称$\{a_n\}$为**无界**.

性质 2.1.2（有界性）　收敛数列必为有界数列.

注　有界性是数列收敛的必要条件.

例如，数列$\{(-1)^{n+1}\}$有界，但其发散.

推论 1　无界数列必定发散. 例如，数列$\{n^2\}$无界，则其必发散.

性质 2.1.3（保号性）　设$\lim\limits_{n\to\infty}a_n=a$，$\lim\limits_{n\to\infty}b_n=b$，且 $a>b$，则必存在正整数 N，当 $n>N$ 时，有 $a_n>b_n$.（证明略）

推论 2　设$\lim\limits_{n\to\infty}a_n=a$，$\lim\limits_{n\to\infty}b_n=b$，且存在正整数 N，当 $n>N$ 时，有 $a_n>b_n$，则 $a>b$.

推论 3　若$\lim\limits_{n\to\infty}a_n=a$，且 $a>0$（或 $a<0$），则必存在正整数 N，当 $n>N$ 时，恒有 $a_n>0$（或 $a_n<0$）.

推论 4　若数列$\{a_n\}$从某项起有 $a_n\geqslant 0$（或 $a_n\leqslant 0$），且$\lim\limits_{n\to\infty}a_n=a$，则 $a\geqslant 0$（或 $a\leqslant 0$）.

最后，介绍子列的概念以及关于收敛数列与其子列间关系的一个性质.

定义 2.1.4　将数列$\{a_n\}$在保持原有顺序的情况下，任取其中无穷多项所构成的新数列称为$\{a_n\}$的**子数列**，简称**子列**.

例如，$a_1,a_3,a_5,\cdots,a_{2n-1},\cdots$和 $a_2,a_4,a_6,\cdots,a_{2n},\cdots$均为$\{a_n\}$子列.

性质 2.1.4（收敛数列与其子列间的关系）　如果数列$\{a_n\}$收敛于 a，那么它的任意一个子列也收敛，且均收敛于 a.

推论 5　若数列$\{a_n\}$有两个子列收敛于不同的极限，则$\{a_n\}$是发散的.

例 2.1.2　验证数列$\{(-1)^{n+1}\}$的发散性.

解　取数列$\{(-1)^{n+1}\}$的两个子列分别为$1,1,1,\cdots,1,\cdots$和 $-1,-1,-1,\cdots$,

$-1,\cdots$，两者分别收敛于 1 和 -1，由性质 2.1.4 的推论可知，$\{(-1)^{n+1}\}$ 是发散的.

2.1.4 数列极限的四则运算

定理 2.1.1 设 $\lim\limits_{n\to\infty}a_n=a$，$\lim\limits_{n\to\infty}b_n=b$，则有

(1) $\lim\limits_{n\to\infty}(a_n\pm b_n)=\lim\limits_{n\to\infty}a_n\pm\lim\limits_{n\to\infty}b_n=a\pm b$；

(2) $\lim\limits_{n\to\infty}(a_n\cdot b_n)=\lim\limits_{n\to\infty}a_n\cdot\lim\limits_{n\to\infty}b_n=a\cdot b$；

(3) $\lim\limits_{n\to\infty}\left(\dfrac{a_n}{b_n}\right)=\dfrac{\lim\limits_{n\to\infty}a_n}{\lim\limits_{n\to\infty}b_n}=\dfrac{a}{b}$（这里要求 $b\neq0$）.

证明略.

推论 1 设 $\lim\limits_{n\to\infty}a_n=a$，$C$ 为常数，则

$$\lim_{n\to\infty}Ca_n=C\lim_{n\to\infty}a_n=Ca.$$

推论 2 设 $\lim\limits_{n\to\infty}a_n$，$\lim\limits_{n\to\infty}b_n$，$\lim\limits_{n\to\infty}c_n$，…都存在，$C_1,C_2,C_3,\cdots$ 为常数，则

$$\lim_{n\to\infty}(C_1a_n+C_2b_n+C_3c_n+\cdots)=C_1\lim_{n\to\infty}a_n+C_2\lim_{n\to\infty}b_n+C_3\lim_{n\to\infty}c_n+\cdots.$$

推论 3 设 $\lim\limits_{n\to\infty}a_n$，$\lim\limits_{n\to\infty}b_n$，$\lim\limits_{n\to\infty}c_n,\cdots$ 都存在，则

$$\lim_{n\to\infty}(a_n\cdot b_n\cdot c_n\cdots)=\lim_{n\to\infty}a_n\cdot\lim_{n\to\infty}b_n\cdot\lim_{n\to\infty}c_n\cdots.$$

特别地，若 $\lim\limits_{n\to\infty}a_n=a$ 存在，而 k 为正整数，则

$$\lim_{n\to\infty}a_n^k=(\lim_{n\to\infty}a_n)^k=a^k.$$

例 2.1.3

例 2.1.3 求极限 $\lim\limits_{n\to\infty}\dfrac{4n^2+2}{3n^2+n+1}$.

解
$$\lim_{n\to\infty}\frac{4n^2+2}{3n^2+n+1}=\lim_{n\to\infty}\frac{4+\dfrac{2}{n^2}}{3+\dfrac{1}{n}+\dfrac{1}{n^2}}=\frac{\lim\limits_{n\to\infty}\left(4+\dfrac{2}{n^2}\right)}{\lim\limits_{n\to\infty}\left(3+\dfrac{1}{n}+\dfrac{1}{n^2}\right)}$$
$$=\frac{\lim\limits_{n\to\infty}4+\lim\limits_{n\to\infty}\dfrac{2}{n^2}}{\lim\limits_{n\to\infty}3+\lim\limits_{n\to\infty}\dfrac{1}{n}+\lim\limits_{n\to\infty}\dfrac{1}{n^2}}=\frac{4+0}{3+0+0}=\frac{4}{3}.$$

例 2.1.4 求极限 $\lim\limits_{n\to\infty}\dfrac{n^2+2n+1}{2n^3+n^2+4}$.

解
$$\lim_{n\to\infty}\frac{n^2+2n+1}{2n^3+n^2+4}=\lim_{n\to\infty}\frac{\dfrac{1}{n}+\dfrac{2}{n^2}+\dfrac{1}{n^3}}{2+\dfrac{1}{n}+\dfrac{4}{n^3}}=\frac{\lim\limits_{n\to\infty}\left(\dfrac{1}{n}+\dfrac{2}{n^2}+\dfrac{1}{n^3}\right)}{\lim\limits_{n\to\infty}\left(2+\dfrac{1}{n}+\dfrac{4}{n^3}\right)}=\frac{0}{2}=0.$$

例 2.1.5 求极限 $\lim\limits_{n\to\infty}\dfrac{(-2)^n+5^n}{(-2)^{n+1}+5^{n+1}}$.

解 $\lim\limits_{n\to\infty}\dfrac{(-2)^n+5^n}{(-2)^{n+1}+5^{n+1}}=\lim\limits_{n\to\infty}\dfrac{\dfrac{(-2)^n}{5^n}+1}{\dfrac{(-2)^n}{5^n}\cdot(-2)+5}=\dfrac{1}{5}.$

例 2.1.6　求极限 $\lim\limits_{n\to\infty}(\sqrt{n^2+n}-n)$.

解　先将 $\sqrt{n^2+n}-n$ 有理化，得

$$\lim_{n\to\infty}(\sqrt{n^2+n}-n)=\lim_{n\to\infty}\frac{(\sqrt{n^2+n}-n)(\sqrt{n^2+n}+n)}{\sqrt{n^2+n}+n}$$

$$=\lim_{n\to\infty}\frac{n}{\sqrt{n^2+n}+n}=\lim_{n\to\infty}\frac{1}{\sqrt{1+\dfrac{1}{n}}+1}=\frac{1}{2}.$$

2.1.5　数列收敛的判别法

我们首先介绍单调数列.

定义 2.1.5　若数列 $\{a_n\}$ 满足条件

$$a_n\leqslant a_{n+1}\,(a_n\geqslant a_{n+1}),\ n\in\mathbf{Z}^+,$$

则称 $\{a_n\}$ 是**单调增加(单调递减)**的，单调增加和单调递减的数列统称为**单调数列**.

定理 2.1.2(单调有界原理)　单调有界数列必有收敛.

从数轴上直观分析，定理 2.1.2 的结论是显然的. 因为 a_n 作为数轴上的动点，若 $\{a_n\}$ 是单调递增数列，则动点 a_n 只能向右移动，所以只有两种可能情形：向右无限远离原点；或者向右无限趋近于某个定点，也就是说 $\{a_n\}$ 趋于一个极限. 但是 $\{a_n\}$ 是一个有界数列，即 $a_n\in[-M,M]$，所以第一种情况是不成立的. 从而表明这个数列趋于一个极限，并且这个极限的绝对值不超过 M. 对于单调递减数列也有类似的结论.

从上面的分析不难得到下面的结论：单调递增(单调递减)有上界(下界)数列必有极限.

例 2.1.7　设 $a>0$，$a_0>0$，$a_{n+1}=\dfrac{1}{2}\left(a_n+\dfrac{a}{a_n}\right)(n=1,2,3,\cdots)$，证明：$\lim\limits_{n\to\infty}a_n=\sqrt{a}$.

证　由题设知，数列 $\{a_n\}$ 是一个非负数列，故

$$a_{n+1}=\frac{1}{2}\left(a_n+\frac{a}{a_n}\right)\geqslant\frac{1}{2}\cdot2\sqrt{\left(a_n\cdot\frac{a}{a_n}\right)}=\sqrt{a}，即\{a_n\}有下界.$$

又

$$a_{n+1}-a_n=\frac{1}{2}\left(a_n+\frac{a}{a_n}\right)-a_n=\frac{a-a_n{}^2}{2a_n}\leqslant0，即 a_{n+1}\leqslant a_n,$$

故$\{a_n\}$单调递减有下界，由定理 2.1.2 知，$\lim\limits_{n\to\infty}a_n$ 存在，设$\lim\limits_{n\to\infty}a_n=A$，则

$$\lim_{n\to\infty}a_n=\frac{1}{2}\lim_{n\to\infty}\left(a_n+\frac{a}{a_n}\right)=\frac{1}{2}\left(\lim_{n\to\infty}a_n+\lim_{n\to\infty}\frac{a}{a_n}\right),$$

即

$$A=\frac{1}{2}\left(A+a\frac{1}{A}\right).$$

解出$A=\pm\sqrt{a}$，由极限的保号性知，$A=-\sqrt{a}$ 舍去，故$\lim\limits_{n\to\infty}a_n=\sqrt{a}$.

例 2.1.8　设$x_n=\left(1+\frac{1}{n}\right)^n$，证明：数列$\{x_n\}$收敛，且$\lim\limits_{n\to\infty}\left(1+\frac{1}{n}\right)^n=\mathrm{e}$.

证　首先证明数列$\{x_n\}$单调增加：

按照二项式定理，有

$$\begin{aligned}x_n&=\mathrm{C}_n^0 1^n\left(\frac{1}{n}\right)^0+\mathrm{C}_n^1 1^{n-1}\left(\frac{1}{n}\right)^1+\mathrm{C}_n^2 1^{n-2}\left(\frac{1}{n}\right)^2+\cdots+\mathrm{C}_n^n 1^0\left(\frac{1}{n}\right)^n\\&=1+1+\frac{1}{2!}\left(1-\frac{1}{n}\right)+\frac{1}{3!}\left(1-\frac{1}{n}\right)\left(1-\frac{2}{n}\right)+\cdots+\\&\quad\frac{1}{n!}\left(1-\frac{1}{n}\right)\left(1-\frac{2}{n}\right)\cdots\left(1-\frac{n-1}{n}\right).\end{aligned}$$

类似地，有

$$\begin{aligned}x_{n+1}=1+1+\frac{1}{2!}\left(1-\frac{1}{n+1}\right)+\frac{1}{3!}\left(1-\frac{1}{n+1}\right)\left(1-\frac{2}{n+1}\right)+\cdots+\\\frac{1}{n!}\left(1-\frac{1}{n+1}\right)\cdots\left(1-\frac{n}{n+1}\right)\end{aligned}$$

由此可见，$x_n<x_{n+1}$，故$\{x_n\}$单调增加.

其次证明$\{x_n\}$有界：

由于

$$\begin{aligned}x_n&=1+1+\frac{1}{2!}\left(1-\frac{1}{n}\right)+\frac{1}{3!}\left(1-\frac{1}{n}\right)\left(1-\frac{2}{n}\right)+\cdots+\\&\quad\frac{1}{n!}\left(1-\frac{1}{n}\right)\left(1-\frac{2}{n}\right)\cdots\left(1-\frac{n-1}{n}\right)<\\&\quad1+1+\frac{1}{2!}+\frac{1}{3!}+\cdots+\frac{1}{n!}<\\&\quad1+1+\frac{1}{2}+\frac{1}{2\cdot2}+\frac{1}{2\cdot2\cdot2}+\cdots+\frac{1}{2^{n-1}}\\&=1+\frac{1-\frac{1}{2^n}}{1-\frac{1}{2}}=1+2\left(1-\frac{1}{2^n}\right)<3,\end{aligned}$$

故$\{x_n\}$有界，由定理 2.1.2 便知$\{x_n\}$收敛，将其极限记为 e，于是

$$\lim_{n\to\infty}\left(1+\frac{1}{n}\right)^n=\mathrm{e}.$$

注　$\lim\limits_{n\to\infty}\left(1+\frac{1}{n}\right)^n=\mathrm{e}$ 为一个重要极限公式，在以后做题时可以灵活运用.

例 2.1.9　求 $\lim\limits_{n\to\infty}\left(\dfrac{n}{n+1}\right)^n$.

解　由 $\lim\limits_{n\to\infty}\left(\dfrac{n}{n+1}\right)^n=\lim\limits_{n\to\infty}\left(\dfrac{1}{1+\dfrac{1}{n}}\right)^n=\lim\limits_{n\to\infty}\dfrac{1}{\left(1+\dfrac{1}{n}\right)^n}$，得

$$\lim_{n\to\infty}\left(\frac{n}{n+1}\right)^n=\lim_{n\to\infty}\left(\frac{1}{1+\frac{1}{n}}\right)^n=\lim_{n\to\infty}\frac{1}{\left(1+\frac{1}{n}\right)^n}=\frac{1}{\mathrm{e}}.$$

例 2.1.10　求 $\lim\limits_{n\to\infty}\left(\dfrac{n+2}{n+1}\right)^{2n}$.

解

$$\begin{aligned}\lim_{n\to\infty}\left(\frac{n+2}{n+1}\right)^{2n}&=\lim_{n\to\infty}\left(\frac{n+1+1}{n+1}\right)^{2n}=\lim_{n\to\infty}\left(1+\frac{1}{n+1}\right)^{2n}\\&=\lim_{n\to\infty}\left[\left(1+\frac{1}{n+1}\right)^{n+1}\right]^2\left(1+\frac{1}{n+1}\right)^{-2}\\&=\lim_{n\to\infty}\left[\left(1+\frac{1}{n+1}\right)^{n+1}\right]^2\lim_{n\to\infty}\left(1+\frac{1}{n+1}\right)^{-2}\\&=\mathrm{e}^2.\end{aligned}$$

定理 2.1.3（夹逼定理）　如果数列 $\{a_n\}$，$\{b_n\}$，$\{c_n\}$ 满足下列条件：

（1）自某项起，有 $b_n\leqslant a_n\leqslant c_n$；

（2）$\lim\limits_{n\to\infty}b_n=a$，$\lim\limits_{n\to\infty}c_n=a$；

那么 $\{a_n\}$ 极限存在，且 $\lim\limits_{n\to\infty}a_n=a$.

这一定理可以这样理解：由 $\lim\limits_{n\to\infty}b_n=a$，$\lim\limits_{n\to\infty}c_n=a$ 知，当 $n\to\infty$ 时，b_n，c_n 无限接近于 a，而 $b_n\leqslant a_n\leqslant c_n$，因此 a_n 也无限接近于 a.

例 2.1.11　求极限 $\lim\limits_{n\to\infty}\left(\dfrac{1}{\sqrt{n^2+1}}+\dfrac{1}{\sqrt{n^2+2}}+\cdots+\dfrac{1}{\sqrt{n^2+n}}\right)$.

解　因为 $\dfrac{n}{\sqrt{n^2+n}}\leqslant\left(\dfrac{1}{\sqrt{n^2+1}}+\dfrac{1}{\sqrt{n^2+2}}+\cdots+\dfrac{1}{\sqrt{n^2+n}}\right)\leqslant\dfrac{n}{\sqrt{n^2+1}}$，

取极限

$$\lim_{n\to\infty}\frac{n}{\sqrt{n^2+n}}\leqslant\lim_{n\to\infty}\left(\frac{1}{\sqrt{n^2+1}}+\frac{1}{\sqrt{n^2+2}}+\cdots+\frac{1}{\sqrt{n^2+n}}\right)\leqslant\lim_{n\to\infty}\frac{n}{\sqrt{n^2+1}},$$

而

$$\lim_{n\to\infty}\frac{n}{\sqrt{n^2+n}}=\lim_{n\to\infty}\frac{1}{\sqrt{1+\frac{1}{n}}}=1,\ \lim_{n\to\infty}\frac{n}{\sqrt{n^2+1}}=\lim_{n\to\infty}\frac{1}{\sqrt{1+\frac{1}{n^2}}}=1,$$

由夹逼定理知

$$\lim_{n\to\infty}\left(\frac{1}{\sqrt{n^2+1}}+\frac{1}{\sqrt{n^2+2}}+\cdots+\frac{1}{\sqrt{n^2+n}}\right)=1.$$

2.1.6 同步习题

1. 填空题

（1）$\lim\limits_{n\to\infty}\dfrac{1+2+\cdots+n}{\frac{1}{2}n^2}=$________.

（2）数列 $S_n=1+\dfrac{1}{2}+\dfrac{1}{2^2}+\cdots+\dfrac{1}{2^n}$ 的极限是________.

（3）$\lim\limits_{n\to\infty}\left(1+\dfrac{1}{n}\right)^{2n}=$________.

2. 选择题

（1）设数列 $\{x_n\}$ 有界，又 $\lim\limits_{n\to\infty}y_n=0$，则 $\lim\limits_{n\to\infty}x_ny_n$ 是(　　).

A. ∞　　B. 0　　C. 1　　D. 不存在

（2）下列数列的发散是(　　).

A. $\left\{1+\dfrac{1}{n^2}\right\}$　　B. $\left\{\left(-\dfrac{1}{2}\right)^n\right\}$

C. $\{2+(-1)^n\}$　　D. $\left\{\dfrac{n-1}{n+1}\right\}$

3. 计算题

（1）$\lim\limits_{n\to\infty}\dfrac{4n^2+2}{3n^2+n+1}$;

（2）$\lim\limits_{n\to\infty}\dfrac{\sqrt[3]{n^2+n}}{n}$;

（3）$\lim\limits_{n\to\infty}\left(1+\dfrac{3}{n+1}\right)^n$;

（4）$\lim\limits_{n\to\infty}\left(\dfrac{n+2}{n+1}\right)^n$.

4. 证明：$\lim\limits_{n\to\infty}n\left(\dfrac{1}{n^2+\pi}+\dfrac{1}{n^2+2\pi}+\cdots+\dfrac{1}{n^2+n\pi}\right)=1$.

2.2 函数极限

2.1 节介绍了数列的极限，本节讨论另一种重要的极限，即函数极限，它与数列的极限既有着本质区别，又有着非常密切的联系.

2.2.1 函数极限的定义

设函数 $f(x)$ 的定义域为 D，函数 $f(x)$ 的极限就是自变量 x 在定义域 D 内变化时，相应的函数值 $f(x)$ 的变化趋势. 考虑到函数定义域的各种形式，自变量 x 的变化趋势有些复杂，主要研究以下两种情形：

（1）自变量 x 任意接近于 x_0，且 $x\neq x_0$，简记为 $x\to x_0$.

它有两种特殊情形：

一种情形是自变量 x 从右侧接近于 x_0，即 $x>x_0$，简记为 $x\to x_0^+$；

另一种情形是自变量 x 从左侧接近于 x_0，即 $x<x_0$，简记为 $x\to x_0^-$；

（2）自变量 x 的绝对值 $|x|$ 无限增大，称作 x 趋向于无穷大，简记为 $x\to\infty$.

它也有两种特殊情形：

一种情形是自变量 x 沿数轴正方向趋于无穷大，简记为 $x\to+\infty$；

另一种情形是自变量 x 沿数轴负方向趋于无穷大，简记为 $x\to-\infty$.

本小节从以上两种情形分别研究函数 $f(x)$ 的极限.

1. $x\to x_0$ 时函数 $f(x)$ 的极限

所谓“当 $x\to x_0$ 时函数 $f(x)$ 的极限”，就是研究当自变量 x 无限接近 x_0 时，函数 $f(x)$ 的变化趋势.

我们先看两个例子.

例 2.2.1　当 $x\to2$ 时，函数 $f(x)=\dfrac{x}{2}+2$ 的变化趋势.

解　函数的定义域为 $(-\infty,+\infty)$，在 $x\to2$ 时，如表 2.1 和图 2.2 所示，分别给出了数据描述和几何描述.

表　2.1

x	1.9	1.99	1.999	1.9999	$\cdots\to2\leftarrow\cdots$	2.0001	2.001	2.01	2.1
$f(x)$	2.95	2.995	2.9995	2.99995	$\cdots\to3\leftarrow\cdots$	3.00005	3.0005	3.005	3.05

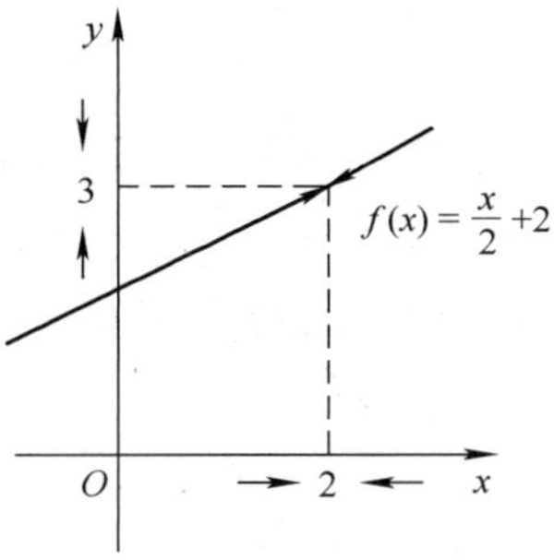

图　2.2

从表 2.1 看出，当 x 无论从 2 的左侧还是右侧无限接近于 2 时，函数 $f(x)=\dfrac{x}{2}+2$ 都无限接近于 3. 这时称 3 为 $f(x)=\dfrac{x}{2}+2$ 当 $x\to2$ 时的极限.

例 2.2.2　考察当 $x\to1$ 时，函数 $f(x)=\dfrac{x^2-1}{x-1}$的变化趋势.

解　函数的定义域为 $(-\infty,1)\cup(1,+\infty)$，在 $x\to2$ 时，如表 2.2 和图 2.3所示，分别给出了数据描述和几何描述.

表　2.2

x	0.9	0.99	0.999	0.9999	$\cdots\to1\leftarrow\cdots$	1.0001	1.001	1.01	1.1
$f(x)$	1.9	1.99	1.999	1.9999	$\cdots\to2\leftarrow\cdots$	2.0001	2.001	2.01	2.1

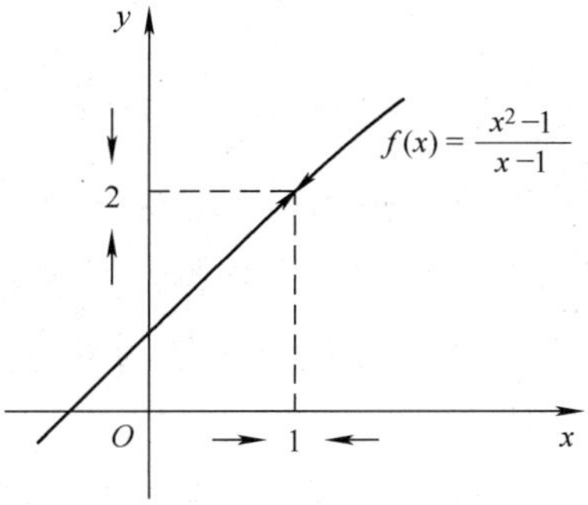

图　2.3

从表 2.2 看出，当 x 无论从 1 的左侧还是右侧无限接近于 1 时，函数 $f(x)=\dfrac{x^2-1}{x-1}$ 都无限接近于 2. 称 2 为 $f(x)=\dfrac{x^2-1}{x-1}$ 当 $x\to1$ 时的极限.

下面给出函数极限一般的描述性定义.

定义 2.2.1 设函数 $f(x)$ 在点 x_0 的某一去心邻域内有定义，当 $x\to x_0$ 时，如果函数 $f(x)$ 的值无限接近于某一确定常数 A，则称常数 A 为函数 $f(x)$ 当 $x\to x_0$ 时的**极限**，记为

$$\lim_{x\to x_0} f(x)=A \text{ 或 } f(x)\to A(\text{当 } x\to x_0). \qquad (2.2.1)$$

注 函数 $f(x)$ 在点 x_0 处的极限存在与否与函数 $f(x)$ 在点 x_0 处是否有定义无关，其中包含两层含义：其一，x_0 可以不属于函数 $f(x)$ 的定义域（见例 2.2.2）；其二，x_0 可以属于函数 $f(x)$ 的定义域，但这时函数 $f(x)$ 在点 x_0 的极限与 $f(x)$ 在点 x_0 的函数值 $f(x)$ 没有任何联系.

由定义 2.2.1，不难得出下列函数的极限：

（1）$\lim\limits_{x\to x_0} x=x_0$；　（2）$\lim\limits_{x\to x_0} C=C$（$C$ 为常数）；

（3）$\lim\limits_{x\to 0}\sin x=0$；　（4）$\lim\limits_{x\to 0}\cos x=1$；

（5）$\lim\limits_{x\to 0}e^x=1$，$\lim\limits_{x\to 0}a^x=1$（$a>0$ 且 $a\neq0$）.

在当 $x\to x_0$ 时，函数 $f(x)$ 的极限定义中，x 是既从点 x_0 的左侧也从点 x_0 的右侧接近 x_0 的，但有时只能或只需考虑 x 仅从点 x_0 的左侧接近 x_0（即 $x\to x_0^-$）的情形，或 x 仅从点 x_0 的右侧接近 x_0（即 $x\to x_0^+$）的情形，这时只需将 $\lim\limits_{x\to x_0} f(x)=A$ 的定义做适当改变即可.

定义 2.2.2 设函数 $f(x)$ 在点 x_0 的某一左邻域 $(x_0-\delta,x_0)(\delta>0)$ 内有定义，当 $x\to x_0^-$ 时，如果函数 $f(x)$ 的值无限接近于某一确定常数 A，那么称常数 A 为函数 $f(x)$ 当 $x\to x_0^-$ 时的**左极限**，记为

$$\lim_{x\to x_0^-} f(x)=A \text{ 或 } f(x)\to A(\text{当 } x\to x_0^-).$$

定义 2.2.3 设函数 $f(x)$ 在点 x_0 的某一右邻域 $(x_0,x_0+\delta)(\delta>0)$ 内有定义，当 $x\to x_0^+$ 时，如果函数 $f(x)$ 的值无限接近于某一确定常数 A，那么称常数 A 为函数 $f(x)$ 当 $x\to x_0^+$ 时的**右极限**，记为

$$\lim_{x\to x_0^+} f(x)=A \text{ 或 } f(x)\to A(\text{当 } x\to x_0^+).$$

左极限和右极限统称为单侧极限. 容易看到，单侧极限只是极限的特殊情形，如果当 $x\to x_0$ 时 $f(x)$ 的极限为 A，那么它的左、右极限也应该是 A，反过来的结论也成立，故有如下定理：

定理 2.2.1　$\lim\limits_{x\to x_0} f(x)=A$ 成立的充分必要条件是

$$\lim_{x\to x_0^-} f(x)=\lim_{x\to x_0^+} f(x)=A.$$

由定理 2.2.1 知，如果函数 $f(x)$ 在点 x_0 处左极限和右极限中至少有一个不存在或都存在但不相等，那么函数 $f(x)$ 在点 x_0 处的极限是不存在的.

例 2.2.3　设函数 $f(x)=\dfrac{|x|}{x}$，求极限 $\lim\limits_{x\to 0^+} f(x)$，$\lim\limits_{x\to 0^-} f(x)$，$\lim\limits_{x\to 0} f(x)$.

解　当 $x>0$ 时，$|x|=x$，

则 $\lim\limits_{x\to 0^+}\dfrac{|x|}{x}=\lim\limits_{x\to 0^+}\dfrac{x}{x}=1$；

当 $x<0$ 时，$|x|=-x$，

则 $\lim\limits_{x\to 0^-}\dfrac{|x|}{x}=\lim\limits_{x\to 0^-}\dfrac{-x}{x}=-1$；

因为 $\lim\limits_{x\to x_0^-} f(x)\neq\lim\limits_{x\to x_0^+} f(x)$，

由定理 2.2.1 得，$\lim\limits_{x\to 0} f(x)$ 不存在.

例 2.2.4　讨论函数

$$f(x)=\begin{cases}x-1, & x<0,\\ 0, & x=0,\\ x+1, & x>0,\end{cases}$$

当 $x\to 0$ 时，$f(x)$ 的极限.

解　当 $x<0$ 时，$f(x)=x-1$，则

$$\lim_{x\to 0^-} f(x)=\lim_{x\to 0^-}(x-1)=-1;$$

当 $x>0$ 时，$f(x)=x+1$，则

$$\lim_{x\to 0^+} f(x)=\lim_{x\to 0^+}(x+1)=1;$$

因为左极限和右极限存在但不相等，所以当 $x\to 0$ 时，$f(x)$ 的极限不存在.

2. $x\to\infty$ 时函数 $f(x)$ 的极限

数列是自变量取正整数的函数，即 $a_n=f(n)$，数列的极限就是研究函数 $f(x)$ 当自变量 x 跳跃式地按 $1,2,3,\cdots,n,\cdots$ 的顺序无限变大时函数值的变化趋势. 下面将这种特殊函数的极限推广到自变量 x 取实数集的一般函数 $f(x)$.

例 2.2.5　考察当 $x\to\infty$ 时，函数 $f(x)=\dfrac{1}{x}$ 的变化趋势.

解　函数 $f(x)=\dfrac{1}{x}$，当 $|x|$ 无限增大时，即 $x\to+\infty$ 及 $x\to-\infty$ 的这两个过程中，都有其对应的函数值无限接近于常数 0.

于是，比较数列极限的定义，我们有

定义 2.2.4　设函数$f(x)$当$|x|$大于某一正数时有定义，当$x\to\infty$时，如果函数$f(x)$的值无限接近某一确定常数A，则称常数A为函数$f(x)$当$x\to\infty$时的**极限**，记为

$$\lim_{x\to\infty} f(x)=A \text{ 或 } f(x)\to A(\text{当 } x\to\infty). \tag{2.2.2}$$

定义 2.2.5　设函数$f(x)$当x大于某一正数时有定义，当$x\to+\infty$时，如果函数$f(x)$的值无限接近某一确定常数A，则称常数A为函数$f(x)$当$x\to+\infty$时的**极限**，记为

$$\lim_{x\to+\infty} f(x)=A \text{ 或 } f(x)\to A(\text{当 } x\to+\infty).$$

定义 2.2.6　设函数$f(x)$当x小于某一负数时有定义，当$x\to-\infty$时，如果函数$f(x)$的值无限接近某一确定常数A，则称常数A为函数$f(x)$当$x\to-\infty$时的**极限**，记为

$$\lim_{x\to-\infty} f(x)=A \text{ 或 } f(x)\to A(\text{当 } x\to-\infty).$$

$\lim\limits_{x\to\infty} f(x)$，$\lim\limits_{x\to+\infty} f(x)$与$\lim\limits_{x\to-\infty} f(x)$是三个不同的极限概念，也有与定理2.2.1类似的如下定理：

定理 2.2.2　$\lim\limits_{x\to\infty} f(x)=A$成立的充分必要条件是

$$\lim_{x\to+\infty} f(x)=\lim_{x\to-\infty} f(x)=A.$$

例 2.2.6　讨论极限$\lim\limits_{x\to\infty}\arctan x$是否存在？

解　由函数$f(x)=\arctan x$ $f(x)=\arctan x$的图形(见图2.4)知

$$\lim_{x\to-\infty}\arctan x=-\frac{\pi}{2},\quad \lim_{x\to+\infty}\arctan x=\frac{\pi}{2},$$

由于极限$\lim\limits_{x\to-\infty}\arctan x$，$\lim\limits_{x\to+\infty}\arctan x$都存在，但不相等，则由定理2.2.2知，极限$\lim\limits_{x\to\infty}\arctan x$不存在.

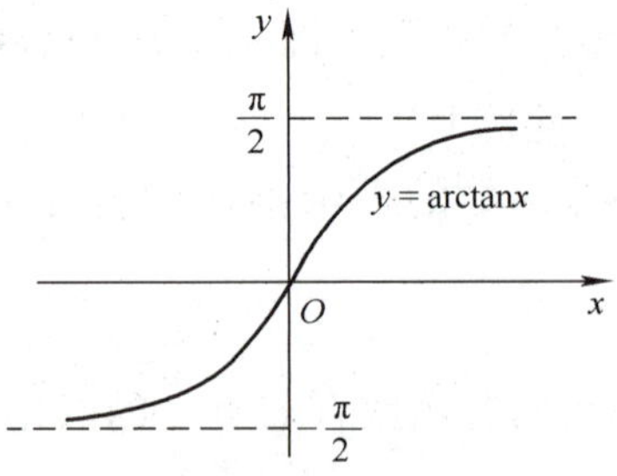

图　2.4

2.2.2　函数极限的性质

与收敛数列的性质类比，可得函数极限的一些相应的性质.

性质 2.2.1（唯一性） 函数有极限则必唯一.

以下性质仅对 $x\to x_0$ 的情形给出，其他类型的极限也有类似的性质.

性质 2.2.2（局部有界性） 若极限 $\lim\limits_{x\to x_0}f(x)$ 存在，则函数 $f(x)$ 在点 x_0 的某去心邻域内有界.

性质 2.2.3（局部保号性） 若 $\lim\limits_{x\to x_0}f(x)=A$，$\lim\limits_{x\to x_0}g(x)=B$，且 $A>B$，则在点 x_0 的某去心邻域内恒有 $f(x)>g(x)$.

推论 1 若 $\lim\limits_{x\to x_0}f(x)=A$，$\lim\limits_{x\to x_0}g(x)=B$，且在点 x_0 的某去心邻域内恒有 $f(x)\geqslant g(x)$，则 $A\geqslant B$.

推论 2 设 $\lim\limits_{x\to x_0}f(x)=A$，若 $A>0$（或 $A<0$），则在点 x_0 的某去心邻域内恒有 $f(x)>0$（或 $f(x)<0$）.

推论 3 若在点 x_0 的某去心邻域内恒有 $f(x)\geqslant 0$（或 $f(x)\leqslant 0$），则有 $A\geqslant 0$（或 $A\leqslant 0$）.

2.2.3 函数极限的四则运算

在下面的讨论中，记号“lim”下面没有标明自变量的变化过程，实际上，下面的定理对 $x\to x_0$ 及 $x\to\infty$ 都是成立的.

定理 2.2.3 设 $\lim f(x)=A$，$\lim g(x)=B$，则

(1) $\lim(f(x)\pm g(x))=\lim f(x)\pm\lim g(x)=A\pm B$;

(2) $\lim(f(x)\cdot g(x))=\lim f(x)\cdot\lim g(x)=A\cdot B$;

(3) $\lim\dfrac{f(x)}{g(x)}=\dfrac{\lim f(x)}{\lim g(x)}=\dfrac{A}{B}$（要求 $B\neq 0$）.

推论 1 设 $\lim f(x)$ 存在，C 为常数，则

$$\lim[Cf(x)]=C[\lim f(x)].$$

推论 2 设 $\lim f_1(x),\lim f_2(x),\cdots,\lim f_n(x)$ 都存在，$C_1,C_2,\cdots,C_n$ 为常数，则

$$\begin{aligned}&\lim[C_1f_1(x)+\lim C_2f_2(x)+\cdots+\lim C_nf_n(x)]\\&=C_1\lim f_1(x)+C_2\lim f_2(x)+\cdots+C_n\lim f_n(x).\end{aligned}$$

推论 3 设 $\lim f_1(x)$，$\lim f_2(x)$，$\cdots$，$\lim f_n(x)$ 都存在，则

$$\lim[f_1(x)\cdot f_2(x)\cdots f_n(x)]=\lim f_1(x)\cdot\lim f_2(x)\cdots\lim f_n(x).$$

特别地，若 $\lim f(x)$ 存在，而 n 为正整数，则

$$\lim[f(x)]^n=[\lim f(x)]^n.$$

例 2.2.7 求 $\lim\limits_{x\to 1}(2x^2-3x+1)$.

解
$$\begin{aligned}\lim_{x\to 1}(2x^2-3x+1)&=\lim_{x\to 1}2x^2-\lim_{x\to 1}3x+\lim_{x\to 1}1\\&=2\lim_{x\to 1}x^2-3\lim_{x\to 1}x+1\\&=2\times 1-3\times 1+1\\&=0\end{aligned}$$

例 2.2.8　设 n 次多项式函数 $P_n(x)=a_0x^n+a_1x^{n-1}+\cdots+a_n$，其中 a_0，$a_1,\cdots,a_n$ 为常数，且 $a_0\neq0$，对任意 $x_0\in\mathbf{R}$，证明：$\lim\limits_{x\to x_0}P_n(x)=P_n(x_0)$.

证

$$\begin{aligned}\lim_{x\to x_0}P_n(x)&=\lim_{x\to x_0}(a_0x^n+a_1x^{n-1}+\cdots+a_n)\\&=a_0\lim_{x\to x_0}x^n+a_1\lim_{x\to x_0}x^{n-1}+\cdots+\lim_{x\to x_0}a_n\\&=a_0x_0^n+a_1x_0^{n-1}+\cdots+a_n=P_n(x_0).\end{aligned}$$

例 2.2.9　求 $\lim\limits_{x\to2}\dfrac{x^2+1}{3x^3-2x^2+2}$.

解　因为 $\lim\limits_{x\to2}(3x^3-2x^2+2)=3\times2^3-2\times2^2+2=18\neq0$，

所以 $$\lim_{x\to2}\frac{x^2+1}{3x^3-2x^2+2}=\frac{\lim\limits_{x\to2}(x^2+1)}{\lim\limits_{x\to2}(3x^3-2x^2+2)}=\frac{2^2+1}{18}=\frac{5}{18}.$$

从上面两个例子可以看出，求有理整函数(多项式函数)或有理分式函数当 $x\to x_0$ 时的极限时，只要用 x_0 代替函数中的 x 即可；但是对于有理分式函数，如果代入后分母等于零，那么就没有意义了.

事实上，设有理分式函数

$$Q(x)=\frac{P_m(x)}{P_n(x)},$$

其中 $P_m(x)$，$P_n(x)$分别表示 m 次、n 次多项式.

如果 $P_n(x_0)\neq0$，则

$$\lim_{x\to x_0}Q(x)=\lim_{x\to x_0}\frac{P_m(x)}{P_n(x)}=\frac{\lim\limits_{x\to x_0}P_m(x)}{\lim\limits_{x\to x_0}P_n(x)}=\frac{P_m(x_0)}{P_n(x_0)}=Q(x_0).$$

如果 $P_n(x_0)=0$，那么关于商的极限的运算法则就不适用了，下面给出属于这种情形的例题.

例 2.2.10　求 $\lim\limits_{x\to1}\dfrac{x-1}{x^2-1}$.

解　因分子、分母有公因子 $x-1$，当 $x\to1$ 时，$x-1\to0$，可以约去这个为零的公因子，得到

$$\lim_{x\to1}\frac{x-1}{x^2-1}=\lim_{x\to1}\frac{x-1}{(x-1)(x+1)}=\lim_{x\to1}\frac{1}{x+1}=\frac{1}{2}.$$

例 2.2.11　求 $\lim\limits_{x\to\infty}\dfrac{2x^3-3x^2+5}{5x^3+2x^2-3}$.

解 $$\lim_{x\to\infty}\frac{2x^3-3x^2+5}{5x^3+2x^2-3}=\lim_{x\to\infty}\frac{2-\dfrac{3}{x}+\dfrac{5}{x^3}}{5+\dfrac{2}{x}-\dfrac{3}{x^3}}=\frac{2-0+0}{5+0-0}=\frac{2}{5}.$$

例 2.2.12　求 $\lim\limits_{x\to\infty}\dfrac{2x^2+3x-1}{3x^3-2x^2+5}$.

解　$\lim\limits_{x\to\infty}\dfrac{2x^2+3x-1}{3x^3-2x^2+5}=\lim\limits_{x\to\infty}\dfrac{\dfrac{2}{x}+\dfrac{3}{x^2}-\dfrac{1}{x^3}}{3-\dfrac{2}{x}+\dfrac{5}{x^3}}=\dfrac{0+0-0}{3-0+0}=0.$

在求有理函数(两个多项式相除)当 $x\to\infty$ 时的极限时，应把分子分母同时除以 x 的最高次幂，可得到下述规律($a_0\neq0$，$b_0\neq0$)：

$$\lim_{x\to\infty}\frac{a_0x^m+a_1x^{m-1}+\cdots+a_m}{b_0x^n+b_1x^{n-1}+\cdots+b_m}=\begin{cases}0, & m<n,\\ \dfrac{a_0}{b_0}, & m=n,\\ \infty, & m>n.\end{cases}$$

例 2.2.13　求 $\lim\limits_{x\to\frac{\pi}{4}}\dfrac{\sin x-\cos x}{\cos 2x}$.

例 2.2.13

解　先对分式进行化简，有

$$\begin{aligned}\frac{\sin x-\cos x}{\cos 2x}&=\frac{\sin x-\cos x}{\cos^2x-\sin^2x}\\&=\frac{\sin x-\cos x}{(\cos x-\sin x)(\cos x+\sin x)}\\&=-\frac{1}{\cos x+\sin x},\end{aligned}$$

故

$$\lim_{x\to\frac{\pi}{4}}\frac{\sin x-\cos x}{\cos 2x}=\lim_{x\to\frac{\pi}{4}}\frac{-1}{\cos x+\sin x}=-\frac{\sqrt{2}}{2}.$$

例 2.2.14　已知 $\lim\limits_{x\to\infty}\left(\dfrac{x^2}{x+1}-ax+b\right)=1$，则 a，b 应为何值？

解　$\lim\limits_{x\to\infty}\left(\dfrac{x^2}{x+1}-ax+b\right)=\lim\limits_{x\to\infty}\dfrac{(1-a)x^2+(b-a)x+b}{x+1}=1,$

因分子、分母中 x 的最高次幂应该相同，且 x 的最高次幂的系数应该相等，故有 $1-a=0$ 并且 $b-a=1$，解得 $a=1$，$b=2$.

定理 2.2.4(复合函数极限的运算法)　设函数 $y=f[g(x)]$ 是由函数 $u=g(x)$ 与函数 $y=f(u)$ 复合而成，若 $\lim\limits_{x\to x_0}g(x)=u_0$，且 $g(x)\neq u_0$，$\lim\limits_{u\to u_0}f(u)=A$，则 $\lim\limits_{x\to x_0}f[g(x)]=A$.

注　(1) 定理 2.2.4 对其他类型的极限，也有类似的结论.

(2) 在实际中，利用复合函数极限的运算法则求极限时，不必事先验证 $\lim\limits_{u\to u_0}f(u)$ 的存在性，因其是否存在会随计算过程自动显示出来.

定理 2.2.4 是用变量替换求极限的理论基础，相当于在 $\lim\limits_{x\to x_0}f[g(x)]$ 中令 $u=g(x)$，在极限过程 $x\to x_0$ 中，有 $u\to u_0$，则 $\lim\limits_{x\to x_0}f[g(x)]=\lim\limits_{u\to u_0}f(u)=A$.

通过定理 2.2.4 可求得幂指函数的极限，有如下推论：

推论　设 $\lim f(x)=A(A>0)$，$\lim g(x)=B$，则 $\lim f(x)^{g(x)}=A^B$.

例 2.2.15　求 $\lim\limits_{x\to2}\sqrt{\dfrac{x-2}{x^2-4}}$.

解　由于 $\lim\limits_{x\to2}\dfrac{x-2}{x^2-4}=\lim\limits_{x\to2}\dfrac{1}{x+2}=\dfrac{1}{4}$，而 $\lim\limits_{u\to\frac{1}{4}}\sqrt{u}=\dfrac{1}{2}$，

所以 $\lim\limits_{x\to2}\sqrt{\dfrac{x-2}{x^2-4}}=\dfrac{1}{2}$.

2.2.4　函数极限存在的判别法

与数列极限的夹逼定理类似，对于函数极限，也有夹逼定理.

定理 2.2.5（函数极限的夹逼定理）　如果 $f(x)$，$g(x)$，$h(x)$ 都在 x_0 的某去心邻域内有定义，且满足下列条件：

（1）$g(x)\leqslant f(x)\leqslant h(x)$；

（2）$\lim\limits_{x\to x_0}g(x)=\lim\limits_{x\to x_0}h(x)=A$；

那么 $\lim\limits_{x\to x_0}f(x)$ 存在且等于 A.

该定理对于其他极限情形依然成立，请读者自行证明.

例 2.2.16（重要极限公式 1）　$\lim\limits_{x\to0}\dfrac{\sin x}{x}=1$.

证　首先注意到，函数 $\dfrac{\sin x}{x}$ 对于一切 $x\neq0$ 都有意义，并且 x 改变符号时，函数值的符号不变，即 $\dfrac{\sin x}{x}$ 是一个偶函数，所以只需对 x 从右侧趋近于零时来论证，即只需证明 $\lim\limits_{x\to0^+}\dfrac{\sin x}{x}=1$.

作单位圆，设圆心角 $\angle BOC=x\left(0<x<\dfrac{\pi}{2}\right)$，过点 B 的切线与 OC 的延长线相交于 D，又 $CA\perp OB$，由图 2.5 知 $\sin x=AC$，$\tan x=BD$.

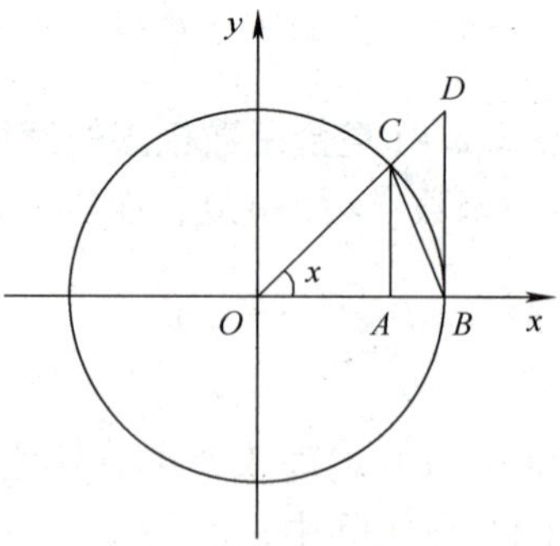

图　2.5

而 $\triangle OBC$ 的面积 < 扇形 OBC 的面积 < $\triangle OBD$ 的面积，故 $\dfrac{1}{2}\sin x<\dfrac{1}{2}x<\dfrac{1}{2}\tan x$，即 $\sin x<x<\tan x$，不等号两边都除以 $\sin x$，得

$$1<\frac{x}{\sin x}<\frac{1}{\cos x},$$

即 $\cos x<\dfrac{\sin x}{x}<1$.

从而

$$0<1-\frac{\sin x}{x}<1-\cos x=2\sin^2\frac{x}{2}\leqslant 2\left(\frac{x}{2}\right)^2=\frac{x^2}{2},$$

由 $\lim\limits_{x\to 0^+}\frac{x^2}{2}=0$，$\lim\limits_{x\to 0^+}0=0$，根据夹逼定理，可得

$$\lim_{x\to 0^+}\frac{\sin x}{x}=1,$$

综上所述，$\lim\limits_{x\to 0}\frac{\sin x}{x}=1.$

例 2.2.17　求 $\lim\limits_{x\to 0}\frac{\tan x}{x}.$

解　$\lim\limits_{x\to 0}\frac{\tan x}{x}=\lim\limits_{x\to 0}\left(\frac{\sin x}{x}\cdot\frac{1}{\cos x}\right)=\lim\limits_{x\to 0}\frac{\sin x}{x}\cdot\lim\limits_{x\to 0}\frac{1}{\cos x}=1.$

例 2.2.18　求 $\lim\limits_{x\to 0}\frac{\sin 3x}{x}.$

解　令 $u=3x$，则当 $x\to 0$ 时，$u\to 0$，所以

$$\lim_{x\to 0}\frac{\sin 3x}{x}=3\lim_{x\to 0}\frac{\sin 3x}{3x}=3\lim_{u\to 0}\frac{\sin u}{u}=3\times 1=3.$$

注　如果正弦符号后面的变量与分母的变量相同，且都趋于零，则有

$$\lim_{f(x)\to 0}\frac{\sin f(x)}{f(x)}=\lim_{f(x)\to 0}\frac{f(x)}{\sin f(x)}=1.$$

例 2.2.19　求 $\lim\limits_{x\to 0}\frac{1-\cos x}{x^2}.$

解

$$\lim_{x\to 0}\frac{1-\cos x}{x^2}=\lim_{x\to 0}\frac{2\sin^2\frac{x}{2}}{x^2}=\frac{1}{2}\lim_{x\to 0}\frac{\sin^2\frac{x}{2}}{\left(\frac{x}{2}\right)^2}$$

$$=\frac{1}{2}\lim_{x\to 0}\left(\frac{\sin\frac{x}{2}}{\frac{x}{2}}\right)^2$$

$$=\frac{1}{2}\times 1^2=\frac{1}{2}.$$

例 2.2.20　求 $\lim\limits_{x\to 0}\frac{\arcsin x}{x}.$

解　令 $u=\arcsin x$，则 $x=\sin u$，当 $x\to 0$ 时，$u\to 0$，所以

$$\lim_{x\to 0}\frac{\arcsin x}{x}=\lim_{u\to 0}\frac{u}{\sin u}=1.$$

例 2.2.21（重要极限公式 2）　$\lim\limits_{x\to\infty}\left(1+\frac{1}{x}\right)^x=\mathrm{e}.$

证　对于任何实数 $x>1$，都存在正整数 n，使得 $n\leqslant x<n+1$，所以，

$$\left(1+\frac{1}{n+1}\right)^n\leqslant\left(1+\frac{1}{x}\right)^x\leqslant\left(1+\frac{1}{n}\right)^{n+1}.$$

显然

$$\lim_{n\to\infty}\left(1+\frac{1}{n+1}\right)^{n}=\lim_{n\to\infty}\left(1+\frac{1}{n+1}\right)^{n+1}\left(1+\frac{1}{n+1}\right)^{-1}=\mathrm{e},$$

$$\lim_{n\to\infty}\left(1+\frac{1}{n}\right)^{n+1}=\lim_{n\to\infty}\left(1+\frac{1}{n}\right)^{n}\left(1+\frac{1}{n}\right)=\mathrm{e}.$$

注意 $x\to+\infty$ 与 $n\to\infty$ 是相互蕴含的，由夹逼定理，我们有

$$\lim_{x\to+\infty}\left(1+\frac{1}{x}\right)^{x}=\mathrm{e}.$$

其次证明 $\lim\limits_{x\to-\infty}\left(1+\frac{1}{x}\right)^{x}=\mathrm{e}$，做变换 $x=-t$，则当 $x\to-\infty$ 时，$t\to+\infty$，于是，

$$\lim_{x\to-\infty}\left(1+\frac{1}{x}\right)^{x}=\lim_{t\to+\infty}\left(1-\frac{1}{t}\right)^{-t}=\lim_{t\to+\infty}\left(\frac{t}{t-1}\right)^{t}$$

$$=\lim_{t\to+\infty}\left(1+\frac{1}{t-1}\right)^{t-1}\left(1+\frac{1}{t-1}\right)=\mathrm{e}.$$

于是

$$\lim_{x\to\infty}\left(1+\frac{1}{x}\right)^{x}=\mathrm{e}.$$

例 2.2.22 求 $\lim\limits_{x\to\infty}\left(1-\frac{1}{x}\right)^{x}$.

解 $$\lim_{x\to\infty}\left(1-\frac{1}{x}\right)^{x}=\lim_{x\to\infty}\left(1+\frac{1}{-x}\right)^{(-x)(-1)}$$

$$=\lim_{x\to\infty}\frac{1}{\left(1+\frac{1}{-x}\right)^{-x}}=\frac{1}{\lim\limits_{x\to\infty}\left(1+\frac{1}{-x}\right)^{-x}}=\frac{1}{\mathrm{e}}.$$

例 2.2.23 求 $\lim\limits_{x\to0}(1+3x)^{\frac{1}{x}}$.

解 $$\lim_{x\to0}(1+3x)^{\frac{1}{x}}=\lim_{x\to0}(1+3x)^{\frac{1}{3x}\cdot3}$$

$$=\lim_{x\to0}[(1+3x)^{\frac{1}{3x}}]^{3}$$

$$=\mathrm{e}^{3}.$$

例 2.2.24 求 $\lim\limits_{x\to0}\frac{\ln(1+x)}{x}$.

解 $$\lim_{x\to0}\frac{\ln(1+x)}{x}=\lim_{x\to0}\left[\frac{1}{x}\ln(1+x)\right]$$

$$=\lim_{x\to0}\ln(1+x)^{\frac{1}{x}}.$$

而

$$\lim_{x\to0}(1+x)^{\frac{1}{x}}=\mathrm{e},\quad 而\lim_{u\to\mathrm{e}}\ln u=1,$$

所以

$$\lim_{x\to0}\frac{\ln(1+x)}{x}=1.$$

例 2.2.25　求$\lim\limits_{x\to 0}\frac{e^x-1}{x}$.

解　令 $u=e^x-1$，即 $x=\ln(1+u)$，则当 $x\to 0$ 时，$u\to 0$，于是

$$\lim_{x\to 0}\frac{e^x-1}{x}=\lim_{u\to 0}\frac{u}{\ln(1+u)}.$$

利用例 2.2.24 的结果，可知上述极限为 1，即$\lim\limits_{x\to 0}\frac{e^x-1}{x}=1$.

例 2.2.26　求$\lim\limits_{x\to 0}(1+x)^{\frac{3}{\tan x}}$.

解　$\lim\limits_{x\to 0}(1+x)^{\frac{3}{\tan x}}=\lim\limits_{x\to 0}\left[(1+x)^{\frac{1}{x}}\right]^{\frac{3x}{\tan x}}$,

$$\lim_{x\to 0}(1+x)^{\frac{1}{x}}=e,\lim_{x\to 0}\frac{3x}{\tan x}=3,$$

由复合连续函数极限的求法，得

$$\lim_{x\to 0}(1+x)^{\frac{3}{\tan x}}=e^3.$$

2.2.5　同步习题

1. 填空题

(1) 函数 $f(x)$ 在 x_0 的某去心邻域内有界是 $\lim\limits_{x\to x_0}f(x)$ 存在的________条件，$\lim\limits_{x\to x_0}f(x)$ 存在是函数 $f(x)$ 在 x_0 的某去心邻域内有界的________条件.

(2) $\lim\limits_{x\to\infty}x\sin\frac{1}{x}=$________，$\lim\limits_{x\to\infty}x\sin\frac{2x}{x^2+1}=$________.

(3) 已知 $\lim\limits_{x\to\infty}\left(\frac{x^2}{1+x}+ax-b\right)=1$，则 $a=$________，$b=$________.

(4) $\lim\limits_{x\to 0}\frac{\sin^2 2x}{x^2}=$________，$\lim\limits_{x\to\infty}\left(1+\frac{3}{x}\right)^x=$_____.

(5) 已知 $\lim\limits_{x\to+\infty}(3x-\sqrt{ax^2-x+1})=\frac{1}{6}$，则常数 $a=$________.

2. 选择题

(1) $\lim\limits_{x\to 1}\frac{x-1}{x^2-1}=$(　　).

A. 2　　B. 0　　C. 不存在　　D. $\frac{1}{2}$

(2) $\lim\limits_{x\to 0}\frac{\tan(\sin 2x)}{\sin\frac{x}{3}}=$(　　).

A. ∞　　B. 0　　C. 6　　D. $\frac{2}{3}$

(3) “$f(x)$ 在点 $x=x_0$ 处有定义”是当 $x\to x_0$ 时 $f(x)$ 有极限的(　　).

A. 必要条件　　B. 充分条件

C. 充分必要条件　　D. 无关条件

(4) $\lim\limits_{x\to 1}\frac{x^2-1}{x-1}e^{\frac{1}{x-1}}=$(　　).

A. $-\infty$　　B. $+\infty$　　C. 0　　D. 不存在

3. 求下列函数的极限

(1) $\lim\limits_{x\to 2}(2x^2-5x+3)$;

(2) $\lim\limits_{x\to 2}\frac{x^2+5}{x-3}$;

(3) $\lim\limits_{x\to\infty}\left(1+\frac{3}{x}\right)^x$;

(4) $\lim\limits_{x\to\infty}\left(1+\frac{1}{x+1}\right)^x$.

4. 已知$\lim\limits_{x\to 3}\frac{x-3}{x^2+ax+b}=1$，求常数 a，b.

2.3　无穷小与无穷大

在求复杂函数极限时，通常对函数每一部分的变化情况进行分析，以便得出函数的总体变化趋势. 为此，我们介绍无穷小与无穷大.

2.3.1 无穷小及其性质

1. 无穷小定义

定义 2.3.1 如果函数$f(x)$当$x\to x_0$(或$x\to\infty$)时的极限为零，那么称函数$f(x)$为当$x\to x_0$(或$x\to\infty$)时的**无穷小**.

例如，因为$\lim\limits_{x\to 0}\sin x=0$，所以函数$\sin x$是当$x\to 0$时的无穷小；因为$\lim\limits_{x\to-\infty}\mathrm{e}^x=0$，所以函数$\mathrm{e}^x$是当$x\to-\infty$时的无穷小；同理，函数$\dfrac{1}{x}$是当$x\to\infty$时的无穷小.

注 (1) 定义2.3.1中的极限还包括其他类型函数极限，例如$x\to x_0^+$，$x\to+\infty$等.

(2) 无穷小是一个以0为极限的变量，而不是一个绝对值很小的数，0是作为无穷小的唯一常数，它是无穷小的一个特例.

(3) 无穷小是相对于自变量的某一具体变化过程而言的. 例如，当$x\to\infty$时，$\dfrac{1}{x}$是无穷小，但当$x\to 1$时，$\dfrac{1}{x}$就不是无穷小了.

2. 无穷小性质

性质 2.3.1 有限个无穷小的代数和是无穷小.

性质 2.3.2 有限个无穷小的乘积是无穷小.

性质 2.3.3 无穷小与有界函数的乘积是无穷小.

下面仅对$x\to x_0$的情形，给出性质2.3.1的证明，其余的情形留给读者去完成.

证 先考虑两个无穷小的和.

设$\alpha(x)$，$\beta(x)$是当$x\to x_0$时的无穷小，即$\lim\limits_{x\to x_0}\alpha(x)=0$，$\lim\limits_{x\to x_0}\beta(x)=0$，则$\lim\limits_{x\to x_0}[\alpha(x)+\beta(x)]=\lim\limits_{x\to x_0}\alpha(x)+\lim\limits_{x\to x_0}\beta(x)=0$，即$\alpha(x)+\beta(x)$是当$x\to x_0$时的无穷小.

有限个无穷小之和的情形可以同样证明.

例 2.3.1 求$\lim\limits_{x\to 0}x\sin\dfrac{1}{x}$.

解 当$x\to 0$时，函数x为无穷小，而$\left|\sin\dfrac{1}{x}\right|\leqslant 1$，即函数$\sin\dfrac{1}{x}$是有界函数，由性质2.3.3知，$x\sin\dfrac{1}{x}$是当$x\to 0$时的无穷小，故

$$\lim_{x\to 0}x\sin\frac{1}{x}=0.$$

例 2.3.2 求$\lim\limits_{n\to\infty}\left(\dfrac{1}{n^2}+\dfrac{2}{n^2}+\cdots+\dfrac{n-1}{n^2}\right)$.

解 式中每一项都是当$n\to\infty$时的无穷小，但由于项数随n增大而不断

增加，已不是有限项之和，故不能直接利用性质 2.3.1，但由于

$$\frac{1}{n^2}+\frac{2}{n^2}+\cdots+\frac{n-1}{n^2}=\frac{1+2+\cdots+n-1}{n^2}=\frac{n(n-1)}{2n^2}=\frac{n^2-n}{2n^2},$$

所以

$$\lim_{n\to\infty}\left(\frac{1}{n^2}+\frac{2}{n^2}+\cdots+\frac{n-1}{n^2}\right)=\lim_{n\to\infty}\left(\frac{n^2-n}{2n^2}\right)=\frac{1}{2}.$$

注　无穷多个无穷小之和不一定是无穷小.

函数极限与无穷小之间存在密切联系，下面的定理说明二者之间的关系.

定理 2.3.1　$\lim\limits_{x\to x_0}f(x)=A\Leftrightarrow f(x)=A+\alpha(x)$，其中 $\alpha(x)$ 为 $x\to x_0$ 时的无穷小.

证　必要性：

由 $\lim\limits_{x\to x_0}f(x)=A$ 及极限的四则运算法则知，

$$\lim_{x\to x_0}[f(x)-A]=\lim_{x\to x_0}f(x)-\lim_{x\to x_0}A=A-A=0,$$

故 $(f(x)-A)$ 是 $x\to x_0$ 时的无穷小，记 $\alpha(x)=f(x)-A$，即 $f(x)=A+\alpha(x)$.

充分性：

由 $f(x)=A+\alpha(x)$，其中 $\alpha(x)$ 为 $x\to x_0$ 时的无穷小，得

$$\lim_{x\to x_0}[f(x)-A]=\lim_{x\to x_0}\alpha(x)=0,$$

故

$$\lim_{x\to x_0}f(x)=\lim_{x\to x_0}[(f(x)-A)+A]=\lim_{x\to x_0}(f(x)-A)+\lim_{x\to x_0}A=A.$$

2.3.2　无穷大及其性质

1. 无穷大定义

定义 2.3.2　如果当 $x\to x_0$（或 $x\to\infty$）时，函数 $f(x)$ 的绝对值无限增大，那么称函数 $f(x)$ 为 $x\to x_0$（或 $x\to\infty$）时的**无穷大**.

注　(1) 函数 $f(x)$ 当 $x\to x_0$（或 $x\to\infty$）时为无穷大，按照函数极限的定义来说，极限是不存在的，但为了表示函数的这一性态，我们也说函数极限是无穷大，并记作 $\lim\limits_{x\to x_0}f(x)=\infty$（或 $\lim\limits_{x\to\infty}f(x)=\infty$）.

(2) 无穷大不是一个很大数，而是一个变量，且在自变量的某个变化过程中其绝对值无限增大.

(3) 无穷大与自变量的某一变化过程有关.

2. 无穷大性质

性质 2.3.4　两个正无穷大量的和是正无穷大量，两个负无穷大量的和是负无穷大量.

性质 2.3.5　两个无穷大量的乘积仍是无穷大量.

性质 2.3.6　无穷大量与有界函数的代数和仍是无穷大量.

2.3.3 无穷小与无穷大的关系

无穷大与无穷小之间有十分密切的联系，通过下面的定理给出二者之间的关系.

定理 2.3.2　在自变量的同一变化过程中，如果 $f(x)$ 为无穷大，那么 $\frac{1}{f(x)}$ 为无穷小；如果 $f(x)$ 为无穷小，且 $f(x)\neq 0$，那么 $\frac{1}{f(x)}$ 为无穷大.

注　与无穷小不同的是，在自变量的同一变化过程中，两个无穷大相加或相减的结果是不确定的. 因此无穷大没有和无穷小那样类似的性质，需要具体问题具体分析.

例 2.3.3　求 $\lim\limits_{x\to 1}\frac{1}{x^2-1}$.

解　当 $x\to 1$ 时，x^2-1 是无穷小，

由定理 2.3.2 知，$\frac{1}{x^2-1}$ 是 $x\to 1$ 时的无穷大，

即

$$\lim_{x\to 1}\frac{1}{x^2-1}=\infty .$$

2.3.4 无穷小阶的比较

由无穷小的性质可知，两个无穷小的和、差、积仍为无穷小，但是对于两个无穷小之商，必须具体问题具体分析，不可一概而论，例如，当 $x\to 0$ 时，函数 x，x^2，$\sin x$ 都是无穷小，但是，$\lim\limits_{x\to 0}\frac{x^2}{x}=0$，$\lim\limits_{x\to 0}\frac{x}{x^2}=\infty$，$\lim\limits_{x\to 0}\frac{\sin x}{x}=1$.

两个无穷小之比的极限的各种不同情形，反映了不同的无穷小趋于零的“快慢程度”. 当 $x\to 0$ 时，观察函数 x，x^2，$\sin x$ 趋于零的快慢程度，如表 2.3 所示.

表　2.3

x	1	0.1	0.01	0.001	$\cdots\to 0$
$\sin x$	0.8415	0.0998	0.0099998	0.0009999998	$\cdots\to 0$
x^2	1	0.01	0.0001	0.000001	$\cdots\to 0$

显然，$x^2\to 0$ 比 $x\to 0$“快些”，而 $\sin x\to 0$ 比 $x^2\to 0$“慢些”，$x\to 0$ 与 $\sin x\to 0$“快慢相仿”.

为了比较无穷小趋于零的快慢程度，我们引入无穷小的阶的概念.

定义 2.3.3　设 α，β 是自变量在同一变化过程中的两个无穷小量，且 $\alpha\neq0$，

(1) 若 $\lim\frac{\beta}{\alpha}=0$，则称 β 是比 α **高阶的无穷小**，记作 $\beta=o(\alpha)$；

(2) 若 $\lim\frac{\beta}{\alpha}=\infty$，则称 β 是比 α **低阶的无穷小**；

(3) 若 $\lim\frac{\beta}{\alpha}=c\neq0$，则称 β 与 α 是**同阶无穷小**；

(4) 若 $\lim\frac{\beta}{\alpha}=1$，则称 β 与 α 是**等价无穷小**，记作 $\alpha\sim\beta$ 或 $\beta\sim\alpha$；

(5) 若 $\lim\frac{\beta}{\alpha^k}=c\neq0$，$k>0$，则称 β 是关于 α 的 **k 阶无穷小**.

显然，等价无穷小是同阶无穷小的特例，即 $c=1$ 的情形.

下面举一些例子.

因为 $\lim\limits_{x\to0}\frac{3x^2}{x}=0$，所以当 $x\to0$ 时，$3x^2$ 是比 x 高阶的无穷小，即 $3x^2=o(x)\ (x\to0)$.

因为 $\lim\limits_{n\to\infty}\frac{\frac{1}{n}}{\frac{1}{n^2}}=\infty$，所以当 $n\to\infty$ 时，$\frac{1}{n}$ 是比 $\frac{1}{n^2}$ 低阶的无穷小.

因为 $\lim\limits_{x\to3}\frac{x^2-9}{x-3}=6$，所以当 $x\to3$ 时，x^2-9 与 $x-3$ 是同阶无穷小.

因为 $\lim\limits_{x\to0}\frac{\sin x}{x}=1$，所以当 $x\to0$ 时，$\sin x$ 与 x 是等价无穷小，即 $\sin x\sim x\ (x\to0)$.

关于等价无穷小，有一个非常重要的性质，即等价无穷小可以互相代换，通常把这个性质称为无穷小代换原理.

定理 2.3.3　设 $\alpha\sim\alpha'$，$\beta\sim\beta'$，且 $\lim\frac{\alpha}{\beta}$ 存在，则

$$\lim\frac{\alpha}{\beta}=\lim\frac{\alpha'}{\beta'}.$$

证　$\lim\frac{\alpha}{\beta}=\lim\frac{\alpha}{\alpha'}\cdot\frac{\alpha'}{\beta'}\cdot\frac{\beta'}{\beta}=\lim\frac{\alpha}{\alpha'}\cdot\lim\frac{\alpha'}{\beta'}\cdot\lim\frac{\beta'}{\beta}=\lim\frac{\alpha'}{\beta'}.$

显然，利用无穷小代换原理求极限，可以简化计算，下面给出常见的等价无穷小.

当 $x\to0$ 时，

$x\sim\sin x\sim\tan x\sim\arcsin x\sim\arctan x$；$1-\cos x\sim\frac{1}{2}x^2$；

$e^x-1\sim x$；$a^x-1\sim x\ln a(a>0,a\neq1)$；$\ln(1+x)\sim x$；

$(1+x)^{\frac{1}{n}}-1\sim\frac{1}{n}x(n\in\mathbf{N}^+)$；特别地，$\sqrt{1+x}-1\sim\frac{1}{2}x$.

当 $x\to1$ 时，$\ln x\sim x-1$.

例 2.3.4　求 $\lim\limits_{x\to0}\frac{\sin3x}{\tan5x}$.

解　当 $x\to0$ 时，$\sin3x\sim3x$，$\tan5x\sim5x$，所以

$$\lim_{x\to0}\frac{\sin3x}{\tan5x}=\lim_{x\to0}\frac{3x}{5x}=\frac{3}{5}.$$

例 2.3.5　求 $\lim\limits_{x\to0}\frac{e^x-1}{x^2+5x}$.

解　当 $x\to0$ 时，$e^x-1\sim x$，所以

$$\lim_{x\to0}\frac{e^x-1}{x^2+5x}=\lim_{x\to0}\frac{x}{x(x+5)}=\lim_{x\to0}\frac{1}{x+5}=\frac{1}{5}.$$

例 2.3.6　$\lim\limits_{x\to0}\frac{\tan x-\sin x}{\sin^3x}$.

解　$\frac{\tan x-\sin x}{\sin^3x}=\frac{\tan x(1-\cos x)}{\sin^3x}$，

当 $x\to0$ 时，$\tan x\sim x$，$1-\cos x\sim\frac{1}{2}x^2$，所以

$$\lim_{x\to0}\frac{\tan x-\sin x}{\sin^3x}=\lim_{x\to0}\frac{\tan x(1-\cos x)}{\sin^3x}=\lim_{x\to0}\frac{x\cdot\frac{1}{2}x^2}{x^3}=\frac{1}{2}.$$

在上述求极限过程中，使用了等价无穷小代换，但应注意，非乘或除的情况，不能这样做，否则会得出错误的结果，例如

$$\lim_{x\to0}\frac{\tan x-\sin x}{\sin^3x}=\lim_{x\to0}\frac{x-x}{x^3}=0,$$

其结果是错误的.

例 2.3.7

例 2.3.7　求 $\lim\limits_{x\to0}\frac{\sin2x}{x+x^3}$.

解　当 $x\to0$ 时，$\sin2x\sim2x$，

所以 $\lim\limits_{x\to0}\frac{\sin2x}{x+x^3}=\lim\limits_{x\to0}\frac{2x}{x+x^3}=\lim\limits_{x\to0}\frac{2}{1+x^2}=2$.

例 2.3.8　求极限 $\lim\limits_{x\to0}\frac{\sqrt{1+x^4}-1}{x^2(1-\cos x)}$.

解　由于当 $x\to0$ 时，$1-\cos x\sim\frac{1}{2}x^2$，$\sqrt{1+x^4}-1\sim\frac{1}{2}x^4$，故

$$\lim_{x\to0}\frac{\sqrt{1+x^4}-1}{x^2(1-\cos x)}=\lim_{x\to0}\frac{\frac{x^4}{2}}{x^2\cdot\frac{x^2}{2}}=1.$$

2.3.5 同步习题

1. 填空题

(1) 当 $x\to+\infty$ 时，若 $f(x)=\dfrac{px^2-2}{x+1}-3qx+5$ 为无穷大，则 pq 满足条件________. 若 $f(x)$ 为无穷小，则 pq 满足条件________.

(2) $\lim\limits_{x\to 0}\dfrac{\sin 5x}{x}=$________.

(3) $\lim\limits_{x\to 0}\dfrac{\sqrt{1+2x}-1}{x}=$________.

(4) 设当 $x\to 0$ 时，ax^2 与 $\tan\dfrac{x^2}{4}$ 为等价无穷小，则 $a=$________.

2. 选择题

(1) 当 $x\to 0$ 时，$(1-\cos x)^2$ 是 $\sin^2 x$ 的(　　).

A. 高阶无穷小

B. 同阶无穷小，但非等价无穷小

C. 低阶无穷小

D. 等价无穷小

(2) 若 $x\to 0$ 时，$\tan 3x$ 与 $\dfrac{ax}{\cos x}$ 是等价无穷小，则 $a=$(　　).

A. 1　　B. 2　　C. 3　　D. 4

(3) 当 $x\to 0$ 时，下列函数中哪个是其他三个的高阶无穷小量(　　).

A. x^2　　B. $1-\cos x$

C. $x-\tan x$　　D. $\ln(1+x^2)$

3. 求下列函数的极限

(1) $\lim\limits_{x\to 0}\dfrac{\sin 2x}{\tan 3x}$;

(2) $\lim\limits_{x\to 0}\dfrac{\arctan x}{x}$;

(3) $\lim\limits_{x\to -1}(x+1)\sin\dfrac{1}{x+1}$;

(4) $\lim\limits_{x\to 0}\dfrac{1-\cos x}{x\sin x}$;

(5) $\lim\limits_{x\to 0}\dfrac{\sin(\sin x)}{x}$;

(6) $\lim\limits_{x\to\infty}\dfrac{x\cos x}{x^2+1}$;

(7) $\lim\limits_{x\to 0}\dfrac{(e^x-1)^2}{2x\ln(1+3x)}$;

(8) $\lim\limits_{x\to 0}\dfrac{x\arcsin x\sin\dfrac{1}{x}}{\sin x}$.

2.4 函数的连续性

与函数的极限概念密切联系的另一个基本概念是函数的连续性. 连续是函数的重要性态之一，它反映了我们所观察到的许多自然现象的共同特性. 例如，生物的连续生长，流体的连续流动，以及气温的连续变化等. 为了描述这类现象，在数学上就引进了函数的连续性.

2.4.1 连续函数的概念

我们知道气温是关于时间的函数，当时间变化不大时，气温的变化也不大；物体的路程是关于时间的函数，当时间变化不大时，路程变化也不大；金属丝的长度是关于温度的函数，当温度变化不大时，金属丝变化的长度也不大等等. 这些现象在函数关系上的反映，就是函数的连续性. 为了描述函数的连续性，下面我们先引入增量的概念.

在函数 $y=f(x)$ 的定义域中，设自变量 x 从它的一个初值 x_0 变到终值 x_1，终值与初值之差 x_1-x_0 称为自变量 x 的增量(或改变量)，记为 Δx，即 $\Delta x=x_1-x_0$.

增量 Δx 可以是正的，也可以是负的，当 Δx 为正时，自变量 x 从 x_0 增加到 $x_0+\Delta x$；当 Δx 为负时，自变量 x 从 x_0 减少到 $x_0+\Delta x$.

设函数 $y=f(x)$ 在 x_0 的某邻域内有定义，当自变量从初值 x_0 变到终值 $x_0+\Delta x$ 时，函数 $f(x)$ 的值相应地从 $f(x_0)$ 变到 $f(x_0+\Delta x)$，因此函数 $f(x)$ 相应的增量为

$$\Delta y=f(x_0+\Delta x)-f(x_0),$$

注意 Δx 和 Δy 是完整的记号.

在几何上，函数的增量 Δy 表示当自变量 x 从 x_0 变到 $x_0+\Delta x$ 时，曲线上对应点的纵坐标的改变量(见图 2.6).

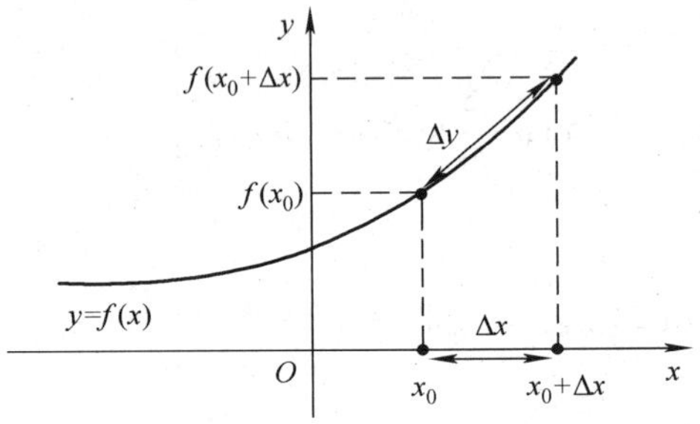

图　2.6

函数连续性的概念可以通过增量来描述，定义如下：

定义 2.4.1　设函数 $y=f(x)$ 在点 x_0 的某邻域内有定义，如果当自变量在 x_0 处的增量 Δx 趋于零时，函数 y 的对应增量 $\Delta y=f(x_0+\Delta x)-f(x_0)$ 也趋于零，即

$$\lim_{\Delta x\to 0}\Delta y=0 \quad 或 \quad \lim_{\Delta x\to 0}[f(x_0+\Delta x)-f(x_0)]=0,$$

那么称函数 $y=f(x)$ 在点 x_0 处**连续**，点 x_0 称为函数 $y=f(x)$ 的**连续点**.

例 2.4.1　证明：函数 $y=x^3+1$ 在 $x=x_0$ 处连续.

证　函数 $y=x^3+1$ 在 $x=x_0$ 处的增量

$$\Delta y=[(x_0+\Delta x)^3+1]-(x_0^3+1)=3x_0^2\Delta x+3x_0(\Delta x)^2+(\Delta x)^3,$$

因为

$$\lim_{\Delta x\to 0}\Delta y=\lim_{\Delta x\to 0}[3x_0^2\Delta x+3x_0(\Delta x)^2+(\Delta x)^3]=0,$$

所以，函数 $y=x^3+1$ 在 $x=x_0$ 处连续.

在定义 2.4.1 中，由 $\lim\limits_{\Delta x\to 0}[f(x_0+\Delta x)-f(x_0)]=0$ 得，$\lim\limits_{\Delta x\to 0}f(x_0+\Delta x)=f(x_0)$，设 $x=x_0+\Delta x$，当 $\Delta x\to 0$ 时，$x\to x_0$，于是

$$\lim_{x\to x_0}f(x)=f(x_0).$$

因此，函数 $y=f(x)$ 在点 x_0 处连续有如下等价定义：

定义 2.4.2　设函数 $y=f(x)$ 在点 x_0 的某邻域内有定义，且在点 x_0 处的**极限值等于该点的函数值**，即

$$\lim_{x\to x_0} f(x)=f(x_0),$$

则称函数 $y=f(x)$ 在点 x_0 处**连续**.

我们对定义 2.4.2 的等式 $\lim\limits_{x\to x_0} f(x)=f(x_0)$ 做细致的分析可以看出，所谓函数 $y=f(x)$ 在点 x_0 处连续，即要求 $y=f(x)$ 满足以下三条：

(1) $y=f(x)$ 在点 x_0 处有定义；

(2) $x\to x_0$ 时极限 $\lim\limits_{x\to x_0} f(x)$ 存在；

(3) 极限值与函数值相等，即 $\lim\limits_{x\to x_0} f(x)=f(x_0)$.

以上三条有一条不满足，函数在点 x_0 处就不连续.

所谓函数 $f(x)$ 在点 x_0 连续，即函数 $f(x)$ 在点 x_0 的左极限 $\lim\limits_{x\to x_0^-} f(x)$、右极限 $\lim\limits_{x\to x_0^+} f(x)$、函数值 $f(x_0)$ 三者都存在且相等，即

$$\lim_{x\to x_0^-} f(x)=\lim_{x\to x_0^+} f(x)=f(x_0).$$

这就很自然地引出了函数在一点的单侧连续的概念，即

定义 2.4.3　设函数 $f(x)$ 在点 x_0 的某左（右）邻域内有定义，若 $\lim\limits_{x\to x_0^-} f(x)=f(x_0)$（$\lim\limits_{x\to x_0^+} f(x)=f(x_0)$），则称函数 $f(x)$ 在点 x_0 处**左（右）连续**.

由定义 2.4.2 和定义 2.4.3 我们得到

定理 2.4.1　函数 $f(x)$ 在点 x_0 处连续的充分必要条件是 $f(x)$ 在点 x_0 处既左连续又右连续.

例 2.4.2　讨论函数

$$f(x)=\begin{cases}2x+1, & x\leqslant 0,\\ x^2, & 0<x\leqslant 1,\\ \dfrac{1}{x}, & x>1,\end{cases}$$

则在点 $x=0$ 和 $x=1$ 处的连续性.

解　在点 $x=0$ 处，$f(0)=2\times 0+1=1$，而

$$\lim_{x\to 0^-} f(x)=\lim_{x\to 0^-}(2x+1)=1,\ \lim_{x\to 0^+} f(x)=\lim_{x\to 0^+} x^2=0,$$

显然，

$$\lim_{x\to 0^-} f(x)\neq \lim_{x\to 0^+} f(x)，故 \lim_{x\to 0} f(x) 不存在.$$

但是，由 $\lim\limits_{x\to 0^-} f(x)=f(0)$ 知，函数 $f(x)$ 在点 $x=0$ 处左连续.

在点 $x=1$ 处，$f(1)=1^2=1$，而

$$\lim_{x\to1^-}f(x)=\lim_{x\to1^-}x^2=1,\ \lim_{x\to1^+}f(x)=\lim_{x\to1^+}\frac{1}{x}=1,$$

易知，

$$\lim_{x\to1^-}f(x)=\lim_{x\to1^+}f(x)，故\lim_{x\to1}f(x)=1.$$

因为 $\lim\limits_{x\to1}f(x)=f(1)$，所以函数 $f(x)$ 在 $x=1$ 处连续.

函数在一点处连续是函数的局部性态，形象地说就是函数在这一点处，两侧的图像能接起来不间断. 而对函数图像上的点连绵不断这一性态的刻画，则是函数在一个区间上连续的概念.

定义 2.4.4　如果函数 $f(x)$ 在开区间 (a,b) 内每一点都连续，那么称函数 $f(x)$ 在开区间 (a,b) 内连续. 如果函数 $f(x)$ 在开区间 (a,b) 内连续，且在左端点 a 处右连续，在右端点 b 处左连续，那么称函数 $f(x)$ 在闭区间 $[a,b]$ 上连续.

例 2.4.3　证明：函数 $y=\sin x$ 在 $(-\infty,+\infty)$ 内连续.

证　设 x_0 为 $(-\infty,+\infty)$ 内任意一点，当自变量 x 在 x_0 处取得增量 Δx 时，对应的函数增量为

$$\Delta y=\sin(x_0+\Delta x)-\sin x_0=2\cos\left(x_0+\frac{\Delta x}{2}\right)\sin\frac{\Delta x}{2}.$$

因为 $\left|2\cos\left(x_0+\frac{\Delta x}{2}\right)\right|\leqslant2$，而当 $\Delta x\to0$ 时，$\sin\frac{\Delta x}{2}\to0$，根据有界函数与无穷小的乘积是无穷小，得

$$\lim_{\Delta x\to0}\Delta y=0.$$

因此，函数 $y=\sin x$ 在点 x_0 处连续，由 x_0 的任意性知，$y=\sin x$ 在 $(-\infty,+\infty)$ 内连续.

例 2.4.4

$$函数 f(x)=\begin{cases}x\sin\dfrac{1}{x}, & x\neq0,\\ 0, & x=0\end{cases}是否在点 x=0 处连续?$$

证　虽然 $f(x)$ 是分段函数，但点 $x=0$ 两侧函数表达式一致.

因为 $\lim\limits_{x\to0}f(x)=\lim\limits_{x\to0}x\sin\dfrac{1}{x}=0=f(0)$，

所以 $f(x)$ 在点 $x=0$ 处连续.

注　判断分段函数在其分界点处是否连续的问题，由于涉及对连续定义和分段函数的理解，初学者会感到困难. 一般地，判断分段函数在分界点处的连续性时，当分界点两侧函数表达式不一致时，必须分别讨论此点处的左、右极限和函数值三者是否相等(或左、右连续性)；当在分界点两侧函数表达式一致时，只需直接讨论此点处的极限与函数值是否相等.

2.4.2 函数的间断点

定义 2.4.5　如果函数 $f(x)$ 在点 x_0 处不满足连续性定义的条件，那么称点 x_0 为函数 $f(x)$ 的**间断点**.

如果 x_0 是 $f(x)$ 的间断点，那么无非是以下三种情况之一：

(1) 函数 $f(x)$ 在点 x_0 处无定义；

(2) 函数 $f(x)$ 在点 x_0 处有定义，但 $\lim\limits_{x \to x_0} f(x)$ 不存在；

(3) 函数 $f(x)$ 在点 x_0 处有定义，$\lim\limits_{x \to x_0} f(x)$ 存在，但 $\lim\limits_{x \to x_0} f(x) \neq f(x_0)$.

根据定义，函数间断点可以分为两大类.

定义 2.4.6　如果 x_0 是函数 $f(x)$ 的间断点，但左极限 $f(x_0^-)$ 及右极限 $f(x_0^+)$ 都存在，那么 x_0 称为函数 $f(x)$ 的**第一类间断点**. 其中若 $\lim\limits_{x \to x_0} f(x)$ 存在但不等于 $f(x_0)$（或函数 $f(x)$ 在点 x_0 处没有定义），则称 x_0 为 $f(x)$ 的**可去间断点**. 若函数 $f(x)$ 在点 x_0 处的左极限及右极限都存在但不相等，则称 x_0 为 $f(x)$ 的**跳跃间断点**，且 $\left|\lim\limits_{x \to x_0^-} f(x) - \lim\limits_{x \to x_0^+} f(x)\right|$ 称为 $f(x)$ 在点 x_0 点的**跳跃度**.

定义 2.4.7　不是第一类间断点的任何间断点，称为**第二类间断点**.

例 2.4.5　函数 $f(x) = \dfrac{x^2 - 1}{x - 1}$，在 $x = 1$ 处无定义（见图 2.7），所以 $x = 1$ 是间断点. 而

$$\lim_{x \to 1} \frac{x^2 - 1}{x - 1} = \lim_{x \to 1}(x + 1) = 2,$$

所以 $x = 1$ 是第一类间断点，是可去间断点.

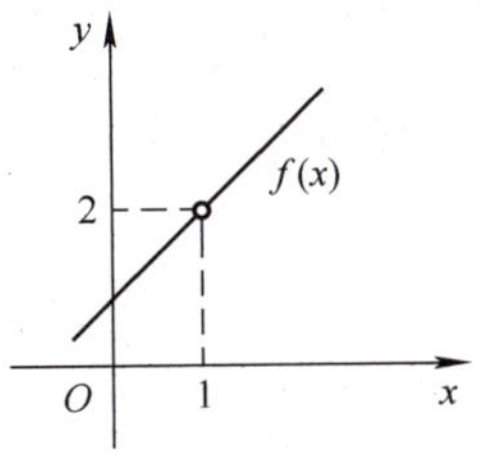

图　2.7

如果补充定义：当 $x = 1$ 时，令 $f(x) = 2$，即

$$f^*(x) = \begin{cases} \dfrac{x^2 - 1}{x - 1}, & x \neq 1, \\ 2, & x = 1, \end{cases}$$

那么函数 $f^*(x)$ 在 $x = 1$ 处连续.

例 2.4.6　设函数

$$f(x) = \begin{cases} x - 1, & x < 0, \\ 0, & x = 0, \\ x + 1, & x > 0, \end{cases}$$

求 $f(x)$ 的间断点，并判断出间断点的类型.

例 2.4.6

解 如图 2.8 所示，显然，$\lim\limits_{x\to0^-}f(x)=\lim\limits_{x\to0^-}(x-1)=-1$，$\lim\limits_{x\to0^+}f(x)=\lim\limits_{x\to0^+}(x+1)=1$，则在 $x=0$ 处的左、右极限不相等，故 $\lim\limits_{x\to0}f(x)$ 不存在，则 $x=0$ 是 $f(x)$ 的第一类间断点，是跳跃间断点，跳跃度为 2.

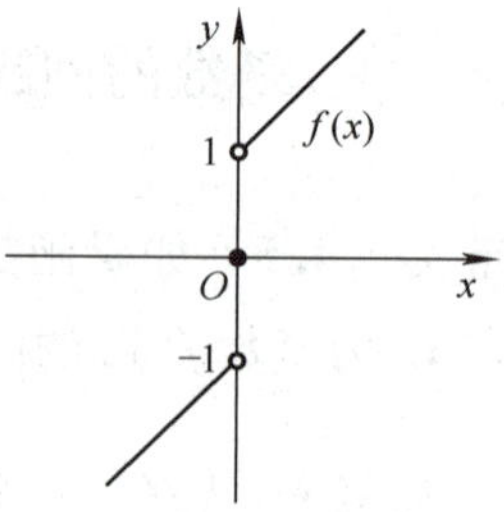

图 2.8

例 2.4.7 讨论函数 $y=\dfrac{1}{x}$ 在 $x=0$ 点的连续性.

解 由于函数 $y=\dfrac{1}{x}$ 在 $x=0$ 处无定义，且 $\lim\limits_{x\to0^-}\dfrac{1}{x}=-\infty$，$\lim\limits_{x\to0^+}\dfrac{1}{x}=+\infty$，所以 $x=0$ 是函数 $y=\dfrac{1}{x}$ 的第二类间断点，由函数 $\dfrac{1}{x}$ 的图像在 $x=0$ 处趋于无穷大，所以称 $x=0$ 为函数 $\dfrac{1}{x}$ 的**无穷间断点**.

2.4.3 连续函数的性质

函数的连续性是在极限理论基础上建立的，因而利用函数极限的性质可以证明连续函数的如下性质.

定理 2.4.2（连续函数的四则运算） 如果函数 $f(x)$，$g(x)$ 在点 x_0 处连续，那么 $f(x)\pm g(x)$，$f(x)\cdot g(x)$，$\dfrac{f(x)}{g(x)}(g(x_0)\neq0)$ 都在点 x_0 处连续.

定理 2.4.3（复合函数的连续性） 设函数 $y=f[g(x)]$ 是由函数 $u=g(x)$ 与函数 $y=f(u)$ 复合而成，若函数 $u=g(x)$ 在点 x_0 连续，且 $u_0=g(x_0)$，而函数 $y=f(u)$ 在点 u_0 连续，则函数 $y=f[g(x)]$ 在点 x_0 连续，即 $\lim\limits_{x\to x_0}f[g(x)]=f[g(x_0)]$.

在定理 2.4.3 中，函数 $u=g(x)$ 在点 x_0 连续，则 $\lim\limits_{x\to x_0}g(x)=g(x_0)$，而

$$\lim_{x\to x_0}f[g(x)]=f[g(x_0)]，所以 \lim_{x\to x_0}f[g(x)]=f[\lim_{x\to x_0}g(x)].$$

注 在定理 2.4.3 的条件下，求复合函数极限时，函数符号可以和极限符号互换.

例 2.4.8 求 $\lim\limits_{x\to\infty}\left(1+\dfrac{1}{x}\right)^x$.

解 **方法 1** 直接利用重要极限公式 $\lim\limits_{x\to\infty}\left(1+\dfrac{1}{x}\right)^x=\mathrm{e}$.

方法 2 幂指函数变形，$\left(1+\dfrac{1}{x}\right)^x=\mathrm{e}^{\ln\left(1+\frac{1}{x}\right)^x}=\mathrm{e}^{x\ln\left(1+\frac{1}{x}\right)}$，

由于 $x\to\infty$，$\ln\left(1+\frac{1}{x}\right)\sim\frac{1}{x}$，因此，

$$\lim_{x\to\infty}\left(1+\frac{1}{x}\right)^x=\lim_{x\to\infty}e^{x\ln\left(1+\frac{1}{x}\right)}=e^{\lim\limits_{x\to\infty}x\ln\left(1+\frac{1}{x}\right)}=e^{\lim\limits_{x\to\infty}x\cdot\frac{1}{x}}=e.$$

定理 2.4.4（反函数的连续性）　严格递增（或递减）的连续函数的反函数也是严格递增（或递减）的连续函数.

利用连续函数的性质可以得到下面的结论.

定理 2.4.5　基本初等函数在其定义域内是连续的.

因为初等函数是由基本初等函数经过有限次四则运算和复合运算而成，所以根据基本初等函数的连续性、连续函数的四则运算、复合函数的连续性和反函数的连续性，可以得到下面的定理.

定理 2.4.6　一切初等函数在其定义区间内是连续的.

定理 2.4.6 的结论给我们提供了一个求极限的方法，也就是说，如果 $f(x)$ 是初等函数，且 x_0 是其定义区间内的点，求函数 $f(x)$ 在点 x_0 的极限就转化为求函数 $f(x)$ 在点 x_0 的函数值，即 $\lim\limits_{x\to x_0}f(x)=f(x_0)$.

例如，求极限 $\lim\limits_{x\to 1}\frac{x^2+\ln(2-x)}{4\arctan x}$. 因为 $x=1$ 是初等函数 $\frac{x^2+\ln(2-x)}{4\arctan x}$ 定义区间内的点，所以 $\lim\limits_{x\to 1}\frac{x^2+\ln(2-x)}{4\arctan x}=\frac{1^2-\ln(2-1)}{4\arctan 1}=\frac{1}{\pi}$（代入法）.

再如，初等函数 $\sqrt{2-\sin 2x}$ 的定义域是实数集 $\mathbf{R}$，而 $\frac{\pi}{4}\in\mathbf{R}$，所以

$$\lim_{x\to\frac{\pi}{4}}\sqrt{2-\sin 2x}=\sqrt{2-\sin 2\cdot\frac{\pi}{4}}=1.$$

2.4.4　同步习题

1. 填空题

(1) 若函数 $f(x)=\begin{cases}\frac{1-\cos x}{x^2}, & x\neq 0,\\ a, & x=0\end{cases}$ 在 $x=0$ 处连续，则 $a=$________.

(2) 函数 $f(x)=\ln(x^2-3x+2)$ 的连续区间________.

(3) $f(x)=\frac{1}{x}\sin\frac{1}{x}$ 的振荡间断点是________.

(4) $x=2$ 是 $f(x)=\frac{x^2-1}{x^2-3x+2}$ 的________间断点.（可去、跳跃、第二类）

2. 选择题

(1) 设 $f(x)=\frac{e^{\frac{1}{x}}-1}{e^{\frac{1}{x}}+1}$，则 $x=0$ 是 $f(x)$ 的（　　）.

A. 可去间断点　　B. 跳跃间断点

C. 第二类间断点　　D. 连续点

(2) 设 $f(x)=\begin{cases}\cos x+x\sin\frac{1}{x}, & x<0,\\ x^2+1, & x\geq 0,\end{cases}$ 则 $x=0$ 是 $f(x)$ 的（　　）.

A. 可去间断点 B. 跳跃间断点

C. 振荡间断点 D. 连续点

(3) 若函数 $f(x)=\begin{cases} x\sin\frac{1}{x}, & x\geqslant 0, \\ a+x^2, & x\leqslant 0 \end{cases}$ 在 $(-\infty, +\infty)$ 内连续，则 $a=($ $)$.

A. 0 B. 1 C. 2 D. 3

3. 求下列函数的间断点，并判断其类型.

(1) $y=(1-2x)^{\frac{1}{x}}$；

(2) $y=\frac{\sin x}{|x|}$.

4. 设函数

$$f(x)=\begin{cases} \frac{1}{x}\sin x+1, & x<0, \\ a, & x=0, \\ x\sin\frac{1}{x}+b, & x>0, \end{cases}$$

那么确定常数 a，b，使得 $f(x)$ 在点 $x=0$ 处连续.

5. 给 $f(0)$ 补充定义一个什么数值，能使 $f(x)$ 在点 $x=0$ 处连续？

(1) $f(x)=\frac{\sqrt{1+x}-\sqrt{1-x}}{x}$；

(2) $f(x)=\tan x\cdot\sin\frac{1}{x}$.

2.5 闭区间上连续函数的性质

闭区间上的连续函数具有十分重要的性质，其中不少性质从几何直观上看是很明显的，但证明却并不容易，需要用到实数理论. 我们将以定理形式给出这些性质，省略严格的证明.

2.5.1 最大值和最小值定理

定义 2.5.1 设函数 $f(x)$ 在闭区间 I 上有定义，如果存在 $x_0\in I$，使得对于任一 $x\in I$ 都有

$$f(x)\leqslant f(x_0) \quad (f(x)\geqslant f(x_0)),$$

那么称 $f(x_0)$ 是函数 $f(x)$ 在闭区间 I 上的**最大值(最小值)**.

例如，函数 $f(x)=\sin x+2$ 在区间 $[0,2\pi]$ 上的最大值为 3，最小值为 1；又例如函数 $f(x)=\operatorname{sgn}x$ 在区间 $(+\infty,-\infty)$ 内的最大值为 1，最小值为 -1；再如函数 $f(x)=\frac{1}{x}$ 在区间 $(0,1)$ 内既没有最大值也没有最小值. 下面给出函数最大值和最小值存在的充分条件.

定理 2.5.1(最值定理) 设函数 $f(x)$ 在闭区间 $[a,b]$ 上连续，则 $f(x)$ 在 $[a,b]$ 上必有最大值 M 和最小值 m，即在 $[a,b]$ 上至少存在一点 ξ_1 和一点 ξ_2，使得 $f(\xi_1)=M$，$f(\xi_2)=m$，且 $m\leqslant f(x)\leqslant M$，$x\in[a,b]$.

注 此定理对于开区间 (a,b) 内的连续函数或在闭区间 $[a,b]$ 上有间断点的函数，定理的结论未必成立.

例如，函数 $f(x)=\frac{1}{x}$ 在开区间 $(0,1)$ 内连续，但在 $(0,1)$ 内无界. 又如函数

$$f(x)=\begin{cases}-x-1, & -1\leqslant x<0,\\ 0, & x=0,\\ -x+1, & 0<x\leqslant 1,\end{cases}$$

在闭区间$[-1,1]$上有间断点 $x=0$(见图 2.9)，显然$f(x)$在$[-1,1]$上虽然有界，但是既无最大值又无最小值.

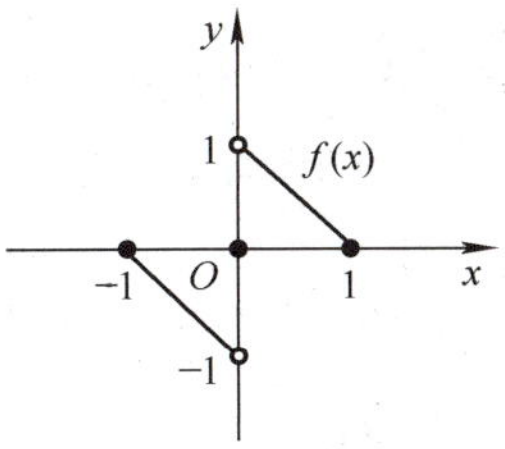

图　2.9

2.5.2　介值定理与零点定理

定理 2.5.2(介值定理)　设函数$f(x)$在闭区间$[a,b]$上连续，且设 m，M 分别为$f(x)$在$[a,b]$上的最小值和最大值，对任意 $c\in[m,M]$，则在$[a,b]$上至少存在一点 ξ，使得$f(\xi)=c$.

介值定理的几何意义是在闭区间$[a,b]$上定义的连续曲线 $y=f(x)$与水平直线$y=c$ 至少有一个交点(见图 2.10).

如果有 x_0 使$f(x_0)=0$，则 x_0 称为函数$f(x)$的零点.

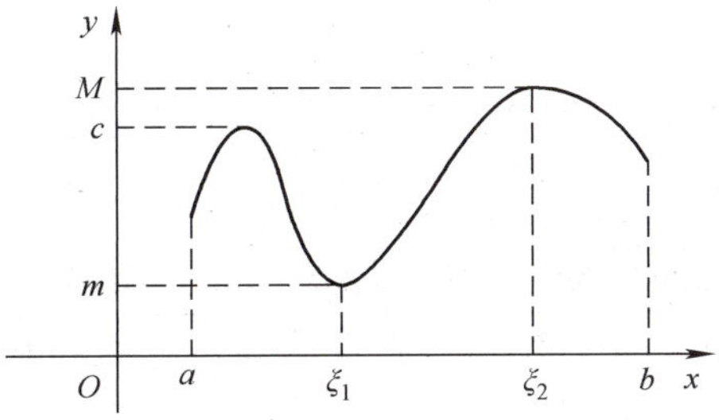

图　2.10

定理 2.5.3(零点定理)　设函数$f(x)$在闭区间$[a,b]$上连续，且$f(a)f(b)<0$，则在(a,b)内至少存在一点 ξ，使得$f(\xi)=0$.

零点定理的几何意义是在闭区间$[a,b]$上定义的连续曲线 $y=f(x)$，它的两个端点 A，B 分别位于 x 轴的两侧，容易想象，作为连接端点 A 到 B 的连续曲线 $y=f(x)$至少与 x 轴有一个交点，交点的横坐标即 ξ(见图 2.11).

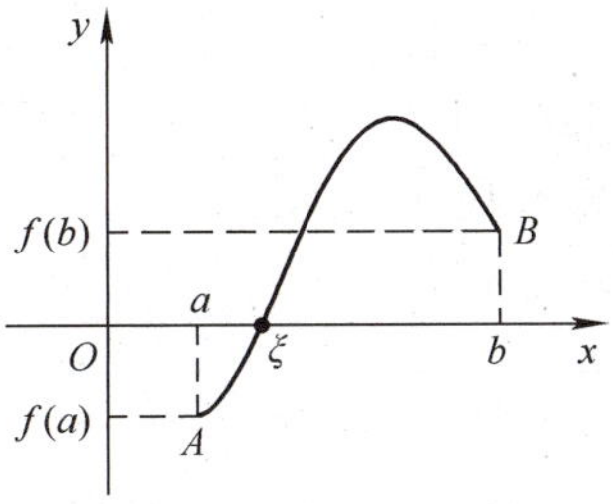

图　2.11

例 2.5.1

例 2.5.1 证明：方程 $x^4-x^2-1=0$ 在区间 $(1,2)$ 内至少有一个根.

证 设函数 $f(x)=x^4-x^2-1$，则 $f(x)$ 为初等函数，且它在 $[1,2]$ 上连续，有

$$f(1)=-1<0, f(2)=11>0.$$

根据零点定理，在区间 $(1,2)$ 内至少存在一点 ξ，使得

$$f(\xi)=0, \xi\in(1,2),$$

即

$$\xi^4-\xi^2-1=0,$$

等式说明方程 $x^4-x^2-1=0$ 在区间 $(1,2)$ 内至少有一个根.

2.5.3 同步习题

1. 判断题：在括号里填写"√"或"×".

(1) 如果函数 $f(x)$ 在闭区间 $[a,b]$ 上连续，则 $f(x)$ 在 $[a,b]$ 上必有最大值和最小值(　　).

(2) 函数 $f(x)=\frac{1}{x}$ 在开区间 $(0,1)$ 内连续，也有最值(　　).

(3) 设函数 $f(x)$ 在闭区间 $[a,b]$ 上连续，且 $f(a)f(b)<0$，则在 $[a,b]$ 内至少存在一点 ξ，使得 $f(\xi)=0$(　　).

2. 证明：方程 $x2^x=1$ 至少有一个小于 1 的正根.

2.6 利息和连续复利问题

利息是指借款者向贷款者支付的报酬，它是根据本金的数额按一定比例计算出来的. 利息又有存款利息、贷款利息、债券利息、贴现利息等几种主要形式.

2.6.1 单利、复利与贴现

1. 单利公式

单利是最为大家所熟知的. 我们平时的储蓄利息计算方法全是用单利. 单利就是不管存期有多长，利息都不会加入存款本金重复计算利息.

设初始本金为 A_0，银行年利率为 r，t 年末 A_0 将增值到 A_t，试计算 A_t.

第一年末的本利和为

$$A_1=A_0+A_0r=A_0(1+r),$$

第二年末的本利和为

$$A_2=A_1+A_0r=A_0(1+r)+A_0r=A_0(1+2r),$$

依次类推，第 t 年末的本利和为

$$A_t=A_t+A_0r=A_0(1+tr).$$

例 2.6.1 假如存入银行 1000 元，年利率 $r=8\%$，存期是 3 年，那么到第一年末获得本利和是 $1000\times(1+8\%)=1080$ 元，第二年末的本利和是 $1000\times(1+2\times8\%)=1160$ 元，第三年末的本利和是 $1000\times(1+3\times8\%)=1240$ 元.

2. 复利公式

所谓复利计息，就是将每期利息于每期之末加入该期本金，并以此为新本金再计算下期利息.

设初始本金为 A_0，银行年利率为 r，若以复利计息，t 年末 A_0 将增值到 A_t，试计算 A_t.

若按照一年 1 期计息，则

第一年末的本利和为

$$A_1 = A_0(1+r),$$

第二年末的本利和为

$$A_2 = A_1(1+r) = A_0(1+r)^2,$$

依次类推，第 t 年末的本利和为

$$A_t = A_0(1+r)^t.$$

若仍以年利率为 r，一年不是 1 期计息，而是分 n 期计息，且以 $\frac{r}{n}$ 为每期的利息来计算. 在这种情况下，到 t 年共结息 nt 次，则 t 年末的本利和为

$$A_t = A_0\left(1+\frac{r}{n}\right)^{nt},$$

称为 t 年末本利和的**离散复利公式**. 上述计息的“期”是确定的时间间隔，因而一年计息次数为有限次.

若计息的“期”的时间间隔无限缩短，从而计息次数 $n\to\infty$，这种计息方式称为**连续复利**. 由于

$$\lim_{n\to\infty} A_0\left(1+\frac{r}{n}\right)^{nt} = A_0\lim_{n\to\infty}\left[\left(1+\frac{r}{n}\right)^{\frac{n}{r}}\right]^{rt} = A_0\mathrm{e}^{rt}.$$

所以，若以连续复利计算利息，则 t 年末本利和 A_t 连续复利公式是

$$A_t = A_0\mathrm{e}^{rt}.$$

已知现在值 A_0 求未来值 A_t 是复利问题.

例 2.6.2　已知初始本金 1000 元，年利率 $r=8\%$，若

按照一年 1 期计息，则一年末的本利和

$$A_1 = 1000\times(1+0.08) = 1080.00 \text{ 元};$$

按照一年 2 期计息，一年末的本利和

$$A_1 = 1000\times\left(1+\frac{0.08}{2}\right)^2 = 1081.60 \text{ 元};$$

按照一年 4 期计息，一年末的本利和

$$A_1 = 1000\times\left(1+\frac{0.08}{4}\right)^4 = 1082.43 \text{ 元};$$

按照一年 12 期计息，一年末的本利和

$$A_1 = 1000\times\left(1+\frac{0.08}{12}\right)^{12} = 1083.00 \text{ 元};$$

按照一年 100 期计息，一年末的本利和

$$A_1 = 1000\times\left(1+\frac{0.08}{100}\right)^{100} = 1083.25 \text{ 元};$$

例 2.6.2

连续复利计算，一年末的本利和

$$A_1 = 1000e^{0.08} \approx 1083.29 \text{ 元}.$$

由例 2.6.2 知，年利率相同，但一年计息期数不同，一年所得之利息也不同. 如一年计息 1 期，是按 8% 计息；一年 12 期计息，实际所得利息是按 8.30% 计息；一年 100 期计息，实际所得利息是按 8.325% 计息；若连续复利计算，实际所得利息是按 8.329% 计息.

若年利率给定，对于年期以下的复利，称年利率 8% 为名义利率或虚利率，而实际计息利率为实利率. 如 8.325% 为一年复利 100 期的实利率，8.329% 为一年连续复利的实利率.

3. 贴现公式

若已知未来值 A_t，求现在值 A_0，称为贴现问题，这时，利率 r 称为**贴现率**.

若以一年为期贴现，由复利公式 $A_t = A_0(1+r)^t$ 易推得贴现公式是

$$A_0 = A_t(1+r)^{-t};$$

若一年均分 n 期贴现，由复利公式 $A_t = A_0\left(1+\frac{r}{n}\right)^{nt}$ 可得贴现公式是

$$A_0 = A_t\left(1+\frac{r}{n}\right)^{-nt};$$

由复利公式 $A_t = A_0e^{rt}$ 可得连续贴现公式是

$$A_0 = A_te^{-rt}.$$

例 2.6.3 某人为了孩子的教育，打算在一家保险公司投入一笔资金，需要这笔投资 10 年后价值为 12000 元，

(1) 如果以年利率 9%，每年支付复利 4 期方式计息，应该投资多少元？

(2) 如果复利是连续的，应投资多少元？

解 设初始投资本金 A_0 元，年利率 9%，一年 4 期计息，10 年后的本利和为 12000 元，由 $A_0 = A_t\left(1+\frac{r}{n}\right)^{-nt}$ 知

$$A_0 = 12000 \times \left(1+\frac{0.09}{4}\right)^{-4\times 10} \approx 4927.5,$$

所以应该投资 4927.5 元.

若复利是连续的，由 $A_0 = A_te^{-rt}$ 知

$$A_0 = 12000 \times e^{-0.09\times 10} \approx 4878.84,$$

所以应该投资 4878.84 元.

2.6.2 抵押贷款与分期付款

设贷款期限为 t 个月，贷款额为 A_0，月利率为 r(按复利计算)，每月还款额为 I，A_n 表示第 n 个月的欠款额，则

$$A_n = A_{n-1}(1+r) - I,$$

由此得

$$
\begin{aligned}
A_t &= A_{t-1}(1+r)-I \\
&= [A_{t-2}(1+r)-I](1+r)-I = A_{t-2}(1+r)^2-I[(1+r)+1] \\
&= [A_{t-3}(1+r)-I](1+r)^2-I(1+r)-I = A_{t-3}(1+r)^3-I[(1+r)^2+(1+r)+1] \\
&\quad \vdots \\
&= A_0(1+r)^t-I[(1+r)^{t-1}+(1+r)^{t-2}+\cdots+1] \\
&= A_0(1+r)^t-I\frac{(1+r)^t-1}{r}.
\end{aligned}
$$

第 t 个月还清贷款，则 $A_t=0$，即

$$I=A_0r\frac{(1+r)^t}{(1+r)^t-1}.$$

例 2.6.4 某人决定按照抵押贷款的方式购买一套住房，如果选择一次性付清房款 20 万元，不足的部分（不超过房价的 70%）可以向银行申请抵押贷款，期限是 20 年，贷款的年利率为 10.8%，如果他只有 8 万元存款，而向银行贷款 12 万元，那么他每月应向银行还款多少？

解 由题意知，还款时间 $t=12\times20=240$ 个月，月利率 $r=\frac{0.108}{12}=0.009$，贷款 $A_0=120000$ 元，代入 $I=A_0r\frac{(1+r)^t}{(1+r)^t-1}$得

$$I=120000\times0.009\times\frac{(1+0.009)^{240}}{(1+0.009)^{240}-1}\approx1222.33,$$

因此，该先生每月应还款大约为 1222.33 元.

例 2.6.5 某商店对手机进行分期付款，每部售价为 2000 元的手机，如果分两年付款，每月只需付 100 元；同时来自银行的贷款信息显示，5000 元以下的贷款，在两年内还清，年利率为 8.64%，那么应该是向银行贷款还是分期付款购得这款手机？

解 如果贷款，两年还清，由 $I=A_0r\frac{(1+r)^t}{(1+r)^t-1}$知，每月还款额为

$$I=2000\times\frac{0.0864}{12}\times\frac{\left(1+\frac{0.0864}{12}\right)^{24}}{\left(1+\frac{0.0864}{12}\right)^{24}-1}\approx91.04 \text{ 元},$$

这表明应该向银行贷款而不是采取分期付款的方式购买这款手机.

2.6.3 同步习题

1. 某人以 8% 的年利率投资 10000 元，针对以下不同的记息方式，求出两年后的本利和：
（1）按单利；（2）按年复利；（3）按季复利；
（4）按月复利；（5）连续复利.

2. 某人想在今后的 30 年里，每年年末从银行里提取 5000 元，银行的固定年利率为 8%，那么现在应该存入银行多少钱？

2.7 MATLAB 数学实验

MATLAB 符号数学工具箱提供了大量函数支持基础极限运算，主要包括双侧极限和单侧极限.

2.7.1 函数求极限

在 MATLAB 中函数 `limit` 用于求表达式的极限，该函数的调用格式如下：

```
limit(f,x,a);              % 其中 f 是一个数学表达式，x 是变量，a 是 x 无限
                           接近的数值
limit(f,x,a,'right');      % 当 x 从右侧趋近于 a 时 f 的极限
limit(f,x,a,'left');       % 当 x 从左侧趋近于 a 时 f 的极限
```

例 2.7.1 求极限 $\lim\limits_{x\to0}\dfrac{\sin x}{x}$.

程序

```
syms x;                    % 定义符号变量
f=sin(x)/x;                % 数学表达式
lim=limit(f,x,0);          % 直接求极限
```

运行结果

```
lim=1
```

因此 $\lim\limits_{x\to0}\dfrac{\sin x}{x}=1$.

例 2.7.2 求极限 $\lim\limits_{h\to0}\dfrac{\sin(x+h)-\sin x}{h}$.

程序

```
syms x h;                        % 定义符号变量
f=(sin(x+h)-sin(x))/h;           % 数学表达式
lim=limit(f,h,0);                % 直接求极限
```

运行结果

```
lim=cos(x)
```

因此 $\lim\limits_{h\to0}\dfrac{\sin(x+h)-\sin x}{h}=\cos x$.

2.7.2 数列求极限

例 2.7.3　求极限 $\lim\limits_{n\to\infty}\frac{n}{3n+1}$.

程序

```
syms n ;                      % 定义符号变量
f =n/(3 *n +1);               % 数学表达式
lim =limit(f,n,inf);          % 直接求极限,其中 inf 表示正无穷大
```

运行结果

```
lim =1/3
```

因此 $\lim\limits_{n\to\infty}\frac{n}{3n+1}=\frac{1}{3}$.

2.8 阅读材料

2.8.1 极限概念的历史演变㊀

极限(Limit)，微积分中最基本的概念之一，用以描述变量在一定的变化过程中的终极状态.

朴素的、直观的极限思想在古代文献中就有记载. 例如，中国古代的《墨经》中载有“穷，或有前，不容尺也”，《庄子 · 天下篇》中载有“一尺之棰，日取其半，万世不竭”. 公元 3 世纪中国数学家刘徽所创割圆术，从圆内接正六边形出发割圆，得到圆内接正 $6\times 2n$ 边形序列，并指出割得越细，正多边形与圆面积之差越小，即“割之又割，以至于不可割，则与圆合体，而无所失矣”，其中包含了深刻的极限思想.

在古希腊，安蒂丰提出求圆面积的穷竭法，后来由欧多克索斯发展成一种较为严格的理论，提出现在分析中通称的“阿基米德公理”. 阿基米德把穷竭法成功地应用于面积计算. 这些工作都可以看作近代极限理论的雏形.

随着微积分学的诞生，极限作为数学中的一个概念就被明确地提出来，但最初提出的极限概念是含糊不清的. 例如，牛顿称变量的无穷小增量为“瞬”，有时令它非零，有时又令它为零；莱布尼茨的 dx，dy 也不能自圆其说. 因此有人称牛顿和莱布尼茨的极限思想为神秘的极限观. 这曾引起 18 世纪许多人对微积分的攻击，对分析数学的发展带来了危机性的困难.

从 19 世纪初开始，数学家们转向微积分基础的重建，极限概念才被置

㊀ 杜瑞芝. 极限[M]//杜瑞芝. 数学史辞典新编. 济南：山东教育出版社，2017：590－591.

于严密的理论基础之上．现今微积分课本中函数的极限定义是由柯西和魏尔斯特拉斯等人给出的．柯西在 1821 年提出函数极限定义的 ε 方法（后来又改写成 δ），即所谓极限概念的“算术化”，他把整个极限过程用不等式来刻画，使关于无穷小、无穷大的运算化为一系列不等式的推导．后来魏尔斯特拉斯将 ε 与 δ 联系起来，完成了极限的 ε-δ 方法．

关于序列极限的正确概念早在 1655 年由英国数学家沃利斯给出，但是未被人们采用．捷克数学家波尔查诺在 1817 年也给出了序列收敛条件的正确表述，可惜他的工作没有广泛为人所知．后来柯西重新得到了这些结果，现在把序列（级数）收敛的判别准则归功于柯西，称之为柯西收敛准则．

极限概念被推广到多元函数和复变量函数时，极限的过程复杂了，但大体上保持了固有的特征．后来，一些数学家发现，有些变量的极限过程比较特殊．例如，定积分的定义是达布和的极限，极限过程与区间的分割发生了联系，很难用 ε-δ 语言来描述．曲线弧长的定义也有类似的情形．因此有必要建立极限的一般观点，或称之为广义极限理论．苏联数学家沙图诺夫斯基、美国数学家穆尔、斯密斯在半序有向集上给出一种极限定义，这种广义的极限概念在现代拓扑学和分析数学中起到重要作用．

2.8.2 函数连续性的定义㊀

函数的连续性（Continuity of Function）是最重要的数学概念之一．19 世纪，随着函数概念的不断明确和扩展，数学家们开始研究函数的性质．捷克数学家波尔查诺首先（1817）给出如下函数连续性的恰当定义．在区间内任一点 x 处，只要 ω 的绝对值任意小，就能使差 $f(x+\omega)-f(x)$ 的绝对值任意小，那么就说 $f(x)$ 在该区间上连续．他还证明了多项式是连续的．法国数学家柯西在他的《分析教程》（1821）中，给出如下函数连续性的定义：如果在（自变量的）两限之间，变量的一个无穷小增量总产生函数自身的一个无穷小增量，那么函数 $f(x)$ 在给定限之间对于中对于 x 保持连续．现代一般分析教材中关于函数在一点连续的定义是由德国数学家魏尔斯特拉斯给出的：如果对于给定的任一正数 ε，都存在一个正数 δ，使得对于区间 $|x-x_0|<\delta$ 内的所有 x 都有

$$|f(x)-f(x_0)|<\varepsilon,$$

则说 $f(x)$ 在 $x=x_0$ 处连续．柯西和魏尔斯特拉斯还建立了区间上连续函数的概念，并给出了闭区间上连续函数的性质．G. 康托尔则建立了关于区间上函数一致连续性的概念．

函数连续性的概念很快被推广到更一般的函数形式——多元函数和复值函数上，而单变量实值函数的许多性质又被推广到拓扑空间之间的连续映射上．

㊀ 杜瑞芝．函数的连续性［M］//杜瑞芝．数学史辞典新编．济南：山东教育出版社，2017：591.

总复习题 2

第一部分：基础题

1. 求下列极限：

(1) $\lim\limits_{x\to1}\dfrac{x^2-2x+1}{x^2-1}$；

(2) $\lim\limits_{x\to0}\dfrac{(x+a)^2-a^2}{x}$；

(3) $\lim\limits_{n\to\infty}\dfrac{(-2)^n+5^n}{(-2)^{n+1}+5^{n+1}}$；

(4) $\lim\limits_{x\to\infty}(\sqrt{x^2+1}-\sqrt{x^2-1})$；

(5) $\lim\limits_{x\to-1}\left(\dfrac{1}{x+1}-\dfrac{3}{x^3+1}\right)$；

(6) $\lim\limits_{n\to\infty}\dfrac{1+\frac{1}{2}+\frac{1}{4}+\cdots+\frac{1}{2^n}}{1+\frac{1}{5}+\frac{1}{5^2}+\cdots+\frac{1}{5^n}}$；

(7) $\lim\limits_{x\to+\infty}x(3x-\sqrt{9x^2-6})$；

(8) $\lim\limits_{x\to\infty}\dfrac{(x-1)^{10}(3x-1)^{10}}{(x+1)^{20}}$；

(9) $\lim\limits_{x\to0}(1+2\tan^2x)^{\cot^2x}$；

(10) $\lim\limits_{x\to\infty}\left(\dfrac{x-1}{x+1}\right)^x$.

2. 设两函数分别为

$$f(x)=\begin{cases}1, & x\neq1,\\ 0, & x=1;\end{cases}\quad g(x)=\begin{cases}1, & x\neq1,\\ 0, & x=1.\end{cases}$$

求(1) $\lim\limits_{x\to0}g(x)$，$\lim\limits_{x\to1}f(x)$；

(2) $\lim\limits_{x\to0}f[g(x)]$.

3. 设 $a_1=10$，$a_{n+1}=\sqrt{6+a_n}\,(n=1,2,\cdots)$，试证：数列$\{a_n\}$极限存在，并求此极限.

4. 设函数

$$f(x)=\begin{cases}\dfrac{x}{1-\sqrt{1-x}}, & x<0,\\ 2, & x=0,\\ \dfrac{1}{x}\ln(1+x)+1, & x>0\end{cases}$$

讨论函数 $f(x)$ 在点 $x=0$ 处极限是否存在？

5. 证明：

(1) 当 $x\to0$ 时，$\sqrt{1+x}-1$ 与 $\sqrt{4+x}-2$ 是同阶无穷小.

(2) 当 $x\to0$ 时，$e^{x\cos x^2}-e^x$ 与 x^5 是同阶无穷小.

6. 确定常数 a，b，使 $\lim\limits_{x\to1}\dfrac{x^2+ax+b}{\sin(x^2-1)}=3$.

7. 已知 $\lim\limits_{x\to0}\dfrac{x}{f(3x)}=2$，求 $\lim\limits_{x\to0}\dfrac{f(2x)}{x}$.

8. 设 $\lim\limits_{x\to0}\dfrac{f(x)}{x^2}=2$，试求 $\lim\limits_{x\to0}f(x)$，$\lim\limits_{x\to0}\dfrac{f(x)}{x}$.

9. 求下列函数的间断点，并判断其类型.

(1) $y=\dfrac{x^2-1}{x^2-3x+2}$；

(2) $y=\begin{cases}x-1, & x\leqslant1,\\ 3-x, & x>1.\end{cases}$

10. 讨论 $f(x)=\dfrac{1}{1-e^{\frac{x}{(1-x)}}}$ 的连续性，并判断间断点的类型.

11. 求函数 $f(x)=\lim\limits_{n\to\infty}\dfrac{x^{2n-1}+ax^2+bx}{x^{2n}+1}$，并确定常数 a，b 使函数 $f(x)$ 在点 $x=-1$ 与 $x=1$ 处连续.

12. 设函数 $f(x)$ 在$[a,b]$上连续，且 $f(a)>a$，$f(b)<b$，试证：在(a,b)内至少存在一点 ξ，使得 $f(\xi)=\xi$.

13. 设 $a>0$，$b>0$ 均为常数，求极限 $\lim\limits_{x\to0}\left(\dfrac{a^x+b^x}{2}\right)^{\frac{3}{x}}$.

14. 设函数 $f(x)=a^x\,(a>0,a\neq1)$，求极限 $\lim\limits_{n\to\infty}\dfrac{1}{n^2}\ln[f(1)f(2)\cdots f(n)]$.

第二部分：拓展题

1. 若函数 $f(x)=\begin{cases}\dfrac{1-\cos\sqrt{x}}{ax}, & x>0,\\ b, & x\leqslant0,\end{cases}$ 在 $x=0$ 处连续，则 $ab=$________.

2. $\lim\limits_{x\to0}(\sec^2x)^{\cot^2x}=$________.

3. $\lim\limits_{x\to0^+}\dfrac{1-e^{\frac{1}{x}}}{x+e^{\frac{1}{x}}}=$________.

4. 已知 $\lim\limits_{x\to3}\dfrac{x-3}{x^2+ax+b}=1$，求常数 a 和 b.

5. 设函数 $f(x)=\lim\limits_{n\to\infty}\dfrac{1-x^{2n}}{1+x^{2n}}$，求 $f(x)$ 的间断点并指出其类型.

第三部分：考研真题

一、选择题

1.（2024年，数三）设函数 $f(x)=\lim\limits_{n\to\infty}\dfrac{1+x}{1+nx^{2n}}$，则 $f(x)$ 满足（ ）.

A. 在 $x=1$，$x=-1$ 处都连续

B. 在 $x=1$ 处连续，$x=-1$ 处不连续

C. 在 $x=1$，$x=-1$ 处都不连续

D. 在 $x=1$ 处不连续，$x=-1$ 处连续

2.（2022年，数三）当 $x\to0$ 时，$\alpha(x)$，$\beta(x)$ 是非零无穷小量，给出以下四个命题，

（1）若 $\alpha(x)\sim\beta(x)$，则 $\alpha^2(x)\sim\beta^2(x)$；

（2）若 $\alpha^2(x)\sim\beta^2(x)$，则 $\alpha(x)\sim\beta(x)$；

（3）若 $\alpha(x)\sim\beta(x)$，则 $\alpha(x)-\beta(x)=o(\alpha(x))$；

（4）若 $\alpha(x)-\beta(x)=o(\alpha(x))$，则 $\alpha(x)\sim\beta(x)$，

其中正确的序号是（ ）.

A.（1）（2）　　B.（1）（4）

C.（1）（3）（4）　　D.（2）（3）（4）

3.（2022年，数三）已知 $a_n=\sqrt[n]{n}-\dfrac{(-1)^n}{n}(n=1,2,3,\cdots)$，则 $\{a_n\}$（ ）.

A. 有最大值，有最小值

B. 有最大值，没有最小值

C. 没有最大值，有最小值

D. 没有最大值，没有最小值

4.（2020年，数三）若 $f(x)=\dfrac{e^{\frac{1}{x-1}}\ln|1+x|}{(e^x-1)(x-2)}$，则 $f(x)$ 第二类间断点的个数为（ ）.

A. 1　　B. 2　　C. 3　　D. 4

5.（2019年，数三）当 $x\to0$ 时，$x-\tan x$ 与 x^k 是同阶无穷小，则 $k=$（ ）.

A. 1　　B. 2　　C. 3　　D. 4

6.（2017年，数三）若函数 $f(x)=\begin{cases}\dfrac{1-\cos\sqrt{x}}{ax}, & x>0,\\ b, & x\leqslant0,\end{cases}$ 在 $x=0$ 处连续，则（ ）.

A. $ab=\dfrac{1}{2}$　　B. $ab=-\dfrac{1}{2}$

C. $ab=0$　　D. $ab=2$

二、填空题

1.（2023年，数三）$\lim\limits_{x\to\infty}x^2\left(2-x\sin\dfrac{1}{x}-\cos\dfrac{1}{x}\right)=$______.

2.（2022年，数三）$\lim\limits_{x\to0}\left(\dfrac{1+e^x}{2}\right)^{\cot x}=$______.

3.（2019年，数三）$\lim\limits_{n\to\infty}\left[\dfrac{1}{1\cdot2}+\dfrac{1}{2\cdot3}+\cdots+\dfrac{1}{n\cdot(n+1)}\right]^n=$______.

三、简答题

1.（2021年，数三）已知 $\lim\limits_{x\to0}\left[\alpha\arctan\dfrac{1}{x}+(1+|x|)^{\frac{1}{x}}\right]$ 存在，求 α.

2.（2020年，数三）已知 a，b 为常数，若 $\left(1+\dfrac{1}{n}\right)^n-e$ 与 $\dfrac{b}{n^\alpha}$ 在 $n\to\infty$ 时是等价无穷小，求 a 和 b.

3.（2018年，数三）已知实数 a，b 满足 $\lim\limits_{x\to+\infty}[(ax+b)e^{\frac{1}{x}}-x]=2$，求 a 和 b.

自测题2

（满分100分，测试时间45min）

一、单项选择题（本题共10个小题，每小题5分，共50分）

1. 下列等式成立的是（ ）.

A. $\lim\limits_{x\to\infty}\dfrac{\sin x}{x}=1$

B. $\lim\limits_{x\to0}x\sin\dfrac{1}{x}=1$

C. $\lim\limits_{x\to0}\dfrac{\tan x}{\sin x}=1$

D. $\lim\limits_{x\to0}\dfrac{1-\cos x}{x^2}=1$

2. 若 $\lim\limits_{x\to0}(1+x^2)^{f(x)}=e$，则 $f(x)=$（ ）.

A. $\sin^2x$　　B. $\cos^2x$

C. $\tan^2x$　　D. $\cot^2x$

3. 函数 $f(x)=\dfrac{x-2}{x^2-4}$ 的间断点是（ ）.

A. $x=2$　　B. $x=-2$

C. $x=2$ 或 $x=-2$　　D. 无间断点

4. 下列结论中正确的是（ ）.

A. 两个无穷小均可比较阶的大小

B. 无界变量未必是无穷大

C. 若$\lim\limits_{x\to a}\frac{\alpha}{\beta}=0$，则$\alpha$一定是比$\beta$高阶的无穷小

D. 若α为无穷小，则$\frac{1}{\alpha}$必为无穷大

5. 若$f(x)$在$[a,b]$上连续，且不存在$x\in[a,b]$，使得$f(x)=0$，则$f(x)$在$[a,b]$上(　　).

A. 恒正　　B. 恒负

C. 恒正或恒负　　D. 单调

6. $\lim\limits_{n\to\infty}\frac{3n^3+10n+8}{(2n+1)(6n^2-1)}=$(　　).

A. $\frac{1}{4}$　　B. $\frac{1}{2}$　　C. 1　　D. ∞

7. $\lim\limits_{n\to\infty}\left[\frac{1}{1\cdot2}+\frac{1}{2\cdot3}+\cdots+\frac{1}{n(n+1)}\right]=$(　　).

A. -1　　B. 1　　C. 2　　D. 0

8. $\lim\limits_{x\to\infty}\left(\frac{2x+3}{2x+1}\right)^{x+1}=$(　　).

A. e^{-1}　　B. e　　C. e^{-2}　　D. e^2

9. $\lim\limits_{x\to+\infty}x(\sqrt{x^2+1}-x)=$(　　).

A. 1　　B. $\frac{1}{2}$　　C. 0　　D. 2

10. $\lim\limits_{x\to0}\frac{x^2\tan^2x}{(1-\cos x)^2}=$(　　).

A. 1　　B. 2　　C. 4　　D. 6

二、判断题(用√、×表示．本题共 10 个小题，每小题 5 分，共 50 分)

1. 数列$\{a_n\}$有界是数列$\{a_n\}$收敛的充分条件，数列$\{a_n\}$收敛是数列$\{a_n\}$有界的必要条件．(　　)

2. 函数$f(x)=\frac{1}{\sqrt{x^2-3x+2}}$的连续区间是$(-\infty,1)\cup(2,+\infty)$．(　　)

3. 已知$\lim\limits_{x\to0}\frac{\sin mx}{2x}=\frac{2}{3}$，则$m=\frac{2}{3}$．(　　)

4. $\lim\limits_{x\to0}(1+2x)^{\frac{1}{x}}=e^3$．(　　)

5. $\lim\limits_{x\to0}(\sec^2x)^{\cot^2x}=e^2$．(　　)

6. $\lim\limits_{x\to\infty}\frac{2x+3}{x^2+x}\arctan x=0$．(　　)

7. $\lim\limits_{n\to\infty}\left(\frac{n+1}{n+3}\right)^n=e^{-2}$．(　　)

8. 设$y=x-2\arctan x$，则$\lim\limits_{x\to-\infty}(y-x)=\pi$．(　　)

9. 设$f(x)=\frac{|x|}{x}$，则$x=0$是$f(x)$的跳跃间断点．(　　)

10. 已知当$x\to0$时，$a(\sqrt{x+1}-\sqrt{1-2x})$是$x$的等价无穷小，则$a=-1$．(　　)

第 3 章

导数与微分

【学习目标】

1. 理解导数的概念及可导性与连续性之间的关系.
2. 了解导数的几何意义与经济意义(含边际与弹性的概念).
3. 会求平面曲线的切线方程和法线方程.
4. 掌握基本初等函数的导数公式、导数的四则运算法则及复合函数的求导法则.
5. 会求分段函数的导数，会求反函数与隐函数的导数.
6. 了解高阶导数的概念，会求简单函数的高阶导数.
7. 了解微分的概念、导数与微分之间的关系以及一阶微分形式的不变性，会求函数的微分.

微积分学包含微分学与积分学两个分支，微分学又分为一元函数微分学与多元函数微分学，导数与微分是一元函数微分学中最重要的两个基本概念. 本章将以极限概念为基础，从实际应用问题中引出导数和微分的概念，并得到导数与微分的求法和运算法则.

本章知识结构图

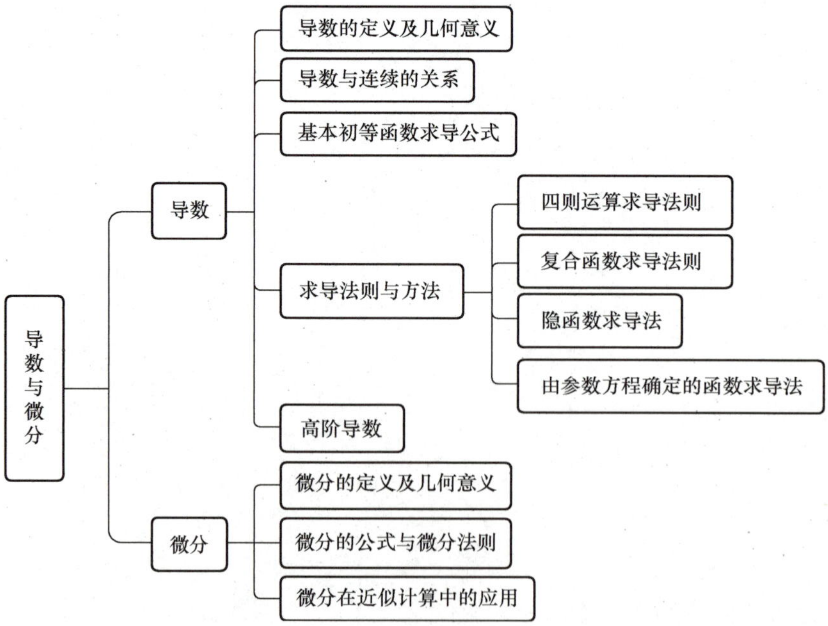

3.1 导数的概念

在实际问题中，我们经常遇到一种变量相对于另一种变量的变化率问题. 例如，物理学中，位移变量相对于时间变量的变化率就是速度；几何学中，曲线上点的纵坐标相对于横坐标的变化率就是曲线在该点切线的斜率；经济学中，一种经济变量相对于另一种经济变量的变化率就是边际.

3.1.1 引例

1. 曲线的切线的斜率

如图 3.1 所示，函数 $y=f(x)$ 的图形一般为一条曲线 C，确定曲线 C 在点 $M(x_0, f(x_0))$ 处的切线的斜率.

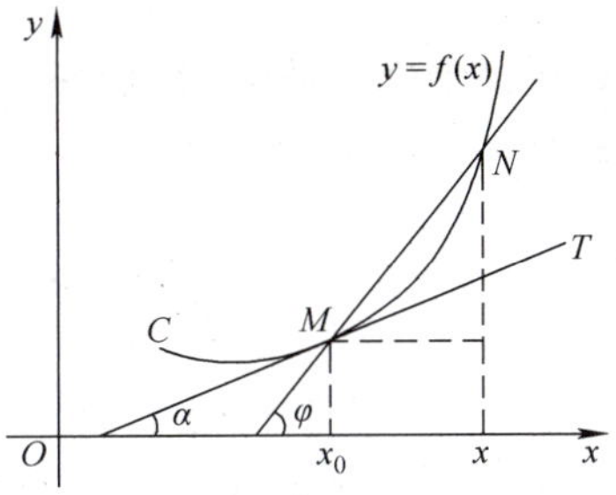

图 3.1

在 M 的邻近取一点 $N(x, f(x))$，则割线 MN 的斜率为

$$\tan\varphi = \frac{y-y_0}{x-x_0} = \frac{f(x)-f(x_0)}{x-x_0}.$$

当点 N 沿曲线 C 趋向于 M 时，割线 MN 的极限位置为曲线 C 在 M 点的切线. 因此，切线的斜率为

$$k = \lim_{x\to x_0}\frac{y-y_0}{x-x_0} = \lim_{x\to x_0}\frac{f(x)-f(x_0)}{x-x_0}.$$

2. 边际成本

设总成本函数为 $C=C(Q)$，当产量 Q 有增量 ΔQ 时，成本函数的增量为 $\Delta C = C(Q+\Delta Q)-C(Q)$，此时，平均成本为

$$\overline{C}(Q) = \frac{\Delta C(Q)}{\Delta Q} = \frac{C(Q+\Delta Q)-C(Q)}{\Delta Q}.$$

对于产品而言，它的产量 Q 是整数，最小的变化量是一个单位. 假设产品的产量 Q 是连续变化的可以无限细分，则边际成本就是产品的产量为 Q 时的总成本的变化率. 即

$$\lim_{\Delta Q\to 0}\frac{\Delta C(Q)}{\Delta Q} = \lim_{\Delta Q\to 0}\frac{C(Q+\Delta Q)-C(Q)}{\Delta Q}.$$

它表示当已经生产了 Q 单位产品时，再增加一个单位产品使总成本增加的数量.

在自然科学和工程技术以及经济领域内，还有许多求变化率的问题，例如物体运动的瞬时速度、电流强度、线密度、边际收益、边际利润、人口增长率等. 撇开这些问题的具体意义，它们的共同之处在于：

（1）所要解决的数学问题相同：变化率问题；

（2）处理问题的思想方法相同：矛盾转化的辩证思想；

（3）数学结构相同：增量比的极限——瞬间变化率.

这类问题的解决具有普遍性，因此我们从中抽象出一个非常重要的数学概念——导数.

3.1.2 导数的定义

定义 3.1.1 设函数 $y=f(x)$ 在 x_0 的某邻域内有定义，当自变量 x 在 x_0 处取得增量 Δx（点 $x_0+\Delta x$ 仍在该邻域）时，相应地函数 y 取得增量 $\Delta y=f(x_0+\Delta x)-f(x_0)$. 如果极限

$$\lim_{\Delta x\to 0}\frac{\Delta y}{\Delta x}=\lim_{\Delta x\to 0}\frac{f(x_0+\Delta x)-f(x_0)}{\Delta x}$$

存在，则称**函数 $y=f(x)$ 在 x_0 处可导**，极限值称为函数 $y=f(x)$ 在 x_0 处的**导数**，记为 $f'(x_0)$，即

$$f'(x_0)=\lim_{\Delta x\to 0}\frac{\Delta y}{\Delta x}=\lim_{\Delta x\to 0}\frac{f(x_0+\Delta x)-f(x_0)}{\Delta x}.$$

函数 $y=f(x)$ 在 x_0 处的导数也可记为 $y'\big|_{x=x_0}$，$\dfrac{\mathrm{d}y}{\mathrm{d}x}\bigg|_{x=x_0}$ 或 $\dfrac{\mathrm{d}f(x)}{\mathrm{d}x}\bigg|_{x=x_0}$.

如果记 $\Delta x=h$，函数 $y=f(x)$ 在 x_0 处的导数也可以表示为

$$f'(x_0)=\lim_{h\to 0}\frac{f(x_0+h)-f(x_0)}{h}$$

或

$$f'(x_0)=\lim_{x\to x_0}\frac{f(x)-f(x_0)}{x-x_0}.$$

函数 $f(x)$ 在点 x_0 处可导也可以说成函数 $f(x)$ 在点 x_0 处导数存在或具有导数.

如果极限 $\lim\limits_{\Delta x\to 0}\dfrac{f(x_0+\Delta x)-f(x_0)}{\Delta x}$ 不存在，则函数 $y=f(x)$ 在 x_0 处不可导. 其中若 $\lim\limits_{\Delta x\to 0}\dfrac{f(x_0+\Delta x)-f(x_0)}{\Delta x}=\infty$，也说函数 $y=f(x)$ 在 x_0 处的导数为无穷.

从导数的定义可知，其表达式就是当 $\Delta x\to 0$ 时 $\dfrac{\Delta y}{\Delta x}$ 的极限，它反映了因变量相对于自变量的变化快慢（大小）程度，是函数变化率的本质.

有了导数的概念，第一个问题中的曲线在点 x_0 处切线的斜率可表示为

$$k=\lim_{x\to x_0}\frac{y-y_0}{x-x_0}=\lim_{x\to x_0}\frac{f(x)-f(x_0)}{x-x_0}=f'(x_0).$$

第二个问题中产量为 Q 时边际成本可表示为

$$\lim_{\Delta Q\to 0}\frac{\Delta C(Q)}{\Delta Q}=\lim_{\Delta Q\to 0}\frac{C(Q+\Delta Q)-C(Q)}{\Delta Q}=C'(Q).$$

如果函数 $y=f(x)$ 在开区间 (a,b) 内的每一点都可导，则说**函数 $f(x)$ 在开区间 (a,b) 内可导**，即对任何 $x\in(a,b)$，有

$$f'(x)=\lim_{\Delta x\to 0}\frac{f(x+\Delta x)-f(x)}{\Delta x}. \qquad (3.1.1)$$

这样对于开区间(a,b)内的每一个确定的 x 都对应着一个确定的导数$f'(x)$，这就构成了一个新的函数，我们称之为$f(x)$的导函数(在不引起混淆的情况下，简称为$f(x)$的导数)，记作

$$f'(x),\ y',\ \frac{\mathrm{d}y}{\mathrm{d}x}\text{ 或 }\frac{\mathrm{d}f(x)}{\mathrm{d}x}.$$

注　在表达式$\lim\limits_{\Delta x\to 0}\dfrac{f(x+\Delta x)-f(x)}{\Delta x}$中，$x$ 可以取区间(a,b)内的任何值. 但是在极限过程中，x 是常量，Δx 是变量.

$f'(x_0)$为导函数$f'(x)$当 $x=x_0$ 时的函数值，即

$$f'(x_0)=f'(x)\big|_{x=x_0}.$$

下面根据导数的定义求一些简单函数的导数.

例 3.1.1　求函数$f(x)=C$(C 是常数)的导数.

解　$f'(x)=\lim\limits_{\Delta x\to 0}\dfrac{f(x+\Delta x)-f(x)}{\Delta x}=\lim\limits_{\Delta x\to 0}\dfrac{C-C}{\Delta x}=0$，即$(C)'=0$.

例 3.1.2　求函数$f(x)=x^n$($n\in\mathbf{N}_+$)在 $x=a$ 处的导数.

解

$$\begin{aligned}f'(a)&=\lim_{x\to a}\frac{f(x)-f(a)}{x-a}=\lim_{x\to a}\frac{x^n-a^n}{x-a}\\&=\lim_{x\to a}(x^{n-1}+ax^{n-2}+\cdots+a^{n-1})=na^{n-1}.\end{aligned}$$

推广可得

$$(x^n)'=nx^{n-1}.$$

更一般地，有

$$(x^\mu)'=\mu x^{\mu-1}\ (\mu\text{ 为实数}).$$

例如　$\left(x^{\frac{1}{2}}\right)=(\sqrt{x})'=\dfrac{1}{2}x^{-\frac{1}{2}}=\dfrac{1}{2\sqrt{x}}$；$\left(\dfrac{1}{x}\right)'=(-1)x^{-2}=-\dfrac{1}{x^2}$.

例 3.1.3　求函数$f(x)=\sin x$ 的导数.

解　由定义有

$$\begin{aligned}f'(x)&=\lim_{h\to 0}\frac{f(x+h)-f(x)}{h}=\lim_{h\to 0}\frac{\sin(x+h)-\sin x}{h}\\&=\lim_{h\to 0}\frac{1}{h}\cdot 2\cos\left(x+\frac{h}{2}\right)\sin\frac{h}{2}\\&=\lim_{h\to 0}\cos\left(x+\frac{h}{2}\right)\cdot\frac{\sin\frac{h}{2}}{\frac{h}{2}}\\&=\cos x.\end{aligned}$$

类似可得，$(\cos x)'=-\sin x$.

例 3.1.4 求函数 $f(x)=a^x(a>0,a\neq 1)$ 的导数.

解 由定义有

$$f'(x)=\lim_{h\to 0}\frac{f(x+h)-f(x)}{h}=\lim_{h\to 0}\frac{a^{x+h}-a^x}{h}$$
$$=\lim_{h\to 0}a^x\frac{a^h-1}{h}=a^x\lim_{h\to 0}\frac{a^h-1}{h}$$
$$=a^x\ln a.$$

即 $(a^x)'=a^x\ln a$.

特别地，$(\mathrm{e}^x)'=\mathrm{e}^x$.

定义 3.1.2 如果 $y=f(x)$ 在区间 $(x_0-\delta,x_0]$ 上有定义，若左极限

$$\lim_{\Delta x\to 0^-}\frac{f(x_0+\Delta x)-f(x_0)}{\Delta x}$$

存在，则称函数 $f(x)$ 在 x_0 **左侧可导**，并把上述左极限称为函数 $f(x)$ 在 x_0 的**左导数**，记作 $f'_-(x_0)$，即

$$f'_-(x_0)=\lim_{\Delta x\to 0^-}\frac{f(x_0+\Delta x)-f(x_0)}{\Delta x}.$$

类似地可以定义函数 $f(x)$ 在 x_0 的**右侧可导**及**右导数**.

$$f'_+(x_0)=\lim_{\Delta x\to 0^+}\frac{f(x_0+\Delta x)-f(x_0)}{\Delta x}.$$

由极限存在的条件，我们有下述定理

定理 3.1.1 函数 $f(x)$ 在 x_0 可导的充分必要条件是在 x_0 的左、右导数都存在并且相等，即 $f'_-(x_0)=f'_+(x_0)$.

由单侧导数可以定义函数在闭区间 $[a,b]$ 上可导. 如果函数 $f(x)$ 在开区间 (a,b) 内可导，且在 a 点的右导数存在，在 b 点的左导数存在，则称函数在闭区间 $[\boldsymbol{a},\boldsymbol{b}]$ 上可导.

例 3.1.5 讨论函数 $f(x)=|x|$ 在 $x=0$ 处的可导性.

解

$$\lim_{\Delta x\to 0}\frac{f(0+\Delta x)-f(0)}{\Delta x}=\lim_{h\to 0}\frac{|\Delta x|-0}{\Delta x}=\lim_{h\to 0}\frac{|\Delta x|}{\Delta x}.$$

由于

$$\lim_{\Delta x\to 0^+}\frac{|\Delta x|}{\Delta x}=1,\quad \lim_{\Delta x\to 0^-}\frac{|\Delta x|}{\Delta x}=-1,$$

因此 $\lim\limits_{\Delta x\to 0}\frac{f(0+\Delta x)-f(0)}{\Delta x}$ 不存在，故 $f(x)=|x|$ 在 $x=0$ 处不可导.

例 3.1.6　设函数

$$f(x)=\begin{cases}2x, & x\geqslant 0,\\ \sqrt[3]{x}, & -1\leqslant x<0,\\ -x^2, & x<-1,\end{cases}$$

判别 $f(x)$ 在 $x=0$ 和 $x=-1$ 处是否可导.

解　由于

$$\lim_{x\to 0^+}\frac{f(x)-f(0)}{x-0}=\lim_{x\to 0^+}\frac{2x-0}{x-0}=2,\quad \lim_{x\to 0^-}\frac{f(x)-f(0)}{x-0}\lim_{x\to 0^-}\frac{\sqrt[3]{x}-0}{x-0}=+\infty,$$

所以 $f(x)$ 在 $x=0$ 点处不可导.

又由于

$$\lim_{x\to -1^+}\frac{f(x)-f(-1)}{x+1}=\lim_{x\to -1^+}\frac{\sqrt[3]{x}+1}{x+1}=\frac{1}{3},$$

$$\lim_{x\to -1^-}\frac{f(x)-f(-1)}{x+1}=\lim_{x\to -1^-}\frac{-x^2+1}{x+1}=2,$$

所以 $f(x)$ 在 $x=-1$ 处不可导.

3.1.3　函数可导与连续的关系

函数 $y=f(x)$ 在点 x_0 处连续是指

$$\lim_{x\to x_0}[f(x)-f(x_0)]=0.$$

函数 $y=f(x)$ 在 x_0 处可导是指

$$\lim_{x\to x_0}\frac{f(x)-f(x_0)}{x-x_0}\text{存在.}$$

那么它们之间有什么关系吗?

设函数 $y=f(x)$ 在点 x 处可导，即 $\lim\limits_{\Delta x\to 0}\dfrac{\Delta y}{\Delta x}=f'(x)$ 存在. 由具有极限的函数与无穷小的关系知道，$\dfrac{\Delta y}{\Delta x}=f'(x)+\alpha$，其中 α 当 $\Delta x\to 0$ 时为无穷小. 上式两边同乘以 Δx，得

$$\Delta y=f'(x)\Delta x+\alpha\Delta x.$$

由此可见，当 $\Delta x\to 0$ 时，$\Delta y\to 0$. 这就是说，函数 $y=f(x)$ 在点 x 处是连续的.

定理 3.1.2　如果函数 $y=f(x)$ 在点 x_0 处可导，则函数 $y=f(x)$ 在点 x_0 处连续；反之不一定成立.

例如，函数 $f(x)=|x|$ 在 $x=0$ 处连续但不可导. 因此，函数在某点处连续是在该点可导的必要条件，但不是充分条件.

例 3.1.7　讨论函数

$$f(x)=\begin{cases}\sin x, & x<0,\\ 2x, & x\geqslant 0\end{cases}$$

在 $x=0$ 处的可导性与连续性.

例 3.1.7

解 因为 $\lim\limits_{x\to0^-}f(x)=\lim\limits_{x\to0^-}\sin x=0$，$\lim\limits_{x\to0^+}f(x)=\lim\limits_{x\to0^+}2x=0$，所以$f(x)$在 $x=0$ 处连续.

又因为$f'_-(0)=\lim\limits_{x\to0^-}\dfrac{f(x)-f(0)}{x-0}=\lim\limits_{x\to0^-}\dfrac{\sin x-0}{x-0}=1$，

$$f'_+(0)=\lim_{x\to0^+}\frac{f(x)-f(0)}{x-0}=\lim_{x\to0^+}\frac{2x-0}{x-0}=2,$$

由于$f'_-(0)\neq f'_+(0)=1$，因此$f(x)$在 $x=0$ 处不可导.

在微积分理论尚不完善时，人们普遍认为连续函数除个别点外都是可导的. 1872 年德国数学家魏尔斯特拉斯构造出一个处处连续但处处不可导的例子，这与人们基于直观的普遍认识大相径庭，从而震惊了数学界，这就促使人们在微积分研究中从依赖直观转向理性思维，大大促进了微积分逻辑基础的创建工作.

3.1.4 导数的几何意义

如果函数 $y=f(x)$在 x_0 可导，则 $y=f(x)$在 x_0 的导数值为曲线 $y=f(x)$在点 $M(x_0,f(x_0))$处的切线的斜率，即

$$\tan\varphi=f'(x_0)=\lim_{x\to x_0}\frac{f(x)-f(x_0)}{x-x_0}.$$

因此，曲线 $y=f(x)$在点 $M(x_0,f(x_0))$处的切线的方程为

$$y-y_0=f'(x_0)(x-x_0).$$

与曲线 $y=f(x)$在点 $M(x_0,f(x_0))$处的切线垂直的直线称为曲线在点 $M(x_0,f(x_0))$处的**法线**. 如果 $f'(x_0)\neq0$，曲线 C：$y=f(x)$在点 $M(x_0,f(x_0))$处的法线方程为

$$y-y_0=-\frac{1}{f'(x_0)}(x-x_0).$$

特别地，当$f'(x_0)=0$ 时，切线方程为 $y=f(x_0)$，法线方程为 $x=x_0$；当$f'(x_0)=\infty$ 时，切线方程为 $x=x_0$，法线方程为 $y=f(x_0)$.

例 3.1.8 求曲线 $y=x^2$ 在点$(2,4)$处的切线方程和法线方程.

解 因为 $y'=2x$，所以曲线 $y=x^2$ 在点$(2,4)$处的切线的斜率为

$$k=y'\big|_{x=2}=2\times2=4,$$

故切线方程为

$$y-4=4(x-2),$$

即

$$4x-y-4=0;$$

而法线的斜率

$$k=-\frac{1}{4},$$

所以法线方程为

$$y-4=-\frac{1}{4}(x-2),$$

即

$$x+4y-18=0.$$

3.1.5 同步习题

1. 填空题

(1) $\lim\limits_{\Delta x \to 0}\dfrac{f(x_0-\Delta x)-f(x_0)}{\Delta x}=$________.

(2) $\lim\limits_{\Delta x \to 0}\dfrac{f(x_0+2h)-f(x_0)}{h}=$________.

(3) 曲线 $y=x^{\frac{3}{2}}$ 在点 $x=4$ 处的切线方程为________.

(4) $f(x)$ 在点 x_0 连续是 $f(x)$ 在点 x_0 可导的________条件.

2. 选择题

(1) 函数 $f(x)=\cos x$，则 $f'(0)=($　　$)$.

A. -1　　B. 0　　C. $\dfrac{1}{2}$　　D. 1

(2) 函数 $y=f(x)=\begin{cases} x^2, & x<0, \\ x, & x\geqslant 0 \end{cases}$ 在 $x=0$ 处(　　).

A. 可导且连续　　B. 可导但不连续

C. 连续但不可导　　D. 不连续且不可导

(3) 函数 $f(x)=\begin{cases} x^2+2x, & x\leqslant 0, \\ 2x, & 0<x<1, \\ \dfrac{1}{x}, & x\geqslant 1 \end{cases}$ 的不可导点是(　　).

A. $x=-1$　　B. $x=0$

C. $x=1$　　D. $x=2$

3. 根据导数的定义，求下列函数的导数：

(1) $y=x^2+x+1$；　　(2) $y=\cos(x+3)$.

4. 求下列函数的导数：

(1) $y=x^4$；　　(2) $y=\sqrt[4]{x^3}$；

(3) $y=\dfrac{1}{x^3}$；　　(4) $y=\dfrac{1}{\sqrt[3]{x}}$；

(5) $y=x^2\sqrt{x}$；　　(6) $y=\dfrac{x^2\sqrt{x}}{\sqrt[4]{x}}$.

3.2 求导法则与导数公式

本节将介绍求导法则和基本初等函数的求导公式，从而解决初等函数的求导问题.

3.2.1 函数的和、差、积、商的求导法则

定理 3.2.1 设函数 $u=u(x)$ 及 $v=v(x)$ 在 x 点可导，则

(1) $[u(x)\pm v(x)]'=u'(x)\pm v'(x)$；

(2) $[u(x)v(x)]'=u'(x)v(x)+u(x)v'(x)$；

(3) $[Cu(x)]'=Cu'(x)$；(C 为常数)

(4) $\left[\dfrac{u(x)}{v(x)}\right]'=\dfrac{u'(x)v(x)-u(x)v'(x)}{v^2(x)}(v(x)\neq 0)$.

证 我们只证明(2)，其余留给读者作为练习.

由可导必连续，有

$$
\begin{aligned}
[u(x)v(x)]' &= \lim_{\Delta x\to 0}\frac{u(x+\Delta x)v(x+\Delta x)-u(x)v(x)}{\Delta x} \\
&= \lim_{\Delta x\to 0}\frac{u(x+\Delta x)v(x+\Delta x)-u(x)v(x+\Delta x)+u(x)v(x+\Delta x)-u(x)v(x)}{\Delta x} \\
&= \lim_{\Delta x\to 0}\left[\frac{u(x+\Delta x)v(x+\Delta x)-u(x)v(x+\Delta x)}{\Delta x}+\frac{u(x)v(x+\Delta x)-u(x)v(x)}{\Delta x}\right]
\end{aligned}
$$

$$= \lim_{\Delta x \to 0} \frac{[u(x+\Delta x)-u(x)]v(x+\Delta x)}{\Delta x} + \lim_{\Delta x \to 0} \frac{u(x)[v(x+\Delta x)-v(x)]}{\Delta x}$$

$$= u'(x)v(x) + u(x)v'(x).$$

例 3.2.1 求函数 $y=\tan x$ 以及函数 $y=\sec x$ 的导数.

解 $$(\tan x)' = \left(\frac{\sin x}{\cos x}\right)' = \frac{(\sin x)'\cos x - \sin x(\cos x)'}{\cos^2 x}$$

$$= \frac{\cos^2 + \sin^2 x}{\cos^2 x} = \frac{1}{\cos^2 x} = \sec^2 x.$$

$$(\sec x)' = \left(\frac{1}{\cos x}\right)' = -\frac{(\cos x)'}{\cos^2 x} = \frac{\sin x}{\cos^2 x} = \sec x \cdot \tan x.$$

类似可得

$$(\cot x)' = -\csc^2 x,\ (\csc x)' = -\csc x\cot x.$$

例 3.2.2 设 $y=x^3+5x^2-2x+1$，求 y'.

解 $y'=(x^3)'+(5x^2)'-(2x)'+(1)'$

$=3x^2+10x-2.$

例 3.2.3 设 $f(x)=x^3-3e^x\sin x+\cos\dfrac{\pi}{6}$，求 $f'(x)$ 及 $f'\left(\dfrac{\pi}{2}\right)$.

解 $f'(x)=3x^2-3(e^x\sin x+e^x\cos x)=3x^2-3e^x(\sin x+\cos x)$,

$$f'\left(\frac{\pi}{2}\right)=3\frac{\pi}{4}^2-3e^{\frac{\pi}{2}}\left(\sin\frac{\pi}{2}+\cos\frac{\pi}{2}\right)=\frac{3}{4}\pi^2-3e^{\frac{\pi}{2}}.$$

3.2.2 反函数的求导法则

定理 3.2.2 如果函数 $x=f(y)$ 在区间 I_y 内单调、可导且 $f'(y)\neq 0$，则它的反函数 $y=f^{-1}(x)$ 在区间 $I_x=\{x\,|\,x=f(y),y\in I_y\}$ 内也可导，且

$$[f^{-1}(x)]'=\frac{1}{f'(y)} \quad 或 \quad \frac{\mathrm{d}y}{\mathrm{d}x}=\frac{1}{\dfrac{\mathrm{d}x}{\mathrm{d}y}}.$$

例 3.2.4 求 $y=\arcsin x$ 的导数.

解 设 $x=\sin y$，$y\in\left[-\dfrac{\pi}{2},\dfrac{\pi}{2}\right]$为直接函数，其反函数为 $y=\arcsin x$，由公式有

$$(\arcsin x)'=\frac{1}{(\sin y)'}=\frac{1}{\cos y}.$$

又由于 $\cos y=\sqrt{1-\sin^2 y}=\sqrt{1-x^2}$，因此

$$(\arcsin x)'=\frac{1}{\sqrt{1-x^2}}.$$

类似可得

$$(\arccos x)' = -\frac{1}{\sqrt{1-x^2}}.$$

例 3.2.5 求 $y=\arctan x$ 的导数.

解 设 $x=\tan y$，$y\in\left(-\frac{\pi}{2},\frac{\pi}{2}\right)$是直接函数，其反函数 $y=\arctan x$，由公式有

$$(\arctan x)' = \frac{1}{(\tan y)'} = \frac{1}{\sec^2 y}.$$

又由于$\sec^2 y=1+\tan^2 y=1+x^2$，因此

$$(\arctan x)' = \frac{1}{1+x^2}.$$

类似可得

$$(\operatorname{arccot} x)' = -\frac{1}{1+x^2}.$$

例 3.2.6 求 $y=\log_a x$ 的导数.

解 $x=a^y$ 与 $y=\log_a x$ 互为反函数，因此

$$(\log_a x)' = \frac{1}{(a^y)'} = \frac{1}{a^y\ln a} = \frac{1}{x\ln a}.$$

特别地，$(\ln x)' = \frac{1}{x}$.

3.2.3 复合函数的求导法则

对于复合函数，如 $y=(3x-2)^2$，由于 $y=9x^2-12x+4$，从而有

$$y' = 18x-12.$$

而对于不能展开的复合函数，如 $y=\ln\tan\frac{x}{2}$，$y=e^{x^2}$，$y=\cos^2\frac{x}{1+x^2}$，如何求其导数呢?

定理 3.2.3 如果 $u=g(x)$在点 x 可导，$y=f(u)$在点 $u=g(x)$可导，则复合函数 $y=f[g(x)]$在点 x 可导，且导数为

$$\frac{dy}{dx}=f'(u)\cdot g'(x)\text{或}\frac{dy}{dx}=\frac{dy}{du}\cdot\frac{du}{dx}.$$

我们也称它为复合函数的**链式法则**.

对于多层复合函数，也有类似的链式法则.

设 $y=f(u)$，$u=\varphi(v)$，$v=\psi(x)$构成复合函数，且满足相应的求导条件，则复合函数 $y=f\{\varphi[\psi(x)]\}$可导，且

$$\frac{dy}{dx}=\frac{dy}{du}\cdot\frac{du}{dv}\cdot\frac{dv}{dx}.$$

注 求复合函数的导数时，应从外层向内层逐层求导.

例 3.2.7 设 $y=\ln\sin x$，求$\dfrac{\mathrm{d}y}{\mathrm{d}x}$.

解 $$\frac{\mathrm{d}y}{\mathrm{d}x}=(\ln\sin x)'=\frac{1}{\sin x}(\sin x)'=\frac{\cos x}{\sin x}=\cot x.$$

例 3.2.8 $y=\sqrt[3]{1-4x^2}$，求$\dfrac{\mathrm{d}y}{\mathrm{d}x}$.

解 $$\frac{\mathrm{d}y}{\mathrm{d}x}=\left[(1-4x^2)^{\frac{1}{3}}\right]'=\frac{1}{3}(1-4x^2)^{-\frac{2}{3}}\cdot(1-4x^2)'=\frac{-8x}{3\sqrt[3]{(1-4x^2)^2}}.$$

例 3.2.9 $y=\mathrm{e}^{x^4}$，求$\dfrac{\mathrm{d}y}{\mathrm{d}x}$.

解 $$\frac{\mathrm{d}y}{\mathrm{d}x}=(\mathrm{e}^{x^4})'=\mathrm{e}^{x^4}(x^4)'=\mathrm{e}^{x^4}4x^3=4x^3\mathrm{e}^{x^4}.$$

例 3.2.10 设 $y=(\arctan\sqrt{x})^3$，求$\dfrac{\mathrm{d}y}{\mathrm{d}x}$.

解 $$\frac{\mathrm{d}y}{\mathrm{d}x}=3(\arctan\sqrt{x})^2(\arctan\sqrt{x})'=3(\arctan\sqrt{x})^2\frac{1}{1+x}(\sqrt{x})'$$
$$=\frac{3(\arctan\sqrt{x})^2}{2(1+x)\sqrt{x}}.$$

例 3.2.11 设 $y=\ln\cos\dfrac{1}{x}$，求$\dfrac{\mathrm{d}y}{\mathrm{d}x}$.

解 $$\frac{\mathrm{d}y}{\mathrm{d}x}=\frac{1}{\cos\frac{1}{x}}\left(\cos\frac{1}{x}\right)'=\frac{1}{\cos\frac{1}{x}}\left(-\sin\frac{1}{x}\right)\left(\frac{1}{x}\right)'=\frac{1}{x^2}\tan\frac{1}{x}.$$

例 3.2.12 设 $y=\sqrt{f(\sin x^2)}$，求$\dfrac{\mathrm{d}y}{\mathrm{d}x}$.

解 $$\frac{\mathrm{d}y}{\mathrm{d}x}=\frac{1}{2\sqrt{f(\sin x^2)}}[f(\sin x^2)]'=\frac{1}{2\sqrt{f(\sin x^2)}}f'(\sin x^2)(\sin x^2)'$$
$$=\frac{1}{2\sqrt{f(\sin x^2)}}f'(\sin x^2)\cos x^2\ (x^2)'=\frac{x\cos x^2 f'(\sin x^2)}{\sqrt{f(\sin x^2)}}.$$

例 3.2.12

3.2.4 基本求导法则与导数公式

1. 常数和基本初等函数的导数公式

(1) $(C)'=0$;

(2) $(x^{\mu})'=\mu\cdot x^{\mu-1}$;

(3) $(\sin x)'=\cos x$;

(4) $(\cos x)'=-\sin x$;

(5) $(\tan x)'=\sec^2 x$;

(6) $(\cot x)'=-\csc^2 x$;

(7) $(\sec x)'=\sec x\tan x$;

(8) $(\csc x)'=-\csc x\cot x$;

(9) $(a^x)=a^x\ln a$;

(10) $(\mathrm{e}^x)'=\mathrm{e}^x$;

(11) $(\log_a x)'=\dfrac{1}{x\ln a}$;

(12) $(\ln x)'=\dfrac{1}{x}$;

(13) $(\arcsin x)' = \dfrac{1}{\sqrt{1-x^2}}$;　(14) $(\arccos x)' = -\dfrac{1}{\sqrt{1-x^2}}$;

(15) $(\arctan x)' = \dfrac{1}{1+x^2}$;　(16) $(\text{arccot}x)' = -\dfrac{1}{1+x^2}$.

2. 函数和、差、积、商的求导法则

(1) $(u \pm v) = u' \pm v'$;　(2) $(Cu)' = Cu'$(C 为常数);

(3) $(uv)' = u'v + uv'$;　(4) $\left(\dfrac{u}{v}\right)' = \dfrac{u'v - uv'}{v^2}$ $(v \neq 0)$.

3. 反函数的求导法则

如果 $x = f(y)$ 与 $y = f^{-1}(x)$ 互为反函数，则

$$[f^{-1}(x)]' = \frac{1}{f'(y)} \text{ 或 } \frac{dy}{dx} = \frac{1}{\frac{dx}{dy}}.$$

4. 复合函数的求导法则

如果 $y = f(u)$ 可导，$u = g(x)$ 可导，则复合函数 $y = f[g(x)]$ 可导，且

$$\frac{dy}{dx} = f'(u) \cdot g'(x) \text{ 或 } \frac{dy}{dx} = \frac{dy}{du} \cdot \frac{du}{dx}.$$

3.2.5 同步习题

1. 填空题

(1) $y = 2^x + x^2 - 3x^{-2} + 1$，$\dfrac{dy}{dx} = $ ________.

(2) $y = e^x \cos x$，则 $y'|_{x=0} = $ ________.

(3) $f(x) = \dfrac{\sin x}{1 + \cos x}$，则 $f'\left(\dfrac{3\pi}{2}\right) = $ ________.

2. 选择题

(1) 设 $f(t) = \dfrac{1-\sqrt{t}}{1+\sqrt{t}}$，则 $f'(4) = ($　　$)$.

A. $-\dfrac{1}{18}$　B. $\dfrac{1}{18}$

C. -18　D. 18

(2) 设 $f(x) = \dfrac{3}{5-x} + \dfrac{x^2}{5}$，则 $f'(0) = ($　　$)$.

A. 3　B. $\dfrac{3}{25}$

C. $\dfrac{7}{15}$　D. $\dfrac{7}{25}$

3. 求下列函数的导数：

(1) $y = 2x^3 - \dfrac{2}{x^2} + 9$;

(2) $y = \dfrac{x^4 + \sqrt{x} + 1}{x^3}$;

(3) $y = xe^x$;

(4) $y = \dfrac{1}{\sqrt[4]{x}}$;

(5) $y = (5x+2)(3x^2-4)$;

(6) $y = \dfrac{3}{x^2-2}$.

4. 求下列函数的导数：

(1) $y = \sin 6x$;　(2) $y = \tan 2x^2$;

(3) $y = e^{\frac{x}{3}}(x^2+1)$;　(4) $y = \arcsin(3x+2)$;

(5) $y = \ln\cos x$;　(6) $y = \ln x^3$;

(7) $y = \arctan\sqrt{x^2-1}$;　(8) $y = \arcsin\dfrac{1}{x}$;

(9) $y = \ln\sin 4x$;　(10) $y = \arcsin\sqrt{1-x^2}$.

5. 设某公司每月的销售额(元)可以表示成 $s(t) = 2t^3 - 40t^2 + 220t + 160$.

(1) 求变化率 $s'(t)$;

(2) 分别求 $t=1$，$t=8$，$t=10$ 处的变化率；

(3) 解释一下 8 月和 10 月销售额会有怎样的变化.

3.3 高阶导数

3.3.1 高阶导数的概念和计算

一般函数 $y=f(x)$ 的导数 $y'=f'(x)$ 仍是 x 的函数，如果 $y'=f'(x)$ 仍是可导函数，则称它的导数为 $f(x)$ 的**二阶导数**，记作 y''，$f''(x)$，$\dfrac{d^2y}{dx^2}$ 或 $\dfrac{d^2f(x)}{dx^2}$.

即
$$y''=f''(x)=\frac{d^2y}{dx^2}=\frac{d}{dx}\left(\frac{dy}{dx}\right)=\frac{d}{dx}\left(\frac{df(x)}{dx}\right)=[f'(x)]'.$$

类似地，$f(x)$ 的二阶导数的导数称为 $f(x)$ 的**三阶导数**，即 $y'''=[f''(x)]'$；$f(x)$ 的三阶导数的导数为 $f(x)$ 的**四阶导数**；…；$(n-1)$ 阶导数的导数称为 ***n* 阶导数**. 分别记作
$$y^{(3)},y^{(4)},\cdots,y^{(n)} \text{ 或 } \frac{d^2y}{dx^2},\frac{d^3y}{dx^3},\cdots,\frac{d^ny}{dx^n}.$$

$f'(x)$ 称为 $f(x)$ 一阶导数，二阶以及二阶以上导数都称为**高阶导数**.

由高阶导数的定义可以发现，要求 $f(x)$ 的 n 阶导数只需连续地对函数求 n 次导数. 关于高阶导数的计算问题，没有特殊的技巧和方法，逐阶求导即可.

例 3.3.1　设 $y=\sqrt{2x-x^2}$，求 y''.

解　$y'=\dfrac{1-x}{\sqrt{2x-x^2}}$，

$$y''=\frac{-2x+x^2-(1-x)^2}{(2x-x^2)\sqrt{2x-x^2}}=-\frac{1}{(2x-x^2)^{\frac{3}{2}}}.$$

下面求一些比较常见的函数的 n 阶导数.

例 3.3.2　$y=e^x$，求 $y^{(n)}$.

解　由于 $y'=e^x,y''=e^x,\cdots,y^{(n)}=e^x$.
所以 $(e^x)^{(n)}=e^x$.

例 3.3.3　设 $y=\sin x$，求 $y^{(n)}$.

例 3.3.3

解　由于 $y=\sin x$，有

$$y'=\cos x=\sin\left(x+\frac{\pi}{2}\right),$$

$$y''=(\cos x)'=-\sin x=\sin\left(x+2\cdot\frac{\pi}{2}\right),$$

$$y'''=(-\sin x)'=-\cos x=\sin\left(x+\frac{3\pi}{2}\right),$$

$$y^{(4)}=(-\cos x)'=\sin x=\sin\left(x+\frac{4\pi}{2}\right),$$

$$\vdots$$

一般地，可得
$$y^{(n)}=\sin\left(x+\frac{n\pi}{2}\right),$$
即
$$(\sin x)^{(n)}=\sin\left(x+n\cdot\frac{\pi}{2}\right).$$
用类似方法，可得
$$(\cos x)^{(n)}=\cos\left(x+n\cdot\frac{\pi}{2}\right).$$

例 3.3.4　设 $y=\ln(1+x)$，求 $y^{(n)}$.

解　由于 $y=\ln(1+x)$，有
$$y'=\frac{1}{1+x},$$
$$y''=(y')'=-\frac{1}{(1+x)^2},$$
$$y'''=(y'')'=\frac{1\cdot 2}{(1+x)^3},$$
$$y^{(4)}=(y''')'=-\frac{1\cdot 2\cdot 3}{(1+x)^4},$$
$$\vdots$$
一般地，可得 $y^{(n)}=(-1)^{n-1}\dfrac{(n-1)!}{(1+x)^n}$.

即
$$[\ln(1+x)]^{(n)}=(-1)^{n-1}\frac{(n-1)!}{(1+x)^n}.$$
通常规定 $0!=1$，所以这个公式当 $n=1$ 时也成立.

类似地，有 $[\ln x]^{(n)}=(-1)^{n-1}\dfrac{(n-1)!}{x^n}$.

例 3.3.5　设 $y=x^{\mu}$，求 $y^{(n)}$，其中 $\mu>n$.

解　$y'=\mu x^{\mu-1}$,
$$y''=(y')'=\mu(\mu-1)x^{\mu-2},$$
$$y'''=(y'')'=\mu(\mu-1)(\mu-2)x^{\mu-3},$$
$$y^{(4)}=(y''')'=\mu(\mu-1)(\mu-2)(\mu-3)x^{\mu-4},$$
$$\vdots$$
一般地，可得
$$y^{(n)}=\mu(\mu-1)(\mu-2)\cdots(\mu-n+1)x^{\mu-n},$$
即
$$(x^{\mu})^{(n)}=\mu(\mu-1)(\mu-2)\cdots(\mu-n+1)x^{\mu-n}.$$
当 $\mu=n$ 时，得到 $(x^{\mu})^{(n)}=\mu(\mu-1)(\mu-2)\cdots 3\cdot 2\cdot 1=n!$,

而
$$(x^n)^{(n+1)}=0.$$

3.3.2 同步习题

1. 填空题

(1) $y=x+e^x\tan x$，$y''=$________.

(2) $y=\sin 2x$，$y^{(n)}=$________.

2. 选择题

(1) 已知 $f(x)=(x+10)^6$，则 $f'''(-9)=$（　　）.

A. 6　　B. 30　　C. 120　　D. 360

(2) 已知$f(x)=x\cos x$，则$f''(0)=($　　$)$.

A. 0　　B. 1　　C. -1　　D. π

3. 求下列函数的二阶导数：

(1) $y=\dfrac{1}{x+2}$；　　(2) $y=\tan x$；

(3) $y=xe^x$；　　(4) $y=\sin(3x+2)$；

(5) $y=e^x\cos x$；　　(6) $y=x\ln x$；

(7) $y=\ln\sin x$；　　(8) $y=\arcsin x$.

4. 已知$f^{(98)}(x)=x^2+e^x$，求$f^{(100)}(x)$.

5. 设$y=e^x\cos x$，求$y^{(4)}$.

3.4 隐函数及由参数方程所确定的函数的导数

若函数为显式形式，则可以通过前面学习的内容求导. 很多情况下，函数也会用隐式的形式或者参数方程的形式给出，这时应如何求导呢？

3.4.1 隐函数的导数

第1章已经介绍了隐函数的定义，这里就不再叙述了.

有些隐函数可以化成显函数，通过显函数来求导数，但对有些隐函数的显化是比较困难甚至是不可能的，下面讨论不显化隐函数直接对方程所确定的隐函数求导的问题.

设$y=f(x)$是由方程$F(x,y)=0$确定的隐函数，将$y=f(x)$代入方程中，得到恒等式

$$F[x,f(x)]\equiv 0.$$

利用复合函数的求导法则，等式两边同时对自变量x求导数，视$f(x)$为中间变量，就可以求得y对x的导数$\dfrac{dy}{dx}$. 隐函数的求导实际上是复合函数求导法则的应用. 下面举例说明.

例 3.4.1 求由方程$y^5+2y-x-3x^7=0$确定的隐函数$y=f(x)$的导数$\dfrac{dy}{dx}$.

解 方程两边同时对x求导数，得

$$5y^4\cdot\frac{dy}{dx}+2\frac{dy}{dx}-1-21x^6=0,$$

解得 $\dfrac{dy}{dx}=\dfrac{1+21x^6}{5y^4+2}$.

注 y是x的函数，而关于y的函数是x的复合函数.

例 3.4.2

例 3.4.2 设$y=f(x)$是由方程$e^y+xy-e=0$所确定的隐函数，求$\dfrac{dy}{dx}$及$\left.\dfrac{dy}{dx}\right|_{x=0}$.

解 由于$y=f(x)$由方程$e^y+xy-e=0$确定，方程两边同时对x求导数，得

$$e^y\cdot\frac{dy}{dx}+y+x\frac{dy}{dx}=0,$$

解得

$$\frac{dy}{dx}=-\frac{y}{x+e^y}.$$

当 $x=0$ 时 $y=1$，所以

$$\left.\frac{dy}{dx}\right|_{x=0}=-e^{-1}$$

例 3.4.3　设 $y=f(x)$ 由方程 $x-y+\frac{1}{2}\sin y=0$ 确定，求 $\frac{d^2y}{dx^2}$.

解　方程两边同时对 x 求导数，得

$$1-\frac{dy}{dx}+\frac{1}{2}\cos y\frac{dy}{dx}=0,$$

解得

$$\frac{dy}{dx}=\frac{2}{2-\cos y}.$$

于是

$$\frac{d^2y}{dx^2}=\frac{d}{dx}\left(\frac{dy}{dx}\right)=\frac{d}{dx}\left(\frac{2}{2-\cos y}\right)=\frac{-2\sin y\frac{dy}{dx}}{(2-\cos y)^2}=\frac{-4\sin y}{(2-\cos y)^3}.$$

例 3.4.4　已知 $y=\ln\frac{1+x}{1-x}$，求 y'.

解　$y=\ln(1+x)-\ln(1-x)$,

$$y'=\frac{1}{1+x}-\frac{-1}{1-x}=\frac{2}{(1+x)(1-x)}.$$

例 3.4.5　求由方程 $xy+\ln y=1$ 所确定的曲线 $y=f(x)$ 在点 $M(1,1)$ 处的切线方程.

解　方程两边同时对 x 求导数，得

$$y+xy'+\frac{1}{y}y'=0,$$

解得

$$y'=-\frac{y^2}{xy+1}.$$

在点 $M(1,1)$,

$$y'|_{(1,1)}=-\frac{1}{2}.$$

于是，曲线在点 $M(1,1)$ 处的切线方程为

$$y-1=-\frac{1}{2}(x-1),\text{ 即 } x+2y-3=0.$$

从此例可以看出，若将一个较为复杂的函数先转化为一些简单函数的和、差的形式后再求导，求导运算将变得更加简单. 因此，对某些函数求导，有时先在 $y=f(x)$ 的两边取对数，然后再求出 y 的导数. 这种方法称为对数求导法. 下面通过几个例子来说明这种方法.

例 3.4.6　求 $y=x^{\sin x}(x>0)$ 的导数.

解　两边取对数，得

$$\ln y=\sin x\cdot\ln x,$$

两边同时对 x 求导数，得

$$\frac{1}{y}\cdot y'=\cos x\cdot\ln x+\sin x\cdot\frac{1}{x}.$$

解得

$$y'=y\cdot\left(\cos x\cdot\ln x+\frac{\sin x}{x}\right)=x^{\sin x}\left(\cos x\cdot\ln x+\frac{\sin x}{x}\right).$$

一般情况，幂指函数

$$y=u(x)^{v(x)}\ (u(x)>0)$$

求导数 y' 的方法总结如下：

(1) 先将等式两边取对数，得 $\ln y=v\cdot\ln u$；

(2) 再将等式两边对 x 求导数，得

$$\frac{1}{y}\cdot y'=v'\cdot\ln u+\frac{v}{u}\cdot u',$$

解得
$$y'=y\cdot\left(v'\cdot\ln u+\frac{vu'}{u}\right)=u^v\left(v'\cdot\ln u+\frac{vu'}{u}\right).$$

以上求导数的方法称为**对数求导法**.

例 3.4.7　求 $y=\sqrt{\frac{(x-1)(x-2)}{(x-3)(x-4)}}$ 的导数.

解　先取对数(假定 $x>4$)，得

$$\ln y=\frac{1}{2}[\ln(x-1)+\ln(x-2)-\ln(x-3)-\ln(x-4)].$$

上式两端对 x 求导数得
$$\frac{1}{y}y'=\frac{1}{2}\left(\frac{1}{x-1}+\frac{1}{x-2}-\frac{1}{x-3}-\frac{1}{x-4}\right).$$

于是
$$y'=\frac{1}{2}\sqrt{\frac{(x-1)(x-2)}{(x-3)(x-4)}}\left(\frac{1}{x-1}+\frac{1}{x-2}-\frac{1}{x-3}-\frac{1}{x-4}\right).$$

可以讨论，在函数的其他定义域内也有类似的结果.

3.4.2　由参数方程所确定的函数的导数

一般情况，参数方程

$$\begin{cases}x=\varphi(t),\\ y=\psi(t),\end{cases}$$

可以确定函数 $y=y(x)$ 或 $x=x(y)$. 称此函数为该**参数方程所确定的函数**.

一般来说，把参数方程所确定的函数转化为因变量由自变量表达的式子比较复杂，下面就给出由参数方程所确定的函数的求导方法.

一般由 $x=\varphi(t)$ 得 $t=\varphi^{-1}(x)$，代入 $y=\psi(t)$，得

$$y=\psi(t)=\psi[\varphi^{-1}(x)]=y(x).$$

由复合函数求导方法，得

$$\frac{\mathrm{d}y}{\mathrm{d}x}=\frac{\mathrm{d}y}{\mathrm{d}t}\cdot\frac{\mathrm{d}t}{\mathrm{d}x}=\frac{\mathrm{d}y}{\mathrm{d}t}\cdot\frac{1}{\frac{\mathrm{d}x}{\mathrm{d}t}}=\frac{\psi'(t)}{\varphi'(t)},$$

二阶导数为

$$\frac{d^2y}{dx^2}=\frac{d}{dx}\left(\frac{dy}{dx}\right)=\frac{d}{dx}\left(\frac{\psi'(t)}{\varphi'(t)}\right)=\frac{d}{dt}\left(\frac{\psi'(t)}{\varphi'(t)}\right)\cdot\frac{dt}{dx}=\frac{d}{dt}\left(\frac{\psi'(t)}{\varphi'(t)}\right)\cdot\frac{1}{\frac{dx}{dt}}$$

$$=\frac{\psi''(t)\varphi'(t)-\psi'(t)\varphi''(t)}{[\varphi'(t)]^3}.$$

例 3.4.8　求椭圆曲线 $\begin{cases}x=a\cos t,\\ y=b\sin t\end{cases}$ 在 $t=\frac{\pi}{4}$ 相应点的切线方程.

解　当 $t=\frac{\pi}{4}$ 时，$x=a\cos\frac{\pi}{4}=\frac{\sqrt{2}}{2}a$，$y=\frac{\sqrt{2}}{2}b$，曲线在相应点的切线的斜率为

$$\left.\frac{dy}{dx}\right|_{t=\frac{\pi}{4}}=\left.\frac{(b\sin t)'}{(a\cos t)'}\right|_{t=\frac{\pi}{4}}=-\left.\frac{b\cos t}{a\sin t}\right|_{t=\frac{\pi}{4}}=-\frac{b}{a},$$

于是切线的方程为

$$y-\frac{\sqrt{2}}{2}b=-\frac{b}{a}\left(x-\frac{\sqrt{2}}{2}a\right),$$

即

$$bx+ay-\sqrt{2}ab=0.$$

例 3.4.9　计算由参数方程

$$\begin{cases}x=a(t-\sin t),\\ y=a(1-\cos t)\end{cases}$$

所确定的函数 $y=f(x)$ 的二阶导数 $\frac{d^2y}{dx^2}$.

解　由于 $\frac{dy}{dx}=\frac{\sin t}{1-\cos t}=\cot\frac{t}{2}\ (t\neq 2n\pi, n\in\mathbf{Z})$，

于是

$$\frac{d^2y}{dx^2}=\frac{d\left(\frac{dy}{dx}\right)}{dx}=\frac{-\csc^2\frac{t}{2}}{2a(1-\cos t)}$$

$$=-\frac{1}{2\sin^2\frac{t}{2}}\cdot\frac{1}{a(1-\cos t)}=-\frac{1}{a(1-\cos t)^2}(t\neq 2n\pi, n\in\mathbf{Z}).$$

3.4.3 同步习题

1. 填空题

(1) 设方程 $x-y-e^y=0$ 确定函数 $y=y(x)$，则 $\frac{dy}{dx}=$________.

(2) 由方程 $x^3+2x^3y-y^2x+2=0$ 所确定的隐函数在 $x=1$ 处的导数为________.

(3) 曲线 $\begin{cases}x=1+t^2,\\ y=t^3\end{cases}$ 在 $t=3$ 处的切线方程为________.

(4) 设函数 $y=y(x)$ 由方程 $\ln(x^2+y)=x^3y+\sin x$ 确定，则 $\left.\frac{dy}{dx}\right|_{x=0}=$________.

2. 选择题

(1) 设方程 $y-x-\frac{1}{2}\sin y=0$ 确定函数 $y=y(x)$，则 $\left.\frac{dy}{dx}\right|_{x=0}=$（　　）.

A. -1　　B. 1　　C. -2　　D. 2

(2) 对于由参数方程$\begin{cases} x = e^t \sin 2t, \\ y = e^t \cos t \end{cases}$所确定的函数，$\left.\dfrac{dy}{dx}\right|_{t=0} = (\quad)$.

A. -1 B. 1 C. $-\dfrac{1}{2}$ D. $\dfrac{1}{2}$

3. 求由下列方程所确定的隐函数的导数$\dfrac{dy}{dx}$.

(1) $y^3 - 2xy - 9 = 0$;

(2) $x^2 + y^2 - 2 = 0$;

(3) $xy^2 - e^{xy} + 2 = 0$;

(4) $y = 1 - ye^x$;

(5) $x + y - e^{-x^2 y} = 0$;

(6) $xy + \sin(xy) = 0$.

4. 用对数求导法求下列函数的导数：

(1) $y = x^x$; (2) $y = (\cos x)^{\sin x}$;

(3) $y = \left(\dfrac{x}{x+1}\right)^x$; (4) $y = \sqrt[5]{\dfrac{x-5}{\sqrt[5]{x^2+2}}}$.

5. 求由下列参数方程所确定的函数的导数$\dfrac{dy}{dx}$.

(1) $\begin{cases} x = \dfrac{t^2}{2}, \\ y = 1 - t; \end{cases}$ (2) $\begin{cases} x = t(1 - \sin t), \\ y = t\cos t. \end{cases}$

6. 计算由参数方程$\begin{cases} x = 2 - t^2, \\ y = t - 2t^3 \end{cases}$所确定的函数 $y = y(x)$ 的二阶导数$\dfrac{d^2 y}{dx^2}$.

3.5 函数的微分

本节将研究微分学的第二个基本概念——微分.

3.5.1 微分的定义

在实际问题中，有时需要计算当自变量取微小增量时函数相应增量的近似值.

例如有边长为 x_0 的正方形铁片的面积 $A = x_0^2$，加热后边长增加了 Δx（见图 3.2），问铁片的面积增加了多少？

$$\Delta A = (x_0 + \Delta x)^2 - x_0^2 = 2x_0 \Delta x + (\Delta x)^2.$$

ΔA 由两部分构成：一部分是两个长方形面积之和，另一部分是小正方形的面积，即 $2x_0\Delta x$ 和$(\Delta x)^2$. 其中当 Δx 很小时，$(\Delta x)^2$ 可以忽略不计，而且

$$\lim_{\Delta x \to 0} \frac{\Delta A - 2x_0 \Delta x}{\Delta x} = \lim_{\Delta x \to 0} \frac{(\Delta x)^2}{\Delta x} = \lim_{\Delta x \to 0} \Delta x = 0.$$

这样，当 Δx 很小时，$\Delta A \approx 2x_0 \Delta x$，而且 $\Delta A - 2x_0 \Delta x = o(\Delta x)$. 因此 $2x_0 \Delta x$ 叫作 ΔA 的线性主部.

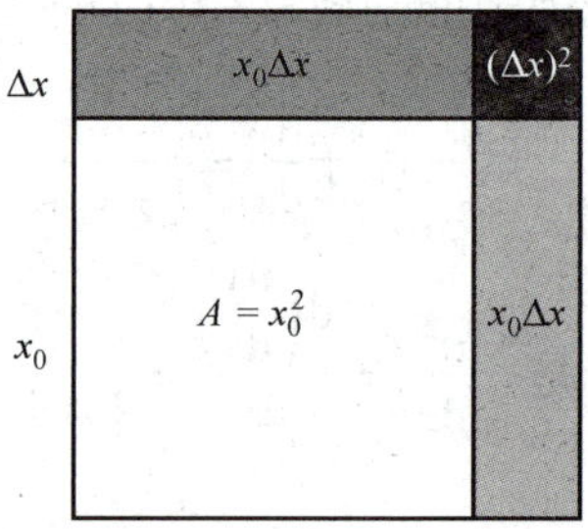

图 3.2

定义 3.5.1 设函数 $y = f(x)$ 在某区间 I 内有定义，x_0 及 $x_0 + \Delta x$ 属于 I. 如果函数的增量可表示为

$$\Delta y = f(x_0 + \Delta x) - f(x_0) = A\Delta x + o(\Delta x),$$

其中 A 为与 Δx 无关的常数，则称函数 $y = f(x)$ 在 x_0 处**可微**，$A\Delta x$ 称为函数 $y = f(x)$ 在 x_0 处的**微分**，记作 dy，即

$$dy = A\Delta x.$$

那么可微与可导有什么关系呢？

定理 3.5.1　函数 $y=f(x)$ 在 x_0 处可微的充要条件是函数 $y=f(x)$ 在 x_0 处可导，而且 $\mathrm{d}y=f'(x_0)\Delta x$.

证　如果函数 $y=f(x)$ 在 x_0 处可微，则

$$\Delta y=f(x_0+\Delta x)-f(x_0)=A\Delta x+o(\Delta x),$$

从而

$$\frac{\Delta y}{\Delta x}=\frac{f(x_0+\Delta x)-f(x_0)}{\Delta x}=\frac{A\Delta x+o(\Delta x)}{\Delta x}=A+\frac{o(\Delta x)}{\Delta x}.$$

因此

$$\lim_{\Delta x\to 0}\frac{\Delta y}{\Delta x}=\lim_{\Delta x\to 0}\left(A+\frac{o(\Delta x)}{\Delta x}\right)=A,$$

即函数 $y=f(x)$ 在 x_0 处可导，而且 $f'(x_0)=A$.

反之，如果函数 $y=f(x)$ 在 x_0 处可导，即

$$\lim_{\Delta x\to 0}\frac{\Delta y}{\Delta x}=\lim_{\Delta x\to 0}\frac{f(x_0+\Delta x)-f(x_0)}{\Delta x}=f'(x_0).$$

因此得

$$\frac{\Delta y}{\Delta x}=\frac{f(x_0+\Delta x)-f(x_0)}{\Delta x}=f'(x_0)+\alpha\ (\alpha \text{ 为 } \Delta x\to 0 \text{ 时的无穷小}),$$

即

$$\Delta y=f(x_0+\Delta x)-f(x_0)=f'(x_0)\Delta x+\alpha\cdot\Delta x=f'(x_0)\Delta x+o(\Delta x),$$

所以函数 $y=f(x)$ 在 x_0 处可微．证毕.

如果函数 $f(x)$ 在区间 (a,b) 内每一点都可微，则称 $f(x)$ 是区间 (a,b) 内的可微函数，函数 $f(x)$ 在区间 (a,b) 内任意一点 x 处的微分称为函数的微分，记为 $\mathrm{d}y$，即有

$$\mathrm{d}y=f'(x)\Delta x.$$

特别地，函数 $y=x$ 的微分为 $\mathrm{d}y=\mathrm{d}x=\Delta x$，称为**自变量的微分**．因此，函数 $y=f(x)$ 的微分可记为 $\mathrm{d}y=f'(x)\mathrm{d}x$.

从而

$$\frac{\mathrm{d}y}{\mathrm{d}x}=f'(x).$$

即函数的微分与自变量的微分之商就等于函数的导数，因此函数的导数又称为**微商**.

3.5.2　微分的几何意义

设函数 $y=f(x)$，当自变量 x 从 x_0 增加到 $x_0+\Delta x$ 时，相应的函数增量为

$$\Delta y=f(x_0+\Delta x)-f(x_0)\approx \mathrm{d}y=f'(x_0)\Delta x.$$

函数 $y=f(x)$ 在 x_0 处的微分 $\mathrm{d}y=f'(x_0)\Delta x$ 为曲线 $y=f(x)$ 的切线当 x 从 x_0 增加到 $x_0+\Delta x$ 时的增量.

如图 3.3 所示，函数 $y=f(x)$ 的图形一般为一条曲线 C，曲线 C 上一点

$M_0(x_0,f(x_0))$，在点 M_0 的邻近取一点 $M(x_0+\Delta x,f(x_0+\Delta x))$，切线 M_0T 的倾角为 α，$M_0Q=\Delta x$，$QM=\Delta y$，则

$$QP=M_0Q\cdot\tan\alpha=\Delta x\cdot f'(x_0),$$

即

$$\mathrm{d}y=QP.$$

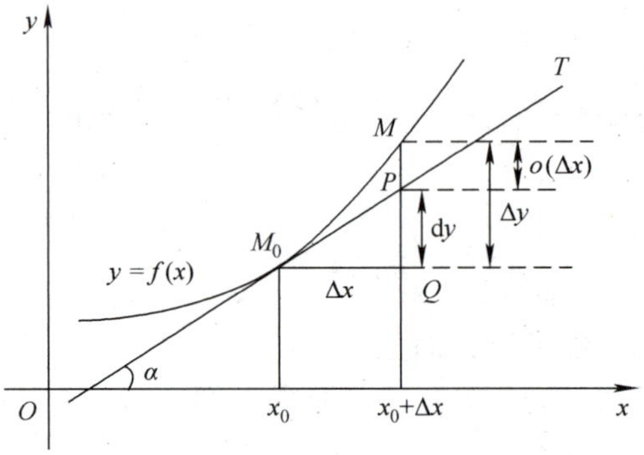

图 3.3

3.5.3 微分公式与微分法则

由微分与导数的关系 $\mathrm{d}y=f'(x)\mathrm{d}x$ 可知，计算微分实际上可以归结为计算导数 $f'(x)$. 所以与导数的基本公式和运算法则相对应，可以建立微分的基本公式和运算法则.

1. 基本初等函数的微分公式

(1) $\mathrm{d}(C)=0$（C 为常数）；

(2) $\mathrm{d}(x^{\mu})=\mu x^{\mu-1}\mathrm{d}x$；

(3) $\mathrm{d}(\sin x)=\cos x\mathrm{d}x$；

(4) $\mathrm{d}(\cos x)=-\sin x\mathrm{d}x$；

(5) $\mathrm{d}(\tan x)=\sec^2 x\mathrm{d}x$；

(6) $\mathrm{d}(\cot x)=-\csc^2 x\mathrm{d}x$；

(7) $\mathrm{d}(\sec x)=\sec x\tan x\mathrm{d}x$；

(8) $\mathrm{d}(\csc x)=-\csc x\cot x\mathrm{d}x$；

(9) $\mathrm{d}(a^x)=a^x\ln a\mathrm{d}x$；

(10) $\mathrm{d}(\mathrm{e}^x)=\mathrm{e}^x\mathrm{d}x$；

(11) $\mathrm{d}(\log_a x)=\dfrac{1}{x\ln a}\mathrm{d}x$；

(12) $\mathrm{d}(\ln x)=\dfrac{1}{x}\mathrm{d}x$；

(13) $\mathrm{d}(\arcsin x)=\dfrac{1}{\sqrt{1-x^2}}\mathrm{d}x$；

(14) $\mathrm{d}(\arccos x)=-\dfrac{1}{\sqrt{1-x^2}}\mathrm{d}x$；

(15) $\mathrm{d}(\arctan x)=\dfrac{1}{1+x^2}\mathrm{d}x$；

(16) $\mathrm{d}(\operatorname{arccot} x)=-\dfrac{1}{1+x^2}\mathrm{d}x$.

2. 函数的和、差、积、商的微分法则

(1) $\mathrm{d}(u\pm v)=\mathrm{d}u\pm\mathrm{d}v$；

(2) $\mathrm{d}(uv)=v\mathrm{d}u+u\mathrm{d}v$；

(3) $\mathrm{d}(Cu)=C\mathrm{d}u$（$C$ 为常数）；

(4) $\mathrm{d}\left(\dfrac{u}{v}\right)=\dfrac{v\mathrm{d}u-u\mathrm{d}v}{v^2}(v\neq0)$.

3. 复合函数的微分法则

如果函数 $y=f(u)$ 与 $u=g(x)$ 都可微（可导），则复合函数 $y=f[g(x)]$ 可微，而且

$$\mathrm{d}y = y'_x\mathrm{d}x = f'(u)g'(x)\mathrm{d}x.$$

由于 $\mathrm{d}u = g'(x)\mathrm{d}x$，因此 $\mathrm{d}y = f'(u)g'(x)\mathrm{d}x = f'(u)\mathrm{d}u$.

可见，对于函数 $y=f(u)$，无论 u 是自变量还是中间变量，微分形式 $\mathrm{d}y = f'(u)\mathrm{d}u$ 保持不变，这个性质称为**微分形式的不变性**.

例 3.5.1　求函数 $y=3x^2$ 在 $x=1$ 和 $x=3$ 的微分.

解　由于 $y'=6x$，故 $y'|_{x=1}=6$，$y'|_{x=3}=18$.
所以函数 $y=3x^3$ 在 $x=1$ 的微分为 $\mathrm{d}y=6\mathrm{d}x$，在 $x=3$ 的微分为 $\mathrm{d}y=18\mathrm{d}x$.

例 3.5.2　求函数 $y=x^3$，当 $x=2$，$\Delta x=0.02$ 时的微分.

解　由于 $y'=3x^2$ 于是有 $\mathrm{d}y=3x^2\Delta x$，当 $x=2$，$\Delta x=0.02$ 时，

$$\mathrm{d}y = 3x^2\Delta x\big|_{x=2,\Delta x=0.02} = 12\times 0.02 = 0.24.$$

例 3.5.3　$y=\mathrm{e}^{\sqrt{x}}$，求 $\mathrm{d}y$.

解　$\mathrm{d}y = \mathrm{e}^{\sqrt{x}}\mathrm{d}(\sqrt{x}) = \mathrm{e}^{\sqrt{x}}\cdot\dfrac{1}{2\sqrt{x}}\mathrm{d}x.$

例 3.5.4　$y=\ln[1+\sin(x^2)]$，求 $\mathrm{d}y$.

解　$\mathrm{d}y = \dfrac{1}{1+\sin(x^2)}\mathrm{d}(1+\sin(x^2)) = \dfrac{1}{1+\sin(x^2)}\cos(x^2)\,\mathrm{d}(x^2) = \dfrac{2x\cdot\cos(x^2)}{1+\sin(x^2)}\mathrm{d}x.$

例 3.5.4

3.5.4　同步习题

1. 填空题

(1) $\mathrm{d}(\quad) = \dfrac{1}{(1+x)^2}\mathrm{d}x$;

(2) $\mathrm{d}(\quad) = x\mathrm{d}x$;

(3) $\mathrm{d}(\quad) = \mathrm{e}^{3x}\mathrm{d}x$;

(4) $\mathrm{d}(\quad) = \cos x\mathrm{d}x$;

(5) $\mathrm{d}(\quad) = \dfrac{1}{\sqrt{x}}\mathrm{d}x$;

(6) $\mathrm{d}(\quad) = \dfrac{1}{1-x}\mathrm{d}x$;

(7) 已知函数 $y=f(\arcsin x)$，且 $f(x)$ 可导，则 $\mathrm{d}y=(\quad)$；

(8) $f(x)$ 在点 x_0 不连续是 $f(x)$ 在点 x_0 不可微的（　　）条件.

2. 选择题

(1) 设 $y=\mathrm{e}^{\sin 2x}$ 则 $\mathrm{d}y=(\quad)$.

A. $\mathrm{e}^x\mathrm{d}\sin^2x$　　B. $\mathrm{e}^{\sin 2x}\mathrm{d}\sin^2x$

C. $\mathrm{e}^{\sin 2x}\sin 2x\mathrm{d}\sin x$　　D. $\mathrm{e}^{\sin 2x}\mathrm{d}\sin x$

(2) 设 $\dfrac{\mathrm{d}}{\mathrm{d}x}f(x)=g(x)$，$h(x)=x^2$，则 $\dfrac{\mathrm{d}}{\mathrm{d}x}f[h(x)]=(\quad)$.

A. $g(x^2)$　　B. $2xg(x)$

C. $x^2g(x^2)$　　D. $2xg(x^2)$

3. 已知 $y=\mathrm{e}^{-x^2+1}$，求 $\mathrm{d}y$.

4. 设 $xy=\ln(x+y)$，求 $\mathrm{d}y$.

5. 设函数 $y=\ln(1+\mathrm{e}^{x^2})$，求 $\mathrm{d}y$.

3.6　MATLAB 数学实验

3.6.1　求导数

MATLAB 求导数通常有四种语法格式：

```
diff(f)          % 没有指定变量和导数阶数，系统按 findsym 函数指示的默认
                 变量对符号表达式 f 求一阶导数
diff(f,'v')      % 以 v 为变量，对符号表达式 f 求一阶导数
diff(f,n)        % 按 findsym 函数指示的默认变量对符号表达式 f 求 n 阶导
                 数，n 为正整数
diff(f,'v',n)    % 以 v 为自变量，对符号表达式 f 求 n 阶导数
```

例 3.6.1 已知函数 $f=2x^3+3x^2+x+2a$，求 f'，f''.

程序

```
syms x a;           % 定义符号变量
f =2 * x^3 +3 * x^2 +x +2 * a
f1 =diff(f)
f2 =diff(f,a)
f3 =diff(f,2)
```

运行结果

```
f1 =6 * x^2 +6 * x +1
f2 =2
f3 =12 * x +6
```

3.6.2 求微分

可编辑通用程序：wf. m 文件

```
syms x dx
f =input('f =')
f1 =diff(f,x)
df =f1 * dx
```

例 3.6.2 已知函数 $f=x^3+\cos x$，求 df.

程序

```
> >wf
f =x^3 +cos(x)                % 输入函数表达式
f1 =3 * x^2 -sin(x)
df =(3 * x^2 -sin(x)) * dx
```

3.6.3 求平面曲线的切线方程和法线方程

已知曲线的参数方程为$\begin{cases}x=x(t),\\y=y(t),\end{cases}$其中 $x_0=x(t_0)$，则该曲线的切线方程为

$$y=y(t_0)+y'(t_0)[x-x(t_0)],$$

法线方程为

$$y=y(t_0)-\frac{1}{y'(t_0)}[x-x(t_0)].$$

编辑 qxfx. m 文件：

程序

```
syms x y t
x0 =input('x =')
y0 =input('y =');yd=diff(y0,t)
t =input('t0 =')
y1 =eval(y0) +eval(yd) * (x -eval(x0))
y2 = eval(y0) -1/eval(yd) * (x -eval(x0))
```

例 3.6.3　求曲线$\begin{cases}x=t,\\y=t^2\end{cases}$在 $t=1$ 点处的切线方程和法线方程.

运行上述通用程序：qxfx

程序

```
x =t
y =t^2
t0 =1
```

运行结果

```
y1 =1 +2 * (x -1)
y2 =1 - (1/2)(x -1)
```

3.7 阅读材料

3.7.1 导数概念的历史演变[⊖]

导数(Derivative)是微积分学中重要的基础概念. 一个函数在某一点的导数描述了这个函数在这一点附近的变化率. 导数的本质是通过极限的概念对函数进行局部的线性逼近，即一个变量随某个变量变化时的速度或变

⊖ 杜瑞芝. 导数[M]//杜瑞芝. 数学史辞典新编. 济南：山东教育出版社，2017：591-592.

化率. 若变量 y 随变量 x 变化的函数关系记为 $y=f(x)$, 则它在一点 x 处的导数定义为

$$y'=f'(x)=\lim_{\Delta x\to 0}\frac{f(x+\Delta x)-f(x)}{\Delta x}.$$

求变量的导数是微分学的核心问题, 它与积分的建立是微积分发明的关键一步. 17 世纪以来, 光学透镜的设计以及炮弹弹道轨迹的计算促使欧洲的数学家对曲线的切线进行研究. 17 世纪 30 年代, 法国数学家**罗贝瓦尔**做出了最初的尝试. 与此同时, **费马**在计算切线时已经使用了无穷小量的概念, 费马的方法实质上已经是求导数. 英国的**巴罗**、荷兰的**胡德**等人继续了费马的工作. 然而, 他们并没有将求导数归纳为一种独立的工具, 只是给出了具体的计算技巧.

几乎在同时, 力学的发展需要计算一个质点变速运动的瞬时速度, 也是确定函数的导数的问题. 无穷小量作为趋于零的变量, 以及导数作为无穷小增量之比的极限的近代观念是**牛顿**首先提出来的. 在他的第三篇微积分的论文中, 关于流数使用了新的概念: 最初比和最末比. 他写道: "随我们的意愿, 流数可以任意地接近于在尽可能小的等间隔时的最初的比, 它们也能用和它们成比例的任何线段来表示."

相比于牛顿, **莱布尼茨**使用了更清晰的记号来描述导数. 他利用了巴罗的"微分三角形"概念, 将自变量和因变量的增量记为 $\mathrm{d}x$ 和 $\mathrm{d}y$. 他把 $\mathrm{d}x$ 理解为"比任何给定的长度都要小", 而 $\mathrm{d}y$ 则是 x 移动时 y"瞬刻的增长". 导数则是两者之间的比例. 他还研究了函数之和、差、积、商的求导法则.

微积分的理论面世后, 有关无穷小量的定义遭到了攻击与质疑. 导数的定义自然也包括在内. 所以 18 世纪的许多数学家, 包括**伯努利兄弟**、**泰勒**、**麦克劳林**、**达朗贝尔**、**拉格朗日**和**欧拉**都想对微积分的严密性进行辩护或将微积分严密化. 但受限于对无穷小量的认识, 这一时期的数学家并没有做出重要的成果.

19 世纪后, 随着对函数连续性和极限的更深刻认识, 微积分终于趋于严谨. 捷克数学家**波尔查诺**首先将导数定义为函数值的改变量与自变量增量之比在自变量增量无限接近 0 时趋向的量. 波尔查诺强调导数不是 0 与 0 之比, 而是前面的比值趋向的量, 这就是导数的严格定义. **柯西**在他的著作《无穷小分析教程概论》(1823) 中也使用了同样的定义, 并定义 $\mathrm{d}y$ 为导数与 $\mathrm{d}x$ 的乘积. 这样, 导数和微分的概念也得到了统一.

3.7.2 微分概念的历史演变

微分 (Differential) 是一个变量在某个变化过程中的改变量的线性主部.

历史上, 在 18 世纪以前, 关于微分的概念都不十分明确. 微分的概念最早出现在**莱布尼茨**的著作中, 他把微分视为变量的微差, 用 $\mathrm{d}y$ 和 $\mathrm{d}x$ 来表示, 并考虑它们的商 $\frac{\mathrm{d}y}{\mathrm{d}x}$, 即导数. 到了**欧拉**时期, 欧拉拒绝无穷小, 认为微分本身为"绝对的零", 而两个微分之比是有限数. 他还指出, 当 $\mathrm{d}x$ 与

dx^2 同时出现时，可以略去 dx^2. 法国数学家达朗贝尔在著名的《百科全书》中把微分定义为“无穷小量或者至少小于任何给定值的量”.

在法国数学家拉克鲁瓦的论著(1810)中，对微分已经开始有较明确的思想，他引进了用导数表示的微分形式 $dy=f'(x)dx$，并称导数 $f'(x)$ 为微分系数.

微分作为函数增量的线性主部的现代观念是由法国数学家拉格朗日首先提出来的，而最后由柯西所确定. 柯西在《无穷小分析教程概论》(1823)中，把导数和微分两个概念统一起来. 他首先给出函数 $y=f(x)$ 的明确定义，然后定义自变量的微分 dx 为任一有限量，而函数的微分 dy 则定义为 $f'(x)dx$.

总复习题 3

第一部分：基础题

1. 讨论函数

$$y=\begin{cases} x^2\sin\dfrac{1}{x}, & x\neq 0, \\ 0, & x=0 \end{cases}$$

在 $x=0$ 的连续性与可导性.

2. 求曲线 $y=x(1-x)$ 在 $x=1$ 点处的切线方程.

3. 设函数 $f(x)$ 在点 x_0 处可导，且 $\lim\limits_{h\to 0}\dfrac{f(x_0-2h)-f(x_0)}{h}=3$，求 $f'(x_0)$.

4. 讨论函数 $y=x|x|$ 在点 $x=0$ 处的可导性.

5. 求下列函数的导数.

(1) $y=\ln\sqrt{\dfrac{1-x}{\arccos x}}$；　(2) $y=\cos^2 x\cdot\ln x$；

(3) $y=\sin\sqrt{1+x^2}$；　(4) $y=\sin nx\cdot\sin^n x$.

6. 设函数 $f(x)$ 可导，求下列函数的导数.

(1) $y=f(x^3)$；

(2) $y=f(\sin^2 x)+f(\cos^2 x)$.

7. 求下列函数的二阶导数.

(1) $y=\dfrac{1-x}{1+x}$；

(2) $y=\dfrac{x}{2}[\sin(\ln x)-\cos(\ln x)]$.

8. 设 $y=e^x\sin x$，证明：$y''-2y'+2y=0$.

9. 求曲线 $x^{\frac{2}{3}}+y^{\frac{2}{3}}=a^{\frac{2}{3}}$ 在点 $\left(\dfrac{\sqrt{2}}{4}a,\dfrac{\sqrt{2}}{4}a\right)$ 处的切线方程和法线方程.

10. 求曲线 $\begin{cases} x=2e^t, \\ y=e^{-t} \end{cases}$ 在 $t=0$ 相应点处的切线方程和法线方程.

11. 求下列参数方程所确定的函数的二阶导数 $\dfrac{d^2y}{dx^2}$.

(1) $\begin{cases} x=a\cos t, \\ y=b\sin t; \end{cases}$　(2) $\begin{cases} x=3e^{-t}, \\ y=2e^t; \end{cases}$

(3) $\begin{cases} x=at^2, \\ y=bt^3; \end{cases}$　(4) $\begin{cases} x=\ln(1+t^2), \\ y=t-\arctan t. \end{cases}$

12. 求下列函数的微分 dy：

(1) $y=\dfrac{1}{x}+2\sqrt{x}$；　(2) $y=x\tan x$；

(3) $y=\dfrac{x}{\sqrt{x^2+1}}$；　(4) $y=\ln^2(3x+2)$；

(5) $y=\arcsin(2x+1)$；(6) $y=e^x\cos(3-x)$.

13. 设 $y=f(\ln x)e^{f(x)}$，其中 f 可微，求 dy.

第二部分：拓展题

1. 已知 $y=\dfrac{e^{3x}}{\ln(x+2)}$，求 y'.

2. 已知 $y=x^2e^{3x}$，求 $\dfrac{d^2y}{dx^2}$.

3. 已知 $y=\begin{cases} x, & x\geqslant 0, \\ a\tan x-b, & x<0 \end{cases}$ 在 $x=0$ 处可导，求 a，b.

4. 求由方程 $y^3-\sin xy-9=0$ 所确定的隐函数的导数 $\dfrac{dy}{dx}$.

5. 求由参数方程 $\begin{cases} x=\theta(1-\sin\theta), \\ y=\theta\cos\theta \end{cases}$ 所确定的函数的二阶导数 $\dfrac{dy}{dx}$.

6. 已知 $y=\dfrac{e^{3x}}{\sin x}$，求 dy.

第三部分：考研真题

一、选择题

1. (2020 年，数一) 设函数 $f(x)$ 在区间 $(-1,1)$ 内有定义，且 $\lim\limits_{x\to 0}f(x)=0$，则(　　).

A. 当 $\lim\limits_{x\to 0}\dfrac{f(x)}{\sqrt{|x|}}=0$ 时，$f(x)$ 在 $x=0$ 处可导

B. 当 $\lim\limits_{x\to 0}\dfrac{f(x)}{\sqrt{x^2}}=0$ 时，$f(x)$ 在 $x=0$ 处可导

C. 当 $f(x)$ 在 $x=0$ 处可导时，$\lim\limits_{x\to 0}\dfrac{f(x)}{\sqrt{|x|}}=0$

D. 当 $f(x)$ 在 $x=0$ 处可导时，$\lim\limits_{x\to 0}\dfrac{f(x)}{\sqrt{x^2}}=0$

2. (2018 年，数一) 下列函数中，在 $x=0$ 处不可导的是(　　).

A. $f(x)=|x|\sin|x|$　　B. $f(x)=|x|\sin\sqrt{|x|}$

C. $f(x)=\cos|x|$　　D. $f(x)=\cos\sqrt{|x|}$

3. (2005 年，数一) 设函数 $f(x)=\lim\limits_{n\to\infty}\sqrt[n]{1+|x|^{3n}}$，则 $f(x)$ 在 $(-\infty,+\infty)$ 内(　　).

A. 处处可导

B. 恰有一个不可导点

C. 恰有两个不可导点

D. 至少有三个不可导点

4. (2005 年，数二) 设函数 $y=y(x)$ 由参数方程 $\begin{cases}x=t^2+2t,\\ y=\ln(1+t)\end{cases}$ 确定，则曲线 $y=y(x)$ 在 $x=3$ 处的法线与 x 轴交点的横坐标是(　　).

A. $\dfrac{1}{8}\ln 2+3$　　B. $-\dfrac{1}{8}\ln 2+3$

C. $-8\ln 2+3$　　D. $8\ln 2+3$

二、填空题

1. (2022 年，数三) 已知函数 $f(x)=e^{\sin x}+e^{-\sin x}$，则 $f'''(2\pi)=$________.

2. (2021 年，数三) 若 $y=\cos e^{-\sqrt{x}}$，则 $\left.\dfrac{dy}{dx}\right|_{x=1}=$________.

3. (2020 年，数一、二) 设 $\begin{cases}x=\sqrt{t^2+1},\\ y=\ln(t+\sqrt{t^2+1}),\end{cases}$ 则 $\left.\dfrac{d^2y}{dx^2}\right|_{t=1}=$________.

4. (2020 年，数三) 曲线 $x+y+e^{2xy}=0$ 在 $(0,-1)$ 处的切线方程为________.

5. (2019 年，数二) 曲线 $\begin{cases}x=t-\sin t,\\ y=1-\cos t\end{cases}$ 在 $t=\dfrac{3\pi}{2}$ 对应点处的切线在 y 轴上的截距为________.

6. (2017 年，数二) 设函数 $y=y(x)$ 由参数方程 $\begin{cases}x=t+e^t,\\ y=\sin t\end{cases}$ 确定，则 $\left.\dfrac{d^2y}{dx^2}\right|_{t=0}=$________.

7. (2015 年，数二) $\begin{cases}x=\arctan t,\\ y=3t+t^3,\end{cases}$ 则 $\left.\dfrac{d^2y}{dx^2}\right|_{t=1}=$________.

8. (2008 年，数一) 曲线 $\sin(xy)+\ln(y-x)=x$ 在点 $(0,1)$ 处的切线方程为________.

9. (2007 年，数二) 曲线 $\begin{cases}x=\cos t+\cos^2 t,\\ y=1+\sin t\end{cases}$ 上对应于 $t=\dfrac{\pi}{4}$ 点处的法线斜率为________.

10. (2005 年，数二) 曲线 $y=(1+\sin x)^x$，则 $dy|_{x=\pi}=$________.

自测题 3

(满分 100 分，测试时间 45min)

一、单项选择题(本题共 10 个小题，每小题 5 分，共 50 分)

1. 由下列哪个极限存在可以得到函数 $y=f(x)$ 在 x_0 点可导？(　　)

A. $\lim\limits_{h\to 0^+}\dfrac{f(x_0+h)-f(x_0)}{h}$

B. $\lim\limits_{h\to 0}\dfrac{f(x_0+h)-f(x_0-h)}{h}$

C. $\lim\limits_{h\to 0}\dfrac{f(x_0+h)-f(x_0-2h)}{h}$

D. $\lim\limits_{h\to 0}\dfrac{f(x_0)-f(x_0-h)}{h}$

2. 设 $f(x)$ 是可导函数，且 $\lim\limits_{x\to 0}\dfrac{f(1)-f(1-x)}{2x}=-1$，则曲线 $y=f(x)$ 在点 $(1,f(1))$ 处的切线斜率为(　　).

A. 0　　B. 1　　C. -1　　D. -2

3. 函数 $y=f(x)$ 在 x_0 点可导是函数 $y=f(x)$ 在 x_0

点连续的(　　)条件.

A. 充分　　B. 必要

C. 充分必要　　D. 即非充分也非必要

4. 函数 $y=f(x)$ 在 x_0 点可导是函数 $y=f(x)$ 在 x_0 点可微的(　　)条件.

A. 充分　　B. 必要

C. 充分必要　　D. 即非充分也非必要

5. $(\sin e^{3x})'=$(　　).

A. $3e^{3x}\cos e^{3x}$　　B. $-3e^{3x}\cos e^{3x}$

C. $e^{3x}\cos e^{3x}$　　D. $\cos e^{3x}$

6. 函数 $y=xe^x$，则 $y^{(n)}=$(　　).

A. xe^x　　B. nxe^x

C. $e^x(x+n)$　　D. $xe^x(x+n)$

7. 椭圆 $\frac{x^2}{16}+\frac{y^2}{9}=1$ 在点 $\left(2,\frac{3\sqrt{3}}{2}\right)$ 处的切线方程为(　　).

A. $y-\frac{3\sqrt{3}}{2}=\frac{\sqrt{3}}{2}(x-2)$

B. $y-\frac{3\sqrt{3}}{2}=-\frac{\sqrt{3}}{2}(x-2)$

C. $y-\frac{3\sqrt{3}}{2}=\frac{\sqrt{3}}{4}(x-2)$

D. $y-\frac{3\sqrt{3}}{2}=-\frac{\sqrt{3}}{4}(x-2)$

8. 设 $\begin{cases} x=\frac{t^2}{2}, \\ y=1-t, \end{cases}$ 则 $\frac{d^2y}{dx^2}=$(　　).

A. $\frac{1}{t^4}$　　B. $\frac{1}{t}$　　C. $\frac{1}{t^3}$　　D. $\frac{1}{t^2}$

9. 函数 $y=e^{x^2}$，则 $dy=$(　　).

A. $e^{x^2}dx$　　B. $2xe^{x^2}dx$　　C. $x^2e^{x^2}dx$　　D. $xe^{x^2}dx$

10. 设函数 $y=f(x)$ 在 x_0 的某邻域内有定义，且 $\Delta y=f(x_0+\Delta x)-f(x_0)=A\Delta x+o(\Delta x)(\Delta x\to 0)$，其中 A 是与 Δx 无关的常数，下列结论不正确的是(　　).

A. $f(x)$ 在 x_0 处不一定可导

B. $f(x)$ 在 x_0 处可导

C. $df(x)\big|_{x=x_0}=Adx$

D. $f'(x_0)=A$

二、判断题(用√、×表示. 本题共10个小题，每小题5分，共50分)

1. $y=5^x$ 的导数为 5^x.　　(　　)

2. 已知函数 $f(x)$ 在 $x=1$ 处可导，则 $\lim\limits_{h\to 0}\frac{f(1)-f(1-2h)}{h}=2f'(1)$.　　(　　)

3. 曲线 $y=x^2+2$ 在点(1,3)处的切线方程为 $2x+y+1=0$.　　(　　)

4. 已知 $y=x^{\sin x}$，则 $y'=x^{\sin x}\left(\cos x\ln x+\frac{\sin x}{x}\right)$.　　(　　)

5. 曲线 $y=f(x)$ 在 x_0 处的导数为 $f'(x_0)$，所以法线的斜率为 $-\frac{1}{f'(x_0)}$.　　(　　)

6. 若 $y=e^{2x^2}$，$dy=4x\cdot e^{2x^2}$.　　(　　)

7. 如果 $y=xe^x$，那么 $y'''=e^x(x+3)$.　　(　　)

8. 由参数方程 $\begin{cases} x=\frac{t}{2}, \\ y=1-t \end{cases}$ 所确定的函数的二阶导数 $\frac{d^2y}{dx^2}=1$.　　(　　)

9. 由参数方程 $\begin{cases} x=a\cos t, \\ y=b\sin t \end{cases}$ 所确定的函数的导数 $\frac{dy}{dx}=-\frac{a}{b}\cot t$.　　(　　)

10. 由方程 $xy=e^{2x+y}$ 所确定的隐函数的导数 $\frac{dy}{dx}=\frac{2e^{2x+y}+y}{x+e^{2x+y}}$.　　(　　)

第 4 章

中值定理与导数的应用

【学习目标】

1. 理解费马引理、罗尔(Rolle)定理、拉格朗日(Lagrange)中值定理，了解柯西(Cauchy)中值定理.

2. 会用洛必达法则求极限.

3. 掌握函数单调性的判别方法、函数极值的概念，掌握函数极值、最大值和最小值的求法及其应用.

4. 会用导数判断函数图形的凹凸性，会求函数图形的拐点和渐近线.

5. 了解函数作图的基本步骤和方法，会描绘简单函数的图形.

6. 掌握边际函数、边际成本、边际收益以及边际利润的概念和求法，掌握需求弹性的概念和求法，掌握需求弹性与总收益的关系以及供给弹性的概念和求法.

第 3 章中我们研究了导数的概念及其求法，本章内容是第 3 章的延续，主要介绍导数的应用. 首先，从中值定理入手，并以此为基础，介绍计算极限的另一种方法——洛必达法则. 然后，以导数为工具研究函数的性态. 最后，介绍导数在经济学中的一些应用.

本章知识结构图

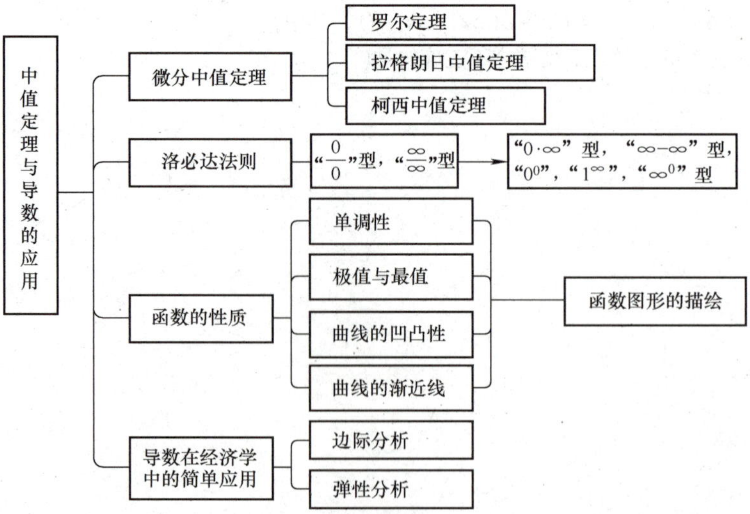

4.1 微分中值定理

4.1.1 费马引理

费马引理用到了极值的概念，因此先来介绍极值.

定义 4.1.1 设函数 $f(x)$ 在点 x_0 的某邻域内有定义，如果对于该邻域内任何异于 x_0 的点 x，总有

$$f(x) \leqslant f(x_0) \text{或} f(x) \geqslant f(x_0),$$

则称 $f(x_0)$ 为函数 $f(x)$ 的**极大值**或**极小值**，x_0 称为函数 $f(x)$ 的**极大值点**或**极小值点**. 极大值和极小值统称为**极值**，极大值点和极小值点统称为**极值点**.

例如，函数 $f(x)$ 其图形如图 4.1 所示，则它在 $x=x_1, x_3$ 处均取得极大值. 在 $x=x_2, x_4$ 处均取得极小值. 在点 $x=a, b, x_5$ 处不取得极值.

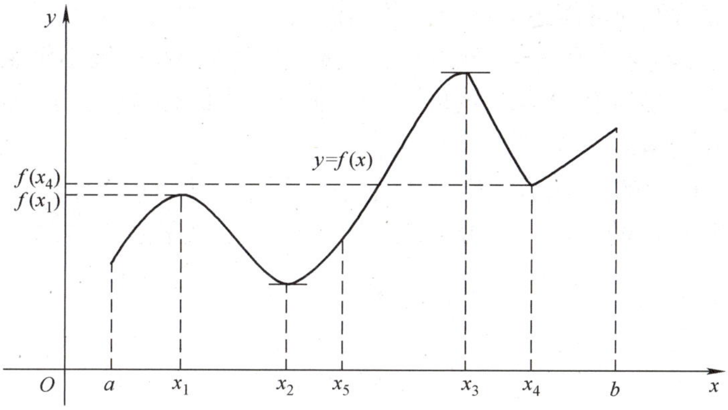

图 4.1

极值是个局部性概念. 按照定义，$f(x_0)$ 只要在点 x_0 的某个邻域内最大(小)，$f(x_0)$ 就是一个极大(小)值. 但其在整体上未必是最大(小)的，并且极小值未必比极大值小. 如图 4.1 所示，$f(x_4) > f(x_1)$，然而 $f(x_4)$ 为极小值，$f(x_1)$ 为极大值.

若曲线 $f(x)$ 在极值点处有切线，观察切线的特点，发现切线平行于 x 轴，一般地，有如下定理.

费马引理 若函数 $f(x)$ 满足

(1) x_0 是函数 $f(x)$ 的极值点；

(2) $f(x)$ 在点 x_0 处可导，

则有 $f'(x_0)=0$.

证 不妨设 x_0 为函数 $f(x)$ 在邻域 $U(x_0)$ 的极大值. 由极大值的定义可知，对于任意的 $x_0+\Delta x \in U(x_0)$，有

$$f(x_0+\Delta x)\leqslant f(x_0),$$

当 $\Delta x>0$ 时，有

$$\frac{f(x_0+\Delta x)-f(x_0)}{\Delta x}\leqslant 0;$$

当 $\Delta x<0$ 时，有

$$\frac{f(x_0+\Delta x)-f(x_0)}{\Delta x}\geqslant 0.$$

由 $f(x)$ 在 x_0 可导及极限的保号性，有

$$f'(x_0)=f'_+(x_0)=\lim_{\Delta x\to 0^+}\frac{f(x_0+\Delta x)-f(x_0)}{\Delta x}\leqslant 0,$$

$$f'(x_0)=f'_-(x_0)=\lim_{\Delta x\to 0^-}\frac{f(x_0+\Delta x)-f(x_0)}{\Delta x}\geqslant 0,$$

由此可得，$f'(x_0)=0$.

容易证明，当 $f(x_0)$ 为函数 $f(x)$ 的极小值时，定理也成立．证毕.

定义 4.1.2　导数为零的点，称其为函数的**驻点**，或**稳定点**、**临界点**.

从而费马引理可简述为可导函数的极值点必为驻点.

例如，$f(x)=x^2$ 在 $x=0$ 处可导，且 $x=0$ 为该函数的极小值点，由费马引理知，$x=0$ 必为 $f(x)=x^2$ 的驻点．事实上，我们容易验证 $f'(0)=0$，即 $x=0$ 恰为 $f(x)=x^2$ 的驻点.

但是，函数的驻点不一定是极值点．例如函数 $f(x)=x^3$，不难证明 $x=0$ 是函数 $f(x)$ 的驻点，但由图 4.2 知，$x=0$ 不是函数 $f(x)$ 的极值点.

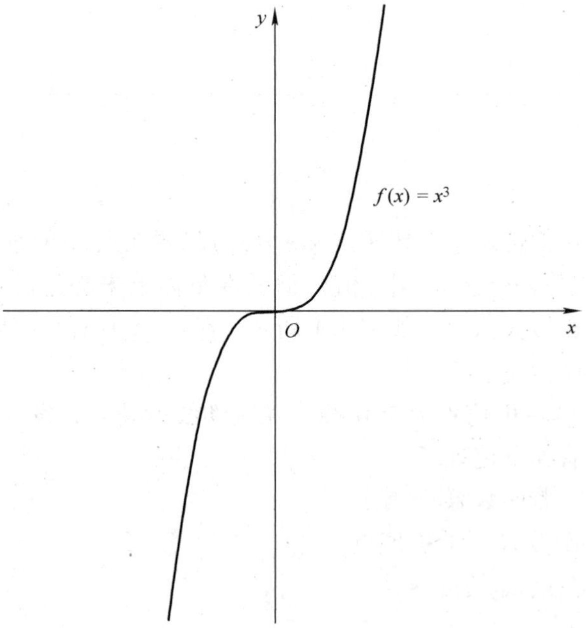

图　4.2

我们再从几何上来研究费马引理. 由函数 $f(x)$ 在点 x_0 可导可以推得，曲线在点 $x=x_0$ 处连续，且存在不与 x 轴垂直的切线；函数 $f(x)$ 的极值点为曲线上的局部最高点或最低点；驻点处的切线平行于 x 轴. 从而费马引理的几何意义为如果连续曲线在局部最高点或最低点存在切线，且该切线不垂直于 x 轴，则它必平行于 x 轴.

4.1.2 罗尔定理

罗尔定理　若函数 $f(x)$ 满足

(1) 在闭区间 $[a,b]$ 上连续；

(2) 在开区间 (a,b) 内可导；

(3) 在区间端点处的函数值相等，即 $f(a)=f(b)$，

那么在开区间 (a,b) 内至少存在一点 ξ，使得 $f'(\xi)=0$.

首先说明罗尔定理的几何意义. $f(x)$ 在 $[a,b]$ 上连续说明曲线在点 $A(a,f(a))$ 和 $B(b,f(b))$ 之间包括端点处连续；$f(x)$ 在开区间 (a,b) 内可导说明曲线 $f(x)$ 在 A,B 之间每一点都具有不与 x 轴垂直的切线，这里不包括点 A 和点 B；$f(a)=f(b)$ 说明曲线 $f(x)$ 在端点 A 和 B 处纵坐标相等. 结论说明，曲线 $f(x)$ 在 A 点和 B 点之间(不包括点 A 和点 B)至少有一点，它的切线平行于 x 轴. 从而罗尔定理的几何意义可以叙述为如果端点纵坐标相等的连续曲线，除端点外处处具有不与 x 轴垂直的切线，那么该曲线上至少存在一点，使得该点处的切线平行于 x 轴(见图 4.3).

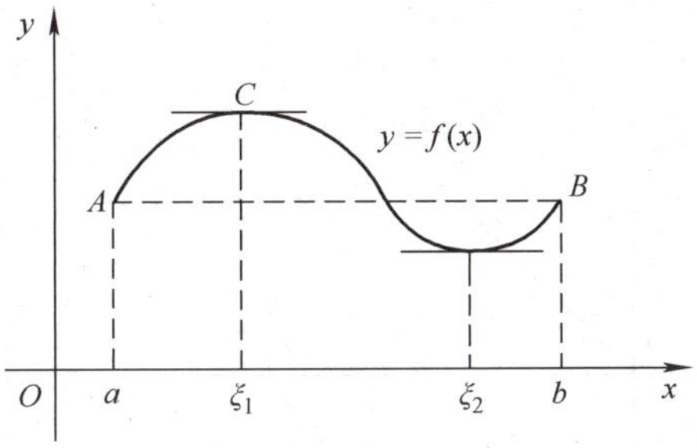

图　4.3

证　由于函数 $f(x)$ 在闭区间 $[a,b]$ 上连续，根据闭区间上连续函数的性质可知，函数 $f(x)$ 在 $[a,b]$ 上必存在最大值 M 和最小值 m.

(1) 如果 $M=m$，那么 $f(x)$ 在 $[a,b]$ 上是常数函数 $f(x)=M$. 于是在开区间 (a,b) 内恒有 $f'(x)=0$. 此时，(a,b) 内任意一点均可作为 ξ.

(2) 如果 $M\neq m$，那么 M 和 m 至少有一个不等于函数 $f(x)$ 在区间端点的值. 不妨设 $M\neq f(x)$(若 $m\neq f(x)$，证法类似). 于是最大值 M 是函数 $f(x)$ 的极大值，令 $f(\xi)=M(\xi\in(a,b))$，又因为函数 $f(x)$ 在 (a,b) 内可导，由费马引理可知，$f'(\xi)=0$. 证毕.

罗尔定理的三个条件缺少其中任何一个，定理的结论将不一定成立.

例如，$f(x)=\begin{cases}1-x, & 0<x\leqslant 1,\\ 0, & x=0,\end{cases}$ 在 $x=0$ 处不连续，未满足罗尔定理的第一个条件，在 $(0,1)$ 内找不到一点，使得 $f'(\xi)=0$(见图 4.4).

又如函数 $f(x)=|x|, x\in[-2,2]$，在 $x=0$ 处不可导，未满足罗尔定理的第二个条件，在 $(-2,2)$ 内找不到一点 ξ，使得 $f'(\xi)=0$(见图 4.5).

而函数 $f(x)=x, x\in[0,2]$，在 $[0,2]$ 上，$f(0)\neq f(2)$，未满足罗尔定理的第三个条件，在 $(0,2)$ 内找不到一点 ξ，使得 $f'(\xi)=0$(见图 4.6).

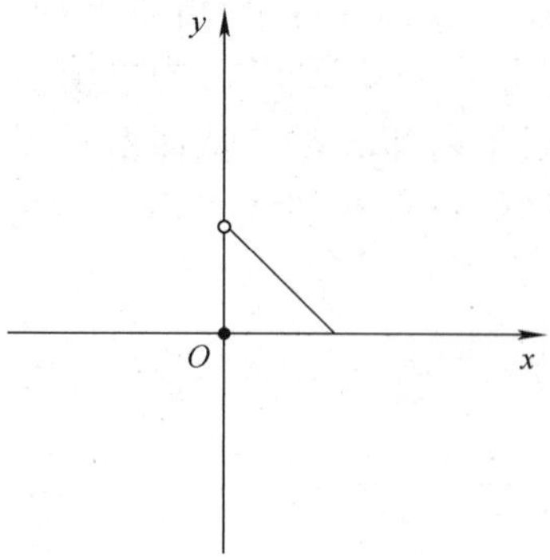

图　4.4

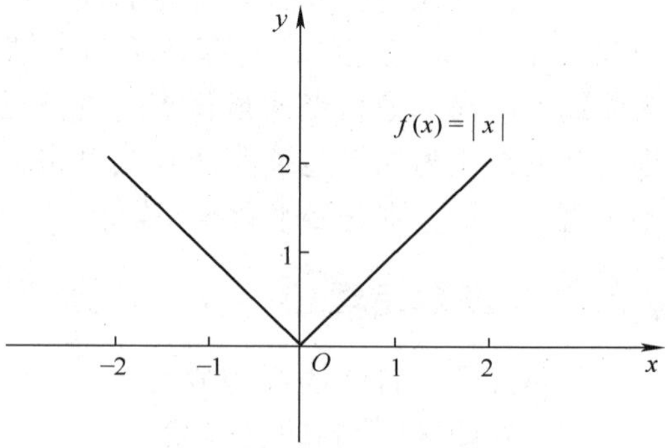

图　4.5

另一方面，如果函数不满足定理的三个条件，结论也有可能成立. 例如，$f(x)=x^2$，$x\in[-1,2]$（见图 4.7），虽然在$[-1,2]$上未满足罗尔定理所有条件，但在 $x=0$ 处有 $f'(0)=0$.

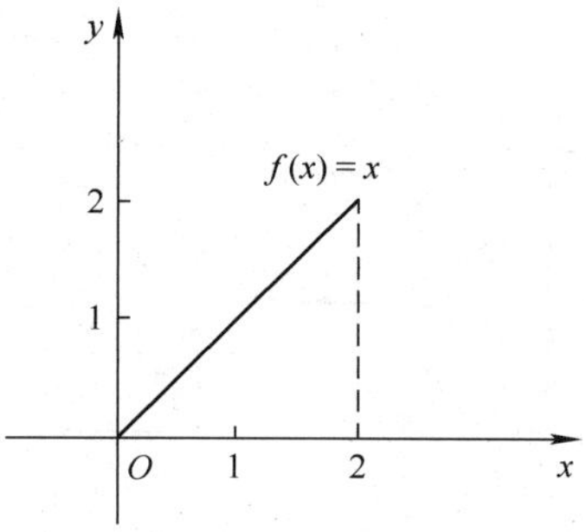

图　4.6

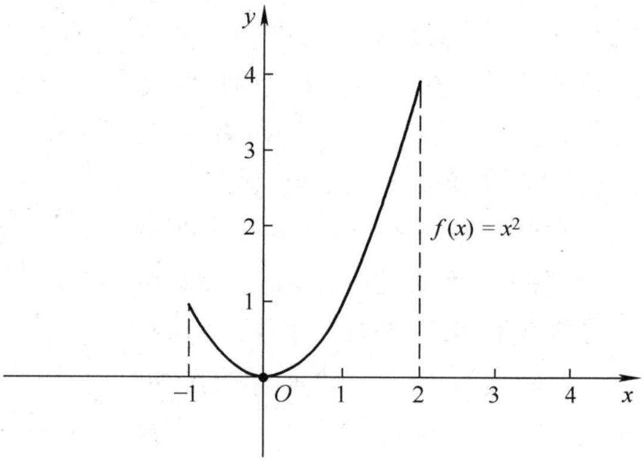

图　4.7

该定理只说明了 ξ 的存在性，没有具体给出 ξ 的值，即便这样，也仍具有它的广泛应用性.

例 4.1.1　验证罗尔定理对函数 $f(x)=\ln\sin x$ 在区间 $\left[\frac{\pi}{6},\frac{5\pi}{6}\right]$ 上的正确性.

证　(1) $f(x)=\ln\sin x$ 的定义域为 $2k\pi<x<2k\pi+\pi(k\in\mathbf{Z})$. 因为初等函数在定义域区间内连续，所以该函数在$\left[\frac{\pi}{6},\frac{5\pi}{6}\right]$上连续；

(2) $f'(x)=\cot x$ 在$\left(\frac{\pi}{6},\frac{5\pi}{6}\right)$内处处存在，说明 $f(x)$ 在$\left(\frac{\pi}{6},\frac{5\pi}{6}\right)$内可导；

(3) $f\left(\frac{\pi}{6}\right)=f\left(\frac{5\pi}{6}\right)=-\ln 2$.

所以函数在$\left[\frac{\pi}{6},\frac{5\pi}{6}\right]$上满足罗尔定理的条件.

$f'(x)=\cot x=0$ 在$\left(\frac{\pi}{6},\frac{5\pi}{6}\right)$内显然有解 $x=\frac{\pi}{2}$，故可取 $\xi=\frac{\pi}{2}$，有 $f'(\xi)=0$，

即函数在$\left[\frac{\pi}{6},\frac{5\pi}{6}\right]$上满足罗尔定理的结论.

例 4.1.2　设$f(x)=(x-1)(x-2)(x-3)$，不用求导，说明$f'(x)=0$的实根个数及这些实根所在的范围.

解　显然，函数$f(x)$在区间$[1,2]$和$[2,3]$上都满足在闭区间连续，在开区间可导，且$f(1)=f(2)=f(3)=0$，满足罗尔定理的条件. 于是，至少存在点$\xi_1\in(1,2)$和$\xi_2\in(2,3)$，使得

$$f'(\xi_1)=0,f'(\xi_2)=0,$$

即方程$f'(x)=0$至少有两个实根.

又因为$f(x)$是一个三次多项式，则$f'(x)=0$是一个二次方程，最多有两个实根.

综上，$f'(x)=0$有两个实根，分别在区间$(1,2)$和$(2,3)$内.

4.1.3　拉格朗日中值定理

拉格朗日中值定理　如果函数$f(x)$满足

(1) 在闭区间$[a,b]$上连续；

(2) 在开区间(a,b)内可导，

则在开区间(a,b)内至少存在一点ξ，使得

$$\frac{f(b)-f(a)}{b-a}=f'(\xi),$$

该公式称为拉格朗日中值公式.

公式左端$\frac{f(b)-f(a)}{b-a}$反映函数在区间$[a,b]$上整体变化的平均变化率，而等式右端的$f'(\xi)$反映了函数在区间内部某一点的变化率. 从而如前所述，这个公式反映了函数在某区间的整体性质与区间内部一点的导数的关系.

拉格朗日中值定理的几何意义可以描述为如果连续曲线$f(x)$除端点外，处处具有不垂直于x轴的切线，那么曲线上除端点外至少有一点，它的切线平行于割线AB(见图 4.8).

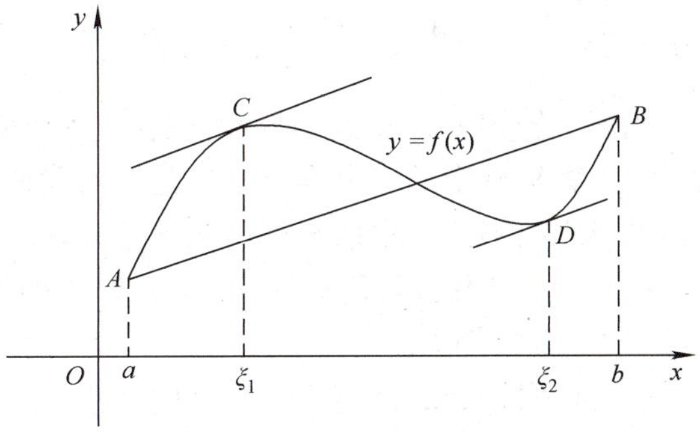

图　4.8

显然，若$f(a)=f(b)$，拉格朗日中值定理就成为罗尔定理. 同时在几何上，罗尔定理中割线AB平行于x轴，而拉格朗日中值定理中割线AB不一定平行于x轴，它也可与x轴斜交. 由此可见，罗尔定理是拉格朗日中值定理的特例. 前面已经证明了罗尔定理，是否可以通过将拉格朗日中值定理转化为罗尔定理的形式来证明它呢?

观察所要证明的结论，我们可将其转化为证明 $f'(\xi)-\dfrac{f(b)-f(a)}{b-a}=0$. 联系罗尔定理的结论，哪个函数的导数恰好为这个等式的左端呢？自然想到构造函数 $\varphi(x)=f(x)-\dfrac{f(b)-f(a)}{b-a}x$，这个函数恰好可以满足罗尔定理的三个条件.

证　构造辅助函数

$$\varphi(x)=f(x)-\frac{f(b)-f(a)}{b-a}x,\ x\in[a,b],$$

显然，$\varphi(x)$ 在 $[a,b]$ 上连续，在 (a,b) 内可导，且

$$\varphi(a)=\varphi(b)=\frac{bf(a)-af(b)}{b-a},$$

根据罗尔定理可知，至少存在一点 $\xi\in(a,b)$，使得 $\varphi'(\xi)=0$，即

$$f'(\xi)-\frac{f(b)-f(a)}{b-a}=0,$$

即

$$\frac{f(b)-f(a)}{b-a}=f'(\xi).$$

显然，拉格朗日中值公式对于 $b<a$ 也成立．证毕.

拉格朗日中值定理是中值定理的核心，它在微积分中起着非常重要的作用.

例 4.1.3

例 4.1.3　设 $a>b>0$，证明：$\dfrac{a-b}{a}<\ln\dfrac{a}{b}<\dfrac{a-b}{b}$.

证　令 $f(x)=\ln x$，显然 $f(x)$ 在 $[b,a]$ 上连续，在 (b,a) 内可导，于是有

$$f(a)-f(b)=f'(\xi)(a-b),\ \xi\in(b,a),$$

即

$$\ln\frac{a}{b}=\frac{1}{\xi}(a-b).$$

由于 $b<\xi<a$，故 $\dfrac{1}{a}<\dfrac{1}{\xi}<\dfrac{1}{b}$，所以 $\dfrac{a-b}{a}<\ln\dfrac{a}{b}<\dfrac{a-b}{b}$.

我们已经知道，常数的导数为零．反过来，导数为零的函数是否为常数呢？答案是肯定的．事实上，这是以后我们在积分学中常用的一个结论，我们可以用拉格朗日中值定理证明其正确性.

推论 1　如果函数 $f(x)$ 在区间 (a,b) 内的导数恒为零，那么 $f(x)$ 在区间 (a,b) 内为常数函数.

证　任取 x_1，x_2 为区间 (a,b) 内两点，不妨设 $x_1<x_2$．由于 $f(x)$ 在区间 (a,b) 内可导，所以 $f(x)$ 在 $[x_1,x_2]$ 上连续，在 (x_1,x_2) 内可导，由拉格朗日中值定理，有

$$f(x_2)-f(x_1)=f'(\xi)(x_2-x_1),\ \xi\in(x_1,x_2)$$

又因为 $f(x)$ 在区间 (a,b) 内的导数恒为零，故 $f'(\xi)=0$，所以

$$f(x_1)=f(x_2)$$

由 x_1,x_2 的任意性知，$f(x)$ 恒为常数．证毕.

推论 1 的几何意义为，斜率处处为零的曲线一定是一条平行于 x 轴的直线.

例 4.1.4　证明：$\arcsin x+\arccos x=\dfrac{\pi}{2}(-\infty<x<+\infty)$

证　令 $f(x)=\arcsin x+\arccos x(-\infty<x<+\infty)$，则 $f'(x)=0$，根据拉格朗日中值定理的推论，有 $f(x)=C$. 又因为 $f(0)=\dfrac{\pi}{2}$，故 $f(x)=\dfrac{\pi}{2}(-\infty<x<+\infty)$.

推论 2　若在区间 I 上，均有 $f'(x)=g'(x)$，则在区间 I 上函数 $f(x)$ 和 $g(x)$ 仅相差一个常数，即 $f(x)=g(x)+C$（C 为常数）

证　令 $h(x)=f(x)-g(x)$，对 $h(x)$ 应用推论 1 即可证明.

推论 2 在积分学中将起到重要的作用.

4.1.4　柯西中值定理

柯西中值定理　如果函数 $f(x)$ 和 $g(x)$ 满足

(1) 在闭区间 $[a,b]$ 上连续；

(2) 在开区间 (a,b) 内可导；

(3) 对于任意的 $x\in(a,b)$，$g'(x)\neq0$，则至少存在一点 $\xi\in(a,b)$，使得

$$\frac{f(b)-f(a)}{g(b)-g(a)}=\frac{f'(\xi)}{g'(\xi)}.$$

分析　要证明结论成立，只需证明 $f'(\xi)-\dfrac{f(b)-f(a)}{g(b)-g(a)}g'(\xi)=0$

证　构造辅助函数

$$\varphi(x)=f(x)-\frac{f(b)-f(a)}{g(b)-g(a)}g(x).$$

则

$$\varphi'(x)=f'(x)-\frac{f(b)-f(a)}{g(b)-g(a)}g'(x).$$

显然，函数 $\varphi(x)$ 满足罗尔定理的条件，于是在 (a,b) 内至少存在一点 ξ，使得 $\varphi'(\xi)=0$，

即

$$f'(\xi)-\frac{f(b)-f(a)}{g(b)-g(a)}g'(\xi)=0,$$

所以

$$\frac{f(b)-f(a)}{g(b)-g(a)}=\frac{f'(\xi)}{g'(\xi)}.$$

证毕.

显然，若令 $g(x)=x$，柯西中值定理就成了拉格朗日中值定理，所以，柯西中值定理是拉格朗日中值定理的推广.

注　(1) 在应用微分中值定理时，一定要验证定理的条件是否满足，条件满足时，才有相应的结论；

(2) 微分中值定理的结论中只肯定了“ξ”的存在性，但它不一定是唯一的.

4.1.5 同步习题

1. 填空题

(1) $f(x)=\sin x$ 在$[0,\pi]$上满足罗尔中值定理的条件，当$\xi=$________时，$f'(\xi)=0$.

(2) 函数$f(x)=\ln x$ 在$[1,e]$上满足拉格朗日定理的条件，此时$\xi=$________.

(3) $f(x)=x^3$ 与 $g(x)=x^2+1$ 在$[1,2]$上满足柯西中值定理的条件，则$\xi=$________.

2. 选择题

(1) 罗尔定理中的三个条件：$f(x)$在$[a,b]$上连续，在(a,b)内可导，$f(a)=f(b)$是$f(x)$在(a,b)内至少存在一点ξ，使得$f'(\xi)=0$的(　　).

A. 必要条件

B. 充分条件

C. 充分必要条件

D. 既非充分也非必要条件

(2) 设 $y=f(x)$是(a,b)内的可导函数，x，$x+\Delta x(\Delta x>0)$是(a,b)内任意两点，则(　　).

A. $\Delta y=f'(x)\Delta x$

B. 在 x，$x+\Delta x$ 之间恰有一点 ξ，使得 $\Delta y=f'(\xi)\Delta x$

C. 在 x，$x+\Delta x$ 之间至少有一点 ξ，使得 $\Delta y=f'(\xi)\Delta x$

D. 对于 x 与 $x+\Delta x$ 之间任一点 ξ，均有 $\Delta y=f'(\xi)\Delta x$

3. 验证函数 $f(x)=2x^2+x+1$ 在区间$\left[-1,\frac{1}{2}\right]$上是否满足罗尔定理的条件. 若满足，求出$\xi$.

4. 验证函数$f(x)=\ln x$ 在区间$[1,2]$上是否满足拉格朗日中值定理的条件，求出ξ.

5. 对$f(x)=x^2$，$g(x)=x^3$ 在区间$[0,1]$上就柯西中值定理计算相应的ξ.

6. 设 $x>0$，证明：$\frac{x}{1+x}<\ln(1+x)<x$.

4.2 洛必达法则

前面我们已经讨论过函数极限的求法，其中包括两个无穷小量之比的极限以及两个无穷大量之比的极限. 比如极限$\lim\limits_{x\to1}\frac{x^2-2x+1}{x^2-1}$是一个无穷小量与无穷小量比值的极限，我们可以通过约分消去“零因子”来求解. 但这只是针对某些特定问题的特殊方法，能否找到一种一般性的方法解决类似的问题呢？这就是本节将要讨论的问题——洛必达(L' Hospital)[㊀]法则.

为了叙述方便，首先给出定义.

定义 4.2.1 通常把两个无穷小量之比的极限简记为“$\frac{0}{0}$”，而把两个无穷大量之比的极限简记为“$\frac{\infty}{\infty}$”. “$\frac{0}{0}$”型和“$\frac{\infty}{\infty}$”型极限可能存在，也可能不存在，把这种极限称为**未定式**. 比如前面讨论过的$\lim\limits_{x\to0}\frac{\sin x}{x}$即为未定式中“$\frac{0}{0}$”型的一个典型例子. 我们把未定式极限的计算称为**未定式的定值**.

㊀ 洛必达(1661～1704)，法国数学家.

4.2.1 “$\frac{0}{0}$”型未定式

定理 4.2.1　设函数 $f(x)$ 和 $g(x)$ 满足

（1）当 $x\to a$ 或 $x\to\infty$ 时，$f(x)$ 和 $g(x)$ 都趋于零；

（2）在点 a 的某去心邻域（或 $|x|>N$）内，$f'(x)$ 和 $g'(x)$ 都存在，且 $g'(x)\neq 0$；

（3）$\lim\frac{f'(x)}{g'(x)}$ 存在（或为无穷大），

那么，$\lim\frac{f(x)}{g(x)}=\lim\frac{f'(x)}{g'(x)}$.

定理的证明可通过柯西定理得到，这里不予证明.

注　（1）该定理表明，当满足定理条件时，“$\frac{0}{0}$”型未定式 $\frac{f(x)}{g(x)}$ 的极限可化为导数之比 $\frac{f'(x)}{g'(x)}$ 的极限；

（2）若 $\frac{f'(x)}{g'(x)}$ 仍为“$\frac{0}{0}$”型未定式，且 $f'(x)$ 和 $g'(x)$ 也如 $f(x)$ 和 $g(x)$ 一样满足定理条件，则可继续使用上述定理，即

$$\lim\frac{f(x)}{g(x)}=\lim\frac{f'(x)}{g'(x)}=\lim\frac{f''(x)}{g''(x)};$$

（3）这种在一定条件下通过分子分母分别求导来确定未定式定值的方法称为**洛必达法则**；

（4）如果 $\lim\frac{f'(x)}{g'(x)}$ 不存在且不是无穷大，则不能得出 $\lim\frac{f(x)}{g(x)}$ 不存在且不是无穷大.

例 4.2.1　用洛必达法则求下列极限：

（1）$\lim\limits_{x\to 1}\frac{x^2-2x+1}{x^2-1}$；　　（2）$\lim\limits_{x\to 0}\frac{x-\sin x}{x^3}$；

（3）$\lim\limits_{x\to 0}\frac{\ln(1+x)}{x}$；　　（4）$\lim\limits_{x\to -\infty}\frac{\pi-\operatorname{arccot}x}{\frac{1}{x}}$.

解　均为“$\frac{0}{0}$”型不定式，使用洛必达法则.

（1）$\lim\limits_{x\to 1}\frac{x^2-2x+1}{x^2-1}=\lim\limits_{x\to 1}\frac{2x-2}{2x}=0$；

注　上式中 $\lim\limits_{x\to 1}\frac{2x-2}{2x}$ 已不是未定式，故不能对它应用洛必达法则，否则将导致错误结果.

（2）$\lim\limits_{x\to 0}\frac{x-\sin x}{x^3}=\lim\limits_{x\to 0}\frac{1-\cos x}{3x^2}=\lim\limits_{x\to 0}\frac{\sin x}{6x}=\frac{1}{6}$；

(3) $\lim\limits_{x\to0}\dfrac{\ln(1+x)}{x}=\lim\limits_{x\to0}\dfrac{\frac{1}{1+x}}{1}=1$;

(4) $\lim\limits_{x\to-\infty}\dfrac{\pi-\operatorname{arccot}x}{\frac{1}{x}}=\lim\limits_{x\to-\infty}\dfrac{\frac{1}{1+x^2}}{-\frac{1}{x^2}}=-\lim\limits_{x\to-\infty}\dfrac{x^2}{1+x^2}=-1.$

4.2.2　“$\dfrac{\infty}{\infty}$”型未定式

定理 4.2.2　设函数 $f(x)$ 和 $g(x)$ 满足

(1) 当 $x\to a$ 或 $x\to\infty$ 时，$f(x)$ 和 $g(x)$ 都趋于无穷大；

(2) 在点 a 的某去心邻域(或 $|x|>N$)内，$f'(x)$ 和 $g'(x)$ 都存在，且 $g'(x)\neq0$；

(3) $\lim\dfrac{f'(x)}{g'(x)}$ 存在(或为无穷大)

那么，$\lim\dfrac{f(x)}{g(x)}=\lim\dfrac{f'(x)}{g'(x)}$.

例 4.2.2　用洛必达法则求下列极限：

(1) $\lim\limits_{x\to+\infty}\dfrac{\ln x}{x}$;　　(2) $\lim\limits_{x\to+\infty}\dfrac{x^3}{e^x}$;

(3) $\lim\limits_{x\to+\infty}\dfrac{e^x+x}{x^3}$;　　(4) $\lim\limits_{x\to0^+}\dfrac{\ln(\cot x)}{\ln x}$.

解　均为“$\dfrac{\infty}{\infty}$”型不定式，使用洛必达法则，

(1) $\lim\limits_{x\to+\infty}\dfrac{\ln x}{x}=\lim\limits_{x\to+\infty}\dfrac{\frac{1}{x}}{1}=0$;

(2) $\lim\limits_{x\to+\infty}\dfrac{x^3}{e^x}=\lim\limits_{x\to+\infty}\dfrac{3x^2}{e^x}=\lim\limits_{x\to+\infty}\dfrac{6x}{e^x}=\lim\limits_{x\to+\infty}\dfrac{6}{e^x}=0$;

(3) $\lim\limits_{x\to+\infty}\dfrac{e^x+x}{x^3}=\lim\limits_{x\to+\infty}\dfrac{e^x+1}{3x^2}=\lim\limits_{x\to+\infty}\dfrac{e^x}{6x}=\lim\limits_{x\to+\infty}\dfrac{e^x}{6}=+\infty$，故原极限不存在；

(4) $\lim\limits_{x\to0^+}\dfrac{\ln(\cot x)}{\ln x}=\lim\limits_{x\to0^+}\dfrac{\frac{1}{\cot x}(-\csc^2x)}{\frac{1}{x}}=\lim\limits_{x\to0^+}\dfrac{-x}{\sin x\cos x}$

$$=-\left(\lim_{x\to0^+}\frac{x}{\sin x}\right)\left(\lim_{x\to0^+}\frac{1}{\cos x}\right)=-1.$$

4.2.3　其他类型的未定式

除了“$\dfrac{0}{0}$”型和“$\dfrac{\infty}{\infty}$”型未定式外，“$0\cdot\infty$”型、“$\infty-\infty$”型、“0^0”型、

“1^{∞}”型以及“∞^{0}”型的未定式一般也可以通过恒等变形化为“$\dfrac{0}{0}$”型和“$\dfrac{\infty}{\infty}$”型未定式而后应用洛必达法则.

1. “$0\cdot\infty$”型未定式

一般地，如果 $f(x)\cdot g(x)$ 为“$0\cdot\infty$”型未定式，可以通过恒等变形将其化为 $\dfrac{f(x)}{\dfrac{1}{g(x)}}$ $\left(“\dfrac{0}{0}”型\right)$ 或 $\dfrac{g(x)}{\dfrac{1}{f(x)}}$ $\left(“\dfrac{\infty}{\infty}”型\right)$ 而后利用洛必达法则.

例 4.2.3　求 $\lim\limits_{x\to0^+}x\ln x$.

分析　题目为“$0\cdot\infty$”型极限，用洛必达法则.

解　$\lim\limits_{x\to0^+}x\ln x=\lim\limits_{x\to0^+}\dfrac{\ln x}{\dfrac{1}{x}}=\lim\limits_{x\to0^+}\dfrac{\dfrac{1}{x}}{-\dfrac{1}{x^2}}=\lim\limits_{x\to0^+}(-x)=0.$

注　一般地，对数函数和反三角函数不“下放”.

2. “$\infty-\infty$”型未定式

“$\infty-\infty$”型未定式一般可以通过通分或者根式有理化化为“$\dfrac{0}{0}$”型和“$\dfrac{\infty}{\infty}$”型未定式，然后应用洛必达法则.

例 4.2.4　求 $\lim\limits_{x\to0}\left(\dfrac{1}{x}-\dfrac{1}{e^x-1}\right)$.

分析　题目为“$\infty-\infty$”型极限，用洛必达法则.

解　
$$\begin{aligned}
&\lim_{x\to0}\left(\frac{1}{x}-\frac{1}{e^x-1}\right)\\
&=\lim_{x\to0}\frac{e^x-1-x}{x(e^x-1)}\left(“\frac{0}{0}”型\right)\\
&=\lim_{x\to0}\frac{e^x-1}{e^x-1+xe^x}\left(“\frac{0}{0}”型\right)\\
&=\lim_{x\to0}\frac{e^x}{e^x+e^x+xe^x}\\
&=\lim_{x\to0}\frac{1}{2+x}=\frac{1}{2}.
\end{aligned}$$

例 4.2.4

3. “0^0”型、“1^{∞}”型以及“∞^0”型未定式

诸如“0^0”型、“1^{∞}”型以及“∞^0”型等幂指函数的未定式，可以通过对数恒等式的方法定值，即 $f(x)^{g(x)}=e^{g(x)\ln f(x)}$.

例 4.2.5　求 $\lim\limits_{x\to0^+}x^x$.

解　$\lim\limits_{x\to0^+}x^x=\lim\limits_{x\to0^+}e^{x\ln x}=e^0=1.$

例 4.2.6　求 $\lim\limits_{x\to1}x^{\frac{1}{1-x}}$.

解 $\lim\limits_{x\to1}x^{\frac{1}{1-x}}=\lim\limits_{x\to1}e^{\frac{\ln x}{1-x}}=e^{\lim\limits_{x\to1}\frac{\ln x}{1-x}}=e^{\lim\limits_{x\to1}\frac{\frac{1}{x}}{-1}}=e^{-1}$.

注 这是个"1^{∞}"型的未定式，也可以利用第二个重要极限解决，读者可以自己尝试.

例 4.2.7 求$\lim\limits_{x\to0}(\cos x)^{\cot^2x}$.

解 $\lim\limits_{x\to0}(\cos x)^{\cot^2x}=\lim\limits_{x\to0}e^{\cot^2x\ln(\cos x)}=e^{\lim\limits_{x\to0}\frac{\ln(\cos x)}{\tan^2x}}=e^{\lim\limits_{x\to0}\frac{\ln(\cos x)}{x^2}}=e^{\lim\limits_{x\to0}\frac{-\tan x}{2x}}=e^{-\frac{1}{2}}$.

注 洛必达法则固然是求极限的一种有效方法，但也应结合其他求极限的方法，例 4.2.7 中就使用了无穷小的等价代换，以简化运算.

例 4.2.8 求$\lim\limits_{x\to\infty}\dfrac{x+\sin x}{x}$.

解 这是个"$\dfrac{\infty}{\infty}$"型未定式，使用洛必达法则

$$\lim_{x\to\infty}\frac{x+\sin x}{x}=\lim_{x\to\infty}\frac{1+\cos x}{1},$$

等式右端极限不存在，但是

$$\lim_{x\to\infty}\frac{x+\sin x}{x}=\lim_{x\to\infty}\left(1+\frac{\sin x}{x}\right)=1.$$

这说明如果极限 $\lim\dfrac{f'(x)}{g'(x)}$不存在，不能断言原极限也不存在，应尝试其他方法.

4.2.4 同步习题

1. 填空题

(1) $\lim\limits_{x\to0}\dfrac{\ln(1+x)}{x}=$________.

(2) $\lim\limits_{x\to1}\left(\dfrac{2}{x^2-1}-\dfrac{1}{x-1}\right)=$________.

(3) $\lim\limits_{x\to0}\dfrac{\tan x-x}{x^2\sin x}=$________.

2. 已知$\lim\limits_{x\to2}\dfrac{x^3+ax^2+b}{x-2}=8$，求 a，b 的值.

3. 用洛必达法则求下列极限：

(1) $\lim\limits_{x\to0}\dfrac{e^x-1}{\sin x}$；

(2) $\lim\limits_{x\to1}\dfrac{x^2-1}{\ln x}$；

(3) $\lim\limits_{x\to\frac{\pi}{2}}\dfrac{\cos x}{x-\frac{\pi}{2}}$；

(4) $\lim\limits_{x\to0}\dfrac{\ln(\cos x)}{x}$；

(5) $\lim\limits_{x\to0}\dfrac{\sin5x}{\sin8x}$；

(6) $\lim\limits_{x\to1}\dfrac{x^3-3x+2}{x^3-x^2-x+1}$；

(7) $\lim\limits_{x\to0}\dfrac{\ln(\cos ax)}{\ln(\cos bx)}$；

(8) $\lim\limits_{x\to+\infty}\dfrac{\ln x}{x^n}$；

(9) $\lim\limits_{x\to0}\dfrac{\tan x-x}{x-\sin x}$；

(10) $\lim\limits_{x\to0}\left(\cot x-\dfrac{1}{x}\right)$；

(11) $\lim\limits_{x\to0}\left(\dfrac{1}{x^2}-\dfrac{1}{\sin^2x}\right)$；

(12) $\lim\limits_{x\to0^+}(\sin x)^x$.

4.3　函数的单调性与极值

4.3.1　函数单调性的判别法

我们在中学时就已经学习过函数单调性的定义，并知道如何用定义的方法判断函数的单调性. 但是依据定义判定函数的单调性有时是非常困难的. 下面介绍利用导数判断函数单调性的方法.

首先我们从函数单调性出发研究一下导数符号. 从几何上直观来看，如图 4.9 所示的函数 $y=f(x)$ 单调递增，不难看出曲线上任一点的切线与 x 轴正向的夹角为锐角或平行于 x 轴，即曲线在任一点的斜率均为正数或零. 由导数的几何意义知，单调递增函数在任一点的导数大于或等于零；如图 4.10所示的函数 $y=f(x)$ 单调递减，于是曲线上任一点的导数均小于或等于零. 由此可见，由函数的单调性可以判断其导数的符号.

反过来，能否用导数的符号来判断函数的单调性呢？答案是肯定的.

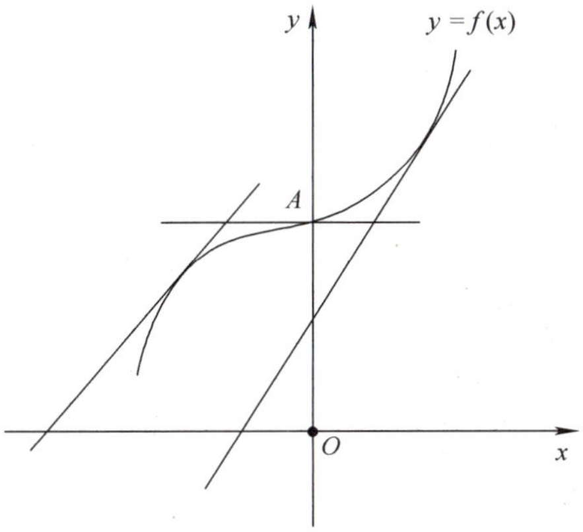

图　4.9

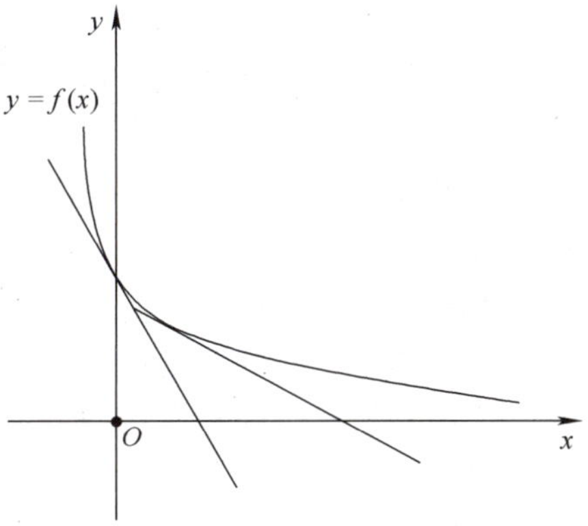

图　4.10

定理 4.3.1　设函数 $f(x)$ 在 $[a,b]$ 上连续，在 (a,b) 内可导，则

(1) 如果在 (a,b) 内 $f'(x)>0$，那么函数 $f(x)$ 在 $[a,b]$ 上单调增加；

(2) 如果在 (a,b) 内 $f'(x)<0$，那么函数 $f(x)$ 在 $[a,b]$ 上单调减少.

证　任取 $x_1<x_2\in[a,b]$，显然 $f(x)$ 在 $[x_1,x_2]$ 上满足拉格朗日中值定理，于是存在 $\xi\in(x_1,x_2)$，使得

$$f(x_2)-f(x_1)=f'(\xi)(x_2-x_1).$$

(1) 若在 (a,b) 内，$f'(x)>0$，则 $f'(\xi)>0$，所以 $f(x_2)>f(x_1)$，由 x_1，x_2 的任意性知，$f(x)$ 在 $[a,b]$ 上单调增加；

(2) 若在 (a,b) 内，$f'(x)<0$，则 $f'(\xi)<0$，所以 $f(x_2)<f(x_1)$，由 x_1，x_2 的任意性知，$f(x)$ 在 $[a,b]$ 上单调减少.

注　定理中闭区间 $[a,b]$ 换成其他各种区间（包括无穷区间），结论也

成立.

例 4.3.1 判断函数 $y=x-\sin x$，$x\in[0,2\pi]$的单调性.

解 当 $x\in(0,2\pi)$时，$y'=1-\cos x>0$，因此 $y=x-\sin x$ 在$[0,2\pi]$上单调增加.

例 4.3.2 判断函数 $y=x^2$ 的单调性.

解 函数的定义域为$(-\infty,+\infty)$，由 $y'=2x$ 得驻点为 $x=0$.

当 $x>0$ 时，$y'>0$，因此 $y=x^2$ 在$[0,+\infty)$上单调增加；

当 $x<0$ 时，$y'<0$，因此 $y=x^2$ 在$(-\infty,0]$上单调减少.

$x=0$ 是 $y=x^2$ 单调区间的分界点，这里 $x=0$ 是函数 $y=x^2$ 的驻点.

例 4.3.3 讨论函数 $y=\sqrt[3]{x^2}$的单调性.

解 函数的定义域为$(-\infty,+\infty)$. 函数的导数为 $y'=\dfrac{2}{3\sqrt[3]{x}}$，$x\neq0$(当 $x=0$ 时函数的导数不存在).

当 $x>0$ 时，$y'>0$，因此函数在$[0,+\infty)$上单调增加；

当 $x<0$ 时，$y'<0$，因此 $y=x^2$ 在$(-\infty,0]$上单调减少.

$x=0$ 是 $y=\sqrt[3]{x^2}$单调区间的分界点，这里 $x=0$ 是函数 $y=\sqrt[3]{x^2}$的一阶不可导点.

由例 4.3.2 和例 4.3.3 我们可以得出结论：驻点和不可导点是函数单调区间的分界点.

我们将求函数$f(x)$单调区间的步骤总结如下：

(1) 求出$f(x)$的定义域；

(2) 求出$f(x)$的定义域内的所有驻点和不可导点；

(3) 用上述点将$f(x)$的定义域分成若干小区间；

(4) 讨论$f'(x)$在各小区间的符号，从而判定$f(x)$在各小区间的单调性.

例 4.3.4 判定函数$f(x)=\dfrac{1}{3}x^3-\dfrac{5}{2}x^2+4x+3$ 的单调性.

解 函数$f(x)$的定义域为$(-\infty,+\infty)$.

$f'(x)=x^2-5x+4=(x-1)(x-4)$，令$f'(x)=0$，得 $x_1=1$，$x_2=4$，x_1，x_2 将$(-\infty,+\infty)$分成三个区域，$(-\infty,1)$，$(1,4)$，$(4,+\infty)$.

当 $x\in(-\infty,1)$时，$f'(x)>0$，因此函数$f(x)$在$(-\infty,1]$内单调增加；

当 $x\in(1,4)$时，$f'(x)<0$，因此函数$f(x)$在$[1,4]$内单调减少；

当 $x\in(4,+\infty)$时，$f'(x)>0$，因此函数$f(x)$在$[4,+\infty)$内单调增加.

我们也可以通过下述表格解释这个问题：

x	$(-\infty,1)$	1	$(1,4)$	4	$(4,+\infty)$
$f'(x)$	+	0	−	0	+
$f(x)$	↗		↘		↗

例 4.3.5　讨论函数 $f(x)=3x^4-10x^3-3x^2+36x+6$ 的单调性.

解　函数 $f(x)$ 的定义域为 $(-\infty,+\infty)$.

$$f'(x)=12x^3-30x^2-6x+36=6(x+1)(2x-3)(x-2)$$

令 $f'(x)=0$，得驻点 $x_1=-1$，$x_2=\dfrac{3}{2}$，$x_3=2$. 列表如下：

x	$(-\infty,-1)$	-1	$\left(-1,\dfrac{3}{2}\right)$	$\dfrac{3}{2}$	$\left(\dfrac{3}{2},2\right)$	2	$(2,+\infty)$
$f'(x)$	$-$	0	$+$	0	$-$	0	$+$
$f(x)$	↘		↗		↘		↗

于是，函数 $f(x)$ 在区间 $(-\infty,-1]$ 及 $\left[\dfrac{3}{2},2\right]$ 单调减少，在区间 $\left[-1,\dfrac{3}{2}\right]$ 及 $[2,+\infty)$ 单调增加.

例 4.3.6　讨论函数 $f(x)=x^3$ 的单调性.

解　函数 $f(x)$ 的定义域为 $(-\infty,+\infty)$，由 $f'(x)=x^2$ 得驻点为 $x=0$. 显然，除 $x=0$ 外，其余各点处 $f'(x)>0$. 因此 $f(x)$ 在 $(-\infty,0]$ 及 $[0,+\infty)$ 上都是单调增加的，从而在整个定义域 $(-\infty,+\infty)$ 内单调增加.

一般地，如果 $f'(x)$ 在某区间内的有限个点处为零，在其余各点处均为正(或负)时，那么 $f(x)$ 在该区间仍是单调增加(或减少)的.

函数的单调性也可以用于证明不等式.

例 4.3.7　证明：当 $x<0$ 时，$e^x>1+x$.

证　令 $f(x)=e^x-1-x$，则

$$f'(x)=e^x-1$$

$f(x)$ 在 $(-\infty,0]$ 上连续，在 $(-\infty,0)$ 内 $f'(x)<0$，所以在 $(-\infty,0]$ 内 $f(x)$ 单调减少，从而当 $x<0$ 时，$f(x)>f(0)$.

由于 $f(0)=0$，故 $f(x)>f(0)=0$，即

$$e^x-1-x>0,$$

即

$$e^x>1+x.$$

单调性也可以用于证明根的存在情况.

例 4.3.8　证明：方程 $x^5+x-1=0$ 在 $(0,1)$ 内只有一个根.

证　令 $f(x)=x^5+x-1$，则 $f(x)$ 在 $[0,1]$ 上连续，且

$$f(0)=-1<0,\quad f(1)=1>0$$

由零点定理可知，至少存在 $\xi\in(0,1)$，使得 $f(\xi)=0$，即 ξ 为 $x^5+x-1=0$ 的根.

又因为 $f'(x)=5x^4+1$ 在 $(0,1)$ 内恒大于零，故 $f(x)$ 在 $[0,1]$ 上单调增加，因此曲线 $y=f(x)$ 与 x 轴至多有一个交点，即 $y=f(x)$ 在 $(0,1)$ 内最多有一个零点，从而上述方程在 $(0,1)$ 内最多有一个根.

综上，方程 $x^5+x-1=0$ 在 $(0,1)$ 内只有一个根.

4.3.2 函数的极值

费马引理已经指出，可导函数的极值点必为驻点. 但反过来，驻点不一定是极值点. 例如，$x=0$ 是 $f(x)=x^3$ 的驻点，但显然它不是极值点. 这说明，驻点只是可能的极值点. 另外，并不是所有的极值点都是驻点. 例如，$x=0$ 是 $f(x)=|x|$ 的极小值点，但它不是驻点，事实上，$x=0$ 是函数 $f(x)=|x|$ 的不可导点. 这说明，不可导点也可能是极值点. 那么如何判定函数在驻点和不可导点是否取得极值呢？如果是，究竟是极大值还是极小值呢？下面给出判定定理.

定理 4.3.2（第一充分条件） 设函数 $f(x)$ 在点 x_0 处连续，且在 x_0 的某个去心邻域 $\mathring{U}(x_0,\delta)$ 内可导

(1) 若 $x\in(x_0-\delta,x_0)$ 时，$f'(x)>0$，而 $x\in(x_0,x_0+\delta)$ 时，$f'(x)<0$，则 $f(x)$ 在 x_0 处取得极大值；

(2) 若 $x\in(x_0-\delta,x_0)$ 时，$f'(x)<0$，而 $x\in(x_0,x_0+\delta)$ 时，$f'(x)>0$，则 $f(x)$ 在 x_0 处取得极小值；

(3) 若 $x\in\mathring{U}(x_0,\delta)$ 时，$f'(x)$ 的符号保持不变，则 $f(x)$ 在 x_0 处没有极值.

根据导数符号的几何意义，定理 4.3.2 是显然的，这里不予证明，我们仅就情形(1)简单说明. 在点 x_0 的左邻域 $f'(x)>0$，说明在 x_0 的左侧函数 $f(x)$ 单调增加；在点 x_0 的右邻域 $f'(x)<0$，说明在 x_0 的右侧函数 $f(x)$ 单调减少. 从而函数 $f(x)$ 在 x_0 处取得极大值.

例 4.3.9 求函数 $f(x)=x^3-x^2+5$ 的极值点和极值.

解 (1) $f(x)$ 的定义域为 $(-\infty,+\infty)$；

(2) $f'(x)=3x^2-2x=x(3x-2)$，令 $f'(x)=0$，得驻点 $x_1=0$，$x_2=\dfrac{2}{3}$，没有不可导点；

(3) 类似于求单调性，列表如下：

x	$(-\infty,0)$	0	$\left(0,\frac{2}{3}\right)$	$\frac{2}{3}$	$\left(\frac{2}{3},+\infty\right)$
$f'(x)$	+	0	−	0	+
$f(x)$	↗	极大值	↘	极小值	↗

从表中可以看出，$x_1=0$ 左侧邻近处导数大于零，右侧邻近处导数小于零，所以 $x_1=0$ 为极大值点，极大值为 $f(0)=5$；$x_2=\dfrac{2}{3}$ 左侧邻近处导数小于零，右侧邻近处导数大于零，所以 $x_2=\dfrac{2}{3}$ 为极小值点，极小值为

$f\left(\frac{2}{3}\right)=\frac{131}{27}$.

在 $f(x)$ 具有二阶导数的条件下，也可以通过二阶导数符号判定驻点是否为极值点.

定理 4.3.3（第二充分条件） 设函数 $f(x)$ 在 x_0 处具有二阶导数，且 $f'(x_0)=0$，则

（1）若 $f''(x_0)<0$，函数 $f(x)$ 在 x_0 处取得极大值；

（2）若 $f''(x_0)>0$，函数 $f(x)$ 在 x_0 处取得极小值；

（3）若 $f''(x_0)=0$，则无法判定 $f(x)$ 在 x_0 处是否取得极值.

例 4.3.10 求函数 $f(x)=x^3-x^2+5$ 的极值点和极值.

解 （1）$f(x)$ 的定义域为 $(-\infty,+\infty)$；

（2）$f'(x)=3x^2-2x=x(3x-2)$，令 $f'(x)=0$，得驻点 $x_1=0$，$x_2=\frac{2}{3}$，没有不可导点；

（3）$f''(x)=6x-2$，从而 $f''(0)=-2, f''\left(\frac{2}{3}\right)=2$，根据极值的第二充分条件，$x_1=0$ 为 $f(x)$ 的极大值点，$x_2=\frac{2}{3}$ 为 $f(x)$ 的极小值点；

（4）极大值为 $f(0)=5$，极小值为 $f\left(\frac{2}{3}\right)=\frac{131}{27}$.

可见，求极值时，如果函数在驻点 x_0 处存在不为零的二阶导数，第二充分条件比较简单. 但第二充分条件有其局限性. 首先，根据定理条件，第二充分条件只能用于判定驻点 x_0 是否为极值点，而不能判定不可导点是否为极值点；其次，第二充分条件对于 $f''(x_0)=0$ 的情形也无法判定. 当出现上述情况，第二充分条件无法判定时，可用第一充分条件.

一般地，函数 $f(x)$ 的极值可按下述步骤求出：

（1）确定函数 $f(x)$ 的定义域；

（2）求出 $f(x)$ 的一切可能的极值点：驻点和不可导点；

（3）利用充分条件判定这些驻点和不可导点是否为极值点，是极大值还是极小值；

（4）求出极值.

例 4.3.11 求函数 $f(x)=x^{\frac{2}{3}}$ 的极值点和极值.

解 函数 $f(x)$ 的定义域为 $(-\infty,+\infty)$，$f'(x)=\frac{2}{3\sqrt[3]{x}}$，显然 $f(x)$ 没有驻点，但在 $x=0$ 处不可导. 只能用第一充分条件判定.

当 $x<0$ 时，$f'(x)<0$；

当 $x>0$ 时，$f'(x)>0$，

所以，$x=0$ 为函数 $f(x)$ 的极小值点，极小值为 $f(0)=0$.

例 4.3.12

例 4.3.12 求函数 $f(x)=(x^2-1)^3+3$ 的极值点和极值.

解 函数 $f(x)$ 的定义域为 $(-\infty,+\infty)$，$f'(x)=6x(x^2-1)^2$，令 $f'(x)=0$ 得驻点 $x_1=-1$，$x_2=0$，$x_3=1$.

$f''(x)=6(x^2-1)(5x^2-1)$，由于 $f''(0)=6>0$，故 $f(x)$ 在 $x=0$ 处取得极小值，极小值为 $f(0)=2$.

由于 $f''(-1)=f''(1)=0$，故用极值的第二充分条件无法判定，改用第一充分条件. 当 x 取 -1 的左邻域值和右邻域值时，$f'(x)$ 均小于零，所以 $f(x)$ 在 $x=-1$ 处没有极值. 同理，$f(x)$ 在 $x=1$ 处也没有极值.

4.3.3 函数的最值

在工程设计、经济管理等许多实际问题中，常常会遇到在一定条件下，怎样使材料最省、产品最多、效率最高、成本最低等问题. 这类问题在数学上有时可归结为求函数的最大值和最小值问题，也称为最优化问题. 这类问题有着广泛应用的现实意义.

首先必须指出，最值是不同于极值的概念. 函数的极值是一个局部的概念，而函数的最值则是一个整体的概念，是指在所考查的区间上全部函数值中最大或最小的；极值点必是区域的内点，而最值可以是边界点；极大值不一定是最大值，极小值也不一定是最小值.

现在我们来研究一下如何求函数的最值.

由闭区间上连续函数的性质可知，函数 $f(x)$ 在闭区间 $[a,b]$ 上必存在最大值和最小值. 这实际上给出了函数存在最值的一个充分条件. 因此我们假定：

函数 $f(x)$ 在闭区间 $[a,b]$ 上连续，在开区间 (a,b) 内除有限个点外可导，且至多有有限个驻点.

在上述条件下，讨论 $f(x)$ 在 $[a,b]$ 上的最大值和最小值的求法.

如果函数 $f(x)$ 的最值在区间 (a,b) 内部取得，那么这个最大值（或最小值）一定是 $f(x)$ 的一个极大值（或极小值）. 同时，最值也可能在区间的端点取得. 因此，可按如下步骤求得函数的最值：

(1) 求出 $f(x)$ 在 $[a,b]$ 内的所有驻点和不可导点；

(2) 计算 $f(x)$ 在上述驻点和不可导点以及端点处的函数值；

(3) 比较(2)中的函数值，最大的就是最大值，最小的就是最小值.

例 4.3.13 求函数 $f(x)=2x^3+3x^2-12x+14$ 在 $[-3,4]$ 上的最大值和最小值.

解 $f'(x)=6x^2+6x-12=6(x+2)(x-1)$，

令 $f'(x)=0$，得驻点 $x_1=-2$，$x_2=1$.

$$f(-2)=34,\quad f(1)=7,\quad f(-3)=23,\quad f(4)=142.$$

比较这几个函数值，可知$f(x)$在$[-3,4]$的最大值为$f(4)=142$，最小值为$f(1)=7$.

注　若函数$f(x)$在区间(a,b)内连续且仅有一个极值点，则当这个极值点是极大值点时，函数$f(x)$在该点取最大值；当这个极值点是极小值点是，函数在该点取最小值. 这一结论在几何直观上是非常明显的(见图4.11). 在求解应用问题时，经常用到这一结论.

特别地，若函数$f(x)$在区间$[a,b]$上为单调函数，则最大(小)值在区间端点取得.

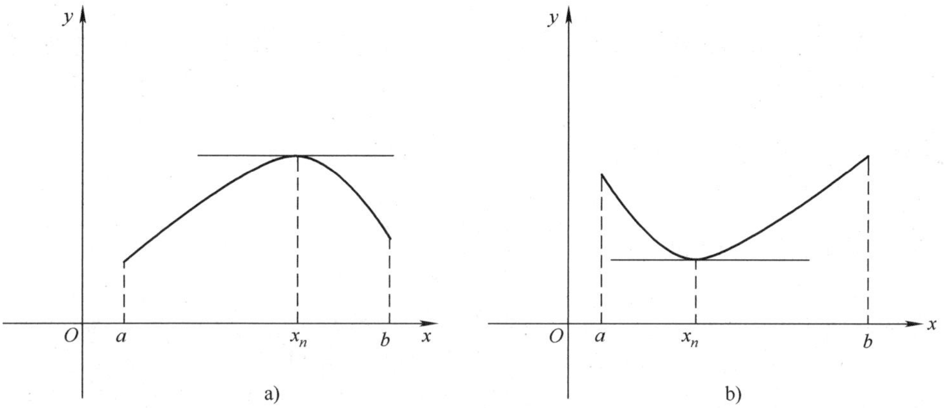

图　4.11

例 4.3.14　要造一圆柱形油桶，体积为V，试问桶底半径r和高h各为多少时，才能使用料最省？

解　用料最省就是桶的表面积最小. 设桶的表面积为S，则有

$$S=2\pi r^2+2\pi rh.$$

由于$V=\pi r^2 h$，所以$h=\dfrac{V}{\pi r^2}$，于是

$$S=2\pi r^2+\frac{2V}{r}\quad(0<r<+\infty),$$

$$S_r'=4\pi r-\frac{2V}{r^2}.$$

令$S_r'=0$，得驻点$r=\sqrt[3]{\dfrac{V}{2\pi}}$.

因为$S''=4\pi+\dfrac{4V}{r^3}>0$，故$S$在点$r=\sqrt[3]{\dfrac{V}{2\pi}}$处取得极小值，也是$S$的最小值，即桶底半径$r=\sqrt[3]{\dfrac{V}{2\pi}}$时用料最省，此时，$h=2\sqrt[3]{\dfrac{V}{2\pi}}$.

例 4.3.15 某商场以每件 5 元的价格进一批商品. 若零售价定为每件 8 元，预计可售出 100 件，若每件降低 0.5 元，则可多售出 50 件. 问该商店应进多少件商品，每件售价多少才能获得最大利润？最大利润为多少？

解 设利润函数为 L，购进 Q 件商品，每件 p 元，则

$$Q=100+\frac{8-p}{0.5}\times 50,\ L=(p-5)\left(100+\frac{8-p}{0.5}\times 50\right),$$

求导得

$$L'=-200p+1400,$$

得驻点

$$p=7.$$

又因为 $L''(p)=-200<0$，所以当 $p=7$ 时利润最大，此时 $Q=200$，最大利润 $L=400$.

4.3.4 同步习题

1. 填空题

(1) $f'(x_0)=0$ 是函数 $f(x)$ 在点 x_0 取得极值的________条件.

(2) 若函数 $f(x)$ 在点 x_0 连续，且当 $x>x_0$ 时，$f'(x_0)>0$，当 $x<x_0$ 时，$f'(x_0)<0$，则 x_0 必定是 $f(x)$ 的极________值点.

2. 求下列函数的单调区间：

(1) $y=x^3-3x^2-9x+2$；

(2) $y=x-e^x$；

(3) $y=x+\cos x$；

(4) $y=x+\frac{1}{x}(x>0)$；

(5) $y=\frac{x^4}{4}-x^3$；

(6) $f(x)=2-(x^2-1)^{\frac{2}{3}}$.

3. 求下列函数的极值点和极值：

(1) $f(x)=x+\frac{1}{x}$；

(2) $f(x)=x^3-3x$；

(3) $f(x)=x^2\ln x$；

(4) $f(x)=1+\sqrt[3]{x-1}$；

(5) $f(x)=x^4-8x^2+2$，$x\in[-1,3]$.

4. 求下列函数在给定区间上的最值.

(1) $f(x)=x^4-2x^2+5$，$[-\sqrt{2},\sqrt{2}]$；

(2) $f(x)=\sqrt{5-4x}$，$[-1,1]$；

(3) $f(x)=x+\frac{1}{x}$，$[1,2]$；

(4) $f(x)=\sin x-2x$，$\left[-\frac{\pi}{2},\frac{\pi}{2}\right]$.

5. 某车间靠墙壁要盖一间长方形小屋，现有存砖只够砌 20m 长的墙壁. 问应围成怎样的长方形才能使这间小屋的面积最大？

4.4 曲线的凹凸性及函数作图

4.4.1 曲线的凹凸性与拐点

前面我们已经讨论过函数的单调性，几何上它反映的是函数图形的升降情况. 但在研究函数图形时，只知道这些是不够的. 如图 4.12 所示，函数 $f(x)=x^2$ 和 $g(x)=\sqrt{x}$的图形在区间$[0,1]$上都是单调增加的，但是明显弯曲方向不同，$f(x)=x^2$ 是向上凹的，而 $g(x)=\sqrt{x}$是向上凸的. 因此，为了更好地研究函数图形，我们有必要讨论曲线的凹凸性问题.

结合直观图形，很容易理解凹凸性的定义.

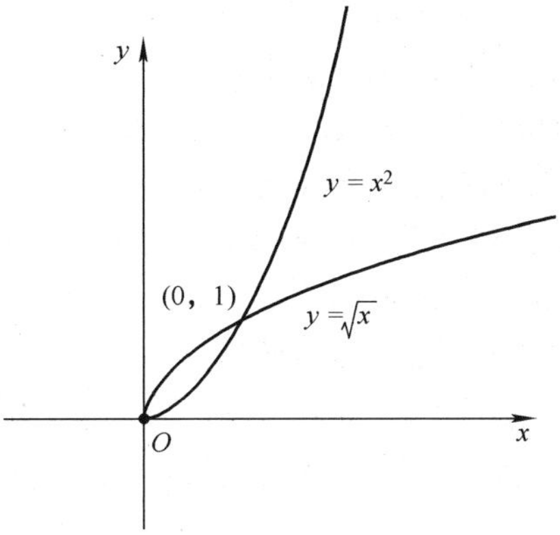

图　4.12

如果在某区间内，曲线上每一点的切线都位于该曲线的下方，则称曲线在该区间内是向上凹的(或向下凸的)；如果曲线上每一点的切线都位于该曲线的上方，则称曲线在该区间内是向上凸的(或向下凹的)(见图 4.13).

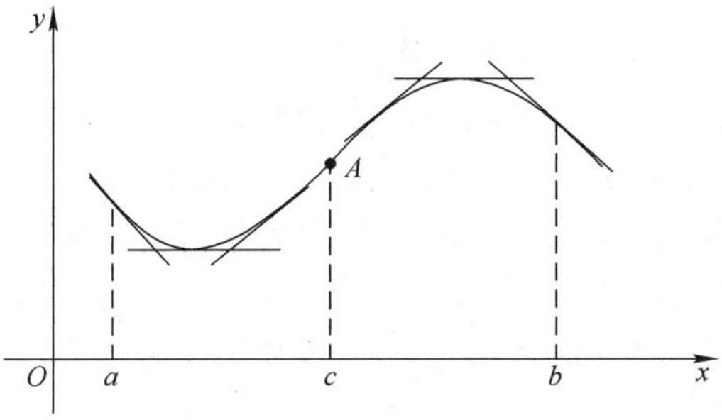

图　4.13

也可以理解为曲线 $y=f(x)$ 上任意两点的割线在曲线下(上)面，则 $y=f(x)$ 是凸(凹)的. 即

定义 4.4.1　设 $f(x)$ 在某区间上连续，如果对区间上任意两点 x_1，x_2，恒有

$$f\left(\frac{x_1+x_2}{2}\right)<\frac{f(x_1)+f(x_2)}{2},$$

则称 $f(x)$ 在该区间上的图形是(向上)凹的(或凹弧)；如果恒有

$$f\left(\frac{x_1+x_2}{2}\right)>\frac{f(x_1)+f(x_2)}{2},$$

则称 $f(x)$ 在该区间上的图形是(向上)凸的(或凸弧).

定义 4.4.2　如果曲线 $f(x)$ 在经过点 $(x_0,f(x_0))$ 时，曲线的凹凸性发生改变，称点 $(x_0,f(x_0))$ 为曲线 $f(x)$ 的拐点.

应该注意的是，拐点是曲线上的一个点，不能只用横坐标 x_0 来表示，而必须用横、纵坐标 $(x_0,f(x_0))$ 同时表示.

如何判定曲线的凹凸性呢？从图 4.13 中可以看到，对于凸的曲线，它的切线斜率随 x 的增大而减小；而对于凹的曲线，它的切线斜率随 x 的增大而增大. 若曲线 $y=f(x)$ 可导，则导数反映的是切线斜率，从而切线斜率的增减就是导数的增减，因此我们不难得出：如果曲线 $y=f(x)$ 是凸曲线，则导函数 $y'=f'(x)$ 单调减少；如果曲线 $y=f(x)$ 是凹曲线，则导函数 $y'=f'(x)$ 单调增加. 反之也成立.

可见，通常可以用函数的二阶导数的符号来判定函数曲线的凹凸性.

定理 4.4.1 设函数 $f(x)$ 在 (a,b) 内具有二阶导数 $f''(x)$，则

(1) 如果对 (a,b) 内的每一点 x，恒有 $f''(x)>0$，则曲线 $f(x)$ 在 (a,b) 内是凹的；

(2) 如果对 (a,b) 内的每一点 x，恒有 $f''(x)<0$，则曲线 $f(x)$ 在 (a,b) 内是凸的.

证明略.

注 若在 (a,b) 内 $f''(x)\geqslant 0$（或 $f''(x)\leqslant 0$），而等号只在个别点取得，则曲线 $f(x)$ 在区间 (a,b) 内仍然是凹的（或凸的）.

定理 4.4.1 指出，由 $f''(x)$ 的符号可以判定曲线的凹凸性，而拐点是凹凸性的分界点，因此，要寻找拐点，只要找到 $f''(x)$ 的符号发生改变的分界点即可. 类似于极值点的存在性，如果 $f(x)$ 在 (a,b) 内二阶导数连续，则在拐点处必然有 $f''(x)=0$；另外，二阶导数不存在的点也可能成为 $f''(x)$ 的符号发生改变的点. 因此，拐点的可能点包括 $f''(x)=0$ 的点和 $f''(x)$ 不存在的点.

一般地，求曲线 $y=f(x)$ 的拐点的方法步骤是：

(1) 求函数 $f(x)$ 的定义域；

(2) 求出二阶导数 $f''(x)$；

(3) 求出定义域内使二阶导数等于零或二阶导数不存在的点；

(4) 对于以上点，考察各点两边二阶导数的符号，如果符号不同，那么该点就是拐点；

(5) 求出拐点的纵坐标.

例 4.4.1 求曲线 $y=5x^3-3x^2+7x-1$ 的凹、凸区间及拐点.

解 函数 $y=5x^3-3x^2+7x-1$ 的定义域为 $(-\infty,+\infty)$，

$$y'=15x^2-6x+7,$$

$$y''=30x-6,$$

令 $y''=0$，得 $x=\dfrac{1}{5}$ 是可能的拐点，没有二阶导数不存在的点.

$x=\dfrac{1}{5}$ 将函数的定义域 $(-\infty,+\infty)$ 分成两个部分，$\left(-\infty,\dfrac{1}{5}\right]$ 和

$\left[\frac{1}{5},+\infty\right)$，考查每部分的二阶导数符号情况.

当 $x\in\left(-\infty,\frac{1}{5}\right]$时，$y''<0$，因此在区间$\left(-\infty,\frac{1}{5}\right]$上曲线是凸的；

当 $x\in\left(\frac{1}{5},+\infty\right)$时，$y''>0$，因此在区间$\left[\frac{1}{5},+\infty\right)$上曲线是凹的.

同时可以判定，在 $x=\frac{1}{5}$ 的两侧二阶导数符号发生改变，因此$\left(\frac{1}{5},\frac{8}{25}\right)$时曲线的拐点.

例 4.4.2　求曲线 $y=\frac{1}{12}x^4-\frac{1}{2}x^3+x^2+5$ 的凹、凸区间及拐点.

例 4.4.2

解　函数 $y=\frac{1}{12}x^4-\frac{1}{2}x^3+x^2+5$ 的定义域为$(-\infty,+\infty)$，

$$y'=\frac{1}{3}x^3-\frac{3}{2}x^2+2x,$$

$$y''=x^2-3x+2=(x-2)(x-1),$$

令 $y''=0$，得 $x_1=1$，$x_2=2$.

$x_1=1$，$x_2=2$ 将函数的定义域$(-\infty,+\infty)$分成三个区间$(-\infty,1]$，$[1,2]$及$[2,+\infty)$，可列表如下：

x	$(-\infty,1)$	1	$(1,2)$	2	$(2,+\infty)$
y''	+	0	−	0	+
y	凹	$\frac{67}{12}$拐点	凸	$\frac{19}{3}$拐点	凹

可见，曲线的凹区间为$(-\infty,1]$和$[2,+\infty)$，曲线的凸区间为$[1,2]$，拐点为$\left(1,\frac{67}{12}\right)$和$\left(2,\frac{19}{3}\right)$.

例 4.4.3　求曲线 $y=x^{\frac{1}{3}}$的拐点.

解　函数 $y=x^{\frac{1}{3}}$的定义域为$(-\infty,+\infty)$.

$$y'=\frac{1}{3\sqrt[3]{x^2}},\ y''=-\frac{2}{9x\sqrt[3]{x^2}},$$

当 $x=0$ 时，y''不存在.

当 $x<0$ 时，$y''>0$；当 $x>0$ 时，$y''<0$，即在 $x=0$ 的邻近两侧，y''的符号发生改变，因此，点$(0,0)$是该曲线的拐点.

例 4.4.4　求曲线 $y=\frac{1}{x}$的拐点.

解　函数 $y=\frac{1}{x}$的定义域为$(-\infty,0)\cup(0,+\infty)$.

$$y'=-\frac{1}{x^2},\ y''=\frac{2}{x^3}.$$

$x=0$ 是二阶不可导点，不存在二阶导数为 0 的点.

由于 $y=\frac{1}{x}$ 在 $x=0$ 处没有定义，所以该曲线没有拐点.

4.4.2 曲线的渐近线

为了描绘函数的图形，除了已经知道的单调性、奇偶性、周期性、凹凸性、极值和拐点等性态外，还应研究曲线的渐近线.

定义 4.4.3 如果曲线上一动点沿曲线趋于无穷远时，动点与某一直线的距离趋于零，则称此直线为曲线的一条渐近线.

当然，并不是所有曲线都有渐近线，如抛物线就不会与某一直线无限靠近.

渐近线有如下三种情形.

1. 铅直渐近线

如果曲线 $y=f(x)$ 有

$$\lim_{x\to a^{+}} f(x)=\infty \text{ 或 } \lim_{x\to a^{-}} f(x)=\infty,$$

则 $x=a$ 为曲线 $y=f(x)$ 的一条铅直渐近线.

注 当 $x=a$ 为函数 $y=f(x)$ 的无穷间断点时，$x=a$ 为曲线 $y=f(x)$ 的铅直渐近线.

例 4.4.5 求曲线 $f(x)=\frac{1}{x(x-1)}$ 的铅直渐近线.

解 因为

$$\lim_{x\to 0}\frac{1}{x(x-1)}=\infty,$$

$$\lim_{x\to 1}\frac{1}{x(x-1)}=\infty,$$

所以，$x=0$ 和 $x=1$ 是曲线的两条铅直渐近线.

2. 水平渐近线

如果曲线 $y=f(x)$ 有

$$\lim_{x\to +\infty} f(x)=b \text{ 或 } \lim_{x\to -\infty} f(x)=b,$$

则 $y=b$ 是曲线 $y=f(x)$ 的一条水平渐近线.

值得注意的是，只有当函数的定义域是一个无穷区间时，其曲线才有可能存在水平渐近线，并且一条曲线的水平渐近线至多有两条.

如，对于函数 $f(x)=\frac{\sin x}{x}$，由于

$$\lim_{x\to\infty}\frac{\sin x}{x}=0,$$

所以，$y=0$ 是曲线 $f(x)=\frac{\sin x}{x}$ 的水平渐近线.

又如，对于函数 $f(x)=\arctan x$，由于

$$\lim_{x \to -\infty} \arctan x = -\frac{\pi}{2},$$

$$\lim_{x \to +\infty} \arctan x = \frac{\pi}{2},$$

故，$y=-\frac{\pi}{2}$和$y=\frac{\pi}{2}$为曲线$f(x)=\arctan x$的两条水平渐近线.

3. 斜渐近线

如果曲线$y=f(x)$有

$$\lim_{x \to +\infty} \frac{f(x)}{x} = a \neq 0, \quad \lim_{x \to +\infty} [f(x) - ax] = b$$

或

$$\lim_{x \to -\infty} \frac{f(x)}{x} = a \neq 0, \quad \lim_{x \to -\infty} [f(x) - ax] = b,$$

则$y=ax+b$是曲线$y=f(x)$的一条斜渐近线.

与水平渐近线类似，当函数的定义域为无穷区间时，曲线才可能有斜渐近线，一条曲线至多有两条斜渐近线，并且一条曲线可能存在多种渐近线.

例 4.4.6　求曲线$f(x)=\frac{x^2}{x-1}$的渐近线.

解　由于

$$\lim_{x \to 1} \frac{x^2}{x-1} = \infty,$$

故$x=1$为该曲线的一条铅直渐近线.

又因为

$$\lim_{x \to \infty} \frac{f(x)}{x} = \lim_{x \to \infty} \frac{x}{x-1} = 1 = a,$$

$$\lim_{x \to \infty} [f(x) - ax] = \lim_{x \to \infty} \left(\frac{x^2}{x-1} - x \right) = \lim_{x \to \infty} \frac{x}{x-1} = 1 = b,$$

故$y=x+1$为曲线的斜渐近线.

4.4.3　函数图形的描绘

基于前面几节对于函数$f(x)$的各种性态的讨论，我们可以较为准确的描绘函数的图形.

一般地，可以按照如下步骤描绘函数图形：

(1) 求出$y=f(x)$的定义域，判定函数的奇偶性和周期性；

(2) 求出$f'(x)$，令$f'(x)=0$求出驻点，确定导数不存在的点，再根据$f'(x)$的符号找出函数的单调区间与极值；

(3) 求出$f''(x)$，确定$f''(x)$的全部零点及$f''(x)$不存在的点，再根据$f''(x)$的符号找出曲线的凹凸区间及拐点；

(4) 求出曲线的渐近线；

(5) 将上述“增减、极值、凹凸、拐点”等特性综合列表，必要时可补充曲线上某些特殊点(如与坐标轴的交点)；

(6) 依据表中性态绘出函数 $y=f(x)$ 的图形.

例 4.4.7 描绘函数 $y=x^3-x^2-x+1$ 的图形.

解 (1) 函数的定义域为 $(-\infty,+\infty)$

(2) $f'(x)=3x^2-2x-1=(3x+1)(x-1)$，令 $f'(x)=0$ 得驻点 $x_1=-\dfrac{1}{3}$，$x_2=1$，没有不可导点.

当 $-\dfrac{1}{3}<x<1$ 时，$f'(x)<0$，函数 $f(x)$ 单调减少；

当 $x>1$ 或 $x<-\dfrac{1}{3}$ 时，$f'(x)>0$，函数 $f(x)$ 单调增加.

且 $f\left(-\dfrac{1}{3}\right)=\dfrac{32}{27}$ 为极大值点，$f(1)=0$ 为极小值点.

(3) $f''(x)=2(3x-1)$，令 $f''(x)=0$ 得 $x_3=\dfrac{1}{3}$.

当 $x<\dfrac{1}{3}$ 时，$f''(x)<0$，曲线 $f(x)$ 为凸的；

当 $x>\dfrac{1}{3}$ 时，$f''(x)>0$，曲线 $f(x)$ 为凹的.

且 $\left(\dfrac{1}{3},\dfrac{16}{27}\right)$ 为拐点.

(4) 无渐近线.

(5) 列表，并补充点 $(-1,0)$.

x	$\left(-\infty,-\frac{1}{3}\right)$	$-\frac{1}{3}$	$\left(-\frac{1}{3},\frac{1}{3}\right)$	$\frac{1}{3}$	$\left(\frac{1}{3},1\right)$	1	$(1,+\infty)$
$f'(x)$	+	0	−	−	−	0	+
$f''(x)$	−	−	−	0	+	+	+
$f(x)$	↗凸	$\frac{32}{27}$ 极大值	↘凸	$\frac{16}{27}$ 拐点	↘凹	0 极小值	↗凹

(6) 描图(见图 4.14).

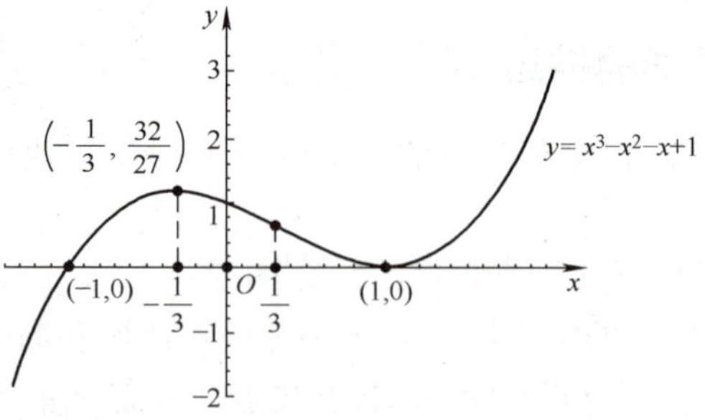

图 4.14

4.4.4 同步习题

1. 填空题

(1) 设 $y=f(x)$ 在 $(1,2)$ 上满足 $f'(x)<0$，$f''(x)>0$，则函数曲线在 $(1,2)$ 上形态(指单调性与凹凸性)是________.

（2）函数 $y=x^3-5x^2+3x+5$ 图形的拐点为________，凸区间为________.

（3）$y=\dfrac{1}{x^2-1}$的铅直渐近线是________.

（4）设$f(x)$在(a,b)中有二阶导数且在(a,b)中$f''(x)>0$，则$f(x)$在(a,b)上的图形是________的，且对任意 $x_1,x_2\in(a,b)$，$\dfrac{f(x_1)+f(x_1)}{2}$________$f\left(\dfrac{x_1+x_2}{2}\right)$

2. 选择题

（1）曲线凹凸的分界点是曲线的(　　).

A. 驻点　　B. 拐点

C. 极值点　　D. 以上均不对

（2）曲线 $y=4-\sqrt[3]{x-1}$的拐点是(　　).

A. $(1,4)$　B. $(2,3)$　C. $(9,2)$　D. $(0,5)$

3. 判定下列曲线的凹凸性，并求出拐点.

（1）$y=\ln(1+x^2)$；　（2）$y=2x-4x^2$；

（3）$y=xe^{-x}$；　（4）$y=x^4-6x^2+2x$；

（5）$y=x^4-6x^3+12x^2-10$；

（6）$f(x)=(x-1)\sqrt[3]{x^2}$.

4. 求下列曲线的渐近线.

（1）$y=\dfrac{1}{x-2}$；　（2）$y=\ln x$；

（3）$y=x\sin\dfrac{1}{x}$；　（4）$y=\dfrac{x^2+3}{x-1}$.

4.5 导数在经济学中的简单应用

在经济学中，习惯用平均和边际两个词来描述一个经济变量 y 对另外一个经济变量 x 的变化. 平均概念表示 y 在自变量 x 的某一个范围内的平均值，它随着 x 的取值范围不同而不同. 边际概念表示的是 x 的某个值(或称边缘上)对 y 的变化情况，也就是 y 对 x 的瞬时变化率，实际上就是我们熟悉的导数的概念. 这种利用导数来研究经济变量边际变化规律的方法称为边际分析法.

4.5.1 边际分析

首先，回顾一下导数的概念.

如果函数 $y=f(x)$在点 $x=x_0$ 处可导，则当自变量 x 在 x_0 处取得增量 Δx 时，相应的 y 的增量为 Δy，此时函数$f(x)$的平均变化率为$\dfrac{\Delta y}{\Delta x}$，函数在点 $x=x_0$ 处的瞬时变化率为

$$\lim_{\Delta x\to 0}\frac{\Delta y}{\Delta x}=\lim_{\Delta x\to 0}\frac{f(x+\Delta x)-f(x)}{\Delta x}=f'(x_0),$$

该式表示函数 $y=f(x)$关于 x 在“边际上”x_0 处的变化率. 在经济学上称为在点 $x=x_0$ 处改变一个单位时函数 $y=f(x)$的变化为**边际变化**.

定义 4.5.1　设函数 $y=f(x)$可导，经济上称导函数$f'(x)$为$f(x)$的**边际函数**，简称“**边际**”. $f'(x)$在 x_0 处的值$f'(x_0)$为边际函数值，即当 $x=x_0$ 时，x 改变一个单位，y 改变$f'(x_0)$个单位.

例如　设$f(x)=x^3+2$，则$f'(x)=3x^2$，$f'(2)=12$. 该值表明当 $x=2$ 时，x 改变一个单位，$f(x)$改变 12 个单位.

在经济分析中，边际函数主要有边际成本函数、边际收益函数、边际

利润函数和边际需求函数等.

1. 边际成本

总成本 $C=C(Q)$ 的导数

$$C'(Q)=\lim_{\Delta Q\to 0}\frac{\Delta C}{\Delta Q}=\lim_{\Delta Q\to 0}\frac{C(Q+\Delta Q)-C(Q)}{\Delta Q},$$

称为**边际成本**.

一般情况下，总成本 $C(Q)$ 等于固定成本 C_0 与可变成本 $C_1(Q)$ 之和，即 $C(Q)=C_0+C_1(Q)$，边际成本为 $C'(Q)=[C_0+C_1(Q)]'=C'_1(Q)$. 因此，边际成本之与可变成本有关.

下面我们来分析一下边际成本的经济意义.

上述极限表达式中，ΔQ 是自变量产量的增量，ΔC 表示因变量总成本的增量，当 ΔQ 变化很小时，有

$$\Delta C=C(Q+\Delta Q)-C(Q)\approx \mathrm{d}C=C'(Q)\Delta Q.$$

当 $\Delta Q=1$，即在产量为 Q 的基础上再生产“一个单位”产品，且“一个单位”与 Q 相比很小时，则有

$$C(Q+1)-C(Q)\approx C'(Q).$$

因此，边际成本 $C'(Q)$ 的经济意义为在产量为 Q 时再生产一个单位产品，总成本增加 $C'(Q)$ 个单位.

边际成本有时用 MC 表示，即 $MC=C'(Q)$.

例 4.5.1　一企业某产品的日生产能力为 500 台，每日产品的总成本 C（单位：千元）是日产量 Q（单位：台）的函数

$$C(Q)=400+2Q+5\sqrt{Q},\ Q\in[0,500].$$

求：

（1）产量为 400 台时的总成本；

（2）产量为 400 台时的平均成本；

（3）产量由 400 台增加到 625 台时总成本的平均变化率；

（4）产量为 400 台时的边际成本，并解释其经济意义.

解　（1）总成本为 $C(400)=400+2\times 400+5\times\sqrt{400}=1300$（千元）；

（2）平均成本为 $\dfrac{C(400)}{400}=\dfrac{1300}{400}=3.25$（千元/台）；

（3）$\dfrac{\Delta C}{\Delta Q}=\dfrac{C(625)-C(400)}{625-400}=\dfrac{1775-1300}{225}\approx 2.11$（千元/台）；

（4）产量为 400 台时的边际成本为

$$C'(Q)=2+\frac{5}{2\sqrt{Q}},$$

$$C'(400)=2+\frac{5}{2\sqrt{400}}=2.125\ （千元/台）.$$

其经济意义为当产量为 400 台时，再多生产 1 台，成本将增加 2.125 千元.

2. 边际收益

总收益函数为 $R=R(Q)$ 的导数

$$R'(Q)=\lim_{\Delta Q\to 0}\frac{\Delta R}{\Delta Q}=\lim_{\Delta Q\to 0}\frac{R(Q+\Delta Q)-R(Q)}{\Delta Q},$$

称为边际收益.

类似于边际成本，边际收益的经济意义可以解释为在销售 Q 个单位的基础上，多销售一个单位产品时，总收益增加 $R'(Q)$ 个单位.

设 P 为价格，且 P 也是销售量 Q 的函数，有 $R(Q)=QP=Q\cdot P(Q)$，则边际收益函数为 $R'=R'(Q)=P(Q)+QP'(Q)$.

边际收益有时也用 MR 表示，即 $MR=R'(Q)$.

例 4.5.2　设某种家具的需求函数为 $Q=1200-3P$，其中 P(单位：元)为家具的销售价格，Q(单位：件)为需求量. 求销售该家具的需求函数为 $Q=1200-3P$ 时的边际收益函数，以及当销售量为 $Q=450$ 件，600 件和 750 件时的边际收益.

解　由需求函数 $Q=1200-3P$ 得价格 $P=\frac{1}{3}(1200-Q)$. 总收益函数为

$$R(Q)=PQ=400Q-\frac{1}{3}Q^2,$$

故边际收益函数为

$$R'(Q)=400-\frac{2}{3}Q.$$

所以

$$R'(450)=400-\frac{2}{3}\times 450=100,$$

$$R'(600)=400-\frac{2}{3}\times 600=0,$$

$$R'(750)=400-\frac{2}{3}\times 750=-100.$$

由例 4.5.2 可知，当家具销售量为 450 件时，$R'(450)>0$，说明总收益函数 $R(Q)$ 在 $Q=450$ 附近是单调增加的，即销售量增加可使总收入增加，而且再多销售一件家具总收入将增加 100 元；当销售量为 600 件时，$R'(600)=0$，说明总收入函数达到最大值，再增加销售量总收入将不会增加；当销售量为 750 件时，$R'(750)<0$，说明总收入函数在 750 附近是单调减少的，而且，再多销售一件家具总收入将减少 100 元.

3. 边际利润

总利润函数为 $L=L(Q)$ 的导数

$$L'(Q)=\lim_{\Delta Q\to 0}\frac{\Delta L}{\Delta Q}=\lim_{\Delta Q\to 0}\frac{L(Q+\Delta Q)-L(Q)}{\Delta Q},$$

称为边际利润.

边际利润的经济意义为在销售 Q 个单位产品的基础上，多销售一个单位产品所增加的总利润.

一般地，总利润 $L(Q)$ 等于总收益 $R(Q)$ 与总成本 $C(Q)$ 之差，即

$$L(Q)=R(Q)-C(Q).$$

故边际利润为

$$L'(Q)=R'(Q)-C'(Q).$$

也就是说，边际利润等于边际收益与边际成本之差.

在实际应用中，经常考虑利润最大的问题，即求 $L(Q)$ 的最大值. 根据前面求最值的方法，$L(Q)$ 取得最大值的必要条件为

$$L'(Q)=0, \text{即 } R'(Q)=C'(Q).$$

$L(Q)$ 在 $L'(Q)=0$ 的条件下取得最大值的充分条件是(边际收入的变化率小于边际成本的变化率)

$$L''(Q)<0, \text{即 } R''(Q)<C''(Q).$$

于是，可得最大利润原则为

(1) $R'(Q)=C'(Q)$；

(2) $R''(Q)<C''(Q)$.

例 4.5.3　已知某产品的售价为 100 元，总成本函数为

$$C(Q)=20000-50Q+\frac{1}{10}Q^2.$$

求利润函数、边际利润，并求产量为多少时，总利润最大？并验证最大利润原则.

解　利润函数

$$L(Q)=R(Q)-C(Q)=100Q-\left(20000-50Q+\frac{1}{10}Q^2\right)$$
$$=-20000+150Q-\frac{1}{10}Q^2.$$

边际利润为

$$L'(Q)=150-\frac{1}{5}Q.$$

令 $L'=0$，可得 $Q=750$，而 $L''=-\frac{1}{5}<0$，所以当 $Q=750$，总利润最大，最大利润为

$$L(750)=36250.$$

此时

$$R'(750)=100, \ C'(750)=-50+\frac{1}{5}Q\bigg|_{750}=100,$$

从而 $R'(750)=C'(750)$；

$$R''(750)=0, \ C''(750)=\frac{1}{5}, \text{即 } R''(750)\leqslant C''(750).$$

所以，符合最大利润原则.

4. 边际需求

需求函数为 $Q=f(P)$，则需求量 Q 对价格 P 的导数

$$f'(P)=\frac{\mathrm{d}Q}{\mathrm{d}P}=\lim_{\Delta P\to 0}\frac{\Delta Q}{\Delta P}=\lim_{\Delta P\to 0}\frac{f(P+\Delta P)-f(P)}{\Delta P},$$

称为**边际需求函数**.

$Q=f(P)$ 的反函数 $P=f^{-1}(Q)$，则价格 P 对需求量 Q 的导数

$$\frac{\mathrm{d}P}{\mathrm{d}Q}=\frac{1}{\dfrac{\mathrm{d}Q}{\mathrm{d}P}}=\frac{1}{[f^{-1}(Q)]'},$$

称为**边际价格函数**，它与边际需求函数互为倒数.

边际需求的经济意义为在产品价格为 P 时，价格上涨(或降低)一个单位产品，需求量 Q 将减少(或增加) $f'(P)$ 个单位.

例 4.5.4　已知某产品的需求函数为 $Q=Q(P)=65-P^2$，求 $P=3$ 时的边际需求，并说明其经济意义.

例 4.5.4

解　$Q'(P)=\dfrac{\mathrm{d}Q}{\mathrm{d}P}=-2P$，当 $P=3$ 时的边际需求为

$$Q'(P)\big|_{P=3}=-6.$$

它的经济意义为在产品价格为 3 时，价格上涨(或降低) 1 个单位，需求量将减少(或增加) 6 个单位.

4.5.2　弹性分析

边际分析中讨论的是函数的绝对变化率，但在实际问题中，仅研究绝对变化率是不够的. 比如商场中原价 3 元的饮料如果降价 1 元，我们会很感兴趣，可是原价 100 元的豆油如果降价 1 元，我们则几乎不会在意它. 显然，这时由于降价对于两种商品原价的百分比不同造成的. 在经济学中，常用弹性概念来定量分析各经济变量之间的变动关系. 一般地，变量的弹性反映的是一个变量的变化对另一个变量变化的敏感依赖性. 用弹性函数来分析经济量的变化的方法称为弹性分析. 在经济活动分析中，主要有需求弹性、供给弹性等.

定义 4.5.2　设函数 $y=f(x)$ 在点 x_0 处可导，称 Δx 和 Δy 为自变量和函数的**绝对改变量**，$\dfrac{\Delta x}{x_0}$ 和 $\dfrac{\Delta y}{y_0}$ 为自变量和函数的**相对改变量**，而函数的相对改变量和自变量的相对改变量之比

$$\frac{\Delta y/y_0}{\Delta x/x_0},$$

称为函数 $f(x)$ 从点 $x=x_0$ 到点 $x=x_0+\Delta x$ 两点间的相对变化率，或称**两点间的弹性**，也称**区间弹性**. 其极限

$$\lim_{\Delta x\to 0}\frac{\Delta y/y_0}{\Delta x/x_0}=\lim_{\Delta x\to 0}\frac{\Delta y}{\Delta x}\cdot\frac{x_0}{y_0}=\frac{x_0}{y_0}f'(x_0),$$

称为函数 $f(x)$ 在点 $x=x_0$ 处的**相对变化率**，也称为**相对导数**，或称**点弹性**，简称**弹性**. 记作

$$\left.\frac{Ey}{Ex}\right|_{x=x_0} \text{或} \left.\frac{E}{Ex}f(x)\right|_{x=x_0}.$$

具体地，$\left.\frac{Ey}{Ex}\right|_{x=x_0}$ 表示在点 x_0 处，当 x 改变 1% 时，$f(x)$ 将改变 $\left.\frac{Ey}{Ex}\right|_{x=x_0}$ %.

如果函数 $y=f(x)$ 在区间 (a,b) 内每一点都存在弹性，则称 $y=f(x)$ 在区间 (a,b) 内有弹性，它是 x 的一个函数，称为 $f(x)$ 的弹性函数，记作

$$\frac{Ey}{Ex}=\frac{x}{y}f'(x).$$

函数 $f(x)$ 在点 x 的弹性 $\frac{Ey}{Ex}$ 反映的是随着 x 的变化 $f(x)$ 变化幅度的大小，即 $f(x)$ 对 x 变化反应的强烈程度或灵敏度.

具体地，$\left.\frac{Ey}{Ex}\right|_{x=x_0}$ 表示在点 x_0 处，当 x 改变 1% 时，$f(x)$ 将改变 $\left|\frac{Ey}{Ex}\right|$%.

注　(1) 两点间的弹性是有方向性的，因为相对性是对初始值相对而言的；

(2) 函数弹性与变量 x，y 的单位无关；

(3) 由于

$$\frac{Ey}{Ex}=\frac{x}{f(x)}f'(x)=\frac{f'(x)}{\frac{f(x)}{x}},$$

从这个角度，弹性可以理解为边际函数与平均函数之比.

例 4.5.5　设函数 $y=x^4$，求弹性函数 $\frac{Ey}{Ex}$ 和 $\left.\frac{Ey}{Ex}\right|_{x=2}$.

解　由于 $y'=4x^3$，故

$$\frac{Ey}{Ex}=y'\frac{x}{y}=4,\ \left.\frac{Ey}{Ex}\right|_{x=2}=4.$$

表示在 $x=2$ 处，当 x 增加 1% 时，y 将增加 4%；反之，当 x 减少 1% 时，y 将减少 4%.

在经济分析中常用到需求函数、供给函数和收益函数对价格的弹性.

1. 需求弹性

“需求”是指在一定价格条件下，消费者愿意购买并且有支付能力购买的商品量. 消费者对某种商品的需求由多种因素决定，其中价格是影响需求的主要因素之一. 需求的价格弹性表示在一定期间内一种商品的需求量对于该商品的价格变动的敏感程度.

定义 4.5.3　设某商品的需求函数 $Q=f(P)$ 可导，其中 P 为价格，则称

$$E_d(P)=\frac{P}{f(P)}\cdot f'(P)$$

为该商品的需求价格弹性，简称需求弹性.

从而，商品在点 P_0 处需求的价格弹性，记作

$$E_d(P_0)=\frac{P_0}{f(P_0)}\cdot f'(P_0).$$

由导数定义可得

$$E_d(P)=\frac{\mathrm{d}Q}{Q}\Big/\frac{\mathrm{d}P}{P}\approx\frac{\Delta Q}{Q}\Big/\frac{\Delta P}{P},$$

$$\frac{\Delta Q}{Q}\approx E_d(P)\frac{\Delta P}{P}.$$

由此可知，需求弹性 $E_d(P)$ 表示某种商品需求量 Q 对价格 P 变化的敏感程度. 由于需求函数为价格的递减函数，即需求弹性 $E_d(P)$ 一般为负值，所以我们关心的是其绝对值.

需求的价格弹性的经济意义为当价格增加 1%，需求量将减少 $(|E_d|)\%$；当价格减少 1%，需求量将增加 $(|E_d|)\%$.

当我们比较商品需求弹性的大小时，通常是比较其弹性绝对值 $|E_d|$ 的大小. 当我们说某种商品的需求弹性大时，通常指其绝对值大.

(1) 几种特殊的价格弹性

1) 当 $|E_d|=1$ 时，商品需求量变动的百分比与价格变动的百分比相当，称为**单位弹性**；

2) 当 $|E_d|<1$ 时，商品需求量变动的百分比低于价格变动的百分比，即价格变动对需求影响不大，称为**低弹性**；

3) 当 $|E_d|>1$ 时，商品需求量变动的百分比高于价格变动的百分比，即需求量对价格的变动较敏感，称为**高弹性或富有弹性**.

例 4.5.6　设某商品的需求函数为 $Q=150-2P^2$，试求：

(1) 需求对价格的弹性函数；

(2) 讨论当价格为多少时，弹性分别为缺乏弹性、单位弹性、富有弹性?

解　(1) 根据定义，$Q'=-4P$，则

$$E_d=\frac{P}{Q}\cdot Q'=\frac{P}{150-2P^2}\cdot(-4P)=\frac{-2P^2}{75-P^2}.$$

(2) 令 $E_d=-1$，解得 $P=5$，即当价格满足 $P=5$ 时，$|E_d|=1$ 是单位弹性；

令 $|E_d|<1$，解得 $0<P<5$，即当价格满足 $0<P<5$ 时，$|E_d|<1$ 是缺乏弹性；

令 $|E_d|>1$，解得 $5<P<8$，即当价格满足 $5<P<8$ 时，$|E_d|>1$ 是富有弹性.

(2) 需求弹性与总收益的关系

在市场经济中，企业经营者关心的是商品涨价 $(\Delta P>0)$ 或降价 $(\Delta P<0)$ 对总收入的影响程度. 下面，将分析弹性概念：

$$E_d=\frac{P}{Q}\cdot\frac{\mathrm{d}Q}{\mathrm{d}P},$$

即，

$$PdQ = E_d \cdot QdP.$$

当商品价格 P 有微小变化($|\Delta P|$ 非常小)时，商品销售收益 $R = PQ$ 的改变量为

$$\begin{aligned}\Delta R &= \Delta(PQ) \approx d(PQ) \\ &= QdP + PdQ = QdP + E_d QdP \\ &= (1 + E_d)QdP\end{aligned}$$

即

$$\Delta R \approx (1 - |E_d|)QdP \approx (1 - |E_d|)Q\Delta P.$$

所以，当 $|E_d| > 1$ 时，商品涨价($\Delta P > 0$)将使商品销售总收益减少($\Delta R < 0$)；商品降价($\Delta P < 0$)将使商品销售总收益增加($\Delta R > 0$).

当 $|E_d| < 1$ 时，商品涨价将使商品销售总收益增加，商品降价将使商品销售总收益减少；

当 $|E_d| = 1$ 时，商品涨价或降价对商品销售总收入基本没有影响.

2. 供给弹性

设供给函数 $Q = g(P)$ 在 P_0 处可导，称比值 $\dfrac{\Delta Q/Q_0}{\Delta P/P_0}$ 为从 P_0 到 $P_0 + \Delta P$ 两点间的供给弹性，其极限值

$$\lim_{\Delta P \to 0} \frac{\Delta Q/Q_0}{\Delta P/P_0} = \frac{dQ/Q_0}{dP/P_0} = \frac{P_0}{\varphi(P_0)} \cdot \varphi'(P),$$

称为该函数在点 P_0 处的供给弹性. 记作 $E_s(P_0)$.

供给的价格弹性表示在一定时期内一种商品的供给量对于该商品的价格变动的灵敏程度. 由于价格与供给量之间一般成正相关关系，因此供给的价格弹性一般为正值.

类似地，

(1) $E_s > 1$ 称为供给富于弹性，其中若 $E_s = \infty$ 称为供给完全有弹性；

(2) $E_s < 1$ 称为供给缺乏弹性，其中若 $E_s = 0$ 称为供给完全缺乏弹性；

(3) $E_s = 1$ 称为供给单位弹性.

例 4.5.7　设某商品的供给函数为 $Q = 5 + 8P$，求：

(1) 供给弹性函数；

(2) 求当 $P = 3$ 时的供给弹性.

解　(1) 由于 $Q' = 8$，则

$$E_s = Q' \cdot \frac{P}{Q} = \frac{8P}{5 + 8P}.$$

(2) 当 $P = 3$ 时，

$$E_s(3) = \frac{24}{29}.$$

4.5.3 同步习题

1. 填空题

(1) 某工厂生产某种产品，其总成本 C 是产量 Q 的函数 $C(Q)=1100+\frac{1}{1200}Q^2$，则生产 900 个单位产品时的边际成本为________.

(2) 设某商品的需求函数为 $Q=10-\frac{p}{2}$，则需求 Q 对价格 p 的弹性函数为________.

2. 设 $f(x)=\ln x$，求 $x=3$ 时的边际函数值，并解释其意义.

3. 某工厂生产某产品，其固定成本为 200 元，每多生产一单位产品，成本增加 10 元，该商品的需求函数为 $Q=500-2P$，求产量 Q 为多少时利润最大，并求最大利润.

4. 求下列函数的弹性函数：

(1) $y=6x^5$；　　(2) $y=\frac{1}{x}$；

(3) $y=\sin x$；　　(4) $y=e^x$.

4.6 MATLAB 数学实验

4.6.1 求零点

MATLAB 求零点，通常的语法格式有

```
x = fzero(fun,x0)             % 求出离 x0 起始点最近的根
x = fzero(fun,x0,options)     % 由指定的优化参数 options 进行最小化
x = fzero(problem)            % 对 problem 指定的求根问题求解
```

注　fzero 函数既可以求某个初始值的根，也可以求区间和函数值的根.

例 4.6.1　求函数 $f=x^5-3x^4+2x^3+x+3$ 的根.

程序

```
f ='2 * x^5 -3 * x^4 +2 * x^3 +x +3';
x =fzero(f,0)
```

运作结果

```
x = -0.7693
```

例 4.6.2　求正弦函数在 3 附近的零点.

程序

```
fun =@ sin;
x =fzero(fun,3)
```

运行结果

```
x = 3.1416
```

4.6.2 求极值

MATLAB 求极值，通常的语法格式为

```
[x,min] = fminbnd(f,a,b)     % x 为取得极小值的点，min 为极小值；f 表示
                               函数名，a、b 表示取得极值的范围
```

fminbnd(f,a,b)函数是求函数 $f(x)$ 在 $[a,b]$ 范围的极小值，若求函数 $f(x)$ 的极大值，可转换为求 $-f(x)$ 的极小值.

例 4.6.3 求函数 $f=x^3-x^2-x+1$ 在 $(-2,2)$ 内的极小值与极大值.

程序

```
syms x;
f ='x^3 -x^2 -x +1 ';
[x1,minf] =fminbnd(f,-2,2)
[x2,maxf] =fminbnd(' -x^3 +x^2 +x -1 ', -2,2)
maxf =  -maxf
```

运行结果

```
x1 =
    1.000 0
x2 =
    -0.333 3
minf =
    3.577 6e - 010
maxf =
    1.185 2
```

4.6.3 求极限

MATLAB 求极限，通常的语法格式为

```
limit(f,var,a)             % f 是求极限的对象，var 是趋于某个值的变量，a
                             是极限点
limit(f,var,a,'left')      % 左极限
limit(f,var,a,'right')     % 右极限
```

例 4.6.4 求极限 $\lim\limits_{x\to 0}\frac{\tan x-x}{x^3}$.

分析　如果使用人工方式计算此极限，需要使用洛必达法则.

如果利用 MALTAB 对其进行求解，

程序

```
syms x y=(tan(x)-x)/(x^3); limit(y,x,0)
ans = 1/3
```

在实际应用中，如果我们对计算过程没有要求，那么我们可以选择利用 MATLAB 进行计算，较为方便.

4.7 阅读材料

4.7.1 微分中值定理的发现

微分中值定理(Mean Value Theorem for Derivatives)又称为微分学基本定理、有限改变量定理或有限增量定理，是微分学的基本定理之一. 微分中值定理在微积分理论中具有重要作用，它有许多不同的形式.

1691 年，法国数学家**罗尔**在关于代数方程解法的论著中，证明：在多项式方程 $f(x)=0$ 的两个相邻的实根之间，$f'(x)=0$ 至少有一个实根. 后来人们把这个定理推广到可微函数，并称之为**罗尔中值定理**.

微分学中最重要的中值定理是**拉格朗日中值定理**：可微函数 $y=f(x)$ 的平均变化率，必定等于变化区间的某个中间点处的瞬时变化率. 其几何意义就是一段连续光滑曲线中必然有一点，它的斜率与整段曲线的平均斜率相同，即

$$f(b)-f(a)=f'(\xi)(b-a)\quad(a<\xi<b).$$

这个公式是 1797 年法国数学家**拉格朗日**在研究泰勒级数时得到的. 然后他用这个定理来推导泰勒定理. **柯西**在他的《无穷小分析教程概论》(1823)中定义导数时也利用了这个结果，他称之为平均值定理，形式为

$$\begin{aligned}\Delta f&=f(x+\Delta x)-f(x)\\&=f'(x+\theta\Delta x)\Delta x\quad(0<\theta<1).\end{aligned}$$

后人把这个定理推广到更一般的情形：对于 $[a,b]$ 上连续且 (a,b) 内可微的函数 $f(x)$，$g(x)$，存在 $a<\xi<b$，使得

$$=f'(\xi)[g(b)-g(a)]=g'(\xi)[f(b)-f(a)],$$

称之为**柯西中值定理**.

现代微积分中的**洛必达法则**和**泰勒公式**都属于不同形式的微分中值定理，前者由法国数学家**洛必达**在他的《无穷小分析》(1696)中给出，但来源于**约翰·伯努利**，后者由英国数学家**泰勒**在 1712 年得到.

4.7.2 洛必达法则的发现

洛必达法则(L′Hospital′s Rule)，确定无穷小量或无穷大量之比的极限的方法，称为未定式的定值法. 一般地，无穷小量之比叫作“$\frac{0}{0}$”型未定式，

无穷大量之比叫作“$\frac{\infty}{\infty}$”型未定式. 瑞士数学家约翰·伯努利大约在 1691 年得到求“$\frac{0}{0}$”型未定式的极限方法，即若

$$\lim f(x)=\lim g(x)=0,\ \lim\frac{f'(x)}{g'(x)}$$

存在，则

$$\lim\frac{f(x)}{g(x)}=\lim\frac{f'(x)}{g'(x)}.$$

1694 年，他写信把这个结果告诉了自己的学生——法国数学家洛必达. 后者在他的主要著作《阐明曲线的无穷小分析》的第 9 章中记载了这个著名定理. 后人误以为是他所发现的，就称之为“洛必达法则”. 后来人们又得到关于确定“$\frac{\infty}{\infty}$”型极限的相似方法，也称之为“洛必达法则”.

4.7.3 曲线定义的演变

曲线(Curve)是微分几何学研究的主要对象之一. 直观上，曲线可看作空间质点运动的轨迹. 数学中的严格定义有区间$[a,b]$到 E^3 中的映射 r: $[a,b]\to E^3$. 有时也把这种映射的像称为曲线. 人类很早就有曲线的概念，例如圆周、弧等. 较早将曲线用于数学问题研究的是公元前 300 年欧几里得在《几何原本》中给出的线的定义：线只有长度而没有宽度，一线的两端是点. 这虽然是对于线的概念的最早说明，但“长度”、“宽度”等都还没有定义，实质上并没有给出线的完全定义. 一般来说，线分为直线与曲线，不是直线的线被称为曲线. 但在现代数学中，曲线有包含直线的意义. 欧几里得之后，曲线作为几何中自明的概念一直在使用着. 在古希腊时代，大部分曲线都被看作是静态的，例如阿波罗尼奥斯论述的圆锥曲线；只有少数曲线用运动来定义，例如阿基米德螺线. 公元 4 世纪帕波斯首次对曲线进行分类，称从直线和圆作出的曲线是平面曲线；圆锥曲线是立体曲线；割圆线、蚌线、蔓叶线和螺线等特殊曲线为第三类曲线. 第三类曲线被希腊人称为机械曲线. 因为需要用某些特殊的机械来画它们. 到 17 世纪，法国数学家笛卡儿又提出几何曲线的概念，指那些可用一个唯一的含 x 和 y 的有限次代数方程来表示的曲线，并进一步按方程的次数将几何曲线进行了分类. 意大利科学家伽利略将抛物线看作物体向上斜抛时运动的轨迹，这种思想被数学家接受，逐渐将曲线看作动点的轨迹. 17 世纪还开始了求曲线长度的研究，1667 年英国数学家格雷戈里在《几何的通用部分》中给出计算曲线长度的具体方法. 此外，1748 年欧拉对所研究的曲线引进参数表示，成为近代曲线向量表示法的基础.

19 世纪末随着数学各分支基础的严密化，曲线概念的严密化也引起人们的重视. 1887 年法国数学家若尔当在《分析教程》中给出曲线的定义：由连续函数

$$x=f(t),\ y=g(t)\quad (t_0\leqslant t\leqslant t_1)$$

表示的点集，并要求对每一个(x,y)只存在一个 t，这种曲线现在被称为若尔当曲线. 1890 年意大利数学家**皮亚诺**发现符合若尔当定义的曲线能填满一个正方形，1891 年**希尔伯特**将他的例子简化，给出了从单位线段到正方形上的连续映射的另一个例子，成为数学分析中著名的反例. 这种情形反映出若尔当曲线定义的缺陷. 20 世纪 20 年代数学家重新定义曲线，**门格**(1926)等人利用拓扑学工具定义曲线为一维连续流形，排除了填满空间的曲线，并反映了曲线在同胚下不变这一性质.

20 世纪 70 年代**分形**(也称分数维几何)概念提出后，对曲线又有了新的认识. 例如曲线未必是一维的，许多按照自相似方法构成的曲线的维数都大于 1. 这为曲线研究开辟了新的方向. 对曲线的研究是许多数学分支的基本内容，由此建立和发展了相关学科，促进了数学的发展.

总复习题 4

第一部分：基础题

1. 不求出函数 $f(x)=(x-1)(x-2)(x-3)(x-4)$的导数，说明方程 $f'(x)=0$ 有几个实根，并指出根所在的区间.

2. 若函数 $f(x)$在(a,b)内具有二阶导数，且 $f(x_1)=f(x_2)=f(x_3)$，其中 $a<x_1<x_2<x_3<b$，证明：在(x_1,x_3)内至少有一点 ξ，使得 $f''(\xi)=0$.

3. 设函数 $f(x)$在$[0,1]$上连续，在$(0,1)$内可导，且 $f(1)=0$，证明：至少存在一点 $\xi\in(0,1)$，使 $f(\xi)+\xi f'(\xi)=0$.

4. 证明：方程 $\sin x+x\cos x=0$ 在区间$(0,\pi)$内有实根.

5. 证明：方程 $x^5-10x+3=0$ 在区间$(0,1)$内只有一个实根.

6. 应用拉格朗日中值定理证明下列不等式.

(1) $|\sin a-\sin b|\leqslant|a-b|$；

(2) $\dfrac{b-a}{1+b^2}\leqslant\arctan b-\arctan a\leqslant\dfrac{b-a}{1+a^2}\quad(a<b)$.

7. 用洛必达法则求下列极限：

(1) $\lim\limits_{x\to0}\dfrac{e^x-e^{-x}}{x}$；

(2) $\lim\limits_{x\to1}\left(\dfrac{x}{x-1}-\dfrac{1}{\ln x}\right)$；

(3) $\lim\limits_{x\to\frac{\pi}{2}}(\sec x-\tan x)$；

(4) $\lim\limits_{x\to0^+}\left(\dfrac{1}{x}\right)^{\tan x}$.

8. 已知$\lim\limits_{x\to0}\left(\dfrac{\sin3x}{x^3}+\dfrac{a}{x^2}+b\right)=0$，求 a 与 b 的值.

9. 设 $y=ax^3+bx$ 在 $x=1$ 处取得极值为 4，求 a，b 的值.

10. a 为何值时，函数 $f(x)=a\sin x+\dfrac{1}{3}\sin3x$ 在 $x=\dfrac{\pi}{3}$处取得极值？它是极大值还是极小值，并求此极值.

11. 求函数 $f(x)=x^3-12x$ 的单调区间与极值.

12. 判定曲线 $y=2x^3+3x^2-12x+4$ 的凹凸性与拐点.

13. 求曲线的渐近线：(1) $f(x)=\dfrac{x^2+2x}{1+x}$；(2) $f(x)=xe^{-x^2}$.

14. 在面积为 S 的一切矩形中，求周长最小值.

15. 某房地产公司有 50 套公寓要出租，当租金定为每月 180 元时，公寓会全部租出去. 当租金每月增加 10 元时，就有一套公寓租不出去，而租出去的房子每月需花费 20 元的整修维护费. 试问房租定为多少可获得最大收入？

16. 设某产品的总收益函数为 $R(Q)=\dfrac{5Q}{Q+1}$，其中 Q 是产品的销售量，求该产品的边际收益函数和平均收益函数，并求当 $Q=3$ 时的边际收益，说明其经济意义.

17. 设某商品的需求函数为 $Q=10-\dfrac{P}{3}$，求

(1) 需求 Q 对价格 P 的弹性函数；

(2) 求 $P=4$ 时的需求弹性，说明其经济意义.

第二部分：拓展题

1. 已知点$(2,4)$是曲线 $y=x^3+ax^2+bx+c$ 的拐

点，且在 $x=3$ 点取得极值，求 a，b，c.

2. 已知方程 $a_0x^4+a_1x^3+a_2x^2+a_3x=0$ 有一正根 x_0，试证方程 $4a_0x^3+3a_1x^2+2a_2x+a_3=0$ 必有一小于 x_0 的正根.

3. 证明：恒等式 $\arctan x+\operatorname{arccot} x=\frac{\pi}{2}$　$(-\infty<x<+\infty)$.

4. 证明：方程 $\sin x=x$ 只有一个实数根.

5. 设函数 $f(x)$ 在 (a,b) 内具有二阶导数，且 $f''(x)>0$，利用单调性证明：对于 $\forall x_1,\ x_2\in(a,b)$，有 $\frac{f(x_1)+f(x_2)}{2}>f\left(\frac{x_1+x_2}{2}\right)$.

6. 证明下列不等式：

(1) 当 $x>1$ 时，有 $2\sqrt{x}>3-\frac{1}{x}$；

(2) 当 $x>0$ 时，$1+\frac{1}{2}x>\sqrt{1+x}$；

(3) 当 $x>0$ 时，$x>\ln(1+x)$；

(4) 当 $x>0$ 时，$\cos x>1-\frac{1}{2}x^2$.

7. 设函数 $f(x)$ 和 $F(x)$ 在 a 的某邻域内可导，且 $F'(x)\neq 0$，又 $f(0)=F(0)=0$，$\lim\limits_{x\to a}\frac{f'(x)}{F'(x)}=k$，证明：$\lim\limits_{x\to a}\frac{f(x)}{F(x)}=k$.

8. 设函数 $y=f(x)$ 在 $[a,b]$ 上连续，在 (a,b) 内可导，且 $f'(x)>0$，判断函数 $f(x)$ 在 $[a,b]$ 上的单调性.

9. 做一个体积为 V 的圆柱形容器，已知两端面的材料价格为每单位面积 a 元，侧面材料价格每单位面积 b 元，问底面直径与高的比例为多少时，造价最省？

10. 用长为 6m 的铝合金材料加工成日字形窗户，问它的长宽各为多少时，面积最大，最大值是多少？

11. 描绘函数 $y=\frac{x}{1+x^2}$ 的图形.

12. 描绘函数 $y=e^{-\frac{x^2}{2}}$ 的图形.

13. 已知某产品的总成本 C(单位：百元)是产量 Q(单位：百件)的函数：$C(Q)=4Q^2+5Q+36$，求使平均成本最低的产量及相应的总成本.

14. 设某商品的需求函数是 $P+0.1Q=80$，总成本为 $C(Q)=5000+20Q$，求边际利润，并计算 $x=100$ 时的边际利润，并解释结果的经济意义.

第三部分：考研真题

一、选择题

1. (2017 年，数三) 设函数 $f(x)$ 是可导函数，且满足 $f(x)f'(x)>0$，则(　　).

A. $f(1)>f(-1)$　　B. $f(1)<f(-1)$

C. $|f(1)|>|f(-1)|$　　D. $|f(1)|<|f(-1)|$

2. (2019 年，数三) 已知方程 $x^5-5x+k=0$ 有 3 个不同的实数根，则 k 的取值范围是(　　).

A. $(-\infty,-4)$　　B. $(4,+\infty)$

C. $(0,4)$　　D. $(-4,4)$

二、填空题

1. (2017 年，数三) 设生产某产品的平均成本 $\overline{C}(Q)=1+e^{-Q}$，其中产量为 Q，则边际成本为________.

2. (2018 年，数三) 曲线 $y=x^2+2\ln x$ 在其拐点处的切线方程是________.

3. (2019 年，数三) 曲线 $y=x\sin x+2\cos x$ $\left(-\frac{\pi}{2}<x<\frac{3\pi}{2}\right)$ 的拐点坐标为________.

4. (2020 年，数三) 设某厂家某产品的产量为 Q，成本 $C(Q)=100+13Q$，设产品的单价为 P，需求量 $Q(P)=\frac{800}{P+3}-2$，则该厂家获得最大利润时的产量为________.

5. (2024 年，数三) 某产品的价格函数为 $P=\begin{cases}25-0.25Q, & Q\leqslant 20,\\ 35-0.75Q, & Q>20,\end{cases}$ (P 为单价，单位：万元；Q 为产量，单位：件)，总成本函数为 $C=150+5Q+0.25Q^2$(单位：万元)，则经营该产品可获得的最大利润为________(万元).

三、解答题

1. (2017 年，数三) 已知方程 $\frac{1}{\ln(1+x)}-\frac{1}{x}=k$ 在区间 $(0,1)$ 内有实根，确定常数 k 的取值范围.

2. (2019 年，数三) 函数 $f(x)=\begin{cases}x^{2x}, & x>0,\\ xe^x+1, & x\leqslant 0,\end{cases}$ 求 $f'(x)$，并求 $f(x)$ 的极值.

3. (2023 年，数三) 已知函数 $y=y(x)$ 满足 $ae^x+y^2+y-\ln(1+x)\cos y+b=0$，且 $y(0)=0$，$y'(0)=0$.

(1) 求 a，b 的值；

(2) 判断 $x=0$ 是否为函数 $y=y(x)$ 的极值点.

4. (2023 年，数三) 设函数 $f(x)$ 在 $[-a,a]$ 上有二阶连续导数.

(1) 证明：若 $f(0)=0$，存在 $\xi\in(-a,a)$，使得 $f''(\xi)=\frac{1}{a^2}[f(a)+f(-a)]$；

(2) 若 $f(x)$ 在 $(-a,a)$ 上存在极值，证明：存在 $\eta\in(-a,a)$，使得 $|f''(\eta)|\geqslant\frac{1}{2a^2}|f(a)-f(-a)|$.

自测题 4

(满分 100 分，测试时间 45min)

一、单项选择题(本题共 10 个小题，每小题 5 分，共 50 分)

1. 下列结论正确的是(　　).

A. x_0 是 $f(x)$ 的极值点且 $f'(x_0)$ 存在，则必有 $f'(x_0)=0$

B. x_0 是 $f(x)$ 的极值点，则 x_0 必是 $f(x)$ 的驻点

C. 若 $f'(x_0)=0$，则 x_0 必是 $f(x)$ 的极值点

D. 使 $f'(x)$ 不存在的点 x_0 一定是 $f(x)$ 的极值点

2. 下列说法正确的是(　　).

A. 驻点必为极值点

B. 极值点必为驻点

C. 可导函数的极值点必为驻点

D. 导数不存在的点一定不是极值点

3. 设函数 $f(x)=\ln(1+x^2)$ 在 $[-1,1]$ 上满足罗尔定理条件，则由罗尔定理确定的 $\xi=$(　　).

A. 1　　B. -1　　C. 0　　D. 不存在

4. $\lim\limits_{x\to1}x^{\frac{1}{1-x}}=$(　　).

A. e　　B. e^{-1}　　C. 1　　D. 不存在

5. 已知 $x_1=1$，$x_2=2$ 都是函数 $y=a\ln x+bx^2+x$ 的极值点，则 a，b 的值分别为(　　).

A. $a=-\frac{2}{3}$，$b=-\frac{1}{6}$

B. $a=\frac{2}{3}$，$b=\frac{1}{6}$

C. $a=\frac{2}{3}$，$b=-\frac{1}{6}$

D. 不存在这样的 a，b

6. 设 $f(x)$ 在 $(-a,a)$ 是连续的偶函数，且当 $0<x<a$ 时，$f(x)<f(0)$，则(　　).

A. $f(0)$ 是 $f(x)$ 在 $(-a,a)$ 的极大值，但不是最大值

B. $f(0)$ 是 $f(x)$ 在 $(-a,a)$ 的最小值

C. $f(0)$ 是 $f(x)$ 在 $(-a,a)$ 的极大值，也是最大值

D. $f(0)$ 是曲线 $y=f(x)$ 的拐点的纵坐标

7. 若 $(x_0,f(x_0))$ 为连续曲线 $y=f(x)$ 上的凹弧与凸弧分界点，则(　　).

A. $(x_0,f(x_0))$ 必为曲线的拐点

B. $(x_0,f(x_0))$ 必定为曲线的驻点

C. x_0 为 $f(x_0)$ 的极值点

D. x_0 必定不是 $f(x_0)$ 的极值点

8. 设 $f(x)$ 在 (a,b) 内一阶和二阶导数存在，且其图形为单调递减的凹曲线，则必有(　　).

A. $f'(x)>0$，$f''(x)>0$

B. $f'(x)>0$，$f''(x)<0$

C. $f'(x)\leqslant0$，$f''(x)\geqslant0$

D. $f'(x)<0$，$f''(x)<0$

9. 曲线 $y=\frac{x^2-2x+4}{x+1}$ 的斜渐近线是(　　).

A. $y=x-3$　　B. $y=-x-3$

C. $y=x+3$　　D. 不存在

10. 设生产 Q 单位某产品的成本函数为 $C(Q)=100+\frac{Q^2}{2}$，则生产 6 个单位产品时的边际成本是(　　).

A. 1　　B. 2　　C. 12　　D. 6

二、判断题(用√、×表示. 本题共 10 个小题，每小题 5 分，共 50 分)

1. 函数 $f(x)=\frac{1}{3}x^3-x$ 在区间 $(0,2)$ 内的驻点不存在.　(　　)

2. 函数 $f(x)=x^2-1$ 在区间 $[-1,1]$ 上满足罗尔定理条件，并且函数在 $\xi=0$ 处切线是水平的.　(　　)

3. 设 $y=f(x)$ 是 (a,b) 内的可导函数，x，$x+\Delta x$ $(\Delta x>0)$ 是 (a,b) 内任意两点，则在 x，$x+\Delta x$ 之间至少有一点 ξ，使 $\Delta y=f'(\xi)\Delta x$.　(　　)

4. 应用洛必达法则求极限 $\lim\limits_{x\to\infty}\frac{\cos x}{1+x^2}=\lim\limits_{x\to\infty}\frac{-\sin x}{2x}=-\frac{1}{2}$.　(　　)

5. $\lim\limits_{x\to+\infty}\frac{e^x-e^{-x}}{e^x+e^{-x}}=1$.　(　　)

6. 函数的极大值有可能比它的极小值小. ( )

7. 导数不存在的点(函数在该点连续)可能是极值点. ( )

8. 函数 $y=f(x)$ 在 $(-2,2)$ 上满足 $f'(x)>0$，$f''(x)<0$，则函数曲线在 $(-2,2)$ 上是单调递增凸弧. ( )

9. 方程 $x-\frac{1}{2}\sin x=0$ 只有一个根 $x=0$. ( )

10. 曲线 $y=\frac{1}{x-4}$ 的水平渐近线为 $x=4$. ( )

第 5 章 不定积分

【学习目标】

1. 了解原函数与不定积分的概念.
2. 了解不定积分的几何意义及性质.
3. 掌握积分公式表及积分法.
4. 掌握“一表四法”(一表：积分表；四法：直接积分法、换元积分法、分部积分法、有理函数积分法).

在微分学中，我们讨论了求已知函数的导数(或微分)的问题. 但是，在科学技术和经济生活的许多问题中，我们经常需要解决另一个(或许说更重要的)问题，那就是已知一个函数的导数(或微分)，如何将这个函数“复原”出来. 这种由已知函数的导数(或微分)去求原来函数问题，是积分学的基本问题之一——不定积分问题.

本章我们就来介绍不定积分的概念、性质及求不定积分的基本方法.

本章知识结构图

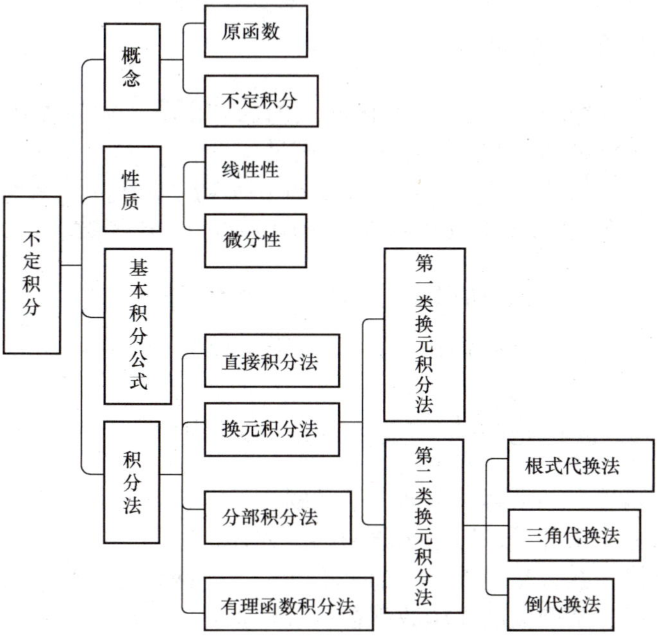

5.1 不定积分的概念及性质

通过本节的学习，学生应理解原函数和不定积分的概念，会对一个函数进行关于原函数、不定积分、导数的相关计算，了解不定积分的几何意义，了解不定积分的性质.

5.1.1 引例

为了更直观地了解不定积分的概念，我们先看以下两个例题：

例 5.1.1 一曲线过点(1,1)，且曲线上各点处的切线斜率等于该点横坐标的平方，求此曲线方程.

解 设所求的曲线方程为 $y=y(x)$，根据导数的几何意义，可知未知函数 $y=y(x)$ 应满足关系 $y'=x^2$.

可知

$$y=\frac{1}{3}x^3+C,$$

将 $y|_{x=1}=1$ 代入上式，得 $C=\frac{2}{3}$.

故所求的曲线方程为

$$y=\frac{1}{3}x^3+\frac{2}{3}.$$

例 5.1.2 某商品的边际成本为 $C'(x)=50-x$，求总成本函数 $C(x)$.

解 因为 $C'(x)=50-x$，故 $C(x)=50x-\frac{1}{2}x^2+C$，其中的 C 为任意常数，可由固定成本来确定.

这两个问题一个是几何问题一个是经济问题，抛开具体问题，以上两个问题的共性是已知一个函数的导数，要求它的原函数的问题，这个问题就是不定积分要解决的问题.

定义 5.1.1 设 $f(x)$ 是定义在某区间上的已知函数，如果存在一个函数 $F(x)$，对于该区间上的每一点 x，都满足

$$F'(x)=f(x) \quad 或者\ \mathrm{d}F(x)=f(x)\mathrm{d}x,$$

则称函数 $F(x)$ 是已知函数 $f(x)$ 在该区间上的一个**原函数**.

例如，$(x^3)'=3x^2$，所以 x^3 是 $3x^2$ 的一个原函数.

又如，当 $x\in(1,+\infty)$ 时，$[\ln(x+\sqrt{x^2-1})]'=\frac{1}{\sqrt{x^2-1}}$，所以 $\ln(x+\sqrt{x^2-1})$ 是 $\frac{1}{\sqrt{x^2-1}}$ 在 $x\in(1,+\infty)$ 内的一个原函数.

研究原函数，必须解决下面三个问题：

(1) 在什么条件下，一个函数的原函数存在？

(2) 如果存在，是否唯一？如果不唯一，原函数之间有什么关系？

(3) 若已知某函数的原函数存在，怎样将它们求出来？

关于第一个和第二个问题我们有下面两个定理，第三个问题将在后几节研究.

定理 5.1.1 如果函数 $f(x)$ 在区间 I 上连续，那么 $f(x)$ 在区间 I 上存在原函数.

注 由于初等函数在其有定义的区间上是连续的，所以初等函数在其定义的区间上都有原函数.（该定理的证明在 6.2 节完成）

定理 5.1.2 若 $F(x)$ 是 $f(x)$ 在区间 I 内的一个原函数，则 $F(x)+C(C\in\mathbf{R})$ 是 $f(x)$ 在区间 I 上的全部原函数.

下面我们只对定理 5.1.2 给出证明

证 因为 $F(x)$ 是 $f(x)$ 在区间 I 内的一个原函数，故有 $F'(x)=f(x)$. 又

$$(F(x)+C)'=F'(x)=f(x),$$

所以 $F(x)+C$ 是 $f(x)$ 的原函数.

假设 $G(x)$ 是 $f(x)$ 在区间 I 内的任意一个原函数，则有 $G'(x)=f(x)$，而

$$(G(x)-F(x))'=G'(x)-F'(x)=0,$$

所以 $G(x)-F(x)=C_0$，$G(x)=F(x)+C_0$，故 $F(x)+C$ 是 $f(x)$ 在区间 I 内的全部原函数.

5.1.2 不定积分的定义

定理 5.1.2 表明，一个函数的原函数之间只是相差一个常数. 因此，有如下定义：

定义 5.1.2 函数 $f(x)$ 的全部原函数，称为 $f(x)$ 的**不定积分**，记作 $\int f(x)\mathrm{d}x$，其中 $\int$ 称为**积分号**，x 称为**积分变量**，$f(x)$ 称为**被积函数**，$f(x)\mathrm{d}x$ 称为**积分表达式**.

如果 $F(x)$ 是 $f(x)$ 的一个原函数，则由定义有

$$\int f(x)\mathrm{d}x = F(x)+C.$$

因此，欲求已知函数的不定积分，只要求出它的一个原函数，再加上任意常数 C 即可.

例 5.1.3 求函数 $f(x)=x^4$ 的不定积分.

解 因为 $\left(\frac{1}{5}x^5\right)'=x^4$，所以 $\frac{1}{5}x^5$ 是 x^4 的一个原函数，所以

$$\int x^4\mathrm{d}x = \frac{1}{5}x^5 + C.$$

例 5.1.3

例 5.1.4 求函数 $f(x)=\frac{1}{x}$ 的不定积分.

解　因为当 $x>0$ 时，$(\ln x)'=\frac{1}{x}$，所以 $\int\frac{1}{x}\mathrm{d}x=\ln x+C\quad(x>0)$；

当 $x<0$ 时，因为 $-x>0$，$[\ln(-x)]'=-\frac{1}{x}\cdot(-1)=\frac{1}{x}$，

所以 $\int\frac{1}{x}\mathrm{d}x=\ln(-x)+C\quad(x<0)$．把两个结果合起来，可写作

$$\int\frac{1}{x}\mathrm{d}x=\ln|x|+C.$$

5.1.3　不定积分的性质

性质 5.1.1　线性性质　设 $f(x)$，$g(x)$ 的原函数存在，则

(1) $\int kf(x)\mathrm{d}x=k\int f(x)\mathrm{d}x$（$k$ 是不为零的常数），

(2) $\int[f(x)\pm g(x)]\mathrm{d}x=\int f(x)\mathrm{d}x\pm\int g(x)\mathrm{d}x$（可推广到有限个函数的情形）.

性质 5.1.2　可微性

(3) $\left[\int f(x)\mathrm{d}x\right]'=f(x)$ 或 $\mathrm{d}\left[\int f(x)\mathrm{d}x\right]=f(x)\mathrm{d}x$，

(4) $\int f'(x)\mathrm{d}x=f(x)+C$ 或 $\int \mathrm{d}f(x)=f(x)+C$.

我们只证线性性质中的(2)，其他性质的证明留给读者自己完成.

证　将等式 $\int[f(x)\pm g(x)]\mathrm{d}x=\int f(x)\mathrm{d}x\pm\int g(x)\mathrm{d}x$ 右端求导，得

$$\left[\int f(x)\mathrm{d}x\pm\int g(x)\mathrm{d}x\right]'=\left[\int f(x)\mathrm{d}x\right]'\pm\left[\int g(x)\mathrm{d}x\right]'=f(x)\pm g(x),$$

这表示 $\int f(x)\mathrm{d}x\pm\int g(x)\mathrm{d}x$ 是 $f(x)\pm g(x)$ 的原函数，又 $\int f(x)\mathrm{d}x\pm\int g(x)\mathrm{d}x$ 有两个积分记号，形式上含两个任意常数，由于任意常数之和（差）仍为任意常数，故实际上含一个任意常数，因此 $\int f(x)\mathrm{d}x\pm\int g(x)\mathrm{d}x$ 是 $f(x)\pm g(x)$ 的不定积分．证毕．

由上面性质可知下列各式成立．

$\int(5-x+2x^3)\mathrm{d}x=\int5\mathrm{d}x-\int x\mathrm{d}x+2\int x^3\mathrm{d}x$，（性质(1)）

$\int(x^3+x)'\mathrm{d}x=x^3+x+C$，（性质(4)）

$\left(\int\cos x\mathrm{d}x\right)'=\cos x$，（性质(3)）

$\int\mathrm{d}(2x)=2x+C$.（性质(4)）

5.1.4　不定积分的几何意义

在 $f(x)$ 全部原函数 $F(x)+C(C\in\mathbf{R})$ 中，对任何一个给定的 C，都有一个确定的原函数，在几何上也就对应着一条确定的曲线，称为积分曲线.

$F(x)+C$ 对应着一簇曲线，所以不定积分 $\int f(x)\mathrm{d}x$ 在几何上对应着 $f(x)$ 的积分曲线簇，这个积分曲线簇在横坐标相同点处的切线斜率相等，即它们在横坐标相同点处的切线彼此平行，积分曲线簇中的任何一条曲线都可以由其中的 $y=F(x)$ 沿 y 轴上下平移而得到(见图5.1).

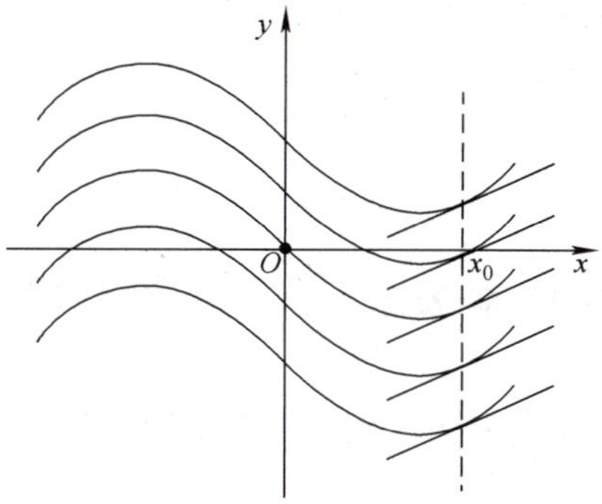

图5.1 积分曲线图

例5.1.5 设曲线通过点(1,2)，且其上任一点处的切线斜率等于这点横坐标的两倍，求此曲线方程.

解 设所求曲线方程为 $y=F(x)$，依题设，曲线上任一点 (x,y) 处的切线斜率 $F'(x)=2x$，即 $F(x)$ 是 $2x$ 的一个原函数. 因为 $\int 2x\mathrm{d}x=x^2+C$，故必有某个常数 C，使 $F(x)=x^2+C$，代入点(1,2)得 $C=1$，于是所求曲线方程为 $F(x)=x^2+1$.

注 $F(x)=x^2+1$ 即是函数 $2x$ 通过点(1,2)的那条积分曲线，显然这条积分曲线可以由另一条积分曲线(例如 $y=x^2$)经 y 轴方向平移而得到.

5.1.5 同步习题

1. 判断下列结论是否正确：

(1) 若 $\int f(x)\mathrm{d}x=F(x)+C$ 则 $F'(x)=f(x)$； ( )

(2) $\int f(x)g(x)\mathrm{d}x=\int f(x)\mathrm{d}x\int g(x)\mathrm{d}x$； ( )

(3) $\mathrm{d}\int f(x)\mathrm{d}x=f(x)$； ( )

(4) $\int f(x)\mathrm{d}x=\int f(x)\mathrm{d}x+1$； ( )

(5) 若 $f(x)=x^5$，则 $f(x)$ 的不定积分是 $\frac{1}{6}x^6+C$. ( )

2. 填空题

(1) 若 $\int f(x)\mathrm{d}x=2^x+\sin x+C$，则 $f(x)=$ ________.

(2) 若 $f(x)$ 的一个原函数为 $\cos x$，则 $\int f'(x)\mathrm{d}x=$ ________.

(3) 若 $\frac{\sin x}{x}$ 是 $f(x)$ 的一个原函数，则 $\int f(x)\mathrm{d}x=$ ________. $f'(x)=$ ________.

3. 选择题

(1) 已知 $y'=3x^2$，且 $x=1$ 时，$y=2$. 则 $y=$ ( ).

A. x^3　　B. x^3+C

C. x^3+1　　D. x^3+2

(2) 若 $f'(x)$ 存在，则 $\left[\int \mathrm{d}f(x)\right]'=$ ( ).

A. $f(x)$　　B. $f'(x)$

C. $f(x)+C$　　D. $f'(x)+C$

(3) $\int \mathrm{d}\arctan\sqrt{x}=$ ( ).

A. $\arctan\sqrt{x}$　　B. $\arctan\sqrt{x}+C$

C. $\frac{1}{1+x}$　　D. $\frac{1}{2\sqrt{x}(1+x)}$

(4) 若 $\frac{2}{3}\ln\cos 2x$ 是 $f(x)=k\tan 2x$ 的一个原函数，则 $k=$ ( ).

A. $\frac{2}{3}$　　B. $-\frac{2}{3}$

C. $\frac{4}{3}$　　D. $-\frac{4}{3}$

(5) 设 $f(x)$ 的导函数是 $\sin x$，则 $f(x)$ 的原函数是(　　).

A. $1+\sin x$　　B. $1-\sin x$

C. $1+\cos x$　　D. $1-\cos x$

4. 根据原函数与不定积分的定义证明：

(1) $\int u\sqrt{u^2-5}\,du=\frac{1}{3}(u^2-5)^{\frac{3}{2}}+C$；

(2) 函数 $x(\ln x-1)$ 是函数 $\ln x$ 的一个原函数.

5.2 不定积分的基本公式、直接积分法

通过本节的学习，学生应掌握简单函数的不定积分的积分方法．掌握基本积分表.

5.2.1 基本积分公式表

由不定积分的定义我们知道：求一个函数的不定积分主要是求这个函数的原函数．怎样求原函数？求原函数要比求导数或微分困难得多，原因在于原函数的定义不像导数那样具有构造性，原函数的定义只告诉我们它是一个函数，其导数刚好等于 $f(x)$，而没有指出怎样由 $f(x)$ 求出它的原函数的具体途径，因此我们只能按照微分法的已知结果进行试探，这就是积分法的困难所在. 为了有效地计算不定积分，必须先掌握一些基本公式，正如在求函数导数时必须掌握基本初等函数的求导公式一样. 由于积分法与微分法互为逆运算，故由导数的基本公式可以得到下面的基本积分公式表.

表 5.1　基本积分公式表

1. $\int k\,dx=kx+C$　(k 是常数)；

2. $\int x^{\alpha}dx=\frac{x^{\alpha+1}}{\alpha+1}+C$　$(\alpha\neq-1)$；

3. $\int\frac{1}{x}=\ln|x|+C$；

4. $\int e^x dx=e^x+C$；

5. $\int a^x dx=\frac{a^x}{\ln a}+C$　$(a>0, a\neq 1)$；

6. $\int\sin x\,dx=-\cos x+C$；

7. $\int\cos x\,dx=\sin x+C$；

8. $\int\sec^2 x\,dx=\tan x+C$；

9. $\int\csc^2 x\,dx=-\cot x+C$；

10. $\int\sec x\tan x\,dx=\sec x+C$；

11. $\int\csc x\cot x\,dx=-\csc x+C$；

12. $\int\frac{1}{\sqrt{1-x^2}}dx=\arcsin x+C$；

13. $\int\frac{1}{1+x^2}dx=\arctan x+C$.

5.2.2 直接积分法

利用积分表中的公式和不定积分的性质可直接求一些简单函数的不定积分，这种求不定积分的方法称为直接积分法．用这种方法求不定积分要把被积函数通过变形变为能够直接积分的函数的和或者差的形式．它是一种最基础的积分方法. 下面通过例题来了解如何用此法求一些函数的不定积分．

例 5.2.1 求 $\int \frac{x^2\sqrt{x}-3x+2\sqrt[3]{x}}{x^2}dx$.

解
$$\int \frac{x^2\sqrt{x}-3x+2\sqrt[3]{x}}{x^2}dx = \int\left(\sqrt{x}-\frac{3}{x}+2x^{-\frac{5}{3}}\right)dx$$
$$= \frac{2}{3}x^{\frac{3}{2}} - 3\ln|x| - 3x^{-\frac{2}{3}} + C.$$

例 5.2.2 求 $\int\left(\frac{2}{\sqrt{1-x^2}} - 4\sin^2 x\csc x\right)dx$.

解
$$\int\left(\frac{2}{\sqrt{1-x^2}} - 4\sin^2 x\csc x\right)dx = 2\int\frac{1}{\sqrt{1-x^2}}dx - 4\int\sin x dx$$
$$= 2\arcsin x + 4\cos x + C.$$

例 5.2.3 求 $\int(1-3^x)e^x dx$.

解
$$\int(1-3^x)e^x dx = \int(e^x - 3^x e^x)dx$$
$$= \int e^x dx - \int(3e)^x dx$$
$$= e^x - \frac{3^x e^x}{1+\ln 3} + C.$$

例 5.2.4 求 $\int\frac{x^4}{1+x^2}dx$.

解
$$\int\frac{x^4}{1+x^2}dx = \int\frac{x^4-1+1}{1+x^2}dx$$
$$= \int\left(x^2-1+\frac{1}{x^2+1}\right)dx$$
$$= \int x^2 dx - \int dx + \int\frac{1}{x^2+1}dx$$
$$= \frac{x^3}{3} - x + \arctan x + C.$$

例 5.2.5 求 $\int\sin^2\frac{x}{2}dx$.

解
$$\int\sin^2\frac{x}{2}dx = \int\frac{1-\cos x}{2}dx$$
$$= \frac{1}{2}\int(1-\cos x)dx$$
$$= \frac{x}{2} - \frac{\sin x}{2} + C.$$

例 5.2.6　求 $\int \csc x(\cot x + 2\csc x)\mathrm{d}x$.

解　$$\int \csc x(\cot x + 2\csc x)\mathrm{d}x = \int(\csc x\cot x + 2\csc^2 x)\mathrm{d}x = -\csc x - 2\cot x + C.$$

例 5.2.7　求 $\int \dfrac{\tan^3 x + \tan^2 x - \tan x - 1}{\tan x + 1}\mathrm{d}x$.

解　$$\begin{aligned}\int \frac{\tan^3 x + \tan^2 x - \tan x - 1}{\tan x + 1}\mathrm{d}x &= \int \frac{\tan^2 x(\tan x + 1) - (\tan x + 1)}{\tan x + 1}\mathrm{d}x\\ &= \int(\tan^2 x - 1)\mathrm{d}x\\ &= \int(\sec^2 x - 2)\mathrm{d}x = \tan x - 2x + C.\end{aligned}$$

例 5.2.8

例 5.2.8　某化工厂生产某种产品，每日生产的产品的总成本 y 的变化率(即边际成本)是日产量 x 的函数，且有关系式 $y' = 7 + \dfrac{25}{\sqrt{x}}$，已知固定成本为 1000 元，求总成本与日产量的函数关系.

解　依题意有 $y = \int\left(7 + \dfrac{25}{\sqrt{x}}\right)\mathrm{d}x = 7x + 50\sqrt{x} + C.$

因为固定成本为 1000 元，即当 $x = 0$ 时，$y = 1000$，代入得 $C = 1000$，所以总成本 y 与日产量 x 的函数关系为

$$y = 7x + 50\sqrt{x} + 1000.$$

5.2.3　同步习题

1. 填空题

(1) $\int x^5 \mathrm{d}x =$ ________.

(2) $\int \dfrac{1}{x^5}\mathrm{d}x =$ ________.

(3) $\int \dfrac{1}{\sqrt{x}}\mathrm{d}x =$ ________.

(4) $\int \dfrac{1}{\sqrt[3]{x}}\mathrm{d}x =$ ________.

(5) $\int 2^x \mathrm{e}^x \mathrm{d}x =$ ________.

2. 选择题

(1) $\int \mathrm{e}^{x+1}\mathrm{d}x =$ (　　).

A. $\mathrm{e}^x + C$　　B. $\mathrm{e}^{x+1} + C$

C. $(x+1)\mathrm{e}^x + C$　　D. $\mathrm{e}^x + x + C$

(2) $\int 10^t \cdot 3^{2t}\mathrm{d}t =$ (　　).

A. $90^t + C$　　B. $\dfrac{90^t}{\ln 90} + C$

C. $90^t \ln 90 + C$　　D. $10^t + 3^{2t} + C$

(3) $\int\left(\dfrac{1}{\sin^2 x} + \dfrac{1}{\cos^2 x}\right)\mathrm{d}x =$ (　　).

A. $\tan x + \cot x + C$　　B. $\tan x - \cot x + C$

C. $\dfrac{1}{\sin x} + \dfrac{1}{\cos x} + C$　　D. $\sec x - \csc x + C$

(4) $\int \tan^2 x \mathrm{d}x =$ (　　).

A. $\dfrac{1}{3}\tan^3 x + C$　　B. $\tan x - x + C$

C. $\tan x + x + C$　　D. $\tan^2 x - x + C$

(5) $\int (x+1)\sqrt{x}\mathrm{d}x =$ (　　).

A. $\dfrac{1}{3}(x+1)^2 x^{\frac{3}{2}} + C$

B. $\dfrac{1}{2}(x+1)^2 + \dfrac{2}{3}x^{\frac{3}{2}} + C$

C. $\dfrac{2}{5}x^2\sqrt{x} + \dfrac{2}{3}x\sqrt{x} + C$

D. $\frac{5}{2}x^{\frac{5}{2}}+\frac{3}{2}x^{\frac{3}{2}}+C$

3. 计算下列不定积分

(1) $\int(1-3x^2)\mathrm{d}x$;　(2) $\int\left(\sqrt[3]{x}-\frac{1}{\sqrt{x}}\right)\mathrm{d}x$;

(3) $\int\left(\sqrt{x}+\frac{3}{x}+\frac{1}{x^4}\right)\mathrm{d}x$;　(4) $\int\frac{(t+1)^3}{t^2}\mathrm{d}t$;

(5) $\int\frac{x^2}{x^2+1}\mathrm{d}x$;　(6) $\int\frac{1+2x^2}{x^2(1+x^2)}\mathrm{d}x$;

(7) $\int\frac{x^3-27}{x-3}\mathrm{d}x$;　(8) $\int\frac{\mathrm{e}^{2x}-1}{\mathrm{e}^x-1}\mathrm{d}x$;

(9) $\int\frac{2\cdot 3^x-2^x}{3^x}\mathrm{d}x$;

(10) $\int\left(3^x\mathrm{e}^x-\frac{2}{\sqrt{1-x^2}}+3\sin x\right)\mathrm{d}x$;

(11) $\int\mathrm{e}^x\left(1-\frac{\mathrm{e}^{-x}}{x}+2\mathrm{e}^{-x}\cos x\right)\mathrm{d}x$;

(12) $\int\cot^2x\mathrm{d}x$;　(13) $\int(\mathrm{e}^x)^2\mathrm{d}x$;

(14) $\int\frac{3}{\sqrt{4-4x^2}}\mathrm{d}x$;　(15) $\int\cos^2\frac{x}{2}\mathrm{d}x$;

(16) $\int\frac{\cos 2x}{\sin x+\cos x}\mathrm{d}x$;　(17) $\int\frac{\cos 2x}{\sin^2x\cos^2x}\mathrm{d}x$;

(18) $\int\frac{1+\sin 2x}{\sin x+\cos x}\mathrm{d}x$.

5.3 换元积分法

通过本节的学习，学生应掌握第一类换元法和第二类换元法，并理解两类换元法的不同之处，掌握扩展的基本积分表.

我们已经可以利用基本积分公式和不定积分的性质求出一些函数的不定积分. 但是还有很多函数的不定积分，即使是简单的积分，目前还不能求出，如 $\int\cos 2x\mathrm{d}x$，$\int\sqrt{1-x^2}\mathrm{d}x$ 等. 因此，有必要进一步研究求积分的方法. 这里我们来介绍换元积分法. 换元积分法通常分为两类，第一类是把积分变量 x 作为自变量，引入中间变量 $u=\varphi(x)$，第二类是把积分变量 x 作为中间变量，引入自变量 t，做变换 $x=\varphi(t)$，从而将复杂的不定积分化为简单的形式，进一步再利用基本积分表及积分性质求出不定积分.

例 5.3.1　求不定积分 $\int\frac{1}{\sqrt{4-x^2}}\mathrm{d}x$.

解　方法 1

$$\int\frac{1}{\sqrt{4-x^2}}\mathrm{d}x=\int\frac{1}{2\sqrt{1-\frac{x^2}{4}}}\mathrm{d}x$$

$$=\int\frac{1}{\sqrt{1-\left(\frac{x}{2}\right)^2}}\mathrm{d}\left(\frac{x}{2}\right)$$

设 $u=\frac{x}{2}$，

$$原式=\int\frac{1}{\sqrt{1-u^2}}\mathrm{d}u=\arcsin u+C$$

$$=\arcsin\frac{x}{2}+C.$$

方法 2　令 $x=2\sin t$，则 $\mathrm{d}x=2\cos t\mathrm{d}t$ $\left(-\frac{\pi}{2}<t<\frac{\pi}{2}\right)$.

$$\int \frac{1}{\sqrt{4-x^2}}\mathrm{d}x = \int \frac{1}{\sqrt{4-4\sin^2 t}} 2\cos t\mathrm{d}t$$
$$= \int \frac{1}{2\cos t} 2\cos t\mathrm{d}t$$
$$= \int \mathrm{d}t = t + C = \arcsin\frac{x}{2} + C.$$

两种解法都得到了同样的结果.

从这两种解法不难看到它们的区别. 方法一是凑出中间变量$\frac{x}{2}$，引入中间变量$u=\frac{x}{2}$把积分化为基本积分表中的积分，此方法称为第一类换元积分法，又称为凑微分法. 方法二是直接利用代换 $x=2\sin t$ 把积分化为简单的积分，此方法称为第二类换元积分法.

5.3.1 第一类换元积分法

定理 5.3.1 设$\int f(u)\mathrm{d}u = F(u)+C$，且 $u=\varphi(x)$是可微函数，则

$$\int f(\varphi(x))\varphi'(x)\mathrm{d}x = \int f(\varphi(x))\mathrm{d}\varphi(x) = \int f(u)\mathrm{d}u$$
$$= F(u)+C = F(\varphi(x))+C.$$

证 因为 $F'(u)=f(u)$，所以由复合函数求导法则有

$$[F(\varphi(x))]' = F'(\varphi(x))\varphi'(x) = f(\varphi(x))\varphi'(x)$$

所以

$$\int f(\varphi(x))\varphi'(x)\mathrm{d}x = F(\varphi(x))+C.$$

此方法也称凑微分法，它需要利用基本积分表中的积分公式把被积函数中的一部分凑成中间变量的微分. 常用的凑微分形式见表 5.2.

表 5.2 常用的凑微分形式表

1. $\mathrm{d}x=\frac{1}{a}\mathrm{d}(ax+b)$；
2. $x^{n-1}\mathrm{d}x=\frac{1}{n}\mathrm{d}x^n$；
3. $\mathrm{e}^x\mathrm{d}x=\mathrm{d}\mathrm{e}^x$；
4. $\frac{1}{x}\mathrm{d}x=\mathrm{d}\ln|x|\ (x>0)$；
5. $a^x\mathrm{d}x=\frac{1}{\ln a}\mathrm{d}a^x$；
6. $\cos x\mathrm{d}x=\mathrm{d}\sin x$；
7. $\sin x\mathrm{d}x=-\mathrm{d}\cos x$；
8. $\frac{1}{\cos^2 x}\mathrm{d}x=\sec^2 x\mathrm{d}x=\mathrm{d}(\tan x)$；
9. $\frac{1}{\sin^2 x}\mathrm{d}x=\csc^2 x\mathrm{d}x=-\mathrm{d}(\cot x)$；
10. $\frac{1}{\sqrt{1-x^2}}\mathrm{d}x=\mathrm{d}\arcsin x$；
11. $\frac{1}{1+x^2}\mathrm{d}x=\mathrm{d}\arctan x$；

12. $\frac{1}{x^2}dx = -d\left(\frac{1}{x}\right)$;

13. $\frac{1}{\sqrt{x}}dx = 2d(\sqrt{x})$.

下面我们通过例题来学习如何用凑微分法求函数的不定积分 .

例 5.3.2　求 $\int(2x+5)^{50}dx$.

解

$$\int(2x+5)^{50}dx = \frac{1}{2}\int(2x+5)^{50}d(2x+5) = \frac{1}{102}(2x+5)^{51}+C.$$

例 5.3.3　求 $\int x\sqrt{1-x^2}dx$.

解

$$\int x\sqrt{1-x^2}dx = -\frac{1}{2}\int\sqrt{1-x^2}d(1-x^2) = -\frac{1}{3}(1-x^2)^{\frac{3}{2}}+C.$$

例 5.3.3

例 5.3.4　求 $\int xe^{x^2}dx$.

解

$$\int xe^{x^2}dx = \frac{1}{2}\int e^{x^2}dx^2 = \frac{1}{2}e^{x^2}+C.$$

例 5.3.5　求 $\int\frac{\cos\frac{1}{x}}{x^2}dx$.

解

$$\int\frac{\cos\frac{1}{x}}{x^2}dx = \int\cos\frac{1}{x}d\left(-\frac{1}{x}\right) = -\int\cos\frac{1}{x}d\frac{1}{x} = -\sin\frac{1}{x}+C.$$

例 5.3.6　求 $\int\tan x dx$.

解

$$\int\tan x dx = \int\frac{\sin x}{\cos x}dx = -\int\frac{d(\cos x)}{\cos x} = -\ln|\cos x|+C.$$

读者不难求得

$$\int\cot x dx = \ln|\sin x|+C.$$

例 5.3.7 求 $\int\left(\sin x\cos x+\frac{\cos\sqrt{x}}{\sqrt{x}}\right)\mathrm{d}x$.

解 $$\int\left(\sin x\cos x+\frac{\cos\sqrt{x}}{\sqrt{x}}\right)\mathrm{d}x=\frac{1}{2}\int\sin 2x\mathrm{d}x+2\int\cos\sqrt{x}\mathrm{d}\sqrt{x}$$
$$=\frac{1}{4}\int\sin 2x\mathrm{d}2x+2\int\cos\sqrt{x}\mathrm{d}\sqrt{x}$$
$$=-\frac{1}{4}\cos 2x+2\sin\sqrt{x}+C.$$

例 5.3.8 求 $\int\left(\mathrm{e}^{\arctan x}\frac{1}{1+x^2}+\frac{2}{\sqrt{1-x^2}}\arcsin x\right)\mathrm{d}x$.

解 $$\int\left(\mathrm{e}^{\arctan x}\frac{1}{1+x^2}+\frac{2}{\sqrt{1-x^2}}\arcsin x\right)\mathrm{d}x$$
$$=\int\mathrm{e}^{\arctan x}\mathrm{d}\arctan x+2\int\arcsin x\mathrm{d}\arcsin x$$
$$=\mathrm{e}^{\arctan x}+(\arcsin x)^2+C.$$

例 5.3.9 求 $\int\frac{1}{x^2+a^2}\mathrm{d}x$.

解 $$\int\frac{1}{x^2+a^2}\mathrm{d}x=\frac{1}{a^2}\int\frac{1}{1+\frac{x^2}{a^2}}\mathrm{d}x$$
$$=\frac{1}{a}\int\frac{1}{1+\left(\frac{x}{a}\right)^2}\mathrm{d}\left(\frac{x}{a}\right)$$
$$=\frac{1}{a}\arctan\frac{x}{a}+C.$$

还可以求出 $\int\frac{1}{\sqrt{a^2-x^2}}\mathrm{d}x=\arcsin\frac{x}{a}+C\quad(a>0)$.

例 5.3.10 求 $\int\frac{\mathrm{d}x}{a^2-x^2}$.

解 $$\int\frac{\mathrm{d}x}{a^2-x^2}=\int\frac{1}{2a}\left(\frac{1}{a-x}+\frac{1}{a+x}\right)\mathrm{d}x$$
$$=\frac{1}{2a}\left(\int\frac{1}{a-x}\mathrm{d}x+\int\frac{1}{a+x}\mathrm{d}x\right)$$
$$=\frac{1}{2a}\left(\int\frac{-\mathrm{d}(a-x)}{a-x}+\int\frac{\mathrm{d}(a+x)}{a+x}\right)$$
$$=\frac{1}{2a}(\ln|a+x|-\ln|a-x|)+C$$
$$=\frac{1}{2a}\ln\left|\frac{a+x}{a-x}\right|+C.$$

例 5.3.11 求 $\int \cos^2 x\mathrm{d}x$.

解 $$\int \cos^2 x\mathrm{d}x = \int \frac{1+\cos 2x}{2}\mathrm{d}x$$
$$= \frac{1}{2}\left(\int \mathrm{d}x + \int \cos 2x\mathrm{d}x\right)$$
$$= \frac{1}{2}\int \mathrm{d}x + \frac{1}{4}\int \cos 2x\mathrm{d}(2x) = \frac{1}{2}x + \frac{1}{4}\sin 2x + C.$$

例 5.3.12 求 $\int \sin^3 x\mathrm{d}x$.

解 $$\int \sin^3 x\mathrm{d}x = \int \sin^2 x \cdot \sin x\mathrm{d}x$$
$$= -\int \sin^2 x\mathrm{d}\cos x$$
$$= -\int (1-\cos^2 x)\mathrm{d}\cos x$$
$$= -\cos x + \frac{1}{3}\cos^3 x + C.$$

例 5.3.13 求 $\int \cos^3 x\sin^2 x\mathrm{d}x$.

解 $$\int \cos^3 x\sin^2 x\mathrm{d}x = \int \cos^2 x\sin^2 x\mathrm{d}\sin x$$
$$= \int (1-\sin^2 x)\sin^2 x\mathrm{d}\sin x$$
$$= \int (\sin^2 x - \sin^4 x)\mathrm{d}\sin x$$
$$= \frac{1}{3}\sin^3 x - \frac{1}{5}\sin^5 x + C.$$

例 5.3.14 求 $\int \csc x\mathrm{d}x$.

解 $$\int \csc x\mathrm{d}x = \int \frac{\mathrm{d}x}{\sin x}$$
$$= \int \frac{\mathrm{d}x}{2\sin\frac{x}{2}\cos\frac{x}{2}}$$
$$= \int \frac{\mathrm{d}\frac{x}{2}}{\tan\frac{x}{2}\cos^2\frac{x}{2}}$$
$$= \int \frac{\mathrm{d}\tan\frac{x}{2}}{\tan\frac{x}{2}}$$
$$= \ln\left|\tan\frac{x}{2}\right| + C.$$

因为 $\tan\frac{x}{2}=\frac{\sin\frac{x}{2}}{\cos\frac{x}{2}}=\frac{2\sin^2\frac{x}{2}}{\sin x}=\frac{1-\cos x}{\sin x}=\csc x-\cot x$ 所以上述不定积分又可表为

$$\int\csc x\mathrm{d}x=\ln|\csc x-\cot x|+C.$$

由于 $\cos x=\sin\left(x+\frac{\pi}{2}\right)$，可得

$$\int\sec x\mathrm{d}x=\int\frac{1}{\cos x}\mathrm{d}x=\ln|\sec x+\tan x|+C.$$

5.3.2 第二类换元积分法

有些积分用第一类换元积分法很难求出. 如 $\int\sqrt{1-x^2}\mathrm{d}x$ 等，我们可以通过变量替换令 $x=\varphi(t)$ 求出不定积分. 这种积分方法称为第二类换元积分法. 关于第二类换元法有下面定理.

定理 5.3.2 设 $x=\varphi(t)$ 是单调可微函数，且 $\varphi'(t)\neq0$，若

$$\int f(\varphi(t))\varphi'(t)\mathrm{d}t=F(t)+C,$$

则

$$\int f(x)\mathrm{d}x=\int f(\varphi(t))\varphi'(t)\mathrm{d}t=F(t)+C\xlongequal{t=\varphi^{-1}(x)}F[\varphi^{-1}(x)]+C,$$

其中 $t=\varphi^{-1}(x)$ 为 $x=\varphi(t)$ 的反函数.

第二类换元法中常见的有根式代换法、三角代换法和倒代换法三种.

(1) 根式代换法 如果被积函数含有 $\sqrt[n]{ax+b}$ 或 $\sqrt[n]{\frac{ax+b}{cx+d}}\left(\frac{a}{c}\neq\frac{b}{d}\right)$ 时，我们可以通过根式代换法，将原积分化为有理函数的积分计算.

例 5.3.15 求 $\int\frac{1}{1+\sqrt[3]{x+2}}\mathrm{d}x.$

解 为了去根号，设 $t=\sqrt[3]{x+2}$，则 $x+2=t^3$，$\mathrm{d}x=3t^2\mathrm{d}t$，代入得

$$\begin{aligned}\int\frac{1}{1+\sqrt[3]{x+2}}\mathrm{d}x&=\int\frac{3t^2\mathrm{d}t}{1+t}\\&=3\int\frac{t^2-1+1}{1+t}\mathrm{d}t\\&=3\int\left[(t-1)+\frac{1}{1+t}\right]\mathrm{d}t\\&=\frac{3}{2}(t-1)^2+3\ln|t+1|+C,\end{aligned}$$

将 $t=\sqrt[3]{x+2}$ 回代得

$$\int\frac{1}{1+\sqrt[3]{x+2}}\mathrm{d}x=\frac{3}{2}(\sqrt[3]{x+2}-1)^2+3\ln|\sqrt[3]{x+2}+1|+C.$$

例 5.3.16　求 $\int \frac{1}{\sqrt{x}+\sqrt[4]{x}}\mathrm{d}x$.

解　设 $t=\sqrt[4]{x}$，则 $x=t^4$，$\mathrm{d}x=4t^3\mathrm{d}t$，代入得

$$\begin{aligned}\int \frac{1}{\sqrt{x}+\sqrt[4]{x}}\mathrm{d}x &= \int \frac{4t^3\mathrm{d}t}{t^2+t}\\ &= 4\int \frac{t^2-1+1}{t+1}\mathrm{d}t\\ &= 4\int\left(t-1+\frac{1}{t+1}\right)\mathrm{d}t\\ &= 2t^2-4t+4\ln|t+1|+C\\ &= 2\sqrt{x}-4\sqrt[4]{x}+4\ln(\sqrt[4]{x}+1)+C.\end{aligned}$$

例 5.3.17　求 $\int \frac{1}{\sqrt{x}(1+x)}\mathrm{d}x$.

解　方法 1

设 $t=\sqrt{x}$，则 $x=t^2$，$\mathrm{d}x=2t\mathrm{d}t$，于是

$$\begin{aligned}\int \frac{1}{\sqrt{x}(1+x)}\mathrm{d}x &= \int \frac{2t\mathrm{d}t}{t(1+t^2)}\\ &= 2\int \frac{1}{1+t^2}\mathrm{d}t\\ &= 2\arctan t+C\\ &= 2\arctan\sqrt{x}+C.\end{aligned}$$

方法 2　凑微分法

由于 $\frac{1}{\sqrt{x}}\mathrm{d}x=\mathrm{d}(2\sqrt{x})=2\mathrm{d}(\sqrt{x})$，$1+x=1+(\sqrt{x})^2$，所以

$$\int \frac{\mathrm{d}x}{\sqrt{x}(1+x)}=\int \frac{2\mathrm{d}\sqrt{x}}{1+(\sqrt{x})^2}=2\arctan\sqrt{x}+C.$$

（2）三角代换法　有些特殊的二次根式，为了消去根号，通常利用三角函数关系式来换元，为了计算方便，换元时我们视 t 为锐角，以后不再说明，一般的做法是：

若被积函数中含有 $\sqrt{a^2-x^2}$ $(a>0)$，则设 $x=a\sin t$，此时 $\sqrt{a^2-x^2}=a\cos t$；

若被积函数中含有 $\sqrt{a^2+x^2}$ $(a>0)$，则设 $x=a\tan t$，此时 $\sqrt{a^2+x^2}=a\sec t$；

若被积函数中含有 $\sqrt{x^2-a^2}$ $(a>0)$，则设 $x=a\sec t$，此时 $\sqrt{x^2-a^2}=a\tan t$.

例 5.3.18　求 $\int \sqrt{a^2 - x^2}\mathrm{d}x (a > 0)$.

解　设 $x = a\sin t$，则 $\mathrm{d}x = a\cos t\mathrm{d}t$，代入得

$$\begin{aligned}\int \sqrt{a^2 - x^2}\mathrm{d}x &= \int \sqrt{a^2 - a^2\sin^2 t} \cdot a\cos t\mathrm{d}t \\ &= a^2\int \cos^2 t\mathrm{d}t \\ &= a^2\int \frac{1+\cos 2t}{2}\mathrm{d}t \\ &= \frac{a^2}{2}\left(t + \frac{1}{2}\sin 2t\right) + C \\ &= \frac{a^2}{2}(t + \sin t\cos t) + C.\end{aligned}$$

为了把变量 t 还原为变量 x，由原假设的变式 $\sin t = \frac{x}{a}$，构造直角三角形(见图 5.2)，得 $\cos t = \frac{\sqrt{a^2 - x^2}}{a}$，代入有

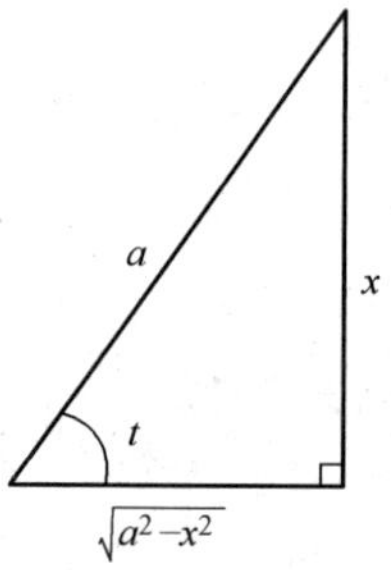

图　5.2

$$\begin{aligned}\int \sqrt{a^2 - x^2}\mathrm{d}x &= \frac{a^2}{2}(t + \sin t\cos t) + C \\ &= \frac{a^2}{2}\left(\arcsin\frac{x}{a} + \frac{x}{a}\frac{\sqrt{a^2 - x^2}}{a}\right) + C \\ &= \frac{a^2}{2}\arcsin\frac{x}{a} + \frac{x}{2}\sqrt{a^2 - x^2} + C.\end{aligned}$$

例 5.3.19　求 $\int \frac{\mathrm{d}x}{(1 - x^2)^{\frac{3}{2}}}$.

解　设 $x = \sin t$，则 $\mathrm{d}x = \cos t\mathrm{d}t$，于是

$$\begin{aligned}\int \frac{\mathrm{d}x}{(1 - x^2)^{\frac{3}{2}}} &= \int \frac{\cos t\mathrm{d}t}{(1 - \sin^2 t)^{\frac{3}{2}}} \\ &= \int \frac{\cos t}{\cos^3 t}\mathrm{d}t \\ &= \int \frac{1}{\cos^2 t}\mathrm{d}t \\ &= \tan t + C,\end{aligned}$$

由 $x = \sin t$，构造直角三角形(见图 5.3)，可得 $\tan t = \frac{x}{\sqrt{1 - x^2}}$，所以

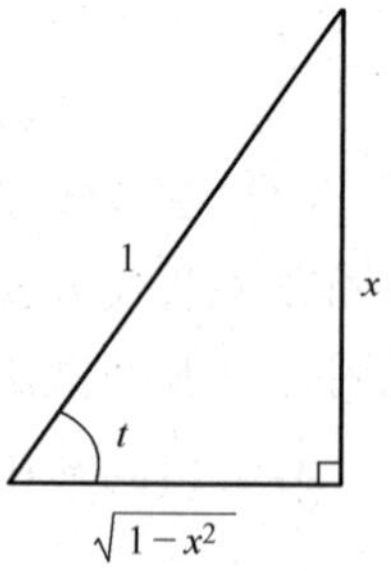

图　5.3

$$\int \frac{\mathrm{d}x}{(1 - x^2)^{\frac{3}{2}}} = \frac{x}{\sqrt{1 - x^2}} + C.$$

例 5.3.20　计算 $\int \frac{\mathrm{d}x}{\sqrt{a^2 + x^2}} (a > 0)$.

解　设 $x = a\tan t$，则 $\mathrm{d}x = a\sec^2 t\mathrm{d}t$，于是

$$\int \frac{dx}{\sqrt{a^2+x^2}} = \int \frac{a\sec^2 t dt}{\sqrt{a^2+a^2\tan^2 t}}$$
$$= \int \frac{a\sec^2 t dt}{\sqrt{a^2(1+\tan^2 t)}}$$
$$= \int \frac{a\sec^2 t dt}{a\sec t}$$
$$= \int \sec t dt = \ln|\sec t+\tan t|+C_1.$$

根据 $\tan t=\dfrac{x}{a}$，构造直角三角形为(见图5.4)，得 $\sec t=\dfrac{\sqrt{a^2+x^2}}{a}$，所以

$$\int \frac{dx}{\sqrt{a^2+x^2}} = \ln\left|\frac{x}{a}+\frac{\sqrt{a^2+x^2}}{a}\right|+C_1$$
$$= \ln\left|x+\sqrt{a^2+x^2}\right|+C(C=C_1-\ln a).$$

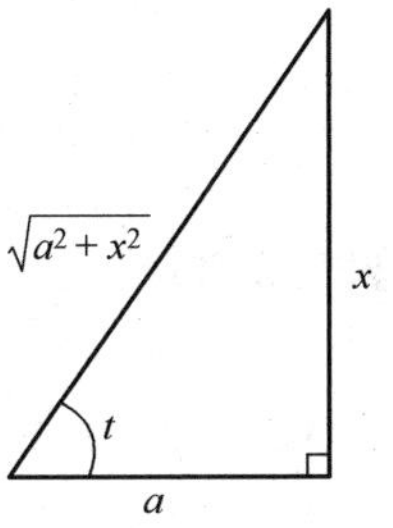

图 5.4

例 5.3.21 求 $\int \dfrac{dx}{\sqrt{9+x^2}}$.

解 设 $x=3\tan t$，则 $dx=3\sec^2 t dt$，代入得

$$\int \frac{dx}{\sqrt{9+x^2}} = \int \frac{3\sec^2 t dt}{\sqrt{9+9\tan^2 t}}$$
$$= \int \frac{3\sec^2 t dt}{\sqrt{9\sec^2 t}}$$
$$= \int \sec t dt = \ln|\sec t+\tan t|+C_1,$$

根据 $\tan t=\dfrac{x}{3}$ 构造直角三角形(见图5.5)，得 $\sec t=\dfrac{\sqrt{9+x^2}}{3}$，于是

$$\int \frac{dx}{\sqrt{9+x^2}} = \ln\left|\frac{\sqrt{9+x^2}}{3}+\frac{x}{3}\right|+C_1$$
$$= \ln\left|x+\sqrt{9+x^2}\right|+C(C=C_1-\ln 3).$$

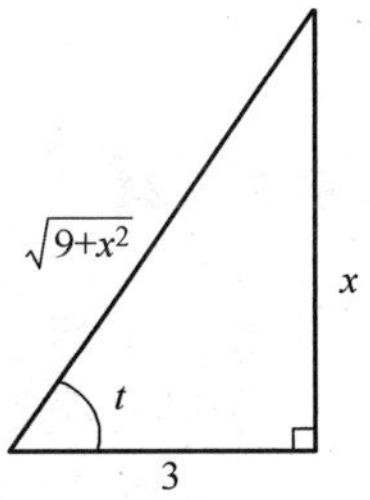

图 5.5

例 5.3.22 求 $\int \dfrac{dx}{\sqrt{x^2-a^2}}(a>0)$.

解 设 $x=a\sec t$，则 $dx=a\sec t\tan t dt$，于是

$$\int \frac{dx}{\sqrt{x^2-a^2}} = \int \frac{a\sec t\tan t dt}{\sqrt{a^2(\sec^2 t-1)}}$$
$$= \int \frac{a\sec t\tan t dt}{a\tan t}$$
$$= \int \sec t dt$$
$$= \ln|\sec t+\tan t|+C_1.$$

由 $x=a\sec t$ 构造的直角三角形(见图 5.6)，

有 $\tan t=\dfrac{\sqrt{x^2-a^2}}{a}$ 代入上式得

$$\int\frac{\mathrm{d}x}{\sqrt{x^2-a^2}}=\int\sec t\mathrm{d}t=\ln|\sec t+\tan t|+C_1$$

$$=\ln\left|\frac{x}{a}+\frac{\sqrt{x^2-a^2}}{a}\right|+C_1$$

$$=\ln\left|x+\sqrt{x^2-a^2}\right|+C(C=C_1-\ln a).$$

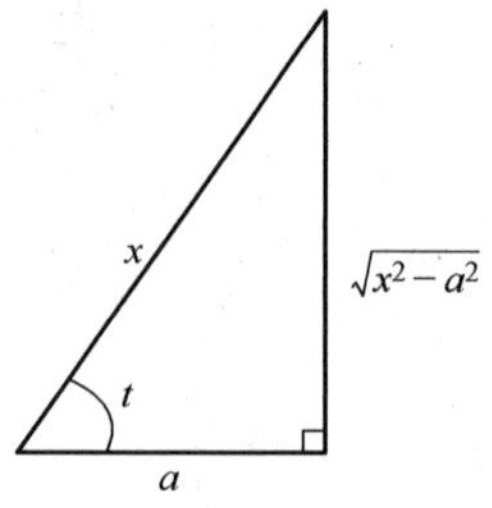

图　5.6

例 5.3.23　求 $\displaystyle\int\frac{\mathrm{d}x}{x^2\sqrt{x^2-9}}$.

解　设 $x=3\sec t$，则 $\mathrm{d}x=3\sec t\tan t\mathrm{d}t$，

$$\int\frac{\mathrm{d}x}{x^2\sqrt{x^2-9}}=\int\frac{3\sec t\tan t\mathrm{d}t}{9\sec^2t\sqrt{9\sec^2t-9}}$$

$$=\int\frac{3\sec t\tan t}{9\sec^2t3\tan t}\mathrm{d}t$$

$$=\frac{1}{9}\int\frac{1}{\sec t}\mathrm{d}t$$

$$=\frac{1}{9}\int\cos t\mathrm{d}t$$

$$=\frac{1}{9}\sin t+C,$$

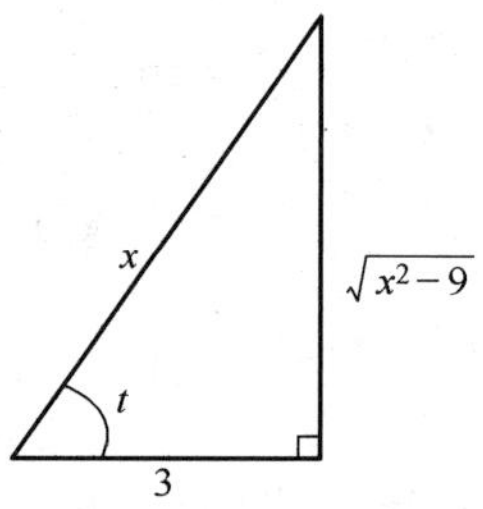

图　5.7

由 $x=3\sec t$，构造的直角三角形(见图 5.7)，得 $\sin t=\dfrac{\sqrt{x^2-9}}{x}$，故

$$\int\frac{\mathrm{d}x}{x^2\sqrt{x^2-9}}=\frac{\sqrt{x^2-9}}{9x}+C.$$

例 5.3.24　$\displaystyle\int\frac{\mathrm{d}x}{x^2\sqrt{1+x^2}}$.

解　**方法 1**

用第一类换元积分法，当 $x>0$ 时，

$$\int\frac{\mathrm{d}x}{x^2\sqrt{1+x^2}}=\int\frac{\mathrm{d}x}{x^3\sqrt{\frac{1}{x^2}+1}}$$

$$=-\frac{1}{2}\int\frac{1}{\sqrt{1+\frac{1}{x^2}}}\mathrm{d}\left(\frac{1}{x^2}\right)$$

$$=-\frac{1}{2}\int\frac{\mathrm{d}x}{\sqrt{1+\frac{1}{x^2}}}\mathrm{d}\left(1+\frac{1}{x^2}\right)$$

$$=-\sqrt{1+\frac{1}{x^2}}+C$$

$$=-\frac{\sqrt{1+x^2}}{x}+C.$$

易验证，它也是 $x<0$ 时的原函数.

方法 2　用第二类换元积分法，当 $x>0$ 时，设 $x=\frac{1}{t}$，则 $\mathrm{d}x=-\frac{1}{t^2}\mathrm{d}t$，于是

$$\begin{aligned}\int\frac{\mathrm{d}x}{x^2\sqrt{1+x^2}}&=-\int\frac{t\mathrm{d}t}{\sqrt{1+t^2}}\\&=-\frac{1}{2}\int\frac{1}{\sqrt{1+t^2}}\mathrm{d}(1+t^2)\\&=-\sqrt{1+t^2}+C\\&=-\frac{\sqrt{1+x^2}}{x}+C.\end{aligned}$$

易验证，它也是 $x<0$ 时的原函数.

方法 3　将两种换元法结合起来，设 $x=\tan t$，

$$\begin{aligned}\int\frac{\mathrm{d}x}{x^2\sqrt{1+x^2}}&=\int\frac{\sec^2t\mathrm{d}t}{\tan^2t\sec t}=\int\frac{\sec t\mathrm{d}t}{\tan^2t}\\&=\int\frac{\cos t\mathrm{d}t}{\sin^2t}=\int\frac{\mathrm{d}\sin t}{\sin^2t}\\&=-\frac{1}{\sin t}+C=-\frac{\sqrt{1+x^2}}{x}+C.\end{aligned}$$

(3) 倒代换法　所谓倒代换，即设 $x=\frac{1}{t}$ 或 $t=\frac{1}{x}$，一般的若被积函数是分式，分子、分母关于 x 的最高次幂分别是 m，n，当 $n-m>1$ 时，可使用倒代换法.

例 5.3.25　求 $\int\frac{\mathrm{d}x}{x(2+x^7)}$.

解　设 $x=\frac{1}{t}$，则 $\mathrm{d}x=-\frac{1}{t^2}\mathrm{d}t$. 代入得

$$\begin{aligned}\int\frac{\mathrm{d}x}{x(2+x^7)}&=\int\frac{-\frac{1}{t^2}\mathrm{d}t}{\frac{1}{t}\left(2+\frac{1}{t^7}\right)},\\&=-\int\frac{t^6}{2t^7+1}\mathrm{d}t\\&=-\frac{1}{14}\int\frac{\mathrm{d}(2t^7+1)}{2t^7+1},\\&=-\frac{1}{14}\ln|2t^7+1|+C,\\&=-\frac{1}{14}\ln\left|\frac{2}{x^7}+1\right|+C.\end{aligned}$$

有几个积分是以后经常会遇到的，包括本节前面的几个例题，它们通常也被当作公式使用，这样，常用的积分公式，除了表 5.1 中的基本积分

公式外，如表5.3所示，再添加下面几个公式(其中常数 $a>0$).

表 5.3

14. $\int \tan x \mathrm{d}x = -\ln|\cos x| + C$;

15. $\int \cot x \mathrm{d}x = \ln|\sin x| + C$;

16. $\int \sec x \mathrm{d}x = \ln|\sec x + \tan x| + C$;

17. $\int \csc x \mathrm{d}x = \ln|\csc x - \cot x| + C$;

18. $\int \frac{1}{x^2+a^2}\mathrm{d}x = \frac{1}{a}\arctan\frac{x}{a} + C$;

19. $\int \frac{1}{a^2-x^2}\mathrm{d}x = \frac{1}{2a}\ln\left|\frac{a+x}{a-x}\right| + C$;

20. $\int \frac{\mathrm{d}x}{\sqrt{a^2-x^2}} = \arcsin\frac{x}{a} + C$;

21. $\int \frac{\mathrm{d}x}{\sqrt{x^2-a^2}} = \ln\left|x+\sqrt{x^2-a^2}\right| + C$;

22. $\int \frac{\mathrm{d}x}{\sqrt{x^2+a^2}} = \ln(x+\sqrt{x^2+a^2}) + C$.

例 5.3.26 $\int \frac{\mathrm{d}x}{x^2+2x+3}$.

解 $\int \frac{\mathrm{d}x}{x^2+2x+3} = \int \frac{\mathrm{d}(x+1)}{(x+1)^2+(\sqrt{2})^2}$,

由表5.3中公式18得

$$\int \frac{\mathrm{d}(x+1)}{(x+1)^2+(\sqrt{2})^2} = \frac{1}{\sqrt{2}}\arctan\frac{x+1}{\sqrt{2}} + C.$$

5.3.3 同步习题

1. 在下列各等号右端的括号内填入适当的式子，使等式成立

(1) $x\mathrm{d}x = \mathrm{d}(\quad)$； (2) $x^3\mathrm{d}x = \mathrm{d}(\quad)$；

(3) $x^n\mathrm{d}x = \mathrm{d}(\quad)$； (4) $\frac{1}{x^2}\mathrm{d}x = \mathrm{d}(\quad)$；

(5) $\frac{1}{x}\mathrm{d}x = \mathrm{d}(\quad)$； (6) $\frac{1}{\cos^2 x}\mathrm{d}x = \mathrm{d}(\quad)$；

(7) $\sec x\tan x\mathrm{d}x = \mathrm{d}(\quad)$；

(8) $\sin\frac{3}{2}x\mathrm{d}x = \mathrm{d}(\quad)$；

(9) $\mathrm{e}^{2x}\mathrm{d}x = \mathrm{d}(\quad)$；

(10) $\mathrm{e}^{-\frac{x}{2}}\mathrm{d}x = \mathrm{d}(\quad)$；

(11) $\frac{1}{\sqrt{1-x^2}}\mathrm{d}x = \mathrm{d}(\quad)$；

(12) $\frac{1}{1+4x^2}\mathrm{d}x = \mathrm{d}(\quad)$.

2. 选择题

(1) 设 $f'(\ln x) = 1+x$，则 $f(x) = (\quad)$.

A. $x+\mathrm{e}^x+C$ B. $\mathrm{e}^x+\frac{1}{2}x^2+C$

C. $\ln x+\frac{1}{2}(\ln x)^2+C$ D. $\mathrm{e}^x+\frac{1}{2}\mathrm{e}^{2x}+C$

(2) 若 $\int f(x)\mathrm{d}x = x^2+C$，则 $\int xf(1-x^2)\mathrm{d}x = (\quad)$.

A. $2(1-x^2)^2+C$ B. $-2(1-x^2)^2+C$

C. $\frac{1}{2}(1-x^2)^2+C$ D. $-\frac{1}{2}(1-x^2)^2+C$

(3) 设 $f(x) = \mathrm{e}^{-x}$，则 $\int \frac{f'(\ln x)}{x}\mathrm{d}x = (\quad)$.

A. $-\frac{1}{x}+C$　　B. $-\ln x+C$

C. $\frac{1}{x}+C$　　D. $\ln x+C$

(4) $\int x(x+1)^{10}\mathrm{d}x=(\quad)$.

A. $\frac{1}{11}(x+1)^{11}+C$

B. $\frac{1}{2}x^2+\frac{1}{11}(x+1)^{11}+C$

C. $\frac{1}{12}(x+1)^{12}-\frac{1}{11}(x+1)^{11}+C$

D. $\frac{1}{12}(x+1)^{12}+\frac{1}{11}(x+1)^{11}+C$

(5) $\int xf(x^2)f'(x^2)\mathrm{d}x=(\quad)$.

A. $\frac{1}{2}f(x^2)+C$　　B. $\frac{1}{2}f^2(x^2)+C$

C. $\frac{1}{4}f^2(x^2)+C$　　D. $\frac{1}{4}x^2f^2(x^2)+C$

3. 用第一类换元法计算下列不定积分:

(1) $\int(3x-2)^{20}\mathrm{d}x$;　(2) $\int\frac{2x\mathrm{d}x}{1+x^2}$;

(3) $\int\frac{3x^3}{1-x^4}\mathrm{d}x$;　(4) $\int \mathrm{e}^{1-2x}\mathrm{d}x$;

(5) $\int(x-1)\mathrm{e}^{x2-2x+2}\mathrm{d}x$;(6) $\int\frac{\mathrm{e}^x}{4+\mathrm{e}^x}\mathrm{d}x$;

(7) $\int\frac{1}{1-2x}\mathrm{d}x$;　(8) $\int x\sqrt{1-x^2}\mathrm{d}x$;

(9) $\int\frac{1}{\sqrt[3]{2-3x}}\mathrm{d}x$;　(10) $\int\frac{1}{x^2-4x+6}\mathrm{d}x$;

(11) $\int\frac{1}{4+9x^2}\mathrm{d}x$;　(12) $\int\frac{1}{\mathrm{e}^x-1}\mathrm{d}x$;

(13) $\int\frac{\mathrm{e}^{3\sqrt{x}}}{\sqrt{x}}\mathrm{d}x$;　(14) $\int x^3\mathrm{e}^{x^4}\mathrm{d}x$;

(15) $\int\frac{1}{\mathrm{e}^x+\mathrm{e}^{-x}}\mathrm{d}x$;　(16) $\int\frac{1}{\sqrt{\mathrm{e}^{2x}-1}}\mathrm{d}x$;

(17) $\int\frac{1+\ln x}{x\ln x}\mathrm{d}x$;　(18) $\int\frac{1}{x\ln x\ln\ln x}\mathrm{d}x$;

(19) $\int\frac{1}{(\arcsin x)^3\sqrt{1-x^2}}\mathrm{d}x$;

(20) $\int\frac{x\sin\sqrt{1+x^2}}{\sqrt{1+x^2}}\mathrm{d}x$;

(21) $\int\cos\left(\frac{2}{3}x-5\right)\mathrm{d}x$;

(22) $\int(\tan 2x+\cot\frac{x}{2})\mathrm{d}x$;

(23) $\int\frac{\sin x}{\cos^3 x}\mathrm{d}x$;　(24) $\int\sin^2 x\mathrm{d}x$;

(25) $\int\tan^3 x\sec x\mathrm{d}x$;　(26) $\int\sin^2 x\cos^5 x\mathrm{d}x$;

(27) $\int\frac{1+\cos x}{x+\sin x}\mathrm{d}x$;　(28) $\int\frac{\sin x+\cos x}{\sqrt{\sin x-\cos x}}\mathrm{d}x$;

(29) $\int\frac{\ln\tan x}{\cos x\sin x}\mathrm{d}x$;　(30) $\int\frac{\arctan\sqrt{x}}{\sqrt{x}(1+x)}\mathrm{d}x$.

4. 用第二类换元法计算下列不定积分:

(1) $\int\frac{\sqrt{x}}{1+x}\mathrm{d}x$;　(2) $\int\frac{\mathrm{d}x}{\sqrt{2x-3}+1}$;

(3) $\int\frac{x}{\sqrt[4]{3x+1}}\mathrm{d}x$;　(4) $\int\frac{1}{(1+\sqrt[3]{x})\sqrt{x}}\mathrm{d}x$;

(5) $\int\frac{1}{1+\sqrt{x}}\mathrm{d}x$;　(6) $\int\frac{1}{\sqrt[3]{x+1}+1}\mathrm{d}x$;

(7) $\int\frac{1}{(1+x^2)^2}\mathrm{d}x$;

(8) $\int\frac{\sqrt{a^2-x^2}}{x^4}\mathrm{d}x\quad(a>0)$;

(9) $\int\frac{x^2}{\sqrt{1-x^2}}\mathrm{d}x$;　(10) $\int\frac{1}{\sqrt{9x^2-4}}\mathrm{d}x$;

(11) $\int\frac{1}{\sqrt{(x^2+1)^3}}\mathrm{d}x$;(12) $\int\frac{\sqrt{x^2-9}}{x^2}\mathrm{d}x$;

(13) $\int x^3\sqrt{1-x^2}\mathrm{d}x$;　(14) $\int\frac{1+x}{\sqrt{9-4x^2}}\mathrm{d}x$;

(15) $\int\frac{1}{1+\sqrt{1-x^2}}\mathrm{d}x$;(16) $\int\frac{1}{x(x^6+4)}\mathrm{d}x$;

(17) $\int\frac{1}{x+\sqrt{1-x^2}}\mathrm{d}x$;(18) $\int\frac{1}{x\sqrt{x^2-1}}\mathrm{d}x$.

5.4 分部积分法

通过本节的学习，学生应掌握分部积分法的积分公式．掌握分部积分法的使用条件和步骤.

现在我们利用两个函数乘积的求导法则，来推得另一个求积分的基本公式——分部积分公式.

设函数 $u=u(x)$ 及 $v=v(x)$ 具有连续导数，由积的求导法则

$$[u(x)v(x)]'=u'(x)v(x)+u(x)v'(x),$$

有

$$u(x)v'(x)=[u(x)v(x)]'-u'(x)v(x),$$

两边求不定积分，得

$$\int u(x)v'(x)\mathrm{d}x=u(x)v(x)-\int u'(x)v(x)\mathrm{d}x,$$

为简便起见，也可以把此式写成下面形式

$$\int uv'\mathrm{d}x=uv-\int vu'\mathrm{d}x \text{ 或 } \int u\mathrm{d}v=uv-\int v\mathrm{d}u.$$

这就是分部积分公式. 用此公式计算不定积分的方法称为**分部积分法**.

注　此公式两边都含有形式类似的积分，但往往左边积分 $\int u\mathrm{d}v$ 不易求，而化成积分 $\int v\mathrm{d}u$ 就变得容易了(至少不能比 $\int u\mathrm{d}v$ 麻烦).

应用分部积分公式求不定积分的方法和步骤如下：

(1) 把被积函数分为两部分 u 和 v'；

(2) 把 v' 和 $\mathrm{d}x$ 凑成微分 $\mathrm{d}v$；

(3) 应用分部积分公式 $\int u\mathrm{d}v=uv-\int v\mathrm{d}u$；

(4) 计算 $\mathrm{d}u=u'\mathrm{d}x$，再求出积分 $\int vu'\mathrm{d}x$.

一般来说，当被函数的乘积因子有对数函数、三角函数、反三角函数以及指数函数时可考虑分部积分法. 用分部积分法求不定积分的关键是 u 的选择，u 选择后，其余部分凑成为 $\mathrm{d}v$，u 的选择应遵循以下两个原则

(1) 选择完 u，其余部分容易凑成 $\mathrm{d}v$；

(2) 不定积分 $\int v\mathrm{d}u$ 不能比 $\int u\mathrm{d}v$ 更不易求.

下面介绍常见的几种用分部积分公式求不定积分的基本方法.

5.4.1　降幂法

当被积函数为幂函数与三角函数或指数函数的乘积时，选幂函数为 u，三角函数或指数函数为 v'，应用分部积分公式后幂函数就降一次幂，因此称为降幂法.

例 5.4.1　求 $\int x\cos x\mathrm{d}x$.

解　选 x 为 u，$\cos x$ 为 v'，则 $\mathrm{d}v=\cos x\mathrm{d}x=\mathrm{d}\sin x$，于是应用分部积分公式得

$$\int x\cos x\mathrm{d}x=\int x\mathrm{d}\sin x=x\sin x-\int\sin x\mathrm{d}x$$

$$=x\sin x+\cos x+C.$$

例 5.4.2　求 $\int x^2 e^x dx$.

例 5.4.2

解

$$\begin{aligned}\int x^2 e^x dx &= \int x^2 d(e^x) \\ &= x^2 e^x - \int e^x dx^2 \\ &= x^2 e^x - \int e^x 2x dx \\ &= x^2 e^x - 2\int x d(e^x) \\ &= x^2 e^x - 2(xe^x - \int e^x dx) \\ &= x^2 e^x - 2xe^x + 2e^x + C \\ &= (x^2 - 2x + 2)e^x + C.\end{aligned}$$

注　分部积分公式可以在解决同一问题中多次使用.

5.4.2　转换法

当被积函数为幂函数(或常数)与反三角函数或对数函数的乘积时，选反三角函数或对数函数为 u，幂函数为 v'，应用分部积分公式后反三角函数或对数函数转变成别的函数，因此称为转换法.

例 5.4.3　求积分 $\int \ln x dx$.

解　选 $\ln x$ 为 u，$dv = dx$，于是应用分部积分公式，得

$$\begin{aligned}\int \ln x dx &= x\ln x - \int x d\ln x \\ &= x\ln x - \int x \cdot \frac{1}{x} dx \\ &= x\ln x - \int dx \\ &= x\ln x - x + C.\end{aligned}$$

例 5.4.4　求积分 $\int x\ln x dx$.

解

$$\begin{aligned}\int x\ln x dx &= \int \ln x d\frac{x^2}{2} \\ &= \frac{x^2}{2}\ln x - \int \frac{x^2}{2} d\ln x \\ &= \frac{x^2}{2}\ln x - \int \frac{x^2}{2} \cdot \frac{1}{x} dx \\ &= \frac{x^2}{2}\ln x - \frac{1}{2}\int x dx \\ &= \frac{x^2}{2}\ln x - \frac{x^2}{4} + C.\end{aligned}$$

例 5.4.5 求 $\int \arcsin x\mathrm{d}x$.

解
$$\begin{aligned}\int \arcsin x\mathrm{d}x &= x\arcsin x - \int x\mathrm{d}\arcsin x \\ &= x\arcsin x - \int \frac{x}{\sqrt{1-x^2}}\mathrm{d}x \\ &= x\arcsin x + \frac{1}{2}\int \frac{\mathrm{d}(1-x^2)}{\sqrt{1-x^2}} \\ &= x\arcsin x + \sqrt{1-x^2} + C.\end{aligned}$$

例 5.4.6 求 $\int x\arctan x\mathrm{d}x$.

解
$$\begin{aligned}\int x\arctan x\mathrm{d}x &= \int \arctan x\mathrm{d}\left(\frac{x^2}{2}\right) \\ &= \frac{x^2}{2}\cdot\arctan x - \int \frac{x^2}{2}\mathrm{d}\arctan x \\ &= \frac{x^2}{2}\cdot\arctan x - \frac{1}{2}\int x^2\cdot\frac{1}{1+x^2}\mathrm{d}x \\ &= \frac{x^2}{2}\cdot\arctan x - \frac{1}{2}\int \frac{x^2+1-1}{1+x^2}\mathrm{d}x \\ &= \frac{x^2}{2}\cdot\arctan x - \frac{1}{2}\int\left(1-\frac{1}{1+x^2}\right)\mathrm{d}x \\ &= \frac{x^2}{2}\cdot\arctan x - \frac{1}{2}x + \frac{1}{2}\arctan x + C.\end{aligned}$$

5.4.3 循环法

当被积函数为三角函数与指数函数的乘积时，任意选定其中一个为 u，另一个为 v'，应用两次分部积分公式后都会还原为原来的积分，因此称为循环法.

例 5.4.7 求 $\int \mathrm{e}^x\sin x\mathrm{d}x$.

解
$$\begin{aligned}\int \mathrm{e}^x\sin x\mathrm{d}x &= \int \mathrm{e}^x\mathrm{d}(-\cos x) \\ &= -\mathrm{e}^x\cos x + \int \cos x\mathrm{d}\mathrm{e}^x \\ &= -\mathrm{e}^x\cos x + \int \mathrm{e}^x\cos x\mathrm{d}x \\ &= -\mathrm{e}^x\cos x + \int \mathrm{e}^x\mathrm{d}(\sin x) \\ &= -\mathrm{e}^x\cos x + \mathrm{e}^x\sin x - \int \mathrm{e}^x\sin x\mathrm{d}x,\end{aligned}$$

由于上式右端的第三项就是所求的积分 $\int \mathrm{e}^x\sin x\mathrm{d}x$，把它移到左边去，再两端同除以 2 得

$$\int e^x \sin x dx = \frac{e^x}{2}(\sin x - \cos x) + C.$$

例 5.4.8 求 $\int \sec^3 x dx$.

解 $\int \sec^3 x dx = \int \sec x d\tan x$

$$= \sec x\tan x - \int \tan x d\sec x$$

$$= \sec x\tan x - \int \sec x \tan^2 x dx$$

$$= \sec x\tan x - \int \sec x(\sec^2 x - 1)dx$$

$$= \sec x\tan x - \int \sec^3 x dx + \int \sec x dx$$

$$= \sec x\tan x - \int \sec^3 x dx + \ln|\sec x + \tan x|.$$

于是

$$\int \sec^3 x dx = \frac{1}{2}(\sec x\tan x + \ln|\sec x + \tan x|) + C.$$

5.4.4 递推法

当被积函数为某一函数的高次幂函数时，我们可以适当选择 u 及 v'，通过分部积分后，会得到该函数的高次幂函数与低次幂函数的关系(递推公式)，此法称递推法.

例 5.4.9 求 $I_n = \int (\ln x)^n dx$ 的递推公式(其中 n 为正整数)

解 $I_n = \int (\ln x)^n dx = x(\ln x)^n - \int x d(\ln x)^n$

$$= x(\ln x)^n - \int x \cdot n(\ln x)^{n-1}\frac{1}{x}dx$$

$$= x(\ln x)^n - n\int (\ln x)^{n-1}dx$$

$$= x(\ln x)^n - nI_{n-1}.$$

所求的递推公式为

$$I_n = x(\ln x)^n - nI_{n-1},$$

其中 $I_0 = x + C_0$,

$$I_1 = x\ln x - I_0 = x\ln x - x + C_1,$$

$$I_2 = x(\ln x)^2 - 2I_1 = x(\ln x)^2 - 2x\ln x + 2x + C_2.$$

在求不定积分的过程中，有时要同时使用换元积分法与分部积分法，前面有过例子，下面再看一例.

例 5.4.10 $\int e^{\sqrt{x}}dx$.

解 设 $\sqrt{x} = t$ 则 $x = t^2$，$dx = 2tdt$，

$$\begin{aligned}\int e^{\sqrt{x}}dx &= \int e^t 2t dt\\ &= 2\int t de^t\\ &= 2(te^t - \int e^t dt)\\ &= 2(te^t - e^t) + C\\ &= 2e^t(t-1) + C\\ &= 2e^{\sqrt{x}}(\sqrt{x} - 1) + C.\end{aligned}$$

5.4.5 同步习题

1. 填空题

(1) $\int xe^x dx =$ ________;

(2) $\int xe^{-x}dx =$ ________;

(3) $\int x\sin x dx =$ ________;

(4) $\int \ln(x+1)dx =$ ________;

(5) $\int xf''(x)dx =$ ________.

2. 选择题

(1) 若 $\sin x$ 是$f(x)$的一个原函数，则 $\int xf'(x)dx =$ (　　).

A. $x\cos x - \sin x + C$　　B. $x\sin x + \cos x + C$

C. $x\cos x + \sin x + C$　　D. $x\sin x - \cos x + C$

(2) $\int \frac{\ln x}{x^2}dx =$ (　　).

A. $\frac{1}{x}\ln x + \frac{1}{x} + C$　　B. $-\frac{1}{x}\ln x + \frac{1}{x} + C$

C. $\frac{1}{x}\ln x - \frac{1}{x} + C$　　D. $-\frac{1}{x}\ln x - \frac{1}{x} + C$

(3) $\int x de^{-x} =$ (　　).

A. $xe^{-x} + C$　　B. $-xe^{-x} + C$

C. $xe^{-x} + e^{-x} + C$　　D. $xe^{-x} - e^{-x} + C$

(4) 设 $f(x)$ 有原函数 $x\ln x$，则 $\int xf(x)dx =$ (　　).

A. $x^2\left(\frac{1}{2} + \frac{1}{4}\ln x\right) + C$

B. $x^2\left(\frac{1}{4} + \frac{1}{2}\ln x\right) + C$

C. $x^2\left(\frac{1}{4} - \frac{1}{2}\ln x\right) + C$

D. $x^2\left(\frac{1}{2} - \frac{1}{4}\ln x\right) + C$

(5) 设 e^x 是$f(x)$的一个原函数，则 $\int xf(x)dx =$ (　　).

A. $e^x(1-x) + C$　　B. $e^x(1+x) + C$

C. $e^x(x-1) + C$　　D. $-e^x(1+x) + C$

3. 用分部积分法计算下列不定积分：

(1) $\int xe^{2x}dx$;　　(2) $\int xe^{-x}dx$;

(3) $\int x\sin x dx$;　　(4) $\int x^2\cos x dx$;

(5) $\int x\cos\frac{x}{3}dx$;　　(6) $\int \ln(x^2+1)dx$;

(7) $\int \arccos x dx$;　　(8) $\int x^2\arctan x dx$;

(9) $\int x^2\ln x dx$;　　(10) $\int x\tan^2 x dx$;

(11) $\int e^x\cos x dx$;　　(12) $\int e^{-x}\sin^2 x dx$;

(13) $\int \frac{\ln\ln x}{x}dx$;　　(14) $\int (x^2+1)\sin 2x dx$;

(15) $\int x\cos^2\frac{x}{2}dx$;　　(16) $\int \frac{\ln^2 x}{x^2}dx$;

(17) $\int x\sin x\cos x dx$;　　(18) $\int x\ln(x+1)dx$;

(19) $\int (\arcsin x)^2 dx$;　　(20) $\int x\tan x\sec^4 x dx$.

4. 求 $I_n = \int x^n e^x dx$ 的递推公式，其中 n 为非负整数，并求 I_1, I_2, I_3.

5. 设 $I_n = \int \sin^n x dx$，证明：$I_n = -\frac{1}{n}\sin^{n-1}x\cos x + \frac{n-1}{n}I_{n-2}$.

5.5 简单的有理函数积分法

通过本节的学习，学生应掌握简单有理函数的不定积分的积分方法．会把简单的三角函数化为有理函数形式进行积分．

5.5.1 简单的有理函数的积分

前面介绍了直接积分法、换元积分法及分部积分法，下面讨论有理函数的积分法. 有理函数是指由两个多项式的商所表示的函数，即具有如下形式的函数

$$\frac{p(x)}{q(x)}=\frac{a_0x^n+a_1x^{n-1}+\cdots+a_{n-1}x+a_n}{b_0x^m+b_1x^{m-1}+\cdots+b_{m-1}x+b_m},$$

其中 m，n 都是非负整数，$a_0,a_1,\cdots b_0,b_1,\cdots$都是实数，并且 $a_0\neq0$，$b_0\neq0$. 我们假定 $p(x)$，$q(x)$ 无公因式，当 $n\geqslant m$ 时称此有理函数为**假分式**；当 $n<m$时称这有理函数为**真分式**. 因为假分式总可以根据多项式除法写成一个多项式与一个真分式和的形式，所以这里只介绍真分式的积分方法.

下面先看几个式子

$$\frac{6}{x-3}+\frac{5}{x-2}=\frac{11x-27}{(x-3)(x-2)};\tag{5.5.1}$$

$$\frac{1}{x}-\frac{1}{x-1}+\frac{1}{(x-1)^2}=\frac{1}{x(x-1)^2};\tag{5.5.2}$$

$$\frac{2}{x+2}-\frac{x+1}{x^2+2x+2}=\frac{x^2+x+2}{(x+2)(x^2+2x+2)}.\tag{5.5.3}$$

从上面三个式子可以看出等式左端是几个较简单的真分式的和，经通分合并后变为一个较复杂的真分式，不难想象，为了解决复杂的真分式的积分问题，可先把复杂的真分式分解成若干个简单的真分式的和，然后再对简单的真分式积分. 下面介绍把复杂的真分式分解成若干个简单的真分式的方法.

观察上面三个式子：式(5.5.1)的右端分母有因式$(x-3)$及$(x-2)$，左端就有形如$\frac{A}{x-3}$和$\frac{B}{x-2}$的分式；式(5.5.2)的右端分母有因式 x 及$(x-1)^2$，左端就有形如$\frac{A}{x}$和$\frac{B}{x-1}+\frac{C}{(x-1)^2}$的分式；式(5.5.3)的右端分母有形如$(x+2)$及$(x^2+2x+2)$的因式，左端就有形如$\frac{A}{x+2}$和$\frac{Bx+C}{(x^2+2x+2)}$的分式.

由代数学可知，任一有理真分式都可以分解为以下四类最简单分式之和.

$$\frac{A}{x-a},\quad \frac{A}{(x-a)^n},$$

$$\frac{Ax+B}{x^2+px+q},\quad \frac{Ax+B}{(x^2+px+q)^n}\quad (n\geqslant2,p^2-4q<0)$$

若有理真分式分母中含有因式$(x-a)^n(n\geqslant2)$，那么分解后分式中含有

$$\frac{A_1}{x-a}+\frac{A_2}{(x-a)^2}+\cdots+\frac{A_n}{(x-a)^n}.$$

若有理真分式分母中含有因式$(x^2+px+q)^n(n\geqslant 2,p^2-4q<0)$，那么分解后分式中含有

$$\frac{A_1x+B_1}{x^2+px+q}+\frac{A_2x+B_2}{(x^2+px+q)^2}+\cdots+\frac{A_nx+B_n}{(x^2+px+q)^n}.$$

例 5.5.1

例 5.5.1 求$\int\frac{x+3}{x^2+5x-6}\mathrm{d}x$.

解 $$\frac{x+3}{x^2+5x-6}=\frac{x+3}{(x+6)(x-1)}=\frac{A}{x+6}+\frac{B}{x-1},\tag{5.5.4}$$

A，B 为待定常数，

两端同乘$(x-1)(x+6)$去分母得

$$x+3=(A+B)x-A+6B,\tag{5.5.5}$$

比较系数得

$$\begin{cases}A+B=1,\\-A+6B=3,\end{cases}$$

解方程得$A=\frac{3}{7}$，$B=\frac{4}{7}$，故

$$\begin{aligned}\int\frac{x+3}{x^2+5x+6}\mathrm{d}x&=\frac{3}{7}\int\frac{1}{x+6}\mathrm{d}x+\frac{4}{7}\int\frac{1}{x-1}\mathrm{d}x\\&=\frac{3}{7}\ln|x+6|+\frac{4}{7}\ln|x-1|+C.\end{aligned}$$

还可以用下面方法求A和B，在式（5.5.5）中，

令$x=1$得$B=\frac{4}{7}$，令$x=-6$，得$A=\frac{3}{7}$.

例 5.5.2 求$\int\frac{x^2+1}{x(x-1)^2}\mathrm{d}x$.

解 设$\frac{x^2+1}{x(x-1)^2}=\frac{A}{x}+\frac{B}{x-1}+\frac{C}{(x-1)^2}$，去分母得

$$x^2+1=A(x-1)^2+Bx(x-1)+Cx,$$

令$x=0$，得$A=1$，令$x=1$，得$C=2$，令$x=2$，得$B=0$，故

$$\int\frac{x^2+1}{x(x-1)^2}\mathrm{d}x=\int\left(\frac{1}{x}+\frac{2}{(x-1)^2}\right)\mathrm{d}x=\ln|x|-\frac{2}{x-1}+C.$$

例 5.5.3 求$\int\frac{1}{(x^2+1)(x^2+x)}\mathrm{d}x$.

解 令$$\begin{aligned}\frac{1}{(x^2+1)(x^2+x)}&=\frac{1}{x(x+1)(x^2+1)}\\&=\frac{A}{x}+\frac{B}{x+1}+\frac{Cx+D}{x^2+1},\end{aligned}$$

令$x=0$，得$A=1$，令$x=-1$，得$B=-\frac{1}{2}$，令$x=1$，$x=2$，得$C=D=$

$-\frac{1}{2}$，故

$$\int \frac{1}{(x^2+1)(x^2+x)}dx = \int\left[\frac{1}{x} - \frac{1}{2(x+1)} - \frac{x+1}{2(x^2+1)}\right]dx$$
$$= \ln|x| - \frac{1}{2}\ln|x+1| - \frac{1}{2}\arctan x - \frac{1}{4}\ln(x^2+1) + C.$$

5.5.2 三角函数有理式的积分法

例 5.5.4 求 $\int \frac{dx}{1+\sin x+\cos x}$.

解 设 $\tan\frac{x}{2}=u$，则 $x=2\arctan u$，于是

$$dx = \frac{2du}{1+u^2},\ \cos x = \frac{1-u^2}{1+u^2},\ \sin x = \frac{2u}{1+u^2},$$

所以
$$\int \frac{dx}{1+\sin x+\cos x} = \int \frac{\frac{2}{1+u^2}du}{1+\frac{2u}{1+u^2}+\frac{1-u^2}{1+u^2}},$$
$$= \int \frac{1}{1+u}du = \ln|1+u| + C$$
$$= \ln\left|1+\tan\frac{x}{2}\right| + C.$$

说明 对于三角函数有理式 $\int R(\cos x,\sin x)dx$ 的积分，可采用“万能”代换法，设 $\tan\frac{x}{2}=u$，使之有理化，其中 $\sin x=\frac{2u}{1+u^2}$，$\cos x=\frac{1-u^2}{1+u^2}$，$dx=\frac{2du}{1+u^2}$.

5.5.3 同步习题

1. 计算下列有理函数的不定积分：

(1) $\int \frac{dx}{(1-x)(1+x)}$；　(2) $\int \frac{x+3}{x^2-5x+6}dx$；

(3) $\int \frac{x-1}{x(1+x^2)}dx$；　(4) $\int \frac{2x+3}{x^3+x^2-2x}dx$；

(5) $\int \frac{x^3}{x+3}dx$；　(6) $\int \frac{6}{x^3+1}dx$；

(7) $\int \frac{x^2+1}{(x+1)^2(x-1)}dx$；

(8) $\int \frac{2}{(x+1)(x+2)(x+3)}dx$.

2. 计算下列三角函数有理式的不定积分：

(1) $\int \frac{1}{1+\cos x}dx$；

(2) $\int \frac{1+\sin x}{\sin x(1+\cos x)}dx$；

(3) $\int \frac{1}{1+\sin^2 x}dx$；

(4) $\int \frac{dx}{8-4\sin x+7\cos x}$.

总复习题 5

第一部分：基础题

1. 计算下列不定积分：

(1) $\int \frac{1}{1+\cos x}\mathrm{d}x$；　(2) $\int \frac{\arctan\sqrt{x}}{\sqrt{x}(1+x)}\mathrm{d}x$；

(3) $\int \frac{1}{1+\sqrt{2x}}\mathrm{d}x$；　(4) $\int \frac{1}{x^2(1-x^2)^{\frac{3}{2}}}\mathrm{d}x$；

(5) $\int x\sin^2 x\mathrm{d}x$；　(6) $\int \frac{1}{1+x^2}\arctan\frac{1+x}{1-x}\mathrm{d}x$；

(7) $\int \frac{\mathrm{d}x}{\sqrt{x(4-x)}}$；　(8) $\int \frac{\cos x}{\sqrt{\sin x}}\mathrm{d}x$；

(9) $\int \frac{\ln\cos x}{\cos^2 x}\mathrm{d}x$；　(10) $\int \frac{1}{\mathrm{e}^x-\mathrm{e}^{-x}}\mathrm{d}x$；

(11) $\int \cos\sqrt{x}\mathrm{d}x$；　(12) $\int \frac{\mathrm{d}x}{\sqrt{1+\mathrm{e}^x}}$.

第二部分：拓展题

1. 已知 $\int xf(x)\mathrm{d}x = \arcsin x + C$，求 $\int \frac{1}{f(x)}\mathrm{d}x$.

2. 若 $f'(\mathrm{e}^x) = 1+\mathrm{e}^{2x}$，且 $f(0)=1$，求 $f(x)$.

3. 已知 $f(x)$ 的一个原函数是 $\ln^2 x$，求 $\int xf'(x)\mathrm{d}x$.

4. 若 $f(x)$ 的导函数是 $\sin x$，求 $f(x)$ 的原函数.

5. 一曲线经过点 $(\mathrm{e}^3,3)$，且在任一点处的切线的斜率等于该点横坐标的倒数，求该曲线方程.

6. 一曲线 $y=f(x)$ 过点 $(0,2)$，且其上任意点处的切线的斜率为 $x+\mathrm{e}^x$，求 $f(x)$.

7. 一质点做直线运动，已知其加速度 $\frac{\mathrm{d}^2 s}{\mathrm{d}t^2}=4t^3-\cos t$，如果初速度 $v_0=3$，初始位移 $s_0=0$，求：(1) v 和 t 之间的函数关系；(2) s 和 t 之间的函数关系.

8. 已知某公司生产的某产品的边际收入是 $64q-q^2$，其中 q 是售出的产品数量，求收入函数.

9. 已知某产品产量为 q（单位：千件），边际成本函数为 $c'(q)=3\mathrm{e}^{\frac{1}{3}q}$（单位：万元/千件），且固定成本为 89 万元，求总成本函数.

第三部分：考研真题

1. (2023 年，数三)　函数

$$f(x)=\begin{cases}\frac{1}{\sqrt{1+x^2}}, & x\leqslant 0,\\ (x+1)\cos x, & x>0\end{cases}$$ 的一个原函数为（　　）.

A. $F(x)=\begin{cases}\ln(\sqrt{1+x^2}-x), & x\leqslant 0\\ (x+1)\cos x-\sin x, & x>0\end{cases}$

B. $F(x)=\begin{cases}\ln(\sqrt{1+x^2}-x)+1, & x\leqslant 0\\ (x+1)\cos x-\sin x, & x>0\end{cases}$

C. $F(x)=\begin{cases}\ln(\sqrt{1+x^2}-x), & x\leqslant 0\\ (x+1)\sin x+\cos x, & x>0\end{cases}$

D. $F(x)=\begin{cases}\ln(\sqrt{1+x^2}+x)+1, & x\leqslant 0\\ (x+1)\sin x+\cos x, & x>0\end{cases}$

2. (2018 年，数三) $\int \mathrm{e}^x\arcsin\sqrt{1-\mathrm{e}^{2x}}\mathrm{d}x=$ ________.

自测题 5

(满分 100 分，测试时间 100min)

一、单项选择题（本题共 10 个小题，每小题 5 分，共 50 分）

1. 称函数的（　　）原函数为不定积分.

A. 任意一个　B. 所有

C. 某一个　D. 唯一一个

2. 在区间 (a,b) 内，如果 $f'(x)=\phi'(x)$，则一定有（　　）.

A. $f(x)=\phi(x)$

B. $f(x)=\phi(x)+C$

C. $\left[\int f(x)\mathrm{d}x\right]'=\left[\int \phi(x)\mathrm{d}x\right]'$

D. $\int f(x)\mathrm{d}x=\int \phi(x)\mathrm{d}x$

3. 下列各等式正确的个数为（　　）.

(1) $\int \frac{1}{1+x}\mathrm{d}x=\ln(1+x)+C$

(2) $\int \sin^3 x\mathrm{d}x = \frac{1}{4}\sin^4 x + C$

(3) $\int f'(2x)\mathrm{d}x = f(2x) + C$

(4) $\int \frac{\sin x}{1+\cos^2 x}\mathrm{d}x = \arctan(\cos x) + C$

A. 0　B. 1　C. 2　D. 3

4. 若 $\int f(x)\mathrm{d}x = x^2\mathrm{e}^{2x} + C$，则 $f(x) =$ (　　).

A. $2x\mathrm{e}^{2x}$　B. $2x^2\mathrm{e}^{2x}$

C. $x\mathrm{e}^{2x}$　D. $2x\mathrm{e}^{2x}(1+x)$

5. $\sqrt{x}$是(　　)的一个原函数.

A. $\frac{1}{2x}$　B. $\frac{1}{2\sqrt{x}}$

C. $\ln x$　D. $\sqrt{x^3}$

6. 若 $f(x)$ 的一个原函数是 $\ln x$，则 $f'(x) =$ (　　).

A. $x\ln x$　B. $\ln x$

C. $\frac{1}{x}$　D. $-\frac{1}{x^2}$

7. $\int\left(2^x\mathrm{e}^x + \frac{2}{1+x^2} - \sqrt{x\sqrt{x}}\right)\mathrm{d}x =$ (　　).

A. $\frac{2\mathrm{e}^x}{1+\ln 2} + 2\arctan x - \frac{4}{7}x^{\frac{7}{4}} + C$

B. $\frac{2^x\mathrm{e}^x}{1+\ln 2} + 2\arctan x - \frac{4}{7}x^{\frac{7}{4}} + C$

C. $2\mathrm{e}^x + 2\arctan x - \frac{4}{7}x^{\frac{7}{4}} + C$

D. $\frac{2^x\mathrm{e}^x}{1+\ln 2} + \arctan x^2 - \frac{4}{7}x^{\frac{7}{4}} + C$

8. $f(x)$ 的一个原函数是$\frac{\sin x}{x}$，则 $\int xf'(x)\mathrm{d}x =$ (　　)

A. $\frac{\sin x}{x}$　B. $\sin x - \frac{2\sin x}{x} + C$

C. $\cos x - \frac{2\sin x}{x} + C$　D. $\cos x - \frac{\sin x}{x} + C$

9. $\int \frac{2x-1}{x^2-5x+6}\mathrm{d}x =$ (　　).

A. $-3\ln|x-2| + 5\ln|x-3| + C$

B. $-5\ln|x-2| + 3\ln|x-3| + C$

C. $\arctan(x-3) + C$

D. $3\ln|x-2| + 5\ln|x-3| + C$

10. $\int x\sqrt{x+1}\mathrm{d}x =$ (　　).

A. $\frac{2}{5}x^{\frac{5}{2}} - \frac{2}{3}(x+1)^{\frac{3}{2}} + C$

B. $\frac{2}{5}(x+1)^{\frac{5}{2}} - \frac{2}{3}x^{\frac{3}{2}} + C$

C. $\frac{2}{5}x^{\frac{5}{2}} - \frac{2}{3}x^{\frac{3}{2}} + C$

D. $\frac{2}{5}(x+1)^{\frac{5}{2}} - \frac{2}{3}(x+1)^{\frac{3}{2}} + C$

二、判断题(用√，×表示. 本题共10个小题，每小题5分，共50分).

1. $x\mathrm{d}x = 2\mathrm{d}(1-2x^2)$.　(　　)

2. $\int \tan x\mathrm{d}x = \ln\cos x + C$.　(　　)

3. $\mathrm{d}\int \mathrm{e}^{-x^3}\mathrm{d}x = \mathrm{e}^{-x^3}$.　(　　)

4. $\int \frac{x}{2}\mathrm{d}x^2 = \frac{x^3}{3} + C$.　(　　)

5. $\int 7^{2x}2\ln 7\mathrm{d}x = 7^{2x} + C$.　(　　)

6. $f(x) = \int \frac{1}{\sqrt{1-x^2}}\mathrm{d}x$，则 $f'(0) = 0$.　(　　)

7. $f(x)$ 的一个原函数为 $x^2\mathrm{e}^{-x}$，则 $\int f(x)\mathrm{d}x = x^2\mathrm{e}^{-x} + C$.　(　　)

8. 若 $f(x)$ 的一个原函数为 $x\sin x$，则 $f(x) = \sin x + \cos x$.　(　　)

9. 若 $y' = 2x$，且 $x = 0$ 时 $y = 2$，则 $y = x^2 + 2$.　(　　)

10. 设 $\int f(x)\mathrm{d}x = F(x) + C$，则 $\int \mathrm{e}^{-x}f(\mathrm{e}^{-x})\mathrm{d}x = -F(\mathrm{e}^{-x}) + C$.　(　　)

参考答案

第1章 参考答案

1.1.5 同步习题

1. (1) $\{x \mid x>5\}$； (2) $\{(x,y) \mid x^2+y^2<25\}$；
   (3) $\{(x,y) \mid y=x^2$ 且 $x-y=0\}$.
2. (1) A； (2) D； (3) A.
3. (1) $[-2,2]$； (2) $(1,7)$；
   (3) $(-\infty,-4]\cup[6,+\infty)$； (4) $(-\infty,-2)\cup(6,+\infty)$.

1.2.4 同步习题

1. (1) C； (2) C； (3) D.
2. (1) $[1,2)\cup(2,4)$； (2) $(-\infty,-2]\cup(2,+\infty)$；
   (3) $[-3,0)$； (4) $(-2,3]$；
   (5) e^{-4}，15，3； (6) $\dfrac{1}{(x-1)^2}+\dfrac{3}{(x-1)}+3$； (7) $3+\cos 2x$.
3. (1) 不是； (2) 是； (3) 不是； (4) 是.
4. (1) $V=x(a-2x)^2$，$x\in\left(0,\dfrac{a}{2}\right)$.

   (2) $P=\begin{cases} ax, & 0<x\leqslant 100, \\ \dfrac{4}{5}ax+20a, & x>100. \end{cases}$

1.3.6 同步习题

1. C.
2. (1) $\ln u$，v^2，$\sin x$；
   (2) $\dfrac{1}{1-x^2}$，$\dfrac{(1-x^2)^2}{x^4-2x^2}$，$\dfrac{1}{2x^2-x^4}$；
   (3) $\begin{cases} 1, & -1<x<0, \\ \mathrm{e}^x, & 0\leqslant x\leqslant 1; \end{cases}$
   (4) $y=\sqrt{1+\sin^2(\log_a x)}$； (5) π；
   (6) $y=10^{x-1}-2$； (7) $\arcsin(1-x^2)$；
   (8) -3； (9) $\dfrac{1}{2}\log_2\left(\dfrac{1+x}{1-x}\right)$，$x\in(-1,1)$；
   (10) x^2-2.
3. $f[g(x)]=\dfrac{x^2}{(1+x)^2}$.

4. （1）$y=\dfrac{x+4}{x-1}\quad x\neq 1$；　（2）$y=\begin{cases}\sqrt{4x-x^2}, & 0\leqslant x\leqslant 2,\\ \dfrac{1}{2}x+1, & 2<x\leqslant 4.\end{cases}$

1.4.5 同步习题

1. （1）$p=30$ 元，$Q_d=25$ 万件；　（2）$p=32$ 元，$Q_d=20$ 万件．
2. $C(8)=112$；　$\overline{C}(8)=14$.
3. $L(30)=430$（万元）.
4. $R=\begin{cases}ax, & 0\leqslant x\leqslant 60,\\ 0.7a(x-60)+60a, & x>60.\end{cases}$
5. 总成本函数 $C(Q)=1000+7Q$；利润函数 $L(Q)=8Q-1000$.

总复习题 1

第一部分：基础题

1. （1）$[-\sqrt{5},\sqrt{5}]$；　（2）$[-3,0)\cup(2,3]$；
   （3）$(-\infty,1)\cup(2,+\infty)$；　（4）$(-\infty,+\infty)$；
2. （1）$[-1,1]$；　（2）$[a,1-a]\left(0<a\leqslant\dfrac{1}{2}\right)$.
3. （1）偶函数；　（2）奇函数；
   （3）奇函数；　（4）奇函数；
   （5）偶函数；　（6）非奇非偶函数．
4. （1）$T=\pi$；　（2）$T=2\pi$；
   （3）是周期函数，但没有最小正周期，T 为任意实数；（4）$T=2\pi$.
5. （1）$y=\sqrt{u}$，$u=1-\sin x$；　（2）$y=\cos u$，$u=\sqrt{v}$，$v=2x+3$；
   （3）$y=\mathrm{e}^u$，$u=\sin v$，$v=\dfrac{1}{x}$；　（4）$y=4\arcsin u$，$u=v^3$，$v=1-x$.
6. $f(x)=2(1-x^2)$，　$|x|\leqslant 1$.
7. $f(x-1)=\begin{cases}-1, & x<1,\\ 0, & x=1,\\ 1, & x>1;\end{cases}$ $f(x^2-1)=\begin{cases}-1, & |x|<1,\\ 0, & |x|=1,\\ 1, & |x|>1.\end{cases}$

第二部分：拓展题

1. $[-7,2)\cup(2,3)$；$f[f(-7)]=f(1)=\dfrac{1}{\lg 2}+4\sqrt{3}$.
2. $f(x)=\dfrac{a\mathrm{e}^x-b\mathrm{e}^{\frac{x}{x-1}}}{a^2-b^2}$.
3. $g[f(x)]=\begin{cases}-x^2, & x>0,\\ -(1+x)^2, & -1<x\leqslant 0,\\ 1+x, & x\leqslant -1.\end{cases}$
4. $f[f(x)]=\begin{cases}0, & x\leqslant 0,\\ x, & x>0;\end{cases}$　$g[g(x)]=0$；　$f[g(x)]=0$.
5. 当 $a=2$ 时，$y=\lg(a-\sin x)$ 是复合函数，定义域是 $(-\infty,+\infty)$；
   当 $a=-2$ 时，$y=\lg(a-\sin x)$ 不是复合函数．

6. (1) $f^{-1}(x)=\begin{cases}x+\sqrt{x^2+1}, & x\geqslant 1,\\ x-\sqrt{x^2+1}, & x\leqslant -1.\end{cases}$

(2) $f^{-1}(x)=\begin{cases}x, & x<1,\\ \sqrt{x}, & 1\leqslant x<16,\\ \log_2 x, & x\geqslant 16.\end{cases}$

7. $R(x)=\begin{cases}50(x-100), & x=100,150,\cdots,1100,\\ (x-100)\left(50-\dfrac{x-1000}{50}\right), & x=1050,1100,\cdots,3500.\end{cases}$

8. $m=\begin{cases}ks, & 0<s\leqslant a,\\ ka+\dfrac{4}{5}k(s-a), & s>a.\end{cases}$

9. $y=100000\times(1-8\%)^t$，其中 t 为正整数.

10. $L(x)=\begin{cases}(a-b)x, & 0\leqslant x\leqslant 1000,\\ 1000(a-b)+(0.9a-b)(x-1000), & 1000<x\leqslant 1300,\\ 1270a-bx, & x>1300.\end{cases}$

第三部分：考研真题

B

自测题 1

一、单项选择题

1. C； 2. B； 3. D； 4. C； 5. B； 6. A； 7. D； 8. C； 9. B； 10. A

二、判断题

1. √； 2. √； 3. ×； 4. √； 5. √； 6. ×； 7. √； 8. ×； 9. √； 10. ×.

第 2 章 参考答案

2.1.6 同步习题

1. (1) 1； (2) 2； (3) e^2.

2. (1) B； (2) C

3. (1) $\dfrac{4}{3}$； (2) 0； (3) e^3； (4) e.

4. 提示：利用夹逼定理.

2.2.5 同步习题

1. (1) 必要；充分； (2) 1，2； (3) −1，−2； (4) 4，e^3； (5) 9.

2. (1) D； (2) C； (3) D； (4) D.

3. (1) 1； (2) −9； (3) e^3； (4) e.

4. $a=-5$，$b=6$.

2.3.5 同步习题

1. (1) $p\neq 3q$；$p=5$，$q=\dfrac{5}{3}$； (2) 5； (3) 1； (4) $\dfrac{1}{4}$.

2. (1) A； (2) C； (3) C.

3. (1) $\frac{2}{3}$; (2) 1; (3) 0; (4) $\frac{1}{2}$; (5) 1; (6) 0; (7) $\frac{1}{6}$; (8) 0.

2.4.4 同步习题

1. (1) $\frac{1}{2}$; (2) $(-\infty,1)\cup(2,+\infty)$; (3) 0; (4) 第二类.
2. (1) B; (2) D; (3) A.
3. (1) $x=0$ 是第一类间断点(可去间断点); (2) $x=0$ 是第一类间断点(跳跃间断点).
4. $a=b=2$.
5. (1) $f(0)=1$; (2) $f(0)=0$.

2.5.3 同步习题

1. (1) √; (2) ×; (3) ×.
2. 提示：零点定理.

2.6.3 同步习题

1. (1) 11600; (2) 11664; (3) 11716.59; (4) 11728.88; (5) 11735.11.
2. 56289 元.

总复习题 2

第一部分：基础题

1. (1) 0; (2) $2a$; (3) $\frac{1}{5}$; (4) 0; (5) -1; (6) $\frac{8}{5}$; (7) 1;
   (8) 3^{10}; (9) e^2; (10) e^{-2}.
2. (1) 1, 1; (2) 0.
3. 递减有下界，极限值为 3.
4. 存在，且 $\lim\limits_{x\to 0}f(x)=2$.
5. 证明略.
6. $a=4$, $b=-5$.
7. $\frac{1}{3}$.
8. 0, 0.
9. (1) $x=1$，第一类间断点(可去间断点); $x=2$，第二类间断点(无穷间断点);
   (2) $x=1$，第一类间断点(跳跃间断点).
10. $x=0$，第二类间断点(无穷间断点); $x=1$，第一类间断点(跳跃间断点).
11. $a=0$, $b=1$.
12. 证明略.
13. $(ab)^{\frac{3}{2}}$.
14. $\frac{1}{2}\ln a$.

第二部分：拓展题

1. $\frac{1}{2}$;
2. e;
3. -1;

4. $a=-5$，$b=6$；

5. $x=-1$ 和 $x=1$ 是第一类间断点的跳跃间断点 .

第三部分：考研真题

一、选择题

1. D； 2. C； 3. A； 4. C； 5. C； 6. A.

二、填空题

1. $\frac{2}{3}$； 2. $e^{\frac{1}{2}}$； 3. e^{-1}.

三、简答题

1. $\alpha=\frac{1}{\pi}\left(\frac{1}{e}-e\right)$；

2. $a=1$，$b=-\frac{e}{2}$.

3. $a=1$，$b=1$.

自测题 2

一、单项选择题

1. C； 2. D； 3. C； 4. B； 5. C； 6. A； 7. B； 8. B； 9. B； 10. C.

二、判断题

1. ×； 2. √； 3. ×； 4. ×； 5. ×； 6. √； 7. √； 8. √； 9. √；
10. ×.

第 3 章 参考答案

3.1.5 同步习题

1. （1）$-f'(x_0)$； （2）$2f'(x_0)$； （3）$3x-y-4=0$； （4）必要 .

2. （1）B； （2）C； （3）C.

3. （1）$2x+1$； （2）$-\sin(x+3)$.

4. （1）$y'=4x^3$； （2）$y'=\frac{3}{4\sqrt[4]{x}}$； （3）$y'=-\frac{3}{x^4}$；

（4）$y'=-\frac{1}{3x\sqrt[3]{x}}$； （5）$y'=\frac{5}{2}x\sqrt{x}$； （6）$y'=\frac{9}{4}x\sqrt[4]{x}$.

3.2.5 同步习题

1. （1）$2^x\ln2+2x+6x^{-3}$； （2）1； （3）1.

2. （1）A； （2）B.

3. （1）$y'=6x^2+\frac{4}{x^3}$； （2）$y'=1-\frac{5}{2}x^{-\frac{7}{2}}-3x^{-4}$；

（3）$y'=e^x+xe^x=e^x(1+x)$； （4）$y'=-\frac{1}{4}x^{-\frac{5}{4}}$；

（5）$y=15x^3+6x^2-20x+8$，$y'=45x^2+12x-20$；

（6）$y'=\frac{-6x}{(x^2-2)^2}$.

4. （1）$y'=6\cos6x$； （2）$y'=4x\sec^2 2x^2$； （3）$y'=\frac{1}{3}e^{\frac{x}{3}}(x^2+6x+1)$；

(4) $y'=\frac{3}{\sqrt{-9x^2-12x-3}}$； (5) $y'=-\tan x$； (6) $y'=\frac{3}{x}$；

(7) $y'=\frac{1}{x\sqrt{x^2-1}}$； (8) $y'=\frac{-1}{|x|\sqrt{x^2-1}}$；

(9) $y'=4\cot 4x$； (10) $y'=\frac{-x}{|x|\sqrt{1-x^2}}$.

5. (1) $s'(t)=6t^2-80t+220$； (2) $s'(1)=146$；$s'(8)=-36$；$s'(10)=20$； (3) 8 月份销售额会下降，10 月份销售额会增加.

3.3.2 同步习题

1. (1) $y''=e^x(\tan x+2\sec^2 x+2\sec^2 x\cdot\tan x)$； (2) $y^{(n)}=2^n\sin\left(2x+n\cdot\frac{\pi}{2}\right)$.

2. (1) C； (2) A.

3. (1) $y'=-\frac{1}{(x+2)^2}$，$y''=\frac{2}{(x+2)^3}$； (2) $y'=\sec^2 x$，$y''=2\sec^2 x\tan x$；

(3) $y'=e^x+xe^x$，$y''=e^x(x+2)$； (4) $y'=3\cos(3x+2)$，$y''=-9\sin(3x+2)$；

(5) $y'=e^x\cos x-e^x\sin x$，$y''=-2e^x\sin x$； (6) $y'=\ln x+1$，$y''=\frac{1}{x}$；

(7) $y'=\cot x$，$y''=-\csc^2 x$； (8) $y'=\frac{1}{\sqrt{1-x^2}}$，$y''=\frac{x}{(1-x^2)^{\frac{3}{2}}}$.

4. $f^{(100)}(x)=2+e^x$.

5. $y^{(4)}=-4e^x\cos x$.

3.4.3 同步习题

1. (1) $\frac{dy}{dx}=\frac{1}{1+e^y}$； (2) 3 或 1； (3) $9x-2y-36=0$； (4) 1.

2. (1) D； (2) D.

3. (1) $\frac{dy}{dx}=\frac{2y}{3y^2-2x}$； (2) $\frac{dy}{dx}=-\frac{x}{y}$； (3) $\frac{dy}{dx}=\frac{ye^{xy}-y^2}{2xy-xe^{xy}}$； (4) $\frac{dy}{dx}=-\frac{ye^x}{1+e^x}$；

(5) $\frac{dy}{dx}=-\frac{2xye^{-x^2y}+1}{x^2e^{-x^2y}+1}$； (6) $\frac{dy}{dx}=-\frac{y}{x}$.

4. (1) $y'=x^x(\ln x+1)$； (2) $y'=\cos x^{\sin x}(\cos x\ln\cos x-\sin x\tan x)$.

(3) $y'=\left(\frac{x}{x+1}\right)^x\left(\ln\frac{x}{x+1}+\frac{1}{x+1}\right)$； (4) $y'=\frac{1}{5}\sqrt[5]{\frac{x-5}{\sqrt[5]{x^2+2}}}\left[\frac{1}{x-5}-\frac{2x}{5(x^2+2)}\right]$.

5. (1) $\frac{dy}{dx}=-\frac{1}{t}$； (2) $\frac{dy}{dx}=\frac{\cos t-t\sin t}{1-\sin t-t\cos t}$.

6. $\frac{d^2y}{dx^2}=-\frac{1}{4t^3}-\frac{3}{2t}$.

3.5.4 同步习题

1. (1) $-\frac{1}{1+x}+C$； (2) $\frac{1}{2}x^2+C$； (3) $\frac{1}{3}e^{3x}+C$；

(4) $\sin x+C$； (5) $2\sqrt{x}+C$； (6) $-\ln(1-x)+C$；

(7) $\frac{1}{\sqrt{1-x^2}}f'(\arcsin x)\mathrm{d}x$；　(8) 充分.

2. (1) B；　(2) D.

3. $\mathrm{d}y=-2x\mathrm{e}^{-x^2+1}\mathrm{d}x$.

4. $\mathrm{d}y=\frac{1-xy-y^2}{x^2+xy-1}\mathrm{d}x$.

5. $\mathrm{d}y=\frac{2x\mathrm{e}^{x^2}}{1+\mathrm{e}^{x^2}}\mathrm{d}x$.

总复习题3

第一部分：基础题

1. $f(x)$在$x=0$点处可导，可导则连续.

2. $x+y-1=0$.

3. $-\frac{3}{2}$.

4. 可导.

5. (1) $y'=\frac{1}{2}\left(\frac{1}{x-1}+\frac{1}{\sqrt{1-x^2}\cdot\arccos x}\right)$；　(2) $y'=-\sin 2x\cdot\ln x+\frac{\cos^2 x}{x}$；

(3) $y'=\frac{x\cos\sqrt{1+x^2}}{\sqrt{1+x^2}}$；　(4) $y'=n\sin^{n-1}x\cdot\sin(n+1)x$.

6. (1) $y'=3x^2f'(x^3)$；　(2) $y'=\sin 2x[f'(\sin^2 x)-f'(\cos^2 x)]$.

7. (1) $y''=\frac{4}{(x+1)^3}$；　(2) $y''=\frac{1}{x}\cos(\ln x)$.

8. 略.

9. 切线方程为$x+y=\frac{\sqrt{2}}{2}a$;法线方程为$x-y=0$.

10. 切线方程为$x+2y-4=0$;法线方程为$2x-y-3=0$.

11. (1) $\frac{\mathrm{d}^2y}{\mathrm{d}x^2}=-\frac{b}{a^2\sin^3 t}$；

(2) $\frac{\mathrm{d}^2y}{\mathrm{d}x^2}=\frac{4}{9}\mathrm{e}^{3t}$；

(3) $\frac{\mathrm{d}^2y}{\mathrm{d}x^2}=\frac{3b}{4a^2t}$；

(4) $\frac{\mathrm{d}^2y}{\mathrm{d}x^2}=\frac{1+t^2}{4t}$.

12. (1) $\mathrm{d}y=\left(-\frac{1}{x^2}+\frac{1}{\sqrt{x}}\right)\mathrm{d}x$；　(2) $\mathrm{d}y=(\tan x+x\sec^2 x)\mathrm{d}x$；

(3) $\mathrm{d}y=(x^2+1)^{-\frac{3}{2}}\mathrm{d}x$；　(4) $\mathrm{d}y=\frac{6\ln(3x+2)}{3x+2}\mathrm{d}x$；

(5) $\mathrm{d}y=\frac{1}{\sqrt{-x^2-x}}\mathrm{d}x$；　(6) $\mathrm{d}y=[\mathrm{e}^x\cos(3-x)+\mathrm{e}^x\sin(3-x)]\mathrm{d}x$.

13. $\mathrm{d}y=\mathrm{e}^{f(x)}\left[f'(\ln x)\cdot\frac{1}{x}+f(\ln x)\cdot f'(x)\right]\mathrm{d}x$.

第二部分：拓展题

1. $y' = e^{3x}\dfrac{3\ln(x+2) - \dfrac{1}{x+2}}{\ln^2(x+2)}$；　2. $\dfrac{d^2y}{dx^2} = e^{3x}(9x^2+12x+2)$；　3. $a=1$，$b=0$；

4. $y' = \dfrac{y\cos xy}{3y^2 - x\cos xy}$；　5. $\dfrac{dy}{dx} = \dfrac{\cos\theta - \theta\sin\theta}{1-\sin\theta-\theta\cos\theta}$；　6. $dy = \dfrac{e^{3x}(3\sin x - \cos x)}{\sin^2 x}dx$.

第三部分：考研真题

一、选择题

1. C；　2. D；　3. C；　4. A.

二、填空题

1. 0；　2. $\dfrac{\sin\dfrac{1}{e}}{2e}$；　3. $-\sqrt{2}$；　4. $y=x-1$；　5. $\dfrac{3\pi}{2}+2$；　6. $-\dfrac{1}{8}$；　7. 48；

8. $y=x+1$；　9. $y=1+\sqrt{2}$；　10. $-\pi dx$.

自测题 3

一、单项选择题

1. D；　2. D；　3. A；　4. C；　5. A；　6. C；　7. D；　8. C；　9. B；　10. A.

二、判断题

1. ×；　2. √；　3. ×；　4. √；　5. √；　6. ×；　7. √；　8. ×；　9. √；　10. ×

.

第 4 章　参考答案

4.1.5　同步习题

1. (1) $\dfrac{\pi}{2}$；　(2) $e-1$；　(3) $\dfrac{14}{9}$.

2. (1) B；　(2) C.

3. $\xi = -\dfrac{1}{4}$.

4. $\xi = \dfrac{1}{\ln 2}$.

5. $\xi = \dfrac{2}{3}$.

6. 略

4.2.4　同步习题

1. (1) 1；　(2) $-\dfrac{1}{2}$；　(3) $\dfrac{1}{3}$.

2. $a=-1$，$b=-4$.

3. (1) 1；　(2) 2；　(3) -1；　(4) 0；　(5) $\dfrac{5}{8}$；　(6) $\dfrac{3}{2}$；

(7) $\dfrac{a^2}{b^2}$；　(8) 0；　(9) 2；　(10) 0；　(11) $-\dfrac{1}{3}$；　(12) 1.

4.3.4　同步习题

1. (1) 既非充分也非必要；　(2) 小.

2. (1) 函数在$(-\infty,-1]$，$[3,+\infty)$内单调递增，$[-1,3]$上单调减少；
(2) 函数在$(-\infty,0]$上单调递增，在$[0,+\infty)$单调递减；
(3) 函数在$(-\infty,+\infty)$内函数为单调递增；
(4) 函数在$[1,+\infty)$上单调递增，在$(0,1]$上单调递减；
(5) 函数在$(-\infty,3)$上单调减少，在$[3,+\infty)$上单调增加；
(6) 函数在$[-1,0]$，$[1,+\infty)$上单调减少，在$(-\infty,-1]$，$[0,1]$上单调递增.

3. (1) $x=1$ 为极小值点$f(1)=2$ 为极小值，$x=-1$ 为极大值点$f(-1)=-2$ 为极大值；
(2) $x=1$ 为极小值点$f(1)=-2$ 为极小值，$x=-1$ 为极大值点$f(-1)=2$ 为极大值；
(3) $x=\mathrm{e}^{-\frac{1}{2}}$为极小值点$f\left(\mathrm{e}^{-\frac{1}{2}}\right)=-\frac{1}{2\mathrm{e}}$为极小值；
(4) 函数无极值点；
(5) $x=0$ 是极大值点极大值$f(0)=2$，$x=2$ 是极小值点极小值$f(2)=-14$.

4. (1) 最大值为$f(\pm\sqrt{2})=f(0)=5$，最小值为$f(\pm1)=4$；
(2) 最大值为$f(-1)=3$，最小值为$f(1)=1$；
(3) 最大值为$f(2)=\frac{5}{2}$，最小值为$f(1)=2$；
(4) 最大值为$f\left(-\frac{\pi}{2}\right)=\pi-1$，最小值为$f\left(\frac{\pi}{2}\right)=1-\pi$.

5. 当宽为 5m，长为 10m 时，这间小屋的面积最大.

4.4.4 同步习题

1. (1) 单调递减的凹曲线；　(2) $\left(\frac{5}{3},\frac{20}{27}\right)$，$\left(-\infty,\frac{5}{3}\right]$；　(3) $x=-1$，$x=1$；(4) 凹，>.

2. (1) B；　(2) A.

3. (1) $(-\infty,1)$与$(1,+\infty)$是凸区间，$[-1,1]$是凹区间$(-1,\ln2)$，$(1,\ln2)$；(2) 没有拐点；　(3) $(-\infty,2]$是凸区间，$(2,+\infty)$是凹区间$\left(2,\frac{2}{\mathrm{e}^2}\right)$；　(4) $(-\infty,-1]$与$[1,+\infty)$是凹区间，$[-1,1]$是凸区间$(-1,-7)$，$(1,-3)$；(5) $(-\infty,1]$和$[2,+\infty)$是凹区间$[1,2]$是凸区间$(1,-3)$，$(2,6)$；　(6) $(-\infty,-\frac{1}{5}]$是凸区间$[-\frac{1}{5},+\infty)$是凹区间$\left(-\frac{1}{5},-\frac{6}{5\sqrt[3]{25}}\right)$.

4. (1) $x=2$ 是 $y=\frac{1}{x-2}$的一条铅直渐近线；$y=0$ 是 $y=\frac{1}{x-2}$的一条水平渐近线；
(2) $x=0$ 是 $y=\ln x$ 的一条铅直渐近线；
(3) $y=1$ 是该曲线的一条水平渐近线；
(4) $x=1$ 是 $y=\frac{x^2+3}{x-1}$的一条铅直渐近线；$y=x+1$ 是该曲线的一条斜渐近线.

4.5.3 同步习题

1. (1) 1.5；　(2) $\frac{p}{p-20}$.

2. 当 $x=3$ 时，x 改变一个单位，$f(x)$ 改变 $\frac{1}{3}$ 个单位.

3. 最大利润为 $L(240)=28600$.

4. (1) $\frac{Ey}{Ex}=5$；　(2) $\frac{Ey}{Ex}=-1$；　(3) $\frac{Ey}{Ex}=x\cot x$；　(4) $\frac{Ey}{Ex}=x$.

总复习题 4

第一部分：基础题

1. 方程 $f'(x)=0$ 有且仅有三个实根，它们分别位于区间 $(1,2)$，$(2,3)$，$(3,4)$ 内.
2. 证明略.
3. 证明略.
4. 证明略.
5. 证明略.
6. 证明略.
7. (1) 2；　(2) $\frac{1}{2}$；　(3) 0；　(4) 1.
8. $a=-3$，$b=\frac{9}{2}$.
9. $a=-2$，$b=6$.
10. $a=2$ 时函数在 $x=\frac{\pi}{3}$ 处取得极大值；$f\left(\frac{\pi}{3}\right)=\sqrt{3}$.
11. 在 $(-\infty,-2]\cup[2,+\infty)$ 内单调递增；在 $[-2,2]$ 内单调递减.
极大值 $f(-2)=16$，极小值 $f(2)=-16$.
12. 当 $x\in\left(-\infty,-\frac{1}{2}\right)$ 时曲线是凸的；当 $x\in\left(-\frac{1}{2},+\infty\right)$ 时，曲线是凹的；拐点为 $\left(-\frac{1}{2},\frac{21}{2}\right)$.
13. (1) 铅直渐近线 $x=-1$，无水平渐近线，斜渐近线 $y=x+1$；
(2) 水平渐近线 $y=0$，无垂直渐近线和斜渐近线.
14. $4\sqrt{S}$
15. 租金为 350 元时，最大收入为 10890 元.
16. $Q=3$ 时，$R'(3)=\frac{5}{(3+1)^2}=\frac{5}{16}$. 其经济意义为当销售量为 3 个单位时，以后，再多卖出 1 个单位的产品，总收益就将增加 $\frac{5}{16}$.
17. (1) $E_d=\frac{P}{P-30}$；　(2) $E_d(4)=-\frac{2}{13}$.
其经济意义为当 $P=4$ 时，价格上涨 1%，需求量约下降 0.15%.

第二部分：拓展题

1. $a=-6$，$b=9$，$c=2$.
2. 证明略.
3. 证明略.
4. 证明略.

5. 证明略.

6. 证明略.

7. 证明略.

8. $f(x)$在$[a,b]$上单调增加.

9. 当底面直径与高的比例为 $b:a$ 时，造价最省.

10. 长为$\frac{3}{2}$，宽为 1 时，面积最大，最大值为$\frac{3}{2}$.

11. 略.

12. 略.

13. 当 $Q=3$ 百件时，平均成本最低，此时 $C(3)=87$ 百元.

14. 40；经济意义为当产量为 100 时，如果再生产一件产品，利润将增加 40 个单位.

第三部分：考研真题

一、选择题

1. C； 2. D.

二、填空题

1. $1+(1-Q)e^{-Q}$； 2. $y=4x-3$；

3. $(\pi,-2)$；4. 8；5. 50.

三、解答题

1. $\frac{1}{\ln 2}-1<k<\frac{1}{2}$.

2. 极小值为$f(-1)=1-e^{-1}$和$f(e^{-1})=e^{-\frac{2}{e}}$；极大值为$f(0)=1$.

3. (1) $a=1$，$b=-1$； (2) $x=0$ 是函数 $y=y(x)$的极大值点.

4. 证明略.

自测题 4

一、单项选择题

1. A 2. C 3. C 4. B 5. A 6. C 7. A 8. C 9. A 10. D

二、判断题

1. × 2. √ 3. √ 4. × 5. √ 6. √ 7. √ 8. √ 9. √ 10. ×

第 5 章 参考答案

5.1.5 同步习题

1. (1) 正确； (2) 不正确； (3) 不正确； (4) 正确； (5) 正确.

2. (1) $2^x\ln 2+\cos x$； (2) $-\sin x+C$；

(3) $\frac{\sin x}{x}+C$; $\frac{2-x^2}{x^3}\sin x-\frac{2}{x^2}\cos x$.

3. (1) C； (2) B； (3) B； (4) D； (5) B.

4. 证明略

5.2.3 同步习题

1. (1) $\frac{1}{6}x^6+C$； (2) $-\frac{1}{4x^4}+C$； (3) $2\sqrt{x}+C$；

(4) $\frac{3}{2}x^{\frac{2}{3}}+C$； (5) $\frac{2^x e^x}{1+\ln 2}+C$.

2. (1) B; (2) B; (3) B; (4) B; (5) C.

3. (1) $x-x^3+C$; (2) $\frac{3}{4}x^{\frac{4}{3}}-2x^{\frac{1}{2}}+C$;

(3) $\frac{2}{3}x^{\frac{3}{2}}+3\ln|x|-\frac{1}{3}x^{-3}+C$; (4) $\frac{t^2}{2}+3t+3\ln|t|-\frac{1}{t}+C$;

(5) $x-\arctan x+C$; (6) $-\frac{1}{x}+\arctan x+C$;

(7) $\frac{1}{3}x^3+\frac{3}{2}x^2+9x+C$; (8) e^x+x+C;

(9) $2x-\frac{\left(\frac{2}{3}\right)^x}{\ln2-\ln3}+C$; (10) $\frac{3^x e^x}{1+\ln3}-2\arcsin x-3\cos x+C$;

(11) $e^x-\ln|x|+2\sin x+C$; (12) $-\cot x-x+C$;

(13) $\frac{1}{2}e^{2x}+C$; (14) $\frac{3}{2}\arcsin x+C$;

(15) $\frac{1}{2}(x+\sin x)+C$; (16) $\sin x+\cos x+C$;

(17) $-\cot x-\tan x+C$; (18) $-\cos x+\sin x+C$.

5.3.3 同步习题

1. (1) $\frac{1}{2}x^2$; (2) $\frac{1}{4}x^4$; (3) $\frac{1}{n+1}x^{n+1}$;

(4) $-\frac{1}{x}$; (5) $\ln|x|$; (6) $\tan x$;

(7) $\sec x$; (8) $-\frac{2}{3}\cos\frac{3}{2}x$; (9) $\frac{1}{2}e^{2x}$;

(10) $-2e^{-\frac{x}{2}}$; (11) $\arcsin x$; (12) $\frac{1}{2}\arctan 2x$.

2. (1) A; (2) D; (3) C; (4) C; (5) C.

3. (1) $\frac{1}{63}(3x-2)^{21}+C$; (2) $\ln(1+x^2)+C$;

(3) $-\frac{3}{4}\ln|1-x^4|+C$; (4) $-\frac{1}{2}e^{1-2x}+C$;

(5) $\frac{1}{2}e^{x2-2x+2}+C$; (6) $\ln(4+e^x)+C$;

(7) $-\frac{1}{2}\ln|1-2x|+C$; (8) $-\frac{1}{3}(1-x^2)^{\frac{3}{2}}+C$;

(9) $-\frac{1}{2}(2-3x)^{\frac{2}{3}}+C$; (10) $\frac{1}{\sqrt{2}}\arctan\frac{x-2}{\sqrt{2}}+C$;

(11) $\frac{1}{6}\arctan\frac{3}{2}x+C$; (12) $\ln|e^x-1|-x+C$;

(13) $\frac{2}{3}e^{3\sqrt{x}}+C$; (14) $\frac{1}{4}e^{x^4}+C$;

(15) $\arctan e^x+C$; (16) $\arccos e^{-x}+C$;

(17) $\ln|x\ln x|+C$; (18) $\ln|\ln\ln x|+C$;

(19) $-\frac{1}{2(\arcsin x)^2}+C$; (20) $-\cos\sqrt{1+x^2}+C$;

(21) $\frac{3}{2}\sin\left(\frac{2}{3}x-5\right)+C$; (22) $-\frac{1}{2}\ln|\cos 2x|+2\ln\left|\sin\frac{x}{2}\right|+C$;

(23) $\frac{1}{2\cos^2 x}+C$; (24) $\frac{1}{2}x-\frac{1}{4}\sin 2x+C$;

(25) $\frac{1}{3}\sec^3 x-\sec x+C$; (26) $\frac{1}{3}\sin^3 x-\frac{2}{5}\sin^5 x+\frac{1}{7}\sin^7 x+C$.

(27) $\ln|x+\sin x|+C$; (28) $2\sqrt{\sin x-\cos x}+C$;

(29) $\frac{1}{2}(\ln\tan x)^2+C$; (30) $(\arctan\sqrt{x})^2+C$.

4. (1) $2\sqrt{x}-2\arctan\sqrt{x}+C$; (2) $\sqrt{2x-3}-\ln|\sqrt{2x-3}+1|+C$;

(3) $\frac{4}{63}(3x+1)\sqrt[4]{(3x+1)^3}-\frac{4}{27}\sqrt[4]{(3x+1)^3}+C$;

(4) $6(\sqrt[6]{x}-\arctan\sqrt[6]{x})+C$; (5) $2\sqrt{x}-2\ln(1+\sqrt{x})+C$;

(6) $\frac{3}{2}\sqrt[3]{(x+1)^2}-3\sqrt[3]{x+1}+3\ln|\sqrt[3]{x+1}+1|+C$;

(7) $\frac{1}{2}\arctan x+\frac{x}{2(1+x^2)}+C$; (8) $-\frac{(a^2-x^2)^{\frac{3}{2}}}{3a^2x^3}+C$;

(9) $\frac{1}{2}\arcsin x-\frac{x\sqrt{1-x^2}}{2}+C$; (10) $\frac{1}{3}\ln\left|3x+\sqrt{9x^2-4}\right|+C$;

(11) $\frac{x}{\sqrt{x^2+1}}+C$; (12) $\ln\left|x+\sqrt{x^2-9}\right|-\frac{\sqrt{x^2-9}}{x}+C$;

(13) $-\frac{1}{3}(\sqrt{1-x^2})^3+\frac{1}{5}(\sqrt{1-x^2})^5+C$; (14) $\frac{1}{2}\arcsin\frac{2x}{3}-\frac{1}{4}\sqrt{9-4x^2}+C$;

(15) $\arcsin x-\frac{x}{1+\sqrt{1-x^2}}+C$; (16) $-\frac{1}{24}\ln\left(1+\frac{4}{x^6}\right)+C$;

(17) $\frac{1}{2}\arcsin x+\ln|x+\sqrt{1-x^2}|+C$; (18) $\arccos\frac{1}{x}+C$.

5.4.5 同步习题

1. (1) $e^x(x-1)+C$; (2) $-e^{-x}(x+1)+C$; (3) $-x\cos x+\sin x+C$;

(4) $(x+1)\ln(x+1)-x+C$; (5) $xf'(x)-f(x)+C$.

2. (1) A; (2) D; (3) C; (4) B; (5) C.

3. (1) $\frac{1}{2}xe^{2x}-\frac{1}{4}e^{2x}+C$; (2) $-e^{-x}(x+1)+C$;

(3) $-x\cos x+\sin x+C$; (4) $x^2\sin x+2x\cos x-2\sin x+C$;

(5) $3x\sin\frac{x}{3}+9\cos\frac{x}{3}+C$; (6) $x\ln(x^2+1)-2x+2\arctan x+C$;

(7) $x\arccos x-\sqrt{1-x^2}+C$; (8) $\frac{1}{3}x^3\arctan x-\frac{1}{6}x^2+\frac{1}{6}\ln(1+x^2)+C$;

(9) $\frac{1}{3}x^3\ln x-\frac{1}{9}x^3+C$; (10) $-\frac{1}{2}x^2+x\tan x+\ln|\cos x|+C$;

(11) $\frac{e^x}{2}(\sin x+\cos x)+C$;　(12) $-\frac{1}{2}e^{-x}-\frac{1}{5}e^x\sin 2x+\frac{1}{10}e^x\cos 2x+C$;

(13) $\ln x(\ln\ln x-1)+C$;　(14) $-\frac{1}{2}\left(x^2+\frac{1}{2}\right)\cos 2x+\frac{1}{2}x\sin 2x+C$;

(15) $\frac{x^2}{4}+\frac{1}{2}x\sin x+\frac{1}{2}\cos x+C$;　(16) $-\frac{1}{x}(\ln^2 x+2\ln x+2)+C$;

(17) $-\frac{1}{4}x\cos 2x+\frac{\sin 2x}{8}+C$;　(18) $\frac{1}{2}(x^2-1)\ln(x+1)-\frac{1}{4}x^2+\frac{1}{2}x+C$;

(19) $x(\arcsin x)^2+2\sqrt{1-x^2}\arcsin x-2x+C$;

(20) $\frac{1}{4}x\sec^4 x-\frac{1}{4}\tan x-\frac{1}{12}\tan^3 x+C$.

4. $I_n=x^n e^x-nI_{n-1}\quad(n=1,2,3\cdots)$;

其中 $I_0=e^x+C$; $I_1=xe^x-e^x+C_1$; $I_2=x^2e^x-2xe^x+2e^x+C_2$;

$I_3=x^3e^x-3x^2e^x+6xe^x-6e^x+C_3$.

5. 略

5.5.3 同步习题

1. (1) $\frac{1}{2}\ln|x+1|-\frac{1}{2}\ln|x-1|+C$;

(2) $-5\ln|x-2|+6\ln|x-3|+C$;

(3) $-\ln|x|+\arctan x+\frac{1}{2}\ln(x^2+1)+C$;

(4) $-\frac{3}{2}\ln|x|+\frac{5}{3}\ln|x-1|-\frac{1}{6}\ln|x+2|+C$;

(5) $\frac{1}{3}x^3-\frac{3}{2}x^2+9x-27\ln|x+3|+C$;

(6) $2\ln|x+1|-\ln|x^2-x+1|+2\sqrt{3}\arctan\frac{2x-1}{\sqrt{3}}+C$;

(7) $\frac{1}{x+1}+\frac{1}{2}\ln|x^2-1|+C$;

(8) $\ln|x+1|-2\ln|x+2|+\ln|x+3|+C$.

2. (1) $\tan\frac{x}{2}+C$;　(2) $\frac{1}{4}\tan^2\frac{x}{2}+\tan\frac{x}{2}+\frac{1}{2}\ln\left|\tan\frac{x}{2}\right|+C$;

(3) $-\frac{\sqrt{2}}{2}\arctan\left(\frac{\sqrt{2}}{2}\cot x\right)+C$;　(4) $\ln\left|\frac{\tan\frac{x}{2}-5}{\tan\frac{x}{2}-3}\right|+C$.

总复习题 5

第一部分：基础题

1. (1) $-\cot x+\csc x+C$;　(2) $(\arctan\sqrt{x})^2+C$;

(3) $\sqrt{2x}-\ln|\sqrt{2x}+1|+C$;　(4) $\frac{x}{\sqrt{1-x^2}}-\frac{\sqrt{1-x^2}}{x}+C$;

(5) $\frac{x^2}{4}-\frac{1}{4}x\sin 2x-\frac{1}{8}\cos 2x+C$;

(6) $\frac{1}{2}\left(\arctan\frac{1+x}{1-x}\right)^2+C$;

(7) $\arcsin\frac{x-2}{2}+C$; (8) $2\sqrt{\sin x}+C$;

(9) $\tan x\ln(\cos x)+\tan x-x+C$; (10) $\frac{1}{2}\ln\left|\frac{e^x-1}{e^x+1}\right|+C$;

(11) $2(\sqrt{x}\sin\sqrt{x}+\cos\sqrt{x})+C$; (12) $\ln\left|\frac{\sqrt{e^x+1}-1}{\sqrt{e^x+1}+1}\right|+C$.

第二部分：拓展题

1. $-\frac{1}{3}\sqrt{(1-x^2)^3}+C$;

2. $f(x)=x+\frac{x^3}{3}+1$;

3. $2\ln x-\ln^2 x+C$;

4. $-\sin x+C_1x+C_2$;

5. $y=\ln|x|$;

6. $f(x)=\frac{1}{2}x^2+e^x+1$;

7. (1) $v(t)=t^4-\sin t+3$;

(2) $s(t)=\frac{t^5}{5}+\cos t+3t-1$.

8. $R(q)=32q^2-\frac{q^3}{3}$;

9. $c(q)=9e^{\frac{1}{3}q}+80$.

第三部分：考研真题

1. D;

2. $e^x\arccos e^x-\sqrt{1-e^{2x}}+C$.

自测题 5

一、选择题

1. B; 2. B; 3. A; 4. D; 5. B; 6. D. 7. B; 8. C; 9. A; 10. D.

二、判断题

1. ×; 2. ×; 3. ×; 4. √; 5. √; 6. ×; 7. √; 8. ×; 9. √; 10. √.

习题详解

第 1 章　习题详解

1.1.5　同步习题

1. 解　(1) $\{x \mid x>5\}$；

(2) $\{(x,y) \mid x^2+y^2<25\}$；

(3) $\{(x,y) \mid y=x^2$ 且 $x-y=0\}$.

2. 解　(1) 已知集合 $A=\{1,2,3,4\}$，那么 A 的真子集个数为

$$C_4^0+C_4^1+C_4^2+C_4^3=1+4+6+4=15\text{ 个},$$

故选项 A 正确；

(2) 根据题意联立方程组

$$\begin{cases} x+y=2 \\ x-y=4 \end{cases}$$

解得

$$\begin{cases} x=3 \\ y=-1 \end{cases}$$

所以

$$M\cap N=\{(3,-1)\}.$$

故选项 D 正确；

(3) $U=A\cup B=\{3,4,5,7,8,9\}$，$A\cap B=\{4,7,9\}$，$C_U(A\cap B)=\{3,5,8\}$，

故选项 A 正确.

3. 解　(1) $[-2,2]$；　　(2) $(1,7)$；

(3) $(-\infty,-4]\cup[6,+\infty)$；　　(4) $(-\infty,-2)\cup(6,+\infty)$.

1.2.4　同步习题

1. 解　(1) C；

对于选项 A，$y=\lg[x(x-1)]$ 与 $y=\lg x+\lg(x-1)$ 的定义域不同；

对于选项 B，$y=\lg[x(x+1)]$ 与 $y=\lg x+\lg(x+1)$ 的定义域不同；

对于选项 C，$y=\lg\dfrac{3-x}{x-2}$ 的定义域为 $\left\{x \,\middle|\, \dfrac{3-x}{x-2}>0\right\}$，即为 $\{x \mid 2<x<3\}$，与 $y=\lg(3-x)+\lg(x-2)$ 的定义域及对应法则均相同，故为同一函数.

对于选项 D，$y=\lg\dfrac{x+1}{x}$ 与 $y=\lg(x+1)-\lg x$ 的定义域不同.

(2) C；

如果函数 $f(x)$ 的定义域为 $[0,1]$，则要求 $\begin{cases}0\leqslant x+\dfrac{1}{4}\leqslant 1\\ 0\leqslant x-\dfrac{1}{4}\leqslant 1\end{cases}$，解得 $\dfrac{1}{4}\leqslant x\leqslant\dfrac{3}{4}$

则函数 $g(x)=f\left(x+\dfrac{1}{4}\right)+f\left(x-\dfrac{1}{4}\right)$ 的定义域为 $\left[\dfrac{1}{4},\dfrac{3}{4}\right]$.

（3）D.

$y=\lg[(\sqrt{1+x^2}+x)(\sqrt{1+x^2}-x)]=\lg 1=0$，0 既是奇函数又是偶函数.

2. 解（1）根据题意 $\begin{cases}x-1\geqslant 0,\\ x\neq 2,\\ 4-x>0,\end{cases}$ 解得 $x\in[1,2)\cup(2,4)$，故定义域为 $[1,2)\cup(2,4)$；

（2）根据题意 $\begin{cases}x^2-4\geqslant 0,\\ x\neq 2,\end{cases}$ 解得 $x\in(-\infty,-2]\cup(2,+\infty)$，故定义域为 $(-\infty,-2]\cup(2,+\infty)$；

（3）根据题意 $\begin{cases}x+3\geqslant 0,\\ |x|-x,\end{cases}$ 解得 $x\in[-3,0)$，故定义域为 $[-3,0)$；

（4）根据题意 $x\in(-2,3]$，故定义域为 $(-2,3]$；

（5）$f(-4)=\mathrm{e}^{-4}$，$f(4)=4^2-1=15$，$f(0)=3$；

（6）$f(x-1)=x^2+x+1=(x-1)^2+3x=(x-1)^2+3(x-1)+3$，即

$f(t)=t^2+3t+3$，

$f\left(\dfrac{1}{x-1}\right)=\left(\dfrac{1}{x-1}\right)^2+3\cdot\dfrac{1}{x-1}+3=\dfrac{1}{(x-1)^2}+\dfrac{3}{(x-1)}+3$；

（7）$f(\sin x)=3-\cos 2x=3-(1-2\sin^2 x)=2+2\sin^2 x$，即

$f(t)=2+2t^2$，则 $f(\cos x)=2+2\cos^2 x=3+\cos 2x$.

3. 解（1）$y=\dfrac{x^2-4}{x-2}$ 与 $y=x+2$ 定义域不同，不是同一函数；

（2）$y=\mathrm{e}^{-\frac{1}{2}\ln x}$ 与 $y=\dfrac{1}{\sqrt{x}}$ 定义域与对应法则均相同，是同一函数；

（3）$y=2\lg x$ 与 $y=\lg x^2$ 定义域不同，不是同一函数；

（4）$y=\sin^2 x+\cos^2 x$ 与 $y=1$ 定义域与对应法则均相同，是同一函数.

4. 解（1）设剪去的小正边形的变长为 x，则制成的盒子，底为边长是 $a-2x$ 的正方形，高为 x，从而盒子的体积为

$$V=x(a-2x)^2,\ x\in\left(0,\frac{a}{2}\right).$$

（2）由题意可知，设里程为 $x$km，

当 $x\leqslant 100$ 时，运价

$$p=ax;$$

当 $x>100$ 时，运价

$$p=100a+(x-100)\cdot\frac{4}{5}a=\frac{4}{5}ax+20a,$$

综上可知

$$P=\begin{cases} ax, & 0<x\leqslant 100, \\ \dfrac{4}{5}ax+20a, & x>100. \end{cases}$$

1.3.6 同步习题

1. C.

对于选项 A，$y=x^x=e^{x\ln x}$，是基本初等函数复合而成，是初等函数；

对于选项 B，$y=|x|=\sqrt{x^2}$，是基本初等函数复合而成，是初等函数；

对于选项 C，$y=\operatorname{sgn}x=\begin{cases} 1, & x>0, \\ 0, & x=0, \\ -1, & x<0. \end{cases}$分段函数不是初等函数；

对于选项 D$\begin{cases} x=3t, \\ y=t, \end{cases}$可表示为 $y=\dfrac{1}{3}x$，是初等函数.

2. 解（1）$y=\ln u$，$u=v^2$，$v=\sin x$；

（2）$f(-x)=\dfrac{1}{1-(-x)^2}=\dfrac{1}{1-x^2}$；

$$f[f(x)]=\frac{1}{1-f^2(x)}=\frac{1}{1-\left(\dfrac{1}{1-x^2}\right)^2}=\frac{(1-x^2)^2}{x^4-2x^2};$$

$$f\left[\frac{1}{f(x)}\right]=\frac{2}{1-\dfrac{1}{f^2(x)}}=\frac{2}{1-(1-x^2)^2}=\frac{1}{2x^2-x^4};$$

（3）$f(\varphi(x))=\begin{cases} 1, & \dfrac{1}{e}<\varphi(x)<1, \\ \varphi(x), & 1\leqslant\varphi(x)\leqslant e. \end{cases}$ $f(\varphi(x))=\begin{cases} 1, & -1<x<0, \\ e^x, & 0\leqslant x\leqslant 1; \end{cases}$

（4）$y=\sqrt{1+\sin^2(\log_a x)}$；

（5）$y=|\sin x|=\sqrt{\sin^2x}=\sqrt{\dfrac{1-\cos 2x}{2}}$，而 $\cos 2x$ 的周期为 π，故 $T=\pi$；

（6）$y=1+\lg(x+2)$，$\lg(x+2)=y-1$，$x+2=10^{y-1}$，所求的反函数为 $y=10^{x-1}-2$；

（7）已知 $f(x)=\sin x$，$f[\varphi(x)]=1-x^2=\sin[\varphi(x)]$，则 $\varphi(x)=\arcsin(1-x^2)$；

（8）由 $f[f(x)]=\dfrac{a\left(\dfrac{ax}{2x+3}\right)}{\left(\dfrac{2ax}{2x+3}\right)+3}=\dfrac{a^2x}{2ax+6x+9}=x$，

得

$$a^2x=(2a+6)x^2+9x,$$

整理可得

$$2a+6=0,\ a=-3.$$

（9）由 $y=\dfrac{2^x-\dfrac{1}{2^x}}{2^x+\dfrac{1}{2^x}}=\dfrac{\dfrac{2^{2x}-1}{2^x}}{\dfrac{2^{2x}+1}{2^x}}=\dfrac{2^{2x}-1}{2^{2x}+1}=\dfrac{2^{2x}+1-2}{2^{2x}+1}=1-\dfrac{2}{2^{2x}+1}$，

解得

$$x=\frac{1}{2}\log_2\left(\frac{2}{1-y}-1\right),$$

所以 $g(x)=\frac{1}{2}\log_2\left(\frac{1+x}{1-x}\right)$，$x\in(-1,1)$.

(10) 因为 $f\left(x+\frac{1}{x}\right)=x^2+\frac{1}{x^2}=\left(x+\frac{1}{x}\right)^2-2$，所以 $f(x)=x^2-2$.

3. 解 $f[g(x)]=[g(x)-1]^2=\left[\frac{1}{x+1}-1\right]^2=\frac{x^2}{(1+x)^2}$.

4. 解 (1) 由题意可得 $y(x-1)=x+4$，解得

$$x=\frac{y+4}{y-1},$$

故反函数为

$$y=\frac{x+4}{x-1},\ x\neq 1.$$

(2) $y=\begin{cases}2-\sqrt{4-x^2}, & 0\geqslant x\geqslant 2,\\ 2x-2, & 2<x\leqslant 3.\end{cases}$

当 $0\leqslant x\leqslant 2$ 时，$y\in[0,2]$，此时 $x=\sqrt{4y-y^2}$；

当 $2<x\leqslant 3$ 时，$y\in(2,4]$，此时 $x=\frac{y+2}{2}$.

故反函数为

$$y=\begin{cases}\sqrt{4x-x^2}, & 0\leqslant x\leqslant 2,\\ \frac{1}{2}x+1, & 2<x\leqslant 4.\end{cases}$$

1.4.5 同步习题

1. 解 (1) 由题设可知 $Q_d=Q_s$，即

$$100-2.5p=\frac{5}{4}p-\frac{50}{4},$$

解得 $p=30$，$Q=25$.

即 $p=30$ 元，$Q_d=25$ 万件；

(2) 如每件商品征税 6 元，则有

$$100-2.5p=\frac{5}{4}(p-6)-\frac{50}{4},$$

解得

$$p=32,\ Q=20.$$

即 $p=32$ 元，$Q_d=20$ 万件.

2. 解 生产 8 个单位的总成本为 $C(8)=96+8+\frac{1}{8}\cdot 8^2=112$.

平均成本 $$\overline{C}(8)=\frac{C(8)}{8}=\frac{112}{8}=14.$$

3. 解 生产某种商品 30 件时的总成本为 $C(30)=20+2\cdot 30+0.1\cdot 30^2=170$(万元)，售

出 30 件的总收益为 $R(30)=20\cdot 30=600$(万元)，则总利润为

$$L(30)=R(30)-C(30)=600-170=430(\text{万元}).$$

4. 解 当 $0\leqslant x\leqslant 60$ 时，$R=ax$；

当 $x>60$ 时，$0.7a(x-60)+60a$，

综上可知，$R=\begin{cases}ax, & 0\leqslant x\leqslant 60,\\ 0.7a(x-60)+60a, & x>60.\end{cases}$

5. 解 由题意可知，总成本函数 $C(Q)=1000+7Q$；利润函数 $L(Q)=8Q-1000$.

总复习题 1

第一部分：基础题

1. 解 (1) $5-x^2\geqslant 0\Rightarrow x^2\leqslant 5\Rightarrow x\in[-\sqrt{5},\sqrt{5}]$；

(2) $\begin{cases}\dfrac{x}{x-2}>0\\ x\neq 2\\ -1\leqslant\dfrac{x}{3}\leqslant 1\end{cases}\Rightarrow\begin{cases}x>2,\ x<0\\ x\neq 2\\ -3\leqslant x\leqslant 3\end{cases}\Rightarrow[-3,0)\cup(2,3]$；

(3) $x^2-3x+2=(x-1)(x-2)>0$，解得 $(-\infty,1)\cup(2,+\infty)$；

(4) 分段函数的定义域为各段的并集，所以定义域为 $(-\infty,+\infty)$.

2. 解 (1)令 $0\leqslant x^2\leqslant 1\Rightarrow -1\leqslant x\leqslant 1$，故定义域为 $[-1,1]$；

(2) $\begin{cases}0\leqslant x-a\leqslant 1\\ 0\leqslant x+a\leqslant 1\end{cases}\Rightarrow\begin{cases}a\leqslant x\leqslant a+1\\ -a\leqslant x\leqslant 1-a\end{cases}$

$-a<a<1-a<1+a$，从而定义域为 $[a,1-a]\left(0<a\leqslant\dfrac{1}{2}\right)$.

3. 解 (1) x 与 $\sin x$ 均为奇函数，从而 $f(x)=\dfrac{\sin x}{x}$ 为偶函数；

(2) $f(x)+f(-x)=\log_2(x+\sqrt{1+x^2})+\log_2(-x+\sqrt{1+x^2})=\log_2 1=0$，所以是奇函数；

(3) $f(x)=\dfrac{1}{a^x-1}+\dfrac{1}{2}=\dfrac{1+a^x}{2(a^x-1)}$，

$f(-x)=\dfrac{1}{a^{-x}-1}+\dfrac{1}{2}=\dfrac{a^x}{1-a^x}+\dfrac{1}{2}=\dfrac{2a^x+1-a^x}{2(1-a^x)}=\dfrac{a^x+1}{2(1-a^x)}$，

$f(x)=-f(-x)$，所以 $f(x)$ 是奇函数；

(4) $f(-x)=\dfrac{a^{-x}-1}{a^{-x}+1}=\dfrac{1-a^x}{1+a^x}=-f(x)$，所以 $f(x)$ 为奇函数；

(5) $f(x)=\begin{cases}1-x, & x\leqslant 0\\ 1+x, & x>0\end{cases}$

$f(-x)=\begin{cases}1-(-x), & -x\leqslant 0\\ 1+(-x), & -x>0\end{cases}=\begin{cases}1+x, & x\geqslant 0\\ 1-x, & x<0\end{cases}=\begin{cases}1+x, & x\geqslant 0\\ 1-x, & x<0\end{cases}$

$f(x)=f(-x)$，所以 $f(x)$ 是偶函数；

(6) $f(x)=x^2-x+1=\left(x-\dfrac{1}{2}\right)^2+\dfrac{3}{4}$ 非奇非偶函数，函数关于 $x=\dfrac{1}{2}$ 对称，即不是奇函数也不是偶函数.

4. 解 （1）$y=\sin^2 x=\dfrac{1-\cos 2x}{2}$，$T=\dfrac{2\pi}{2}=\pi$；

（2）$y=\sin x+\dfrac{1}{3}\sin 2x$，设 $U=\sin x$，$V=\sin 2x$，则 $T_U=2\pi$，$T_V=\pi \Rightarrow T=2\pi$；

（3）$y=3$ 是周期函数，但没有最小正周期，T 为任意实数；

（4）$y=\cos(x-2) \Rightarrow T=2\pi$.

5. 解 （1）$y=\sqrt{u}$，$u=1-\sin x$； （2）$y=\cos u$，$u=\sqrt{v}$，$v=2x+3$；

（3）$y=e^u$，$u=\sin v$，$v=\dfrac{1}{x}$； （4）$y=4\arcsin u$，$u=v^3$，$v=1-x$.

6. 解 $f\left(\sin\dfrac{x}{2}\right)=1+1-2\sin^2\dfrac{x}{2}=2\left(1-\sin^2\dfrac{x}{2}\right)$，$\left|\sin\dfrac{x}{2}\right|\leqslant 1$，所以 $f(x)=2(1-x^2)$，$|x|\leqslant 1$.

7. 解 由已知可得

$$f(x-1)=\begin{cases}-1, & x-1<0\\ 0, & x-1=0\\ 1, & x-1>0\end{cases}=\begin{cases}-1, & x<1,\\ 0, & x=1,\\ 1, & x>1.\end{cases}$$

$$f(x^2-1)=\begin{cases}-1, & x^2-1<0\\ 0, & x^2-1=0\\ 1, & x^2-1>0\end{cases}=\begin{cases}-1, & |x|<1,\\ 0, & |x|=1,\\ 1, & |x|>1.\end{cases}$$

第二部分：拓展题

1. 解 $\begin{cases}3-x>0,\\ 3-x\neq 1,\\ 49-x^2\geqslant 0.\end{cases}\Rightarrow\begin{cases}x<3,\\ x\neq 2,\\ -7\leqslant x\leqslant 7.\end{cases}$ 定义域为$[-7,2)\cup(2,3)$.

$f(-7)=1, f[f(-7)]=f(1)=\dfrac{1}{\lg 2}+4\sqrt{3}$.

2. 解 设 $t=\dfrac{x}{x-1}$，解得 $x=\dfrac{t}{t-1}$，则 $\begin{cases}af\left(\dfrac{x}{x-1}\right)+bf(x)=e^{\frac{x}{x-1}},\\ af(x)+bf\left(\dfrac{x}{x-1}\right)=e^x.\end{cases}$

消去 $f\left(\dfrac{x}{x-1}\right)$，解得

$$f(x)=\frac{ae^x-be^{\frac{x}{x-1}}}{a^2-b^2}.$$

3. 解 已知 $f(x)=\begin{cases}x, & x>0,\\ 1+x, & x\leqslant 0,\end{cases}$ $g(x)=\begin{cases}-x^2, & x>0,\\ x, & x\leqslant 0,\end{cases}$

则 $g[f(x)]=\begin{cases}-[f(x)]^2, f(x)>0,\\ f(x), f(x)\leqslant 0,\end{cases}$

$f(x)>0\Leftrightarrow\begin{cases}\text{当 } x>0 \text{ 时}, f(x)=x, \text{此时 } g[f(x)]=-f^2(x)=-x^2, x>0,\\ \text{当 } x\leqslant 0 \text{ 时}, f(x)=1+x>0\Rightarrow -1<x\leqslant 0, \text{此时 } g[f(x)]=-(1+x)^2, -1<x\leqslant 0.\end{cases}$

$f(x)\leqslant 0\Leftrightarrow$当 $x\leqslant 0$ 时 $f(x)=1+x\leqslant 0\Rightarrow x\leqslant -1$，此时 $g[f(x)]=f(x)=1+x$，$x\leqslant -1$，综上可得

$$g[f(x)]=\begin{cases}-[f(x)]^2, f(x)>0\\ f(x), f(x)\leqslant 0\end{cases}=\begin{cases}-x^2, & x>0,\\ -(1+x)^2, & -1<x\leqslant 0,\\ 1+x, & x\leqslant -1.\end{cases}$$

4. 解 (1) 当 $x>0$ 时，$f(x)=x>0$，$f[f(x)]=f(x)=x$；

当 $x\leqslant 0$ 时，$f(x)=0$，$f[f(x)]=f(0)=0$；

从而

$$f[f(x)]=\begin{cases}0, & x\leqslant 0,\\ x, & x>0;\end{cases}$$

(2) 当 $x>0$ 时，$g(x)=-x^2<0$，$g[g(x)]=g(-x^2)=0$；

当 $x\leqslant 0$ 时，$g(x)=0$，$g[g(x)]=g(0)=0$；

从而

$$f[g(x)]=0.$$

(3) 当 $x>0$ 时，$g(x)=-x^2<0$，$f[g(x)]=f(-x^2)=0$；

当 $x\leqslant 0$ 时，$g(x)=0$，$f[g(x)]=f(0)=0$；

从而

$$f[g(x)]=0.$$

5. 解 当 $a=2$ 时，$1\leqslant a-\sin x\leqslant 3$，$y=\lg(a-\sin x)$是复合函数，定义域是$(-\infty,+\infty)$；当 $a=-2$ 时，$-3\leqslant a-\sin x\leqslant -1$，$y=\lg(a-\sin x)$不是复合函数.

6. 解 (1) $y=\dfrac{x^2+1}{2x}\Rightarrow x^2-2xy+1=0\Rightarrow x=\dfrac{2y\pm\sqrt{4y^2-4}}{2}=y\pm\sqrt{y^2-1}.$

当 $x\geqslant 1$ 时，$x=y+\sqrt{y^2-1}$，此时 $y\geqslant 1$；

当 $x\leqslant -1$ 时，$x=y-\sqrt{y^2-1}$，此时 $y\leqslant -1$.

综上可得

$$f^{-1}(x)=\begin{cases}x+\sqrt{x^2+1}, & x\geqslant 1,\\ x-\sqrt{x^2+1}, & x\leqslant -1.\end{cases}$$

(2) 当 $x<1$ 时，$x=y$，此时 $y<1$；

当 $1\leqslant x<4$ 时，$x=\sqrt{y}$，此时 $1\leqslant y<16$；

当 $x\geqslant 4$ 时，$x=\log_2 y$，此时 $y\geqslant 16$.

综上可得

$$f^{-1}(x)=\begin{cases}x, & x<1,\\ \sqrt{x}, & 1\leqslant x<16,\\ \log_2 x, & x\geqslant 16.\end{cases}$$

7. 解 设租金为 x 元/月.

当 $100\leqslant x\leqslant 1000$，且 x 是 50 的整数倍时，公寓会全部出租，出租房总收入为 $R(x)$元. 此时

$$R(x)=50(x-100).$$

当 $x>1000$ 时，总收入

$$R(x)=(\text{房租}-\text{维修费})\times\text{租出去的公寓的套数}.$$

另外，由题意可知，此时可租出去的公寓套数为 $50-\dfrac{x-1000}{50}$套.

根据问题描述，

$$50-\frac{x-1000}{50}\geqslant 0$$

房租可定价为 1050 元，1100 元，…，3500 元，最多不超过 3500 元.

因此，此时总收入

$$R(x)=\begin{cases}50(x-100), & x=100,150,\cdots,1100,\\ (x-100)\left(50-\dfrac{x-1000}{50}\right), & x=1050,1100,\cdots,3500\end{cases}$$

8. 解 当 $0<s\leqslant a$ 时，$m=ks$；

当 $s>a$ 时，$m=ka+\dfrac{4}{5}k(s-a)$.

综上可得

$$m=\begin{cases}ks, & 0<s\leqslant a,\\ ka+\dfrac{4}{5}k(s-a), & s>a.\end{cases}$$

9. 解 $y=100000\times(1-8\%)^t$，其中 t 为正整数.

10. 解 当进货数 $0<x\leqslant 1000$ 时，能够全部销售商品，

$$L(x)=(a-b)x;$$

当进货数 $1000<x\leqslant 1300$ 时，以 a 元的价格销售 1000 件，剩下的降价 10% 销售，此时

$$L(x)=1000(a-b)+(0.9a-b)(x-1000);$$

当进货数 $x>1300$ 时，以 a 元的价格销售 1000 件，降价 10% 又销售 300 件，此时

$$L(x)=1000(a-b)+300(0.9a-b)-(x-1300)b=1270a-bx.$$

综上可知

$$L(x)=\begin{cases}(a-b)x, & 0\leqslant x\leqslant 1000,\\ 1000(a-b)+(0.9a-b)(x-1000), & 1000<x\leqslant 1300,\\ 1270a-bx, & x>1300.\end{cases}$$

第三部分：考研真题

解 $f[f(x)]=\begin{cases}1, & |f(x)|\leqslant 1,\\ 0, & |f(x)|>1,\end{cases}$

$\forall x\in(-\infty,+\infty)$，$f(x)\leqslant 1$，从而 $f[f(x)]=1$，$f\{f[f(x)]\}=1$.

选项 B 正确.

自测题 1

一、单项选择题

1. 解 $\begin{cases}x>0\\ x\neq 1\\ 16-x^2\geqslant 0\end{cases}\Rightarrow\begin{cases}x>0\\ x\neq 1\\ -4\leqslant x\leqslant 4\end{cases}$ 定义域为 $(0,1)\cup(1,4]$，选项 C 正确.

2. 解 对于选项 A，定义域不同；

对于选项 B，定义域相同，$\mathrm{e}^{-\ln x^2}=\dfrac{1}{x^2}$，对应法则相同，故为同一函数.

对于选项 C，定义域不同；

对于选项 D，$\sin(\arcsin x)$的定义域为$[-1,1]$，定义域不同.

3. 解　对于选项 A，$y=-|f(x)|$是偶函数；

对于选项 B，$y=|f(x)|$是偶函数；

对于选项 C，$y=c$ 是偶函数；

对于选项 D，$y=xf(x^2)$是奇函数.

4. 解　$y=\lg(x-1)$定义域为$(1,+\infty)$，是单调递增函数，在定义域的两端均无界，故选项 C 正确.

5. 解　对于选项 A，$y=3^x$ 是基本初等函数，不是复合函数；

对于选项 B，$y=\sqrt{-x}(x<0)$是复合函数；

对于选项 C，$y=\sqrt{-(2+x^4)}$无定义，不是函数；

对于选项 D，$y=2^{-\sqrt{-(2-\sin x)}}$无定义，不是函数.

6. 解　函数$y(-x)=6^{-x}-6^x=-y(x)$，是奇函数而非偶函数，故选项 A 正确.

7. 解　对于选项 A，$y=f(u)$的定义域 $D_f=\{u|u>1\}$，$u=\varphi(x)$的值域 $R_g=\{u|u\leqslant1\}$，$R_g\cap D_f=\varnothing$，不能复合.

对于选项 B，$y=f(u)$的定义域 $D_f=\{u|u<1\}$，$u=\varphi(x)$的值域 $R_g=\{u|u\geqslant1\}$，$R_g\cap D_f=\varnothing$，不能复合.

对于选项 C，$y=f(u)$的定义域 $D_f=\{u|-1\leqslant u\leqslant1\}$，$u=\varphi(x)$的值域 $R_g=\{u|u\geqslant2\}$，$R_g\cap D_f=\varnothing$，不能复合.

对于选项 D，$y=f(u)$的定义域 $D_f=\{u|-1\leqslant u\leqslant1\}$，$u=\varphi(x)$的值域 $R_g=\{u|u\leqslant2\}$，$R_g\cap D_f=\{u|-1\leqslant u\leqslant1\}$，能复合.

8. 解　符号函数是分段函数，解析式不唯一，故不是初等函数，选项 C 正确.

9. 解　函数 $y=\sqrt{1-u^2}$，$u\in[-1,1]$. $u=\lg x$，$x\in\left[\frac{1}{10},10\right]$. 选项 B 正确.

10. 解　由 $y=e^x$ 的图像可知，函数单调递增，在正无穷无界，故选项 A 正确.

二、判断题

1. √；2. √；3. ×；4. √；5. √；6. ×；7. √；8. ×；9. √；10. ×.

1. 解　设函数 $g(x)=4x-x^2=-(x-2)^2+4$，开口向下的抛物线，对称轴为 $x=2$，在区间$[2,4]$上为严格单减函数，$f(x)=\sqrt{g(x)}$在区间$[2,4]$上也为严格单减函数.

2. 解　函数$f(x)=\frac{x}{1+x}=1-\frac{1}{1+x}$在$(-1,+\infty)$是严格单增函数；

3. 解　已知 $\cos x$ 是周期函数，当 $x\to\infty$ 时，$\cos x$ 有为零的点，此时函数值为零，除此类点，函数值趋向于无穷大. 故$f(x)=x\cos x$，$x\in(-\infty,+\infty)$是无界函数.

4. 解　设$f(x)=x^4$，$g(x)=\begin{cases}\sqrt{x}, & x\geqslant0,\\ -\sqrt{-x}, & x<0,\end{cases}$则

$$f(g(x))=g^4(x)=x^2,\ x\in(-\infty,+\infty);$$

5. 解　已知$f(x)=\ln x+1$，$g(x)=\sqrt{x}+1$，则

$$f[g(x)]=\ln[g(x)]+1=\ln(\sqrt{x}+1)+1;$$

6. 解　已知$f(x)=\frac{1}{x-1}$，则$f(1+f(x))=\frac{1}{1+f(x)-1}=\frac{1}{f(x)}=x-1$；

7. 解 已知函数

$$f(x)=\frac{2x+2}{x^2+2x+2}-\frac{1}{2}=\frac{2(x+1)}{(x+1)^2+1}-\frac{1}{2},$$

$$(x+1)^2+1\geqslant 2|x+1|,$$

$$\left|\frac{2(x+1)}{(x+1)^2+1}\right|=\frac{2|x+1|}{(x+1)^2+1}\leqslant 1,$$

$$-1-\frac{1}{2}\leqslant f(x)\leqslant 1-\frac{1}{2},$$

则其值域为$\left[-\frac{3}{2},\frac{1}{2}\right]$；

8. 解 函数 $y=\sqrt{x(x-1)}$的定义域为$(-\infty,0]\cup[1,+\infty)$，$y=\sqrt{x}\sqrt{x-1}$的定义域为$[1,+\infty)$，定义域不同，不是同一函数；

9. 解 函数$y=|x|$与$y=\sqrt{x^2}$的定义域与对应法则均相同，是同一函数；

10. 解 对于任意的非零实数 T，函数 $y=\sin x^2\neq\sin(x+T)^2$，不是周期函数.

第 2 章 习题详解

2.1.6 同步习题

1. 解 (1) $\lim\limits_{n\to\infty}\dfrac{1+2+\cdots+n}{\frac{1}{2}n^2}=\lim\limits_{n\to\infty}\dfrac{\frac{(1+n)n}{2}}{\frac{1}{2}n^2}\lim\limits_{n\to\infty}\dfrac{n+n^2}{n^2}=1.$

(2) 解 $\lim\limits_{n\to\infty}S_n=\lim\limits_{n\to\infty}\left(1+\dfrac{1}{2}+\dfrac{1}{2^2}+\cdots+\dfrac{1}{2^n}\right)=\lim\limits_{n\to\infty}\dfrac{1\cdot\left[1-\left(\frac{1}{2}\right)^n\right]}{1-\frac{1}{2}}=\lim\limits_{n\to\infty}\dfrac{1}{\frac{1}{2}}=2.$

(3) $\lim\limits_{n\to\infty}\left(1+\dfrac{1}{n}\right)^{2n}=\lim\limits_{n\to\infty}\left[\left(1+\dfrac{1}{n}\right)^n\right]^2=\mathrm{e}^2.$

2. 解 (1) 有界函数与无穷小的积还是无穷小，故选 B.

(2) $\lim\limits_{n\to\infty}\left(1+\dfrac{1}{n^2}\right)=1$，$\lim\limits_{n\to\infty}\left(-\dfrac{1}{2}\right)^n=0$，$\lim\limits_{n\to\infty}\dfrac{n-1}{n+1}=\lim\limits_{n\to\infty}\dfrac{1-\frac{1}{n}}{1+\frac{1}{n}}=1$，故选 C.

$n\to\infty$ 时，$[2+(-1)^n]$不趋近于一个常数，所以其极限不存在.

3. 解 (1) $\lim\limits_{n\to\infty}\dfrac{4n^2+2}{3n^2+n+1}=\lim\limits_{n\to\infty}\dfrac{4+\frac{2}{n^2}}{3+\frac{1}{n}+\frac{1}{n^2}}=\dfrac{4}{3}$

(2) $\lim\limits_{n\to\infty}\dfrac{\sqrt[3]{n^2+n}}{n}=\lim\limits_{n\to\infty}\sqrt[3]{\dfrac{n^2+n}{n^3}}=\lim\limits_{n\to\infty}\sqrt[3]{\dfrac{1}{n}+\dfrac{1}{n^2}}=0$

(3) $\lim\limits_{n\to\infty}\left(1+\dfrac{3}{n+1}\right)^n=\lim\limits_{n\to\infty}\left(1+\dfrac{3}{n+1}\right)^{\frac{n+1}{3}\cdot 3-1}=\left[\lim\limits_{n\to\infty}\left(1+\dfrac{3}{n+1}\right)^{\frac{n+1}{3}}\right]^3\cdot\lim\limits_{n\to\infty}\left(1+\dfrac{3}{n+1}\right)^{-1}=\mathrm{e}^3$

(4) $\lim\limits_{n\to\infty}\left(\dfrac{n+2}{n+1}\right)^n=\lim\limits_{n\to\infty}\left(\dfrac{1+\frac{2}{n}}{1+\frac{1}{n}}\right)^n=\lim\limits_{n\to\infty}\dfrac{\left(1+\frac{2}{n}\right)^n}{\left(1+\frac{1}{n}\right)^n}=\lim\limits_{n\to\infty}\dfrac{\left(1+\frac{2}{n}\right)^{\frac{n}{2}\cdot 2}}{\left(1+\frac{1}{n}\right)^n}=\dfrac{\mathrm{e}^2}{\mathrm{e}}=\mathrm{e}$

4. 证 因为 $n \cdot \frac{n}{n^2+n\pi} \leqslant n\left(\frac{1}{n^2+\pi}+\frac{1}{n^2+2\pi}+\cdots+\frac{1}{n^2+n\pi}\right) \leqslant n \cdot \frac{n}{n^2+\pi}$

而 $\lim\limits_{n\to\infty} n \cdot \frac{n}{n^2+n\pi} = \lim\limits_{n\to\infty} \frac{n^2}{n^2+n\pi} = 1$，$\lim\limits_{n\to\infty} n \cdot \frac{n}{n^2+\pi} = \lim\limits_{n\to\infty} \frac{n^2}{n^2+\pi} = 1$

由夹逼定理得 $\lim\limits_{n\to\infty} n\left(\frac{1}{n^2+\pi}+\frac{1}{n^2+2\pi}+\cdots+\frac{1}{n^2+n\pi}\right)=1$

2.2.5 同步习题

1. 解 （1）函数 $f(x)$ 在 x_0 的某去心邻域内有界是 $\lim\limits_{x\to x_0} f(x)$ 存在的必要条件，$\lim\limits_{x\to x_0} f(x)$ 存在是函数 $f(x)$ 在 x_0 的某去心邻域内有界的充分条件.

（2）$\lim\limits_{x\to\infty} x\sin\frac{1}{x} = \lim\limits_{x\to\infty} \frac{\sin\frac{1}{x}}{\frac{1}{x}} = 1$，

$$\lim_{x\to\infty} x\sin\frac{2x}{x^2+1} = \lim_{x\to\infty} x \cdot \frac{2x}{x^2+1} \cdot \frac{\sin\frac{2x}{x^2+1}}{\frac{2x}{x^2+1}} = \lim_{x\to\infty} \frac{2x^2}{x^2+1} \cdot \frac{\sin\frac{2x}{x^2+1}}{\frac{2x}{x^2+1}} = 2 \cdot 1 = 2.$$

（3）因为 $\lim\limits_{x\to\infty}\left(\frac{x^2}{1+x}+ax-b\right) = \lim\limits_{x\to\infty} \frac{(1+a)x^2+(a-b)x-b}{1+x} = 1$

所以 $1+a=0$，$a-b=1$，故而 $a=-1$，$b=-2$.

（4）$\lim\limits_{x\to 0} \frac{\sin^2 2x}{x^2} = \lim\limits_{x\to 0} \frac{4x^2}{x^2} = \lim\limits_{x\to 0} 4 = 4$，

$$\lim_{x\to\infty}\left(1+\frac{3}{x}\right)^x = \lim_{x\to\infty}\left(1+\frac{3}{x}\right)^{\frac{x}{3}\cdot 3} = e^3.$$

（5）由 $\lim\limits_{x\to+\infty}(3x-\sqrt{ax^2-x+1}) = \lim\limits_{x\to+\infty} \frac{(3x-\sqrt{ax^2-x+1})(3x+\sqrt{ax^2-x+1})}{(3x+\sqrt{ax^2-x+1})}$

$= \lim\limits_{x\to+\infty} \frac{(9-a)x^2+x-1}{3x+\sqrt{ax^2-x+1}} = \frac{1}{6}$，得 $9-a=0$. 故而 $a=9$.

2. 解 （1）$\lim\limits_{x\to 1} \frac{x-1}{x^2-1} = \lim\limits_{x\to 1} \frac{x-1}{(x-1)(x+1)} = \lim\limits_{x\to 1} \frac{1}{x+1} = \frac{1}{2}$

（2）$\lim\limits_{x\to\frac{\pi}{4}} \frac{\sin x-\cos x}{\cos 2x} = \lim\limits_{x\to\frac{\pi}{4}} \frac{\sin x-\cos x}{\cos^2 x-\sin^2 x} = \lim\limits_{x\to\frac{\pi}{4}} \frac{\sin x-\cos x}{(\cos x-\sin x)(\cos x+\sin x)}$

$$= -\lim_{x\to\frac{\pi}{4}} \frac{1}{\cos x+\sin x} = -\frac{1}{\frac{\sqrt{2}}{2}+\frac{\sqrt{2}}{2}} = -\frac{\sqrt{2}}{2}.$$

（3）“$f(x)$ 在点 $x=x_0$ 处有定义”是当 $x\to x_0$ 时 $f(x)$ 有极限的无关条件.

（4）解：$\lim\limits_{x\to 1^-} \frac{x^2-1}{x-1} e^{\frac{1}{x-1}} = \lim\limits_{x\to 1^-} (x+1) e^{\frac{1}{x-1}} = 0$，$\lim\limits_{x\to 1^+} \frac{x^2-1}{x-1} e^{\frac{1}{x-1}} = \lim\limits_{x\to 1^+} (x+1) e^{\frac{1}{x-1}} = +\infty$.

3. 解 （1）$\lim\limits_{x\to 2}(2x^2-5x+3) = 2\cdot 4-5\cdot 2+3 = 1$.

（2）$\lim\limits_{x\to 2} \frac{x^2+5}{x-3} = \frac{2\cdot 4+5}{2-3} = -9$.

(3) $\lim\limits_{x\to\infty}\left(1+\dfrac{3}{x}\right)^{x}=\lim\limits_{x\to\infty}\left(1+\dfrac{3}{x}\right)^{\frac{x}{3}\cdot 3}=\lim\limits_{x\to\infty}\left[\left(1+\dfrac{3}{x}\right)^{\frac{x}{3}}\right]^{3}=\mathrm{e}^{3}$.

(4) $\lim\limits_{x\to\infty}\left(1+\dfrac{1}{x+1}\right)^{x}=\lim\limits_{x\to\infty}\left(1+\dfrac{1}{x+1}\right)^{x+1-1}=\lim\limits_{x\to\infty}\left(1+\dfrac{1}{x+1}\right)^{x+1}\cdot\lim\limits_{x\to\infty}\left(1+\dfrac{1}{x+1}\right)^{-1}$

$=\mathrm{e}\cdot 1=\mathrm{e}$

4. 解 令$\lim\limits_{x\to3}\dfrac{x-3}{x^2+ax+b}=\lim\limits_{x\to3}\dfrac{x-3}{(x-3)(x+m)}=\lim\limits_{x\to3}\dfrac{1}{x+m}=\dfrac{1}{3+m}$,

则 $\dfrac{1}{3+m}=1$，于是 $m=-2$

所以 $x^2+ax+b=(x-3)(x-2)=x^2-5x+6$,

故而 $a=-5$，$b=6$.

2.3.5 同步习题

1. 解 (1) $f(x)=\dfrac{px^2-2}{x+1}-3qx+5=\dfrac{(p-3q)x^2+(5-3q)x+3}{x+1}$.

$f(x)$为无穷大，则 $p-3q\neq0$. 所以 $p\neq3q$.

$f(x)$为无穷小，则 $p-3q=0$，$5-3q=0$. 所以 $q=\dfrac{5}{3}$，$p=3q=5$.

(2) $\lim\limits_{x\to0}\dfrac{\sin5x}{x}=\lim\limits_{x\to0}\dfrac{5x}{x}=5$.

(3) $\lim\limits_{x\to0}\dfrac{\sqrt{1+2x}-1}{x}=\lim\limits_{x\to0}\dfrac{\frac{1}{2}\cdot2x}{x}=\lim\limits_{x\to0}1=1$.

(4) 因为 $\lim\limits_{x\to0}\dfrac{ax^2}{\tan\frac{x^2}{4}}=\lim\limits_{x\to0}\dfrac{ax^2}{\frac{x^2}{4}}=\lim\limits_{x\to0}4a=4a=1$，所以 $a=\dfrac{1}{4}$.

2. 解 (1) $\lim\limits_{x\to0}\dfrac{(1-\cos x)^2}{\sin^2x}=\lim\limits_{x\to0}\dfrac{\left(\frac{1}{2}x^2\right)^2}{x^2}=\lim\limits_{x\to0}\dfrac{1}{4}x^2=0$

(2) $\lim\limits_{x\to0}\dfrac{\tan3x}{\frac{ax}{\cos x}}=\lim\limits_{x\to0}\dfrac{3x}{ax}=\lim\limits_{x\to0}\dfrac{3}{a}=\dfrac{3}{a}=1$，所以 $a=3$

(3) $1-\cos x\sim\dfrac{1}{2}x^2$；$\ln(1+x^2)\sim x^2$

$\lim\limits_{x\to0}\dfrac{x-\tan x}{x^2}=\lim\limits_{x\to0}\dfrac{1-\sec^2x}{2x}=\lim\limits_{x\to0}\dfrac{-\tan^2x}{2x}=-\lim\limits_{x\to0}\dfrac{x^2}{2x}=-\lim\limits_{x\to0}\dfrac{x}{2}=0$.

3. 解 (1) $\lim\limits_{x\to0}\dfrac{\sin2x}{\tan3x}=\lim\limits_{x\to0}\dfrac{2x}{3x}=\lim\limits_{x\to0}\dfrac{2}{3}=\dfrac{2}{3}$.

(2) $\lim\limits_{x\to0}\dfrac{\arctan x}{x}=\lim\limits_{x\to0}\dfrac{x}{x}=\lim\limits_{x\to0}1=1$.

(3) 因为 $\lim\limits_{x\to-1}(x+1)=0$, $\left|\sin\dfrac{1}{x+1}\right|\leqslant1$,

所以 $\lim\limits_{x\to-1}(x+1)\sin\dfrac{1}{x+1}=0$.

（4）$\lim\limits_{x\to 0}\dfrac{1-\cos x}{x\sin x}=\lim\limits_{x\to 0}\dfrac{\frac{1}{2}x^2}{x\cdot x}=\lim\limits_{x\to 0}\dfrac{1}{2}=\dfrac{1}{2}.$

（5）$\lim\limits_{x\to 0}\dfrac{\sin(\sin x)}{x}=\lim\limits_{x\to 0}\dfrac{\sin x}{x}=\lim\limits_{x\to 0}\dfrac{x}{x}=\lim\limits_{x\to 0}1=1.$

（6）因为 $\lim\limits_{x\to\infty}\dfrac{x}{x^2+1}=0$，$|\cos x|\leqslant 1$，

所以 $\lim\limits_{x\to\infty}\dfrac{x\cos x}{x^2+1}=0$

（7）$\lim\limits_{x\to 0}\dfrac{(e^x-1)^2}{2x\ln(1+3x)}=\lim\limits_{x\to 0}\dfrac{x^2}{2x\cdot 3x}=\lim\limits_{x\to 0}\dfrac{1}{6}=\dfrac{1}{6}.$

（8）$\lim\limits_{x\to 0}\dfrac{x\arcsin x\sin\frac{1}{x}}{\sin x}=\lim\limits_{x\to 0}\dfrac{x\cdot x\sin\frac{1}{x}}{x}=\lim\limits_{x\to 0}x\sin\dfrac{1}{x}=0.$

2.4.4 同步习题

1. 解

（1）由连续的定义可知，$\lim\limits_{x\to 0}f(x)=\lim\limits_{x\to 0}\dfrac{1-\cos x}{x^2}=\lim\limits_{x\to 0}\dfrac{\frac{1}{2}x^2}{x^2}=\dfrac{1}{2}=f(0)=a$，$a=\dfrac{1}{2}.$

（2）函数的定义域为$(-\infty,1)\cup(2,+\infty)$，$f(x)=\ln(x^2-3x+2)$在定义域连续，故连续区间为$(-\infty,1)\cup(2,+\infty)$.

（3）$x=0$ 是振荡间断点.

（4）$f(x)=\dfrac{(x-1)(x+1)}{(x-1)(x-2)}$，$x=1$，$x=2$ 是无定义的点，

$\lim\limits_{x\to 1}f(x)=\lim\limits_{x\to 1}\dfrac{(x-1)(x+1)}{(x-1)(x-2)}=\lim\limits_{x\to 1}\dfrac{x+1}{x-2}=-2$，$x=1$ 是可去间断点，第一类间断点.

$\lim\limits_{x\to 2}f(x)=\lim\limits_{x\to 2}\dfrac{(x-1)(x+1)}{(x-1)(x-2)}=\lim\limits_{x\to 2}\dfrac{x+1}{x-2}=\infty$，$x=2$ 是可去间断点，第二类间断点.

2. 解

（1）$\lim\limits_{x\to 0^-}f(x)=\lim\limits_{x\to 0^-}\dfrac{e^{\frac{1}{x}}-1}{e^{\frac{1}{x}}+1}=-1$，$\lim\limits_{x\to 0^+}f(x)=\lim\limits_{x\to 0^+}\dfrac{e^{\frac{1}{x}}-1}{e^{\frac{1}{x}}+1}=1$，$x=0$ 是跳跃间断点.

（2）$\lim\limits_{x\to 0^-}f(x)=\lim\limits_{x\to 0^-}\left(\cos x+x\sin\dfrac{1}{x}\right)=1$，$\lim\limits_{x\to 0^+}f(x)=\lim\limits_{x\to 0^+}(x^2+1)=1$，$f(0)=0$，$x=0$ 是连续点.

（3）$x=0$ 是连续点，

$\lim\limits_{x\to 0^-}f(x)=\lim\limits_{x\to 0^-}x\sin\dfrac{1}{x}=0$，$\lim\limits_{x\to 0^+}f(x)=\lim\limits_{x\to 0^+}(a+x^2)=a=f(0)$，$a=0.$

3. 解 （1）$x=0$ 是无定义的点，$y=e^{\frac{1}{x}\ln(1-2x)}$，$\lim\limits_{x\to 0}y=e^{\lim\limits_{x\to 0}\frac{1}{x}\ln(1-2x)}=e^{\lim\limits_{x\to 0}\frac{1}{x}(-2x)}=e^{-2}$，$x=0$ 第一类间断点(可去间断点).

（2）$x=0$ 是无定义的点，$\lim\limits_{x\to 0^+}y=\lim\limits_{x\to 0^+}\dfrac{\sin x}{x}=1$，$\lim\limits_{x\to 0^-}y=\lim\limits_{x\to 0^+}\dfrac{\sin x}{-x}=1$，$x=0$ 第一类间断点(跳跃间断点).

4. 解 $x=0$ 是连续点，

$\lim\limits_{x\to0^-}f(x)=\lim\limits_{x\to0^-}\frac{1}{x}\sin x=2$，$\lim\limits_{x\to0^+}f(x)=\lim\limits_{x\to0^+}\left(x\sin\frac{1}{x}+b\right)=6$，$f(0)=a$，$a=b=2$.

5. 解

（1）$\lim\limits_{x\to0}f(x)=\lim\limits_{x\to0}\frac{\sqrt{1+x}-\sqrt{1-x}}{x}=\lim\limits_{x\to0}\frac{(1+x)-(1-x)}{x(\sqrt{1+x}+\sqrt{1-x})}=\lim\limits_{x\to0}\frac{2x}{2x}=1$，

补充定义 $f(0)=1$，使得 $f(x)$ 在点 $x=0$ 处连续.

（2）$f(x)=\tan x\cdot\sin\frac{1}{x}$. $\lim\limits_{x\to0}f(x)=\lim\limits_{x\to0}\tan x\cdot\sin\frac{1}{x}=\lim\limits_{x\to0}x\cdot\sin\frac{1}{x}=0$，

补充定义 $f(0)=0$，使得 $f(x)$ 在点 $x=0$ 处连续.

2.5.3 同步习题

1. 解 （1）对. 由定理知，题干说法对；

（2）错. 画图可知无最值，题干说法错；

（3）错. 由零点定理知，题干说法错.

2. 提示：提示利用零点定理可证.

2.6.3 同步习题

1. 解 （1）按单利为：$10000+(10000\times2\times0.08)=11600$；

（2）按年复利为：$10000\times(1+0.08)^2=11664$；

（3）按季复利：$10000\times\left(1+\frac{0.08}{4}\right)^8=11716.59$；

（4）按月复利：$10000\times\left(1+\frac{0.08}{12}\right)^{24}=11728.88$；

（5）连续复利：$10000\times e^{0.08\times2}=11735.11$.

2. 解 $A_0=\dfrac{5000}{0.8\dfrac{(1+0.08)^{30}}{(1+0.08)^{30}-1}}\approx56289$.

总复习题 2

第一部分：基础题

1. 解 （1）原式 $=\lim\limits_{x\to1}\frac{(x-1)(x-1)}{(x-1)(x+1)}=\lim\limits_{x\to1}\frac{x-1}{x+1}=0$；

（2）原式 $=\lim\limits_{x\to0}\frac{(x+a-a)(x+a+a)}{x}=\lim\limits_{x\to0}(x+a+a)=2a$；

（3）原式 $=\lim\limits_{n\to\infty}\dfrac{\left(\frac{-2}{5}\right)^n+1}{-2\left(\frac{-2}{5}\right)^n+5}=\frac{1}{5}$；

（4）原式 $=\lim\limits_{x\to\infty}\frac{(\sqrt{x^2+1}-\sqrt{x^2-1})(\sqrt{x^2+1}+\sqrt{x^2-1})}{(\sqrt{x^2+1}+\sqrt{x^2-1})}=\lim\limits_{x\to\infty}\frac{2}{(\sqrt{x^2+1}+\sqrt{x^2-1})}=0$；

（5）原式 $=\lim\limits_{x\to-1}\left(\frac{x^3+1-3x-3}{(x+1)(x^3+1)}\right)=\lim\limits_{x\to-1}\left(\frac{(x-2)(x+1)^2}{(x+1)^2(x^2-x+1)}\right)=\lim\limits_{x\to-1}\left(\frac{x-2}{x^2-x+1}\right)=-1$；

(6) 原式 $=\lim\limits_{n\to\infty}\dfrac{2\left(1-\dfrac{1}{2^n}\right)}{\dfrac{5}{4}\left(1-\dfrac{1}{5^n}\right)}=\dfrac{8}{5}$;

(7) 原式 $=\lim\limits_{x\to+\infty}\dfrac{x(3x-\sqrt{9x^2-6})(3x+\sqrt{9x^2-6})}{3x+\sqrt{9x^2-6}}=\lim\limits_{x\to+\infty}\dfrac{6x}{3x+\sqrt{9x^2-6}}=1$;

(8) 原式 $=\lim\limits_{x\to\infty}\dfrac{\left(1-\dfrac{1}{x}\right)^{10}\left(3-\dfrac{1}{x}\right)^{10}}{\left(1+\dfrac{1}{x}\right)^{20}}=3^{10}$;

(9) 原式 $=\lim\limits_{x\to0}(1+2\tan^2x)^{\frac{1}{2\tan^2x}2\tan^2x\cot^2x}=\mathrm{e}^2$;

(10) 原式 $=\lim\limits_{x\to\infty}\left(1+\dfrac{-2}{x+1}\right)^{\frac{x+1}{-2}(-2)-1}=\lim\limits_{x\to\infty}\left(1+\dfrac{-2}{x+1}\right)^{\frac{x+1}{-2}(-2)}\cdot\lim\limits_{x\to\infty}\left(1+\dfrac{-2}{x+1}\right)^{-1}=\mathrm{e}^{-2}$.

2. 解 (1) $\lim\limits_{x\to0}g(x)=1$; $\lim\limits_{x\to1}g(x)=1$;

(2) 因为 $f[g(x)]=\begin{cases}0, & x\neq1,\\1, & x=1,\end{cases}$ 则 $\lim\limits_{x\to0}f[g(x)]=0$.

3. 解 证明过程提示：数列递减且有下界，故极限存在. 设 $\lim\limits_{n\to\infty}a_n=A$，则 $A^2=6+A$，$A=3$.

4. 解 $\lim\limits_{x\to0^-}f(x)=\lim\limits_{x\to0^-}\dfrac{x(1+\sqrt{1-x})}{x}=2$，$\lim\limits_{x\to0^+}f(x)=\lim\limits_{x\to0^+}\dfrac{1}{x}\ln(1+x)+1=2$，左右极限值相等，故存在为2.

5. 证 提示：求两者之比的极限为非0且非1的常数得以证明.

6. 解 $\lim\limits_{x\to1}\dfrac{x^2+ax+b}{\sin(x^2-1)}=\lim\limits_{x\to1}\dfrac{x^2+ax+b}{x^2-1}=\lim\limits_{x\to1}\dfrac{x^2+ax+b}{(x+1)(x-1)}$.

设 $x^2+ax+b=(x-1)(x+c)=x^2+(c-1)x-c$，

$\lim\limits_{x\to1}\dfrac{(x-1)(x+c)}{(x+1)(x-1)}=3$，得 $c=5$，因此 $a=4$，$b=-5$.

7. 解 由原式变形得 $\lim\limits_{x\to0}\dfrac{3x}{f(3x)}=6$，则设 $\lim\limits_{u\to0}\dfrac{u}{f(u)}=6$，

可得 $\lim\limits_{x\to0}2\dfrac{f(2x)}{2x}=\lim\limits_{x\to0}2\dfrac{1}{\dfrac{2x}{f(2x)}}=2\cdot\dfrac{1}{6}=\dfrac{1}{3}$.

8. 解 由原式变形得 $\lim\limits_{x\to0}\dfrac{f(x)}{2x^2}=1$，则 $\lim\limits_{x\to0}f(x)=\lim\limits_{x\to0}2x^2=0$，

$\lim\limits_{x\to0}\dfrac{f(x)}{x}=\lim\limits_{x\to0}\dfrac{f(x)}{2x^2}\cdot2x=0$.

9. 解 (1)由定义域知间断点为 $x=1$ 和 $x=2$，又 $\lim\limits_{x\to1^-}f(x)=\lim\limits_{x\to1^+}f(x)=-2\neq f(1)$，因此 $x=1$ 是可去间断点；$\lim\limits_{x\to2}f(x)=\infty$，因此 $x=2$ 是无穷间断点.

(2) $\lim\limits_{x\to1^-}f(x)=0\neq\lim\limits_{x\to1^+}f(x)=2$，因此 $x=1$ 为跳跃间断点.

10. 解 $\lim\limits_{x\to0^+}\dfrac{1}{1-\mathrm{e}^{\frac{x}{1-x}}}=\infty$，故 $x=0$ 为无穷间断点：

$\lim\limits_{x\to1^+}\dfrac{1}{1-e^{\frac{x}{1-x}}}=1$，$\lim\limits_{x\to1^-}\dfrac{1}{1-e^{\frac{x}{1-x}}}=0$，故 $x=1$ 为跳跃间断点.

11. 解 $f(x)=\lim\limits_{n\to\infty}\dfrac{x^{2n-1}+ax^2+bx}{x^{2n}+1}$,

当 $|x|<1$ 时，$f(x)=\lim\limits_{n\to\infty}\dfrac{x^{2n-1}+ax^2+bx}{x^{2n}+1}=ax^2+bx$;

当 $|x|>1$ 时，$f(x)=\lim\limits_{n\to\infty}\dfrac{x^{2n-1}+ax^2+bx}{x^{2n}+1}=\dfrac{1}{x}$;

当 $x=1$ 时，$f(x)=\lim\limits_{n\to\infty}\dfrac{x^{2n-1}+ax^2+bx}{x^{2n}+1}=\dfrac{a+b+1}{2}$;

当 $x=-1$ 时，$f(x)=\lim\limits_{n\to\infty}\dfrac{x^{2n-1}+ax^2+bx}{x^{2n}+1}=\dfrac{a-b-1}{2}$.

所以，$\dfrac{a+b+1}{2}=a+b$;

所以，$\dfrac{a-b-1}{2}=a-b$;

因此，$a=0$，$b=1$.

12. 解 令 $F(x)=f(x)-x$，在 $[0,1]$ 上连续.

又 $F(a)=f(a)-a>0$,

$F(b)=f(b)-b<0$.

由零点定理，至少 $\exists\xi\in(a,b)$，使 $F(\xi)=f(\xi)-\xi=0$，即 $f(\xi)=\xi$.

13. 解 $\lim\limits_{x\to0}\left(\dfrac{a^x+b^x}{2}\right)^{\frac{3}{x}}=\lim\limits_{x\to0}\left(1+\dfrac{a^x+b^x-2}{2}\right)^{\frac{2}{a^x+b^x-2}\times\frac{a^x+b^x-2}{2}\times\frac{3}{x}}$

$=e^{\lim\limits_{x\to0}\frac{a^x+b^x-2}{2}\times\frac{3}{x}}=e^{\lim\limits_{x\to0}\frac{x\ln a+x\ln b}{2}\times\frac{3}{x}}=e^{\frac{3}{2}\ln ab}=(ab)^{\frac{3}{2}}$.

14. 解 $\lim\limits_{x\to\infty}\dfrac{1}{n^2}\ln[f(1)f(2)\cdots f(n)]$

$=\lim\limits_{x\to\infty}\dfrac{1}{n^2}\ln(a^1a^2\cdots a^n)=\lim\limits_{x\to\infty}\dfrac{1}{n^2}\ln(a^{1+2+\cdots n})=\lim\limits_{x\to\infty}\dfrac{1}{n^2}\ln\left(a^{\frac{1+n}{2}n}\right)$

$=\lim\limits_{x\to\infty}\dfrac{1}{n^2}\ \dfrac{n+n^2}{2}\ln a=\dfrac{1}{2}\ln a$.

第二部分：拓展题

1. 解 $\lim\limits_{x\to0^+}\dfrac{1-\cos\sqrt{x}}{ax}=\lim\limits_{x\to0^+}\dfrac{\frac{1}{2}x}{ax}=\dfrac{1}{2a}=\lim\limits_{x\to0^-}b=b$，则 $ab=\dfrac{1}{2}$;

2. 解 $\lim\limits_{x\to0}(\sec^2x)^{\cot^2x}=\lim\limits_{x\to0}(1+\tan^2x)^{\cot^2x}=\lim\limits_{x\to0}(1+\tan^2x)^{\frac{1}{\tan^2x}}=e$;

3. 解 $\lim\limits_{x\to0^+}\dfrac{1-e^{\frac{1}{x}}}{x+e^{\frac{1}{x}}}=-1$;

4. 解 由于 $\lim\limits_{x\to3}\dfrac{x-3}{x^2+ax+b}=1$，$\lim\limits_{x\to3}x^2+ax+b=0$,

又 $\lim\limits_{x\to3}\dfrac{x-3}{(x-3)(x+c)}=\lim\limits_{x\to3}\dfrac{1}{x+c}=1$，$c=-2$，$(x-3)(x-2)=x^2-5x+6$,

所以，$a=-5$，$b=6$；

5. 解 $f(x)=\lim\limits_{n\to\infty}\dfrac{1-x^{2n}}{1+x^{2n}}$，$f(x)=\begin{cases}1, & -1<x<1,\\ 0 & |x|=1,\\ -1, & x>1 \text{ 或 } x<-1,\end{cases}$ 显然，$x=1$ 和 $x=-1$ 是跳跃间断点.

第三部分：考研真题

一、选择题

1. 解 由题意可知 $f(x)=\begin{cases}x+1, & |x|<1,\\ 0, & 其他,\end{cases}$

由于 $\lim\limits_{x\to1^-}f(x)=2$，$\lim\limits_{x\to1^+}f(x)=0$，所以函数在 $x=1$ 处不连续；

$\lim\limits_{x\to-1^-}f(x)=0$，$\lim\limits_{x\to-1^+}f(x)=0$，所以函数在 $x=-1$ 处连续；故选 D.

2. 解 $\lim\limits_{x\to0}\dfrac{\alpha(x)}{\beta(x)}=1$，$\lim\limits_{x\to0}\dfrac{\alpha^2(x)}{\beta^2(x)}=\lim\limits_{x\to0}\left(\dfrac{\alpha(x)}{\beta(x)}\right)^2=1$，

$\lim\limits_{x\to0}\dfrac{\alpha(x)-\beta(x)}{\alpha(x)}=0$，所以 $\alpha(x)-\beta(x)=o(\alpha(x))$，故①③正确；

当 $x\to0$ 时，$\alpha^2(x):\beta^2(x)$，则 $\lim\limits_{x\to0}\dfrac{\alpha^2(x)}{\beta^2(x)}=1$，则 $\lim\limits_{x\to0}\dfrac{\alpha(x)}{\beta(x)}=\pm1$，当 $\lim\limits_{x\to0}\dfrac{\alpha(x)}{\beta(x)}=-1$ 时，$\alpha(x)$ 与 $\beta(x)$ 不是等价无穷小，所以②不正确；

当 $\alpha(x)-\beta(x)=o(\alpha(x))$ 时，$\lim\limits_{x\to0}\dfrac{\alpha(x)}{\beta(x)}=\lim\limits_{x\to0}\dfrac{\alpha(x)}{\alpha(x)-o(\alpha(x))}=\lim\limits_{x\to0}\dfrac{\alpha(x)}{\alpha(x)}=1$，④正确. 故选 C.

3. 解 $\lim\limits_{n\to\infty}a_n=\lim\limits_{n\to\infty}\left[\sqrt[n]{n}-\dfrac{(-1)^n}{n}\right]=1$，$a_1=2>1$，$\alpha_2=\sqrt{2}-\dfrac{1}{2}<1$，则 $\{a_n\}$ 有最大值，有最小值. 故选 A.

4. 解 间断点为 0，1，-1，2.

因 $\lim\limits_{x\to0}f(x)=\lim\limits_{x\to0}\dfrac{e^{\frac{1}{x-1}}\ln|1+x|}{(e^x-1)(x-2)}=\lim\limits_{x\to0}\dfrac{e^{\frac{1}{x-1}}\cdot x}{x(x-2)}=-\dfrac{1}{2}e^{-1}$，故 $x=0$ 为可去间断点；

因 $\lim\limits_{x\to1^+}f(x)=\lim\limits_{x\to1^+}\dfrac{e^{\frac{1}{x-1}}\ln|1+x|}{(e^x-1)(x-2)}=\infty$，故 $x=1$ 为第二类间断点；

因 $\lim\limits_{x\to-1}f(x)=\lim\limits_{x\to-1}\dfrac{e^{\frac{1}{x-1}}\ln|1+x|}{(e^x-1)(x-2)}=\infty$，故 $x=-1$ 为第二类间断点；

因 $\lim\limits_{x\to2}f(x)=\lim\limits_{x\to2}\dfrac{e^{\frac{1}{x-1}}\ln|1+x|}{(e^x-1)(x-2)}=\infty$，故 $x=2$ 为第二类间断点；

综上，$x=1$，-1，2 为第二类间断点，故选 C.

5. 解 $x-\tan x\sim\dfrac{1}{3}x^3$. 故选 C.

6. 解 $\lim\limits_{x\to0^+}f(x)=\lim\limits_{x\to0^+}\dfrac{1-\cos\sqrt{x}}{ax}=\lim\limits_{x\to0^+}\dfrac{\frac{1}{2}x}{ax}=\dfrac{1}{2a}$，$\lim\limits_{x\to0^-}f(x)=b=f(0)$，要使函数在 $x=0$ 处连续，必须满足 $\dfrac{1}{2a}=b\Rightarrow ab=\dfrac{1}{2}$. 故选 A.

二、填空题

1. 解 $\lim\limits_{x\to\infty}x^2\left(2-x\sin\dfrac{1}{x}-\cos\dfrac{1}{x}\right)\xlongequal{x=\frac{1}{t}}\lim\limits_{t\to0}\dfrac{2-\dfrac{\sin t}{t}-\cos t}{t^2}$

$=\lim\limits_{t\to0}\dfrac{1-\cos t}{t^2}+\lim\limits_{t\to0}\dfrac{1-\dfrac{\sin t}{t}}{t^2}=\lim\limits_{t\to0}\dfrac{\dfrac{1}{2}t^2}{t^2}+\lim\limits_{t\to0}\dfrac{t-\sin t}{t^3}$

$=\dfrac{1}{2}+\dfrac{1}{6}$

$=\dfrac{2}{3}.$

2. 解 利用重要极限：

$$原式=\lim_{x\to0}\left(1+\frac{e^x-1}{2}\right)^{\frac{\cos x}{\sin x}}=\lim_{x\to0}\left(1+\frac{e^x-1}{2}\right)^{\frac{2}{e^x-1}\frac{\cos x}{\sin x}\frac{e^x-1}{2}}=e^{\lim\limits_{x\to0}\frac{\cos x}{\sin x}\frac{e^x-1}{2}}=e^{\frac{1}{2}}.$$

3. 解 $\dfrac{1}{1\cdot2}+\dfrac{1}{2\cdot3}+\cdots+\dfrac{1}{n\cdot(n+1)}=1-\dfrac{1}{2}+\cdots+\dfrac{1}{n}-\dfrac{1}{n+1}=\dfrac{n}{n+1}$

$\lim\limits_{n\to\infty}\left[\dfrac{1}{1\cdot2}+\dfrac{1}{2\cdot3}+\cdots+\dfrac{1}{n\cdot(n+1)}\right]^n$

$=\lim\limits_{n\to\infty}\left(\dfrac{n}{n+1}\right)^n=\lim\limits_{n\to\infty}\dfrac{1}{\left(1+\dfrac{1}{n}\right)^n}=e^{-1}.$

三、简答题

1. 解 左右极限相等求常数. $\lim\limits_{x\to0^+}\left[\alpha\arctan\dfrac{1}{x}+(1+|x|)^{\frac{1}{x}}\right]=\dfrac{\pi}{2}\alpha+e,$

$\lim\limits_{x\to0^-}\left[\alpha\arctan\dfrac{1}{x}+(1+|x|)^{\frac{1}{x}}\right]=-\dfrac{\pi}{2}\alpha+\dfrac{1}{e}$，两者相等，则 $\alpha=\dfrac{1}{\pi}\left(\dfrac{1}{e}-e\right).$

2. 解 由题意知，$1=\lim\limits_{n\to\infty}\dfrac{\left(1+\dfrac{1}{n}\right)^n-e}{\dfrac{b}{n^a}}=\lim\limits_{n\to\infty}\dfrac{e^{n\ln\left(1+\frac{1}{n}\right)}-e}{\dfrac{b}{n^a}}$

$$=\lim_{n\to\infty}\frac{e\left(e^{n\ln\left(1+\frac{1}{n}\right)-1}-1\right)}{\dfrac{b}{n^a}}=e\lim_{n\to\infty}\frac{n\ln\left(1+\dfrac{1}{n}\right)-1}{\dfrac{b}{n^a}},$$

令$\dfrac{1}{n}=t$，则

$$1=e\lim_{t\to0^+}\frac{\dfrac{1}{t}\ln(1+t)-1}{b\cdot t^a}=e\lim_{t\to0^+}\frac{\ln(1+t)-t}{b\cdot t^{a+1}}=e\lim_{t\to0^+}\frac{-\dfrac{1}{2}t^2}{b\cdot t^{a+1}},$$

从而 $a+1=2$，$-\dfrac{e}{2b}=1$，解之得$\begin{cases}a=1,\\ b=-\dfrac{e}{2}.\end{cases}$

3. 解 由题意，令$\dfrac{1}{x}=t$，则 $\lim\limits_{x\to+\infty}\left[(ax+b)e^{\frac{1}{x}}-x\right]=\lim\limits_{t\to0^+}\dfrac{(a+bt)e^t-1}{t}=2.$

由 $\lim\limits_{t\to0^+}t=0$ 知，$\lim\limits_{t\to0^+}(a+bt)e^t-1=a-1=0$，则 $a=1$；代入得

$$2=\lim_{t\to0^+}\frac{(1+bt)e^t-1}{t}=\lim_{t\to0^+}\frac{e^t-1}{t}+\lim_{t\to0^+}\frac{bte^t}{t}=1+b,$$

从而 $b=1$.

综上，$a=1$，$b=1$.

自测题 2

一、单项选择题

1. 解 $\lim\limits_{x\to0}\frac{\tan x}{\sin x}=\frac{x}{x}=1$ A. 错，因 $x\to0$ 时，$\lim\limits_{x\to0}\frac{\sin x}{x}=0$ 才成立；

B. 错，因 $\lim\limits_{x\to0}\frac{\sin\frac{1}{x}}{\frac{1}{x}}=0$；

D. 错，因 $\lim\limits_{x\to0}\frac{1-\cos x}{x^2}=\frac{1}{2}$. 故选 C.

2. 解 因为 $\lim\limits_{x\to0}(1+x^2)^{f(x)}=e$，$f(x)\Leftrightarrow\frac{1}{x^2}$. 故选 D.

3. 解 当 $x=\pm2$ 时，$f(x)$ 无意义. 故选 C.

4. 解 A 选项错在两个无穷小可以比较大小必是这两个无穷小在同一变化过程中；C 选项错在 α，β 需是无穷小；

D 选项错在 $\alpha=0$ 时，$\frac{1}{\alpha}$ 不是无穷大. 故选 B.

5. 解 因为 $x\in[a,b]$ 时，$f(x)\neq0$，所以该函数在 $[a,b]$ 内的图像恒在 x 轴的上方或下方. 故选 C.

6. 解 $\lim\limits_{n\to\infty}\frac{3n^2+10n+8}{(2n+1)(6n^2-1)}=\lim\limits_{n\to\infty}\frac{3n^2+10n+8}{12n^3+6n^2-2n-1}=\frac{1}{4}$. 故选 A.

7. 解 $\lim\limits_{n\to\infty}\left[1-\frac{1}{2}+\frac{1}{2}-\frac{1}{3}+\cdots+\frac{1}{n}-\frac{1}{n+1}\right]=\lim\limits_{n\to\infty}\left[1-\frac{1}{n+1}\right]=\lim\limits_{n\to\infty}\frac{n}{n+1}=1$. 故选 B.

8. 解 $\lim\limits_{x\to\infty}\left(\frac{2x+3}{2x+1}\right)^{x+1}=\lim\limits_{x\to\infty}\left(1+\frac{2}{2x+1}\right)^{\frac{2x+1}{2}\frac{2}{2x+1}(x+1)}=e$. 故选 B.

9. 解 $\lim\limits_{x\to\infty}\frac{x[(\sqrt{x^2+1}^2-x^2)]}{\sqrt{x^2+1}+x}=\lim\limits_{x\to\infty}\frac{x}{\sqrt{x^2+1}+x}=\frac{1}{2}$. 故选 B.

10. 解 $\lim\limits_{x\to0}\frac{x^2\tan^2x}{(1-\cos x)^2}=\lim\limits_{x\to0}\left(\frac{x\tan x}{1-\cos x}\right)^2=\lim\limits_{x\to0}\left(\frac{x^2}{\frac{1}{2}x^2}\right)^2=4$. 故选 C.

二、判断题

1. 解 错. 因为数列有界是数列收敛的必要条件，数列收敛是数列有界的充分条件.
2. 解 对. 根据 $x^2-3x+2>0$，解出 $x<1$ 或 $x>2$.
3. 解 错. 因为 $\lim\limits_{x\to0}\frac{\sin mx}{2x}=\lim\limits_{x\to0}\frac{mx}{2x}=\frac{m}{2}=\frac{2}{3}$，$m=\frac{4}{3}$.
4. 解 错. 因为 $\lim\limits_{x\to0}(1+2x)^{\frac{1}{x}}=\lim\limits_{x\to0}(1+2x)^{\frac{1}{2x}\times2}=e^2$.

5. 解　错. 因为$\lim\limits_{x\to0}(\sec^2x)^{\cot^2x}=\lim\limits_{x\to0}(1+\tan^2x)^{\cot^2x}=\lim\limits_{x\to0}(1+\tan^2x)^{\frac{1}{\tan^2x}}=\mathrm{e}$.

6. 解　对. 因为$\lim\limits_{x\to\infty}\dfrac{2x+3}{x^2+x}\arctan x=0$.

7. 解　对. 因为$\lim\limits_{n\to\infty}\left(\dfrac{n+1}{n+3}\right)^n=\lim\limits_{n\to\infty}\left(1+\dfrac{-2}{n+3}\right)^n=\lim\limits_{n\to\infty}\left(1+\dfrac{-2}{n+3}\right)^{\frac{n+3}{-2}(-2)-3}=\mathrm{e}^{-2}$.

8. 解　对. 因为$\lim\limits_{x\to-\infty}(y-x)=\lim\limits_{x\to-\infty}(x-2\arctan x-x)=\lim\limits_{x\to-\infty}(-2\arctan x)=\pi$.

9. 解　对. 因为$f(x)=\begin{cases}1, & x>0,\\ 0, & x=0,\\ -1, & x<0.\end{cases}$ 所以，$x=0$是$f(x)$的跳跃间断点.

10. 解　错. 因为根据题意可知原式$=\lim\limits_{x\to0}\dfrac{a(x+1-1+2x)}{x(\sqrt{x+1}+\sqrt{1-2x})}=1$，

则$\lim\limits_{x\to0}\dfrac{3ax}{x(\sqrt{x+1}+\sqrt{1-2x})}=1$，故$\dfrac{3a}{2}=1$，$a=\dfrac{2}{3}$.

第3章　习题详解

3.1.5　同步习题

1. 解　(1) $\lim\limits_{\Delta x\to0}\dfrac{f(x_0-\Delta x)-f(x_0)}{\Delta x}=\lim\limits_{\Delta x\to0}-\dfrac{f(x_0-\Delta x)-f(x_0)}{-\Delta x}=-f'(x_0)$.

(2) $\lim\limits_{\Delta x\to0}\dfrac{f(x_0+2h)-f(x_0)}{h}=2\lim\limits_{\Delta x\to0}\dfrac{f(x_0+2h)-f(x_0)}{2h}=2f'(x_0)$.

(3) 因为$y'=\dfrac{3}{2}x^{\frac{1}{2}}$，所以曲线$y=x^{\frac{3}{2}}$在点$x=4$处的切线的斜率为

$$k=y'\big|_{x=4}=3,$$

故切线的方程为　　　$y-8=3(x-4)$，即$3x-y-4=0$.

(4) 必要.

2. 解　(1) B. $f'(0)=-\sin x\big|_{x=0}=0$.

(2) C. $\lim\limits_{x\to0^+}f(x)=\lim\limits_{x\to0^+}x=0$，$\lim\limits_{x\to0^-}f(x)=\lim\limits_{x\to0^-}x^2=0$.

又$f(0)=0$，即$f(0^+)=f(0^-)=f(0)=0$，所以函数$f(x)$在$x=0$处连续，$f'_-(0)=\lim\limits_{\Delta x\to0^-}\dfrac{\Delta y}{\Delta x}=$

$\lim\limits_{\Delta x\to0^-}\dfrac{f(0+\Delta x)-f(0)}{\Delta x}=\lim\limits_{\Delta x\to0^-}\dfrac{(\Delta x)^2-0}{\Delta x}=\lim\limits_{\Delta x\to0^-}\Delta x=0$，

$f'_+(0)=\lim\limits_{\Delta x\to0^+}\dfrac{\Delta y}{\Delta x}=\lim\limits_{\Delta x\to0^+}\dfrac{f(0+\Delta x)-f(0)}{\Delta x}=\lim\limits_{\Delta x\to0^+}\dfrac{\Delta x-0}{\Delta x}=\lim\limits_{\Delta x\to0^+}1=1$，

$f'_+(0)\neq f'_-(0)$ 所以函数$f(x)$在$x=0$处不可导.

(3) C. 先考查分段点的连续性.

由于$\lim\limits_{x\to0^-}f(x)=\lim\limits_{x\to0^-}(x^2+2x)=0$，$\lim\limits_{x\to0^+}f(x)=\lim\limits_{x\to0^+}2x=0$，$f(0)=0$，所以函数

$f(x)$在$x=0$处连续.

$f'_-(0)=\lim\limits_{x\to0^-}\dfrac{f(x)-f(0)}{x-0}=\lim\limits_{x\to0^-}\dfrac{f(x)-f(0)}{x}=\lim\limits_{x\to0^-}\dfrac{x^2+2x}{x}=\lim\limits_{x\to0^-}(x+2)=2$，

$f'_+(0)=\lim\limits_{x\to0^+}\dfrac{f(x)-f(0)}{x-0}=\lim\limits_{x\to0^+}\dfrac{f(x)-f(0)}{x}=\lim\limits_{x\to0^+}\dfrac{2x}{x}=2$，

所以函数在 $x=0$ 处可导.

又因为 $\lim\limits_{x\to1^-}f(x)=\lim\limits_{x\to1^-}2x=2$, $\lim\limits_{x\to1^+}f(x)=\lim\limits_{x\to1^+}\dfrac{1}{x}=1$, $f(1)=1$, 所以函数 $f(x)$ 在 $x=1$ 处不连续, 因此也不可导.

3. 解 (1) $y'=\lim\limits_{\Delta x\to0}\dfrac{f(x+\Delta x)-f(x)}{\Delta x}=\lim\limits_{\Delta x\to0}\dfrac{[(x+\Delta x)^2+(x+\Delta x)+1]-(x^2+x+1)}{\Delta x}$

$=\lim\limits_{\Delta x\to0}\dfrac{\Delta x^2+\Delta x+2x\Delta x}{\Delta x}=\lim\limits_{\Delta x\to0}(\Delta x+2x+1)=2x+1.$

(2) $y'=\lim\limits_{\Delta x\to0}\dfrac{f(x+\Delta x)-f(x)}{\Delta x}=\lim\limits_{\Delta x\to0}\dfrac{\cos(x+\Delta x+3)-\cos(x+3)}{\Delta x}$

$=\lim\limits_{\Delta x\to0}\dfrac{-2\sin\dfrac{2x+\Delta x+6}{2}\sin\dfrac{\Delta x}{2}}{\Delta x}=-\lim\limits_{\Delta x\to0}\sin\dfrac{2x+\Delta x+6}{2}=-\sin(x+3).$

4. 解 (1) $y'=4x^3$; (2) $y'=\dfrac{3}{4\sqrt[4]{x}}$; (3) $y'=-\dfrac{3}{x^4}$;

(4) $y'=-\dfrac{1}{3x\sqrt[3]{x}}$; (5) $y'=\dfrac{5}{2}x\sqrt{x}$; (6) $y'=\dfrac{9}{4}x\sqrt[4]{x}$.

3.2.5 同步习题

1. 解 (1) $2^x\ln2+2x+6x^{-3}$.

(2) $y'=e^x\cos x-e^x\sin x$, $y'|_{x=0}=1$.

(3) $f'(x)=\dfrac{\cos x\cdot(1+\cos x)+\sin x\cdot\sin x}{(1+\cos x)^2}=\dfrac{1+\cos x}{(1+\cos x)^2}=\dfrac{1}{1+\cos x}$, $f'\left(\dfrac{3\pi}{2}\right)=1$.

2. 解 (1) $f'(t)=\dfrac{-\dfrac{1}{2\sqrt{t}}(1+\sqrt{t})-\dfrac{1}{2\sqrt{t}}(1-\sqrt{t})}{(1+\sqrt{t})^2}=\dfrac{-\dfrac{1}{\sqrt{t}}}{(1+\sqrt{t})^2}$, $f'(4)=-\dfrac{1}{18}$, 选 A.

(2) $f'(x)=\dfrac{3}{(5-x)^2}+\dfrac{2x}{5}$, $f'(0)=\dfrac{3}{25}$, 选 B.

3. 解 (1) $y'=6x^2+\dfrac{4}{x^3}$; (2) $y'=1-\dfrac{5}{2}x^{-\frac{7}{2}}-3x^{-4}$;

(3) $y'=e^x+xe^x=e^x(1+x)$; (4) $y'=-\dfrac{1}{4}x^{-\frac{5}{4}}$;

(5) $y=15x^3+6x^2-20x-8$, $y'=45x^2+12x-20$; (6) $y'=\dfrac{-6x}{(x^2-2)^2}$.

4. 解 (1) $y'=6\cos6x$;

(2) $y'=4x\sec^2 2x^2$;

(3) $y'=2xe^{\frac{x}{3}}+\dfrac{1}{3}e^{\frac{x}{3}}(x^2+1)=\dfrac{1}{3}e^{\frac{x}{3}}(x^2+6x+1)$;

(4) $y'=\dfrac{3}{\sqrt{-9x^2-12x-3}}$;

(5) $y'=-\tan x$;

(6) $y'=\dfrac{3}{x}$;

(7) $y'=\dfrac{1}{\sqrt{x^2-1}}$;

（8）$y' = \dfrac{-1}{|x|\sqrt{x^2-1}}$;

（9）$y' = 4\cot 4x$;

（10）$y' = \dfrac{-x}{|x|\sqrt{1-x^2}}$.

5. 解　（1）$s'(t) = 6t^2 - 80t + 220$;

（2）$s'(1) = 146$; $s'(8) = -36$; $s'(10) = 20$;

（3）8 月份销售额会下降，10 月份销售额会增加.

3.3.2　同步习题

1. 解　（1）$y' = 1 + e^x\tan x + e^x\sec^2 x$，$y'' = e^x(\tan x + 2\sec^2 x + 2\sec^2 x \cdot \tan x)$.

（2）$y^{(n)} = 2^n \sin\left(2x + \dfrac{n}{2}\pi\right)$.

2. 解　（1）C.　由于 $f'(x) = 6(x+10)^5$，$f''(x) = 30(x+10)^4$，$f'''(x) = 120(x+10)^3$，所以 $f'''(-9) = 120$.

（2）A. $f'(x) = \cos x - x\sin x$，$f''(x) = -2\sin x - x\cos x$，所以 $f''(0) = 0$.

3. 解　（1）$y' = -\dfrac{1}{(x+2)^2}$，$y'' = \dfrac{2}{(x+2)^3}$；（2）$y' = \sec^2 x$，$y'' = 2\sec^2 x\tan x$;

（3）$y' = e^x + xe^x$，$y'' = e^x(x+2)$；（4）$y' = 3\cos(3x+2)$，$y'' = -9\sin(3x+2)$;

（5）$y' = e^x\cos x - e^x\sin x$，$y'' = -2e^x\sin x$;　　（6）$y' = \ln x + 1$，$y'' = \dfrac{1}{x}$;

（7）$y' = \cot x$，$y'' = -\csc^2 x$;　　（8）$y' = \dfrac{1}{\sqrt{1-x^2}}$，$y'' = \dfrac{x}{(1-x^2)^{\frac{3}{2}}}$.

4. 解　$f^{(99)} = [f^{(98)}(x)]' = 2x + e^x$,

$f^{(100)}(x) = [f^{(99)}(x)]' = 2 + e^x$.

5. 解

$y' = e^x\cos x - e^x\sin x = e^x(\cos x - \sin x)$,

$y'' = e^x(\cos x - \sin x) + e^x(-\sin x - \cos x) = -2e^x\sin x$,

$y''' = -2e^x\sin x - 2e^x\cos x = -2e^x(\sin x + \cos x)$,

$y^{(4)} = -2e^x(\sin x + \cos x) - 2e^x(\cos x - \sin x) = -4e^x\cos x$.

3.4.3　同步习题

1.（1）解　方程左右两端同时对 x 求导数，得

$$1 - y' - e^y y' = 0,$$

解得 $\dfrac{dy}{dx} = \dfrac{1}{1+e^y}$.

（2）解　方程左右两端同时对 x 求导数，得

$$3x^2 + 2(3x^2y + x^3y') - (2yy'x + y^2) = 0,$$

当 $x=1$ 时，$y=3$ 或 -1.

当 $x=1$，$y=3$ 时，代入上式得 $y'=3$;

当 $x=1$，$y=-1$ 时，代入上式得 $y'=1$.

（3）解　$\dfrac{dy}{dx} = \dfrac{3t^2}{2t} = \dfrac{3t}{2}$，$t=3$ 时，$k = \dfrac{9}{2}$，点为 $(10,27)$,

故切线方程为 $y - 27 = \dfrac{9}{2}(x-10)$，即 $9x - 2y - 36 = 0$.

（4）解　方程左右两端同时对 x 求导数，得

$$\frac{2x+y'}{x^2+y}=3x^2y+x^3y'+\cos x.$$

当 $x=0$ 时 $y=1$，代入上式得 $\left.\frac{\mathrm{d}y}{\mathrm{d}x}\right|_{x=0}=1.$

2. 解　(1) $\frac{\mathrm{d}y}{\mathrm{d}x}=\frac{2}{2-\cos y}$，所以 $\left.\frac{\mathrm{d}y}{\mathrm{d}x}\right|_{x=0}=2$，选 D；

(2) $\frac{\mathrm{d}y}{\mathrm{d}x}=\frac{\cos t-\sin t}{\sin 2t+2\cos 2t}$，所以 $\left.\frac{\mathrm{d}y}{\mathrm{d}x}\right|_{t=0}=\frac{1}{2}$，选 D.

3. 解　(1) 方程左右两端同时对 x 求导数，得

$$3y^2y'-2y-2xy'=0,$$

解得
$$\frac{\mathrm{d}y}{\mathrm{d}x}=\frac{2y}{3y^2-2x}.$$

(2) 方程左右两端同时对 x 求导数，得

$$2x+2yy'=0$$

解得
$$\frac{\mathrm{d}y}{\mathrm{d}x}=-\frac{x}{y}.$$

(3) 方程左右两端同时对 x 求导数，得

$$y^2+2xyy'-\mathrm{e}^{xy}(y+xy')=0,$$

$$(2xy-x\mathrm{e}^{xy})y'=y\mathrm{e}^{xy}-y^2,$$

解得
$$\frac{\mathrm{d}y}{\mathrm{d}x}=\frac{y\mathrm{e}^{xy}-y^2}{2xy-x\mathrm{e}^{xy}}.$$

(4) 方程左右两端同时对 x 求导数，得

$$y'=-y\mathrm{e}^x-y'\mathrm{e}^x,$$

解得
$$\frac{\mathrm{d}y}{\mathrm{d}x}=-\frac{y\mathrm{e}^x}{1+\mathrm{e}^x}.$$

(5) 方程左右两端同时对 x 求导数，得

$$1+y'-\mathrm{e}^{-x^2y}(-2xy-x^2y')=0,$$

$$(1+x^2\mathrm{e}^{-x^2y})y'=-(1+2xy\mathrm{e}^{-x^2y}),$$

解得
$$\frac{\mathrm{d}y}{\mathrm{d}x}=-\frac{2xy\mathrm{e}^{-x^2y}+1}{x^2\mathrm{e}^{-x^2y}+1}.$$

(6) 方程左右两端同时对 x 求导数，得

$$y+xy'+\cos(xy)(y+xy')=0,$$

$$xy'=-y,$$

解得
$$\frac{\mathrm{d}y}{\mathrm{d}x}=-\frac{y}{x}.$$

4. (1) 解　原式两边取对数得 $\ln y=x\ln x$，

上式两边求导得
$$\frac{y'}{y}=\ln x+x\cdot\frac{1}{x},$$

所以
$$y'=y(\ln x+1)=x^x(\ln x+1).$$

(2) 解　原式两边取对数得　$\ln y=\sin x\ln\cos x$，

上式两边求导得
$$\frac{y'}{y}=\cos x\ln\cos x-\sin x\cdot\frac{\sin x}{\cos x},$$

所以 $$y' = \cos x^{\sin x}(\cos x \ln\cos x - \sin x \tan x).$$

(3) 解　原式两边取对数得 $\ln y = x[\ln x - \ln(x+1)]$,

上式两边求导得 $\frac{y'}{y} = \ln\frac{x}{x+1} + x\cdot\left(\frac{1}{x} - \frac{1}{x+1}\right) = \ln\frac{x}{x+1} + \frac{1}{x+1}$,

所以 $$y' = \left(\frac{x}{x+1}\right)^x\left(\ln\frac{x}{x+1} + \frac{1}{x+1}\right).$$

(4) 解　原式两边取对数得 $\ln y = \frac{1}{5}\left[\ln(x-5) - \frac{1}{5}\ln(x^2+2)\right]$,

上式两边求导得 $\frac{y'}{y} = \frac{1}{5}\left(\frac{1}{x-5} - \frac{1}{5}\cdot\frac{2x}{x^2+2}\right)$,

所以 $$y' = \frac{1}{5}\sqrt[5]{\frac{x-5}{\sqrt[5]{x^2+2}}}\left[\frac{1}{x-5} - \frac{2x}{5(x^2+2)}\right].$$

5. 解　(1) $\frac{dy}{dx} = \frac{(1-t)'}{\left(\frac{t^2}{2}\right)'} = \frac{-1}{\frac{1}{2}\cdot 2t} = -\frac{1}{t}$.

(2) $\frac{dy}{dx} = \frac{(t\cos t)'}{[t(1-\sin t)]'} = \frac{\cos t - t\sin t}{(1-\sin t) + t(-\cos t)} = \frac{\cos t - t\sin t}{1 - \sin t - t\cos t}$.

6. 解　$\frac{dy}{dx} = \frac{\frac{dy}{dt}}{\frac{dx}{dt}} = \frac{1-6t^2}{-2t} = -\frac{1}{2t} + 3t$,

$$\frac{d^2y}{dx^2} = \frac{d}{dt}\left(-\frac{1}{2t} + 3t\right)\cdot\frac{1}{\frac{dx}{dt}} = \left(\frac{1}{2t^2} + 3\right)\cdot\left(-\frac{1}{2t}\right) = -\frac{1}{4t^3} - \frac{3}{2t}.$$

3.5.4　同步习题

1. 解　(1) $-\frac{1}{1+x} + C$;　　(2) $\frac{1}{2}x^2 + C$;　　(3) $\frac{1}{3}e^{3x} + C$;

(4) $\sin x + C$;　　(5) $2\sqrt{x} + C$;　　(6) $-\ln(1-x) + C$;

(7) $\frac{1}{\sqrt{1-x^2}}f'(\arcsin x)dx$;　(8) 充分.

2. 解　(1) B;　　(2) D.

3. 解　(法一) $y' = -2xe^{-x^2+1}$, $dy = -2xe^{-x^2+1}dx$.

(法二) $dy = de^{-x^2+1} = e^{-x^2+1}d(-x^2+1) = e^{-x^2+1}(d(-x^2) + d(1)) = -2xe^{-x^2+1}dx$.

4. 解　$d(xy) = d(\ln(x+y))$,

$y dx + x dy = \frac{1}{x+y}d(x+y)$,

$y dx + x dy = \frac{1}{x+y}(dx + dy)$, 按 dx, dy 合并同类项

$\left(x - \frac{1}{x+y}\right)dy = \left(\frac{1}{x+y} - y\right)dx$,

整理得 $dy = \frac{1 - xy - y^2}{x^2 + xy - 1}dx$.

5. 解 $dy=\dfrac{2xe^{x^2}}{1+e^{x^2}}dx$.

总复习题 3

第一部分：基础题

1. 解 $f'(0)=\lim\limits_{x\to0}\dfrac{f(x)-f(0)}{x-0}=\lim\limits_{x\to0}\dfrac{x^2\sin\dfrac{1}{x}}{x}=0$，故 $f(x)$ 在 $x=0$ 点处可导，可导则连续.

2. 解 $y'|_{x=1}=(1-2x)|_{x=1}=-1$，则切线方程为 $y=-(x-1)$，即 $x+y-1=0$.

3. 解 $-2\lim\limits_{h\to0}\dfrac{f(x_0-2h)-f(x_0)}{-2h}=-2f'(x_0)=3$，得 $f'(x_0)=-\dfrac{3}{2}$.

4. 解 $y=x|x|=\begin{cases}x^2, & x\geqslant0,\\ -x^2, & x<0.\end{cases}$

$f'_-(0)=\lim\limits_{x\to0^-}\dfrac{f(x)-f(0)}{x-0}=\lim\limits_{x\to0^+}\dfrac{-x^2-0}{x}=0$,

$f'_+(0)=\lim\limits_{x\to0^+}\dfrac{f(x)-f(0)}{x-0}=\lim\limits_{x\to0^+}\dfrac{x^2-0}{x}=0$,

$f'_-(0)=f'_+(0)$,

故函数 $y=x|x|$ 点 $x=0$ 处可导.

5. 解 (1) $y'=\dfrac{1}{2}\left(\dfrac{1}{x-1}+\dfrac{1}{\sqrt{1-x^2}\cdot\arccos x}\right)$.

(2) $y'=2\cos x(-\sin x)\cdot\ln x+\dfrac{1}{x}\cos^2x=-\sin2x\cdot\ln x+\dfrac{\cos^2x}{x}$.

(3) $y'=(\sin\sqrt{1+x^2})'=(\cos\sqrt{1+x^2})\cdot(\sqrt{1+x^2})'$

$=(\cos\sqrt{1+x^2})\cdot\dfrac{1}{2\sqrt{1+x^2}}\cdot(1+x^2)'=\dfrac{x\cos\sqrt{1+x^2}}{\sqrt{1+x^2}}$.

(4) $y'=(\sin nx)'\sin^nx+\sin nx\cdot(\sin^nx)'$,

$=n\cos nx\cdot\sin^nx+\sin nx\cdot n\sin^{n-1}x\cdot\cos x$

$=n\sin^{n-1}x(\cos nx\cdot\sin x+\sin nx\cdot\cos x)$

$=n\sin^{n-1}x\cdot\sin(n+1)x$.

6. 解 (1) $y'=3x^2f'(x^3)$.

(2) $y'=2\sin x\cos xf'(\sin^2x)-2\sin x\cos xf'(\cos^2x)=\sin2x[f'(\sin^2x)-f'(\cos^2x)]$.

7. 解 (1) $y'=\left(\dfrac{1-x}{1+x}\right)'=\dfrac{-(1+x)-(1-x)}{(1+x)^2}=\dfrac{-2}{(1+x)^2}$,

$y''=\left(\dfrac{-2}{(1+x)^2}\right)'=\dfrac{2\cdot2(1+x)}{(1+x)^4}=\dfrac{4}{(1+x)^3}$.

(2) $y'=\dfrac{1}{2}[\sin(\ln x)-\cos(\ln x)]+\dfrac{x}{2}\left[\dfrac{1}{x}\cos(\ln x)+\dfrac{1}{x}\sin(\ln x)\right]=\sin(\ln x)$.

$y''=\dfrac{1}{x}\cos(\ln x)$.

8. 解 $y'=e^x\sin x+e^x\cos x$，$y''=2e^x\cos x$,

$y''-2y'+2y=2e^x\cos x-2(e^x\sin x+e^x\cos x)+2e^x\sin x=0$.

9. 解 方程 $x^{\frac{2}{3}}+y^{\frac{2}{3}}=a^{\frac{2}{3}}$左右两端同时对 x 求导数，得

$$\frac{2}{3}x^{-\frac{1}{3}}+\frac{2}{3}y^{-\frac{1}{3}}\cdot y'=0.$$

解得

$$y'\bigg|_{\left(\frac{\sqrt{2}}{4}a,\frac{\sqrt{2}}{4}a\right)}=-\frac{y^{\frac{1}{3}}}{x^{\frac{1}{3}}}\bigg|_{\left(\frac{\sqrt{2}}{4}a,\frac{\sqrt{2}}{4}a\right)}=-1,$$

故切线方程为 $x+y=\frac{\sqrt{2}}{2}a$；法线方程为 $x-y=0$.

10. 解 当 $t=0$ 时，对应$\begin{cases}x=2,\\ y=1\end{cases}$切点斜率

$k=\frac{\mathrm{d}y}{\mathrm{d}x}\bigg|_{t=0}=\frac{(\mathrm{e}^{-t})'}{(2\mathrm{e}^{t})'}\bigg|_{t=0}=\frac{-\mathrm{e}^{-t}}{2\mathrm{e}^{t}}\bigg|_{t=0}=-\frac{1}{2}$,

切线方程为 $x+2y-4=0$；法线方程为 $2x-y-3=0$.

11. 解 （1）由于$\frac{\mathrm{d}y}{\mathrm{d}x}=\frac{(b\sin t)'}{(a\cos t)'}=\frac{b\cos t}{-a\sin t}$,

于是$\frac{\mathrm{d}^2y}{\mathrm{d}x^2}=-\frac{b}{a}\left(-\frac{1}{\sin^2 t}\right)\left(-\frac{1}{a\sin t}\right)=-\frac{b}{a^2\sin^3 t}$.

（2）由于$\frac{\mathrm{d}y}{\mathrm{d}x}=\frac{(2\mathrm{e}^{t})'}{(3\mathrm{e}^{-t})'}=\frac{2\mathrm{e}^{t}}{-3\mathrm{e}^{-t}}=-\frac{2}{3}\mathrm{e}^{2t}$,

于是$\frac{\mathrm{d}^2y}{\mathrm{d}x^2}=-\frac{2}{3}(2\mathrm{e}^{2t})\cdot\frac{1}{-3\mathrm{e}^{-t}}=\frac{4}{9}\mathrm{e}^{3t}$.

（3）由于$\frac{\mathrm{d}y}{\mathrm{d}x}=\frac{(bt^3)'}{(at^2)'}=\frac{3bt^2}{2at}=\frac{3bt}{2a}$,

于是$\frac{\mathrm{d}^2y}{\mathrm{d}x^2}=\frac{\left(\frac{3bt}{2a}\right)'}{(at^2)'}=\frac{\frac{3b}{2a}}{2at}=\frac{3b}{4a^2t}$.

（4）由于$\frac{\mathrm{d}y}{\mathrm{d}x}=\frac{(t-\arctan t)'}{(\ln(1+t^2))'}=\frac{1-\frac{1}{1+t^2}}{\frac{2t}{1+t^2}}=\frac{t}{2}$,

于是$\frac{\mathrm{d}^2y}{\mathrm{d}x^2}=\frac{\left(\frac{t}{2}\right)'}{[\ln(1+t^2)]'}=\frac{\frac{1}{2}}{\frac{2t}{1+t^2}}=\frac{1+t^2}{4t}$.

12. 解 （1）$\mathrm{d}y=\left(-\frac{1}{x^2}+\frac{1}{\sqrt{x}}\right)\mathrm{d}x$.

（2）$\mathrm{d}y=(\tan x+x\sec^2 x)\mathrm{d}x$.

（3）$\mathrm{d}y=\frac{\sqrt{x^2+1}-x\cdot 2x\cdot\frac{1}{2}\cdot\frac{1}{\sqrt{x^2+1}}}{x^2+1}\mathrm{d}x=(x^2+1)^{-\frac{3}{2}}\mathrm{d}x$.

（4）$\mathrm{d}y=2\ln(3x+2)\cdot\frac{1}{3x+2}\cdot 3\mathrm{d}x=\frac{6\ln(3x+2)}{3x+2}\mathrm{d}x$.

（5）$\mathrm{d}y=\frac{1}{\sqrt{1-(2x+1)^2}}\cdot 2\mathrm{d}x=\frac{1}{\sqrt{-x^2-x}}\mathrm{d}x$.

(6) $dy=[e^x\cos(3-x)+e^x\sin(3-x)]dx$.

13. 解 $y'=f'(\ln x)\cdot\frac{1}{x}\cdot e^{f(x)}+f(\ln x)\cdot e^{f(x)}\cdot f'(x)$,

$dy=e^{f(x)}[f'(\ln x)\cdot\frac{1}{x}+f(\ln x)\cdot f'(x)]dx$.

第二部分：拓展题

1. 解 $y'=\dfrac{3e^{3x}\ln(x+2)-e^{3x}\cdot\frac{1}{x+2}}{\ln^2(x+2)}=e^{3x}\dfrac{3\ln(x+2)-\frac{1}{x+2}}{\ln^2(x+2)}$.

2. 解 一阶导数$\frac{dy}{dx}=2xe^{3x}+3x^2e^{3x}$,

二阶导数$\frac{d^2y}{dx^2}=2e^{3x}+3e^{3x}\cdot 2x+6x\cdot e^{3x}+3e^{3x}\cdot 3x^2=e^{3x}(9x^2+12x+2)$.

3. 解 ∵ 可导⇒连续 ∴ $\lim\limits_{x\to0^-}f(x)=\lim\limits_{x\to0^+}f(x)$, $\lim\limits_{x\to0^-}f(x)=\lim\limits_{x\to0^-}(a\tan x-b)=-b$,

$\lim\limits_{x\to0^+}f(x)=\lim\limits_{x\to0^+}x=0$ ∴ $b=0$.

由函数可导得 $\lim\limits_{x\to0^-}\dfrac{f(x)-f(0)}{x-0}=\lim\limits_{x\to0^+}\dfrac{f(x)-f(0)}{x-0}$,

$\lim\limits_{x\to0^-}\dfrac{f(x)-f(0)}{x-0}=\lim\limits_{x\to0^-}\dfrac{a\tan x}{x}=a$, $\lim\limits_{x\to0^+}\dfrac{f(x)-f(0)}{x-0}=\lim\limits_{x\to0^+}\dfrac{x}{x}=1$, ∴ $a=1$.

4. 解 对方程两边求导得

$$3y^2\cdot y'-(y+xy')\cos xy=0,$$

$$y'=\frac{y\cos xy}{3y^2-x\cos xy}.$$

5. 解 $\dfrac{dy}{dx}=\dfrac{\frac{dy}{d\theta}}{\frac{dx}{d\theta}}=\dfrac{\cos\theta-\theta\sin\theta}{1-\sin\theta-\theta\cos\theta}$.

6. 解 $dy=\dfrac{3e^{3x}\cdot\sin x-\cos x\cdot e^{3x}}{\sin^2x}dx=e^{3x}\dfrac{3\sin x-\cos x}{\sin^2x}dx$.

第三部分：考研真题

一、选择题

1. C.

解 若$f(x)$在$x=0$处可导，则$f(x)$在$x=0$处连续，且$f(0)=\lim\limits_{x\to0}f(x)=0$，$f'(0)=\lim\limits_{x\to0}\dfrac{f(x)-f(0)}{x-0}=\lim\limits_{x\to0}\dfrac{f(x)}{x}$，$\lim\limits_{x\to0}\dfrac{f(x)}{\sqrt{|x|}}=\lim\limits_{x\to0}\dfrac{f(x)}{x}\cdot\dfrac{x}{\sqrt{|x|}}=f'(0)\cdot 0=0$.

2. D.

解 根据导数的定义：

A. $\lim\limits_{x\to0}\dfrac{|x|\sin|x|}{x}=\lim\limits_{x\to0}\dfrac{|x|\cdot|x|}{x}=0$，可导；

B. $\lim\limits_{x\to0}\dfrac{|x|\sin\sqrt{|x|}}{x}=\lim\limits_{x\to0}\dfrac{|x|\cdot\sqrt{|x|}}{x}=0$，可导；

C. $\lim\limits_{x\to0}\frac{\cos|x|-1}{x}=\lim\limits_{x\to0}\frac{-\frac{1}{2}|x|^2}{x}=0$，可导；

D. $\lim\limits_{x\to0}\frac{\cos\sqrt{|x|}-1}{x}=\lim\limits_{x\to0}\frac{-\frac{1}{2}\sqrt{|x|}^2}{x}=\lim\limits_{x\to0}\frac{-\frac{1}{2}|x|}{x}$，极限不存在，故选 D.

3. C.

解 先求$f(x)$的表达式.

$\lim\limits_{n\to+\infty}\sqrt[n]{1+|x|^{3n}}=\lim\limits_{n\to+\infty}(1+|x|^{3n})^{\frac{1}{n}}=1^0=1(|x|<1)$，

$\lim\limits_{n\to+\infty}\sqrt[n]{1+|x|^{3n}}=\lim\limits_{n\to+\infty}(1+1)^{\frac{1}{n}}=2^0=1(|x|=1)$，

$\lim\limits_{n\to+\infty}\sqrt[n]{1+|x|^{3n}}=|x|^3\lim\limits_{n\to+\infty}\left(1+\frac{1}{|x|^{3n}}\right)^{\frac{1}{n}}=|x|^3(|x|>1)$.

因此，$f(x)=\begin{cases}1, & |x|\leqslant1,\\ |x|^3, & |x|>1.\end{cases}$

由$y=f(x)$的表达式及它的函数图形可知，$f(x)$在$x=\pm1$处不可导，其余点$f(x)$均可导，因此选 C.

4. A.

解 当$x=3$时，有$t^2+2t=3$，得$t=1$，$t=-3$(舍去，此时y无意义)，于是

$\left.\frac{\mathrm{d}y}{\mathrm{d}x}\right|_{t=1}=\left.\frac{\frac{1}{1+t}}{2t+2}\right|_{t=1}=\frac{1}{8}$，可见过点$x=3$(此时$y=\ln2$)的法线方程为

$$y-\ln2=-8(x-3).$$

令$y=0$，得其与x轴交点的横坐标为$\frac{1}{8}\ln2+3$，故选 A.

二、填空题

1. 0.

解 由$f(-x)=\mathrm{e}^{-\sin x}+\mathrm{e}^{\sin x}=f(x)$，$f(x+2\pi)=f(x)$，可知$f(x)$是以$2\pi$为周期的偶函数，那么$f'''(x)$是以$2\pi$为周期的奇函数，故$f'''(2\pi)=f'''(0)=0$.

2. $\frac{\sin\frac{1}{\mathrm{e}}}{2\mathrm{e}}$.

解 $\frac{\mathrm{d}y}{\mathrm{d}x}=-\sin\mathrm{e}^{-\sqrt{x}}\left(\mathrm{e}^{-\sqrt{x}}\cdot\frac{1}{-2\sqrt{x}}\right)$，$\left.\frac{\mathrm{d}y}{\mathrm{d}x}\right|_{x=1}=\frac{\sin\frac{1}{\mathrm{e}}}{2\mathrm{e}}$.

3. $-\sqrt{2}$.

解 $\frac{\mathrm{d}y}{\mathrm{d}x}=\frac{y'(t)}{x'(t)}=\frac{\frac{1}{\sqrt{1+t^2}}}{\frac{t}{\sqrt{1+t^2}}}=\frac{1}{t}$，$\frac{\mathrm{d}^2y}{\mathrm{d}x^2}=\left(-\frac{1}{t^2}\right)\frac{\mathrm{d}t}{\mathrm{d}x}=\left(-\frac{1}{t^2}\right)\cdot\frac{\sqrt{1+t^2}}{t}=-\frac{\sqrt{1+t^2}}{t^3}$，

则$\left.\frac{\mathrm{d}^2y}{\mathrm{d}x^2}\right|_{t=1}=-\sqrt{2}$.

4. $y=x-1$.

解　等式 $x+y+e^{2xy}=0$ 两端对 x 求导得

$$1+y'+e^{2xy}2(y+xy')=0$$

将点 $(0,-1)$ 代入上式得 $y'(0)=1$，故切线方程为 $y=x-1$.

5. $\frac{3\pi}{2}+2$.

解　$t=\frac{3\pi}{2}$ 对应曲线上的点为 $\left(\frac{3\pi}{2}+1,1\right)$，$\frac{dy}{dx}=\frac{\sin t}{1-\cos t}$，斜率为 $\left.\frac{dy}{dx}\right|_{t=\frac{3\pi}{2}}=-1$，切线方程为 $y-1=-\left(x-\frac{3\pi}{2}-1\right)$. 令 $x=0$ 得切线在 y 轴上的截距为 $y=\frac{3\pi}{2}+2$.

6. $-\frac{1}{8}$.

解

$$\frac{dy}{dt}=\cos t,\frac{dx}{dt}=1+e^t\Rightarrow\frac{dy}{dx}=\frac{\cos t}{1+e^t}.$$

$$\Rightarrow\frac{d^2y}{dx^2}=\frac{\left(\frac{\cos t}{1+e^t}\right)'}{\frac{dx}{dt}}=\frac{-\sin t(1+e^t)-\cos te^t}{(1+e^t)^2}\Rightarrow\frac{d^2y}{dx^2}\Big|_{t=0}=-\frac{1}{8}.$$

7. 48.

解

$$\frac{dy}{dt}=3+3t^2,\ \frac{dx}{dt}=\frac{1}{1+t^2}\Rightarrow\frac{dy}{dx}=3(1+t^2)^2$$

$$\Rightarrow\frac{d^2y}{dx^2}=\frac{\frac{d(3(1+t^2)^2)}{dt}}{\frac{dx}{dt}}=\frac{12t(1+t^2)}{\frac{1}{1+t^2}}=12t(1+t^2)^2,$$

所以 $\left.\frac{d^2y}{dx^2}\right|_{t=1}=48$.

8. $y=x+1$.

解　对方程两边同时求导得 $\cos(xy)(y+xy')+\frac{y'-1}{y-x}=1$，解得 $y'=-\frac{y\cos(xy)+\frac{1}{x-y}-1}{x\cos(xy)+\frac{1}{y-x}}$，在点 $(0,1)$ 处，$k=1$，所以切线方程为 $y-x=1$，即 $y=x+1$.

9. $y=1+\sqrt{2}$.

解　$\frac{dy}{dx}=\frac{\frac{dy}{dt}}{\frac{dx}{dt}}=\frac{\cos t}{-\sin t-2\sin t\cos t}$，将 $t=\frac{\pi}{4}$ 代入上式，得切线斜率为 $k=-\frac{\sqrt{2}}{\sqrt{2}+2}$，则法线斜率为 $-\frac{1}{k}=1+\sqrt{2}$.

10. $-\pi dx$.

解 两边取对数，$\ln y = x\ln(1+\sin x)$，对 x 求导得

$$\frac{y'}{y} = \ln(1+\sin x) + \frac{x\cos x}{1+\sin x},$$

于是 $y' = (1+\sin x)^x \cdot \left[\ln(1+\sin x) + \frac{x\cos x}{1+\sin x}\right]$，故

$\mathrm{d}y\big|_{x=\pi} = y'(\pi)\mathrm{d}x = -\pi\mathrm{d}x.$

自测题 3

一、单项选择题

1. D.

解 定义为如果极限 $\lim\limits_{\Delta x\to 0}\frac{\Delta y}{\Delta x} = \lim\limits_{\Delta x\to 0}\frac{f(x_0+\Delta x)-f(x_0)}{\Delta x}$ 存在，则称函数 $y=f(x)$ 在 x_0 处可导，极限值称为函数 $y=f(x)$ 在 x_0 处的导数，记为 $f'(x_0)$．所以本题选择 D.

2. D.

解 因为 $\lim\limits_{x\to 0}\frac{f(1)-f(1-x)}{2x} = -1$，所以 $f'(1) = \lim\limits_{x\to 0}\frac{f(1)-f(1-x)}{x} = -2$，即曲线 $y=f(x)$ 在点 $(1,f(1))$ 处的切线斜率为 -2.

3. A.

解 因为可微 = 可导⇒连续⇒有极限．

4. C.

解 因为可微 = 可导⇒连续⇒有极限．

5. A.

解 利用复合函数求导法则得，

$(\sin e^{3x})' = \cos e^{3x} \cdot (e^{3x})' = \cos e^{3x} \cdot e^{3x} \cdot (3x)' = 3e^{3x}\cos e^{3x}.$

6. C.

解 $y' = e^x + xe^x = (1+x)e^x$，$y'' = e^x + (1+x)e^x = (2+x)e^x$，…，

$y^{(n)} = e^x + (n-1+x)e^x = (n+x)e^x.$

7. D.

解 根据隐函数求导公式得，$\frac{2x}{16} + \frac{2yy'}{9} = 0$，得 $y' = -\frac{9x}{16y}$，在点 $\left(2, \frac{3\sqrt{3}}{2}\right)$ 处，$k = y'\Big|_{\left(2,\frac{3\sqrt{3}}{2}\right)} = -\frac{\sqrt{3}}{4}$，于是切线方程为 $y - \frac{3\sqrt{3}}{2} = -\frac{\sqrt{3}}{4}(x-2)$.

8. C.

解 $\frac{\mathrm{d}y}{\mathrm{d}x} = \frac{-1}{t}$，$\frac{\mathrm{d}^2y}{\mathrm{d}x^2} = \frac{\frac{1}{t^2}}{t} = \frac{1}{t^3}$.

9. B.

解 函数 $y = e^{x^2}$，$y' = e^{x^2} \cdot 2x$，则 $\mathrm{d}y = 2xe^{x^2}\mathrm{d}x$.

10. A.

解 根据微分的定义可知，$f(x)$ 在 x_0 处可微，又因为可微是可导的充要条件，故选 A.

二、判断题

1. ×.

解 $y' = 5^x \ln 5$.

2. √.

解 $\lim\limits_{x \to 0} \frac{f(1) - f(1-2h)}{h} = 2\lim \frac{f(1) - f(1-2h)}{2h} = 2f'(1)$.

3. ×.

解 $y = x^2 + 2$ 的导数为 $y' = 2x$，$x = 1$ 时 $y' = 2$，故切线方程为 $y - 3 = 2(x-1)$ ∴ $2x - y + 1 = 0$.

4. √.

解 $\ln y = \sin x \ln x$，$\frac{y'}{y} = \cos x \ln x + \frac{\sin x}{x}$，故 $y' = x^{\sin x}\left(\cos x \ln x + \frac{\sin x}{x}\right)$.

5. √.

解 $f(x)$ 在 x_0 处的导数为 $f'(x_0)$，所以法线的斜率为 $-\frac{1}{f'(x_0)}$.

6. ×.

解 $dy = 4x \cdot e^{2x^2} dx$.

7. √.

解 $y' = e^x + x \cdot e^x$，$y'' = e^x + e^x + x \cdot e^x$，$y''' = e^x + e^x + e^x + x \cdot e^x = e^x(x+3)$.

8. ×.

解 $\frac{dy}{dx} = \frac{\frac{dy}{dt}}{\frac{dx}{dt}} = \frac{-1}{\frac{1}{2}} = -2$，$\frac{d^2y}{dx^2} = \frac{\frac{d}{dt}\left(\frac{dy}{dx}\right)}{\frac{dx}{dt}} = 0$.

9. √.

解 $\frac{dy}{dx} = \frac{\frac{dy}{dt}}{\frac{dx}{dt}} = \frac{b \cdot \cos t}{-a \cdot \sin t} = -\frac{a}{b}\cot t$.

10. ×.

解 对方程左右分别求导，求导得

$$x'y + xy' = e^{2x+y}(2 + y'),$$
$$y + xy' = 2e^{2x+y} + e^{2x+y} \cdot y',$$
$$y'(x - e^{2x+y}) = 2e^{2x+y} - y,$$
$$y' = \frac{2e^{2x+y} - y}{x - e^{2x+y}}.$$

第 4 章　习题详解

4.1.5　同步习题

1. 解　(1) $f'(x) = \cos x$，故由 $f'(\xi) = \cos\xi = 0$，得 $\xi = \frac{\pi}{2}$.

(2) $f'(x) = \frac{1}{x}$，$f'(\xi) = \frac{f(e) - f(1)}{e - 1}$ 得 $\xi = e - 1$.

(3) $\frac{f(b) - f(a)}{g(b) - g(a)} = \frac{f'(\xi)}{g'(\xi)}$，于是 $\frac{8-1}{5-2} = \frac{3\xi^2}{2\xi}$，得 $\xi = \frac{14}{9}$.

2. 解　(1) B.

(2) C.

3. 解 (1) $f(x)=2x^2+x+1$ 的定义域为 $\mathbf{R}$，因为初等函数在定义区间内都连续，所以 $f(x)$ 在 $\left[-1,\frac{1}{2}\right]$ 上连续；

(2) $f'(x)=4x+1$ 在 $\left(-1,\frac{1}{2}\right)$ 内处处存在，说明 $f(x)$ 在 $\left(-1,\frac{1}{2}\right)$ 内可导；

(3) $f(-1)=f\left(\frac{1}{2}\right)=2$，

即函数 $f(x)=2x^2+x+1$ 在区间 $\left[-1,\frac{1}{2}\right]$ 上满足罗尔定理的条件，于是有

$$f'(\xi)=4\xi+1=0,$$

解得，$\xi=-\frac{1}{4}$.

4. 解 (1) $f(x)=\ln x$ 的定义域为 $\{x\mid x>0\}$，因为初等函数在定义区间内都连续，所以 $f(x)=\ln x$ 在区间 $[1,2]$ 上连续；

(2) $f'(x)=\frac{1}{x}$ 在 $(1,2)$ 内处处存在，即 $f(x)=\ln x$ 在 $(1,2)$ 内可导；

即函数 $f(x)=\ln x$ 在区间 $[1,2]$ 上满足拉格朗日中值定理条件，

所以，在 $[1,2]$ 内至少存在一点 $\xi\in(1,2)$，使得 $\frac{f(2)-f(1)}{2-1}=f'(\xi)$，

解得，$\xi=\frac{1}{\ln 2}$.

5. 解 由于函数 $f(x)=x^2$，$g(x)=x^3$ 在区间 $[0,1]$ 上均连续，在区间 $(0,1)$ 内均可导，且对于任意的 $x\in(0,1)$，$g'(x)\neq 0$，所以至少存在一点 $\xi\in(0,1)$，使得

$$\frac{f(1)-f(0)}{g(1)-g(0)}=\frac{f'(\xi)}{g'(\xi)},$$

解得，$\xi=\frac{2}{3}$.

6. 证明 取函数 $f(x)=\ln(1+t)$，显然 $f(t)$ 在 $[0,t]$ 上连续，在 $(0,x)$ 内可导，由拉格朗日中值定理知，至少存在一点 $\xi\in(0,x)$，使得

$$f(x)-f(0)=f'(\xi)\cdot x,$$

即

$$\ln(1+x)=\frac{x}{1+\xi},$$

又

$$\frac{1}{1+x}<\frac{1}{1+\xi}<1,$$

故

$$\frac{x}{1+x}<\ln(1+x)<x.$$

4.2.4 同步习题

1. 解 (1) 该极限为“$\frac{0}{0}$”型，利用洛必达法则有 $\lim\limits_{x\to 0}\frac{\ln(1+x)}{x}=\lim\limits_{x\to 0}\frac{1}{1+x}=1$.

（2）$\lim\limits_{x\to1}\left(\dfrac{2}{x^2-1}-\dfrac{1}{x-1}\right)=\lim\limits_{x\to1}\dfrac{2-x-1}{x^2-1}=\lim\limits_{x\to1}\dfrac{1-x}{x^2-1}=\lim\limits_{x\to1}\dfrac{-1}{x+1}=-\dfrac{1}{2}.$

（3）$\lim\limits_{x\to0}\dfrac{\tan x-x}{x^2\sin x}=\lim\limits_{x\to0}\dfrac{\tan x-x}{x^3}=\lim\limits_{x\to0}\dfrac{\sec^2x-1}{3x^2}=\lim\limits_{x\to0}\dfrac{\tan^2x}{3x^2}=\dfrac{1}{3}.$

2. 解　由$\lim\limits_{x\to2}\dfrac{x^3+ax^2+b}{x-2}=8$知，极限为“$\dfrac{0}{0}$”型极限，故$\lim\limits_{x\to2}(x^3+ax^2+b)=0$，$8+4a+b=0$；

应用洛必达法则，$\lim\limits_{x\to2}\dfrac{x^3+ax^2+b}{x-2}=\lim\limits_{x\to2}\dfrac{3x^2+2ax}{1}=8$，故 $12+4a=8$.

解得 $a=-1$，$b=-4$.

3. 解

（1）$\lim\limits_{x\to0}\dfrac{e^x-1}{\sin x}=\lim\limits_{x\to0}\dfrac{e^x}{\cos x}=1$；

（2）$\lim\limits_{x\to1}\dfrac{x^2-1}{\ln x}=\lim\limits_{x\to1}\dfrac{2x}{\frac{1}{x}}=2$；

（3）$\lim\limits_{x\to\frac{\pi}{2}}\dfrac{\cos x}{x-\frac{\pi}{2}}=\lim\limits_{x\to\frac{\pi}{2}}\dfrac{-\sin x}{1}=-1$；

（4）$\lim\limits_{x\to0}\dfrac{\ln(\cos x)}{x}=\lim\limits_{x\to0}\dfrac{\frac{1}{\cos x}\cdot(-\sin x)}{1}=-\lim\limits_{x\to0}\tan x=0$；

（5）这是一个“$\dfrac{0}{0}$”型不定式，使用洛必达法则，

$$\lim_{x\to0}\frac{\sin5x}{\sin8x}=\lim_{x\to0}\frac{5\cos5x}{8\cos8x}=\frac{5}{8};$$

（6）这是一个“$\dfrac{0}{0}$”型不定式，使用洛必达法则，

$$\lim_{x\to1}\frac{x^3-3x+2}{x^3-x^2-x+1}=\lim_{x\to1}\frac{3x^2-3}{3x^2-2x-1},$$

上式还是一个“$\dfrac{0}{0}$”型不定式，可再次使用洛必达法则，最后得到

$\lim\limits_{x\to1}\dfrac{x^3-3x+2}{x^3-x^2-x+1}=\lim\limits_{x\to1}\dfrac{3x^2-3}{3x^2-2x-1}=\lim\limits_{x\to1}\dfrac{6x}{6x-2}=\dfrac{3}{2}$；

（7）$\lim\limits_{x\to0}\dfrac{\ln(\cos ax)}{\ln(\cos bx)}=\lim\limits_{x\to0}\dfrac{\frac{-a\sin ax}{\cos ax}}{\frac{-b\sin bx}{\cos bx}}=\dfrac{a^2}{b^2}$；

（8）$\lim\limits_{x\to+\infty}\dfrac{\ln x}{x^n}=\lim\limits_{x\to+\infty}\dfrac{\frac{1}{x}}{nx^{n-1}}=\lim\limits_{x\to+\infty}\dfrac{1}{nx^n}=0$；

（9）$\lim\limits_{x\to0}\dfrac{\tan x-x}{x-\sin x}=\lim\limits_{x\to0}\dfrac{\sec^2x-1}{1-\cos x}=\lim\limits_{x\to0}\dfrac{1-\cos^2x}{(1-\cos x)\cos^2x}=\lim\limits_{x\to0}(1+\cos x)=2$；

（10）$\lim\limits_{x\to0}(\cot x-\dfrac{1}{x})=\lim\limits_{x\to0}\dfrac{x-\tan x}{x\tan x}=\lim\limits_{x\to0}\dfrac{x-\tan x}{x^2}\lim\limits_{x\to0}\dfrac{(\cos x+1)(\cos x-1)}{2x}=0$；

(11) $\lim\limits_{x\to 0}\left(\frac{1}{x^2}-\frac{1}{\sin^2 x}\right)=\lim\limits_{x\to 0}\frac{\sin^2 x-x^2}{x^4}=\lim\limits_{x\to 0}\frac{2\sin x\cos x-2x}{4x^3}$

$=\lim\limits_{x\to 0}\frac{\cos 2x-1}{6x^2}=\lim\limits_{x\to 0}\frac{-2\sin 2x}{12x}=\lim\limits_{x\to 0}\frac{-2\cdot 2x}{12x}=-\frac{1}{3}$;

(12) $\lim\limits_{x\to 0^+}(\sin x)^x=\mathrm{e}^{\lim\limits_{x\to 0}x\ln\sin x}=\mathrm{e}^{\lim\limits_{x\to 0}\frac{\ln\sin x}{\frac{1}{x}}}=\mathrm{e}^{\lim\limits_{x\to 0}\frac{\frac{\cos x}{\sin x}}{-\frac{1}{x^2}}}=\mathrm{e}^{\lim\limits_{x\to 0}\frac{x^2}{\sin x}}=\mathrm{e}^{\lim\limits_{x\to 0}\frac{2x}{\cos x}}=\mathrm{e}^0=1.$

4.3.4 同步习题

1. 解 (1) 既非充分也非必要；(2) 小.

2. 解 (1) 函数的定义域为$(-\infty,+\infty)$，在$(-\infty,+\infty)$内可导，且

$$y'=3x^2-6x-9=3(x-3)(x+1),$$

令 $y'=0$ 得驻点 $x_1=-1$，$x_2=3$，这两个驻点将定义域$(-\infty,+\infty)$分成三个部分区间$(-\infty,-1)$，$(-1,3)$，$(3,+\infty)$.

当 $x<-1$ 及 $x>3$ 时，$y'>0$，因此函数在$(-\infty,-1]$，$[3,+\infty)$内单调递增，当 $-1<x<3$ 时，$y'<0$，因此函数在$[-1,3]$上单调减少.

(2) 函数的定义域为$(-\infty,+\infty)$，在$(-\infty,+\infty)$内可导，且

$$y'=1-\mathrm{e}^x,$$

令 $y'=0$ 得驻点 $x=0$，驻点将定义域$(-\infty,+\infty)$分为两个部分，$(-\infty,0)$和$(0,+\infty)$.

当 $x<0$ 时，$y'>0$，函数在$(-\infty,0]$上单调递增，当 $x>0$ 时，$y'<0$，因此函数在$[0,+\infty)$单调递减.

(3) 函数的定义域$(-\infty,+\infty)$，在$(-\infty,+\infty)$内可导，且

$$y'=1-\sin x,$$

$y'\geqslant 0$ 在定义域内恒成立，因此在$(-\infty,+\infty)$内函数为单调递增.

(4) 函数的定义域为$(0,+\infty)$，在$(0,+\infty)$内可导，且

$$y'=1-\frac{1}{x^2},$$

令 $y'=0$，得到驻点 $x=1$，驻点将定义域分成两个部分，$(0,1)$，$(1,+\infty)$.

当 $x>1$ 时，$y'>0$，因此函数在$[1,+\infty)$上单调递增，当 $0<x<1$ 时，$y'<0$，因此函数在$(0,1]$上单调递减.

(5) 函数的定义域为$(-\infty,+\infty)$.

$$y'=x^3-3x^2=x^2(x-3),$$

令 $y'=0$，得驻点 $x_1=0$，$x_2=3$，无不可导点.

列表

x	$(-\infty,0)$	0	$(0,3)$	3	$(3,+\infty)$
y'	−	0	−	0	+
y	↘		↘		↗

由上表知，$y=\frac{x^4}{4}-x^3$ 在$(-\infty,3]$上单调减少，在$[3,+\infty)$上单调增加.

(6) 函数的定义域为$(-\infty,+\infty)$.

$$f'(x)=-\frac{2}{3}(x^2-1)^{-\frac{1}{3}}2x=-\frac{4}{3}\cdot\frac{x}{\sqrt[3]{x^2-1}},$$

令 $f'(x)=0$，驻点 $x_1=0$. 函数 $f(x)$ 一阶导数不存在的点为

$x_2=-1$，$x_3=1$

列表

x	$(-\infty,-1)$	-1	$(-1,0)$	0	$(0,1)$	1	$(1,+\infty)$
y'	+		−	0	+		−
y	↗		↘		↗		↘

由上表知，$f(x)=2-(x^2-1)^{\frac{2}{3}}$ 在 $[-1,0]$，$[1,+\infty)$ 上单调减少，在 $(-\infty,-1)$，$[0,1]$ 上单调递增.

3. 解 (1) 函数的定义域为 $(-\infty,0)\cup(0,+\infty)$.

$$f'(x)=1-\frac{1}{x^2}=\frac{(x+1)(x-1)}{x^2},\ f''(x)=\frac{2}{x^3},$$

令 $f'(x)=0$，得驻点 $x=\pm1$. 在定义域内没有不可导点.

由 $f''(1)=2>0$ 知，$x=1$ 为极小值点 $f(1)=2$ 为极小值，由 $f''(-1)=-2<0$ 知，$x=-1$ 为极大值点 $f(-1)=-2$ 为极大值.

(2) 函数的定义域为 $(-\infty,+\infty)$.

$$f'(x)=3x^2-3=3(x+1)(x-1),\ f''(x)=6x,$$

令 $f'(x)=0$，得驻点 $x=\pm1$.

由 $f''(1)=6>0$ 知，$x=1$ 为极小值点 $f(1)=-2$ 为极小值，由 $f''(-1)=-6<0$ 知，$x=-1$ 为极大值点 $f(-1)=2$ 为极大值.

(3) 函数的定义域为 $(0,+\infty)$.

$$f'(x)=2x\ln x+x=x(2\ln x+1),\ f''(x)=2\ln x+3$$

令 $f'(x)=0$，得驻点 $x=e^{-\frac{1}{2}}$.

由 $f''\left(e^{-\frac{1}{2}}\right)=2>0$ 知，$x=e^{-\frac{1}{2}}$ 为极小值点 $f\left(e^{-\frac{1}{2}}\right)=-\frac{1}{2e}$ 为极小值.

(4) 函数的定义域为 $(-\infty,+\infty)$.

$$f'(x)=\frac{1}{3}(x-1)^{-\frac{2}{3}},$$

函数的不可导点为 $x=1$，不存在驻点

函数在 $x=1$ 的两侧，一阶导数符号没有发生改变，所以 $x=1$ 不是极值点，函数无极值点.

(5) $f'(x)=4x^3-16x=4x(x^2-4)$ 令 $f'(x)=0$，得驻点 $x_1=0$，$x_2=2$，其中 $x=-2$ 不在定义域中.

$f''(x)=12x^2-16$，$f''(0)=-16<0$

故 $f(x)=x^4-8x+2$ 在 $x=0$ 处取得极大值 $f(0)=2$.

$f''(2)=32>0$，故 $f(x)=x^4-8x+2$ 在 $x=2$ 处取得极小值 $f(2)=-14$.

4. 解 (1) 函数在 $[-\sqrt{2},\sqrt{2}]$ 上可导，$f'(x)=4x^3-4x=4x(x+1)(x-1)$.

令 $f'(x)=0$，得驻点 $x_1=-1$，$x_2=0$，$x_3=1$.

$$f(\pm1)=4,\ f(\pm\sqrt{2})=5,\ f(0)=5$$

比较可知，最大值为 $f(\pm\sqrt{2})=f(0)=5$，最小值为 $f(\pm1)=4$.

（2）函数在$[-1,1]$上可导，$f'(x)=\dfrac{-2}{\sqrt{5-4x}}$.

函数无驻点；$[-1,1]$上无不可导点

$$f(-1)=3,\ f(1)=1$$

比较可知，最大值为$f(-1)=3$，最小值为$f(1)=1$.

（3）函数在$[1,2]$上可导，$f'(x)=1-\dfrac{1}{x^2}=\dfrac{(x+1)(x-1)}{x^2}$.

令$f'(x)=0$，在$[1,2]$内有驻点$x=1$.

$$f(1)=2,\ f(2)=\frac{5}{2}$$

比较可知，最大值为$f(2)=\dfrac{5}{2}$，最小值为$f(1)=2$.

（4）函数在$\left[-\dfrac{\pi}{2},\dfrac{\pi}{2}\right]$上可导，$f'(x)=\cos x-2$.

无驻点.

$$f\left(-\frac{\pi}{2}\right)=\pi-1,\ f\left(\frac{\pi}{2}\right)=1-\pi$$

比较可知，最大值为$f\left(-\dfrac{\pi}{2}\right)=\pi-1$，最小值为$f\left(\dfrac{\pi}{2}\right)=1-\pi$.

5. 解：设这间小屋的宽为x，长为y，则小屋的面积为$S=xy$.

已知$2x+y=20$，即$y=20-2x$，故

$S=x(20-2x)=20x-2x^2$，$x\in(0,10)$

$S'=20-4x$，$S''=-4$

令$S'=0$，得驻点$x=5$

由$S''<0$知$x=5$为极大值点，又驻点唯一，故极大值点就是最大值点，即当宽为5m，长为10m时，这间小屋的面积最大.

4.4.4　同步习题

1. 解　（1）单调递减的凹曲线；

（2）$y'=3x^2-10x+3$，$y''=6x-10$. $y''=0$时$x=\dfrac{5}{3}$，$x<\dfrac{5}{3}$时$y''<0$；$x>\dfrac{5}{3}$时$y''>0$，所以$\left(\dfrac{5}{3},\dfrac{20}{27}\right)$为函数图形的拐点，$\left(-\infty,\dfrac{5}{3}\right]$为其凸区间.

（3）由于$\lim\limits_{x\to1}\dfrac{1}{x^2-1}=0$，$\lim\limits_{x\to-1}\dfrac{1}{x^2-1}=0$，所以$y=\dfrac{1}{x^2-1}$的铅直渐近线是$x=-1$和$x=1$.

（4）凹，>.

2. 解　（1）B.

（2）A. $y'=-\dfrac{1}{3}(x-1)^{-\frac{2}{3}}$，$y''=\dfrac{2}{9}(x-1)^{-\frac{5}{3}}$. $\lim\limits_{x\to1}\dfrac{2}{9}(x-1)^{-\frac{5}{3}}=\infty$，$x>1$时$y''>0$，$x<1$时$y''<0$，故$(1,4)$为拐点.

3. 解　（1）函数的定义域为$(-\infty,+\infty)$，

$$y'=\frac{2x}{1+x^2},\ y''=\frac{2(1-x^2)}{(1+x^2)^2}.$$

令 $y''=0$，得 $x=\pm 1$.

当 $x\in(-\infty,-1)$ 时，$y''<0$，因此曲线在 $(-\infty,-1]$ 内是凸的，

当 $x\in(-1,1)$ 时，$y''>0$，因此曲线在 $[-1,1]$ 内是凹的，

当 $x\in(1,+\infty)$ 时，$y''<0$，因此曲线在 $[1,+\infty)$ 内是凸的.

曲线有两个拐点，分别为 $(-1,\ln 2)$，$(1,\ln 2)$.

(2) 函数的定义域为 $(-\infty,+\infty)$，

$$y'=2-8x,\quad y''=-8$$

由于 $y''<0$，所以曲线在 $(-\infty,+\infty)$ 内是凸的. 没有拐点.

(3) 函数的定义域为 $(-\infty,+\infty)$，

$$y'=(1-x)\mathrm{e}^{-x},\quad y''=(x-2)\mathrm{e}^{-x},$$

令 $y''=0$，得 $x=2$.

当 $x\in(-\infty,2)$ 时，$y''<0$，曲线在 $(-\infty,2]$ 上是凸的，

当 $x\in(2,+\infty)$ 时，$y''>0$，曲线在 $(2,+\infty]$ 上是凹的.

曲线的拐点为 $\left(2,\dfrac{2}{\mathrm{e}^2}\right)$.

(4) 函数的定义域为 $(-\infty,+\infty)$，

$$y'=4x^3-12x+2,\quad y''=12(x^2-1),$$

令 $y''=0$，得 $x=\pm 1$.

当 $x\in(-\infty,-1)$ 时，$y''>0$，因此曲线在 $(-\infty,-1]$ 内是凹的；

当 $x\in(-1,1)$ 时，$y''<0$，因此曲线在 $[-1,1]$ 内是凸的；

当 $x\in(1,+\infty)$ 时，$y''<0$，因此曲线在 $[1,+\infty)$ 内是凹的.

曲线有两个拐点，分别为 $(-1,-7)$，$(1,-3)$.

(5) 函数的定义域为 $(-\infty,+\infty)$.

$$f'(x)=4x^3-18x^2+24x,$$
$$f''(x)=12x^2-36x+24=12(x-1)(x-2),$$

令 $f''(x)=0$，得 $x_1=1$，$x_2=2$.

列表

x	$(-\infty,1)$	1	$(1,2)$	2	$(2,+\infty)$
y''	+	0	−	0	+
y	凹	拐点	凸	拐点	凹

由此可知，曲线 $f(x)=x^4-6x^3+12x^2-10$ 在 $(-\infty,1]$ 和 $(2,+\infty)$ 上凹，在 $[1,2]$ 上凸. 拐点为 $(1,-3)$ 和 $(2,6)$.

(6) 函数的定义域为 $(-\infty,+\infty)$.

$$f'(x)=\frac{5}{3}x^{\frac{2}{3}}-\frac{2}{3}x^{-\frac{1}{3}},$$
$$f''(x)=\frac{10}{9}x^{-\frac{1}{3}}+\frac{2}{9}x^{-\frac{4}{3}}=\frac{2(5x+1)}{9x^{\frac{4}{3}}}.$$

令 $f''(x)=0$，得 $x_1=-\dfrac{1}{5}$，$f(x)$ 二阶导数不存在的点 $x_2=0$.

列表

x	$\left(-\infty,-\frac{1}{5}\right)$	$-\frac{1}{5}$	$\left(-\frac{1}{5},0\right)$	0	$(0,+\infty)$
y''	−	0	+	不存在	+
y	凸	拐点	凹	不是拐点	凹

由此可知，曲线 $f(x)=(x-1)\sqrt[3]{x^2}$ 在 $\left(-\infty,-\frac{1}{5}\right]$ 上凸，在 $\left[-\frac{1}{5},+\infty\right)$ 上凹. 拐点为 $\left(-\frac{1}{5},-\frac{6}{5\sqrt[3]{25}}\right)$.

4. 解 (1) 因为 $\lim\limits_{x\to 2}\frac{1}{x-2}=\infty$，所以 $x=2$ 是 $y=\frac{1}{x-2}$ 的一条铅直渐近线；

因为 $\lim\limits_{x\to\infty}\frac{1}{x-2}=0$，所以 $y=0$ 是 $y=\frac{1}{x-2}$ 的一条水平渐近线.

(2) 因为 $\lim\limits_{x\to 0^+}\ln x=-\infty$，所以 $x=0$ 是 $y=\ln x$ 的一条铅直渐近线.

(3) 因为 $\lim\limits_{x\to\infty}y=\lim\limits_{x\to\infty}\frac{\sin\frac{1}{x}}{\frac{1}{x}}=1$，所以 $y=1$ 是该曲线的一条水平渐近线.

(4) 因为 $\lim\limits_{x\to 1}\frac{x^2+3}{x-1}=\infty$，所以 $x=1$ 是 $y=\frac{x^2+3}{x-1}$ 的一条铅直渐近线；

因为 $\lim\limits_{x\to\infty}\frac{x^2+3}{x(x-1)}=\lim\limits_{x\to\infty}\frac{x^2+3}{x^2-x}=1$，$\lim\limits_{x\to\infty}\left(\frac{x^2+3}{x-1}-x\right)=\lim\limits_{x\to\infty}\frac{x+3}{x-1}=1$，所以 $y=x+1$ 是该曲线的一条斜渐近线.

4.5.3 同步习题

1. 解 (1) $C'(Q)=\frac{1}{600}Q$，当 $Q=900$ 时，$C'(Q)=1.5$.

(2) $\frac{EQ}{Ep}=Q'\frac{p}{Q}=-\frac{1}{2}\cdot\frac{p}{10-\frac{p}{2}}=\frac{p}{p-20}$.

2. 解 $f'(x)=\frac{1}{x}$，$f'(3)=\frac{1}{3}$，其经济意义为当 $x=3$ 时，x 改变一个单位，$f(x)$ 改变 $\frac{1}{3}$ 个单位.

3. 解 因为 $Q=500-2P$ 所以 $P=250-\frac{1}{2}Q$ $(Q>0)$，

则利润函数为

$$L(Q)=R(Q)-C(Q)=(250-\frac{1}{2}Q)Q-10Q-200=-\frac{1}{2}Q^2+240Q-200,$$

$$L'(Q)=-Q+240.$$

令 $L'(Q)=0$，得 $Q=240$.

又 $L''(Q)=-1<0$，所以 $Q=240$ 为极大值点.

又因为驻点唯一，故极大值点就是最大值点，所以当 $Q=240$ 时，利润最大，最大利润为

$$L(240)=-\frac{1}{2}\times 240^2+240\times 240-200=28600.$$

4. 解 (1) $\frac{Ey}{Ex}=y'\frac{x}{y}=30x^4\cdot\frac{x}{6x^5}=5$;

(2) $\frac{Ey}{Ex}=y'\frac{x}{y}=\frac{-1}{x^2}\cdot x^2=-1$;

(3) $\frac{Ey}{Ex}=y'\frac{x}{y}=\cos x\cdot\frac{x}{\sin x}=x\cot x$;

(4) $\frac{Ey}{Ex}=y'\frac{x}{y}=\mathrm{e}^x\cdot\frac{x}{\mathrm{e}^x}=x$.

总复习题4

第一部分：基础题

1. 解 函数$f(x)$分别在$[1,2]$，$[2,3]$，$[3,4]$上连续，分别在$(1,2)$，$(2,3)$，$(3,4)$内可导，且

$$f(1)=f(2)=f(3)=f(4)=0.$$

由罗尔定理可知至少存在$\xi_1\in(1,2)$，$\xi_2\in(2,3)$，$\xi_3\in(3,4)$，使得$f'(\xi_1)=f'(\xi_2)=f'(\xi_3)=0$，即方程$f'(x)=0$至少有三个根，又因为$f'(x)=0$为三次方程，故它至多有三个实根.

综上，方程$f'(x)=0$有且仅有三个实根，它们分别位于区间$(1,2)$，$(2,3)$，$(3,4)$内.

2. 证 根据题意知$f(x)$在$[x_1,x_2]$，$[x_2,x_3]$上连续，在(x_1,x_2)，(x_2,x_3)内可导，且$f(x_1)=f(x_2)=f(x_3)$，故由罗尔定理知至少存在点$\xi_1\in(x_1,x_2)$，$\xi_2\in(x_2,x_3)$，使得$f'(\xi_1)=f'(\xi_2)=0$.

又$f'(x)$在$[\xi_1,\xi_2]$上连续，在(ξ_1,ξ_2)内可导，满足罗尔定理，所以至少存在一点$\xi\in(\xi_1,\xi_2)\subset(x_1,x_2)$，使得$f''(\xi)=0$.

3. 分析 由结论式子可写为$f(x)+xf'(x)=0$，等式左端是$xf(x)$的导数.

证明 构造函数$F(x)=xf(x)$，则$F'(x)=f(x)+xf'(x)$. 函数$F(x)$在$[0,1]$上连续，在$(0,1)$内可导. $F(0)=0\cdot f(0)=0$，$F(1)=1\cdot f(1)=0$，即$F(0)=F(1)$.

由罗尔定理，至少存在一点$\xi\in(0,1)$，使$F'(\xi)=0$，即$f(\xi)+\xi f'(\xi)=0$.

4. 证明 取函数$f(x)=x\sin x$，显然函数在$[0,\pi]$上连续，在$(0,\pi)$内可导，且$f(0)=f(\pi)=0$，满足罗尔定理条件，所以至少存在一点$\xi\in(0,\pi)$，使得$f'(\xi)=0$，即

$$f'(\xi)=\xi\cos\xi+\sin\xi=0.$$

由此可知，ξ即为方程$\sin x+x\cos x=0$在区间$(0,\pi)$内的实根.

5. 证 令$f(x)=x^5-10x+3$，$f(x)$在$[0,1]$内连续，$f(0)=3>0$，$f(1)=-6<0$，由零点定理知至少存在点$x_1\in(0,1)$，使得$f(x_1)=0$，即方程$x^5-10x+3=0$在$(0,1)$内至少有一个根.

若方程$x^5-10x+3=0$在$(0,1)$内还有一个根x_2，即$f(x_2)=0$. 则由$f(x)=x^5-10x+3$在$[x_1,x_2]$(或$[x_2,x_1]$)上连续，在(x_1,x_2)(或(x_2,x_1))内可导知$f(x)$满足罗尔定理，故至少存在点$\xi\in(x_1,x_2)$(或$\xi\in(x_2,x_1)$)，使得$f'(\xi)=0$.

但$f'(\xi)=5\xi^4-1$在$(0,1)$内恒小于零，矛盾，因此方程$x^5-10x+3=0$在区间$(0,1)$内只有一个实根.

6. 证 (1) 当$a=b$时，显然成立.

当 $a\neq b$ 时，取函数 $f(x)=\sin x$，显然 $f(x)$ 在 $[a,b]$ 或 $[b,a]$ 上连续，在 (a,b) 或 (b,a) 内可导，由拉格朗日中值定理知，至少存在一点 $\xi\in(a,b)$ 或 (b,a)，使得

$$f(a)-f(b)=f'(\xi)(a-b),$$

即
$$\sin a-\sin b=\cos\xi\cdot(a-b),$$

故
$$|\sin a-\sin b|=|\cos\xi|\cdot|a-b|\leqslant|a-b|.$$

（2）取函数 $f(x)=\arcsin x$，显然 $f(x)$ 在 $[a,b]$ 上连续，在 (a,b) 内可导，由拉格朗日中值定理知，至少存在一点 $\xi\in(a,b)$，使得

$$f(b)-f(a)=f'(\xi)(b-a).$$

即

$$\arctan b-\arctan a=\frac{1}{1+\xi^2}(b-a),$$

又

$$\frac{1}{1+b^2}<\frac{1}{1+\xi^2}<\frac{1}{1+a^2},$$

故

$$\frac{b-a}{1+b^2}\leqslant\arctan b-\arctan a\leqslant\frac{b-a}{1+a^2}.$$

7. 解　（1）$\lim\limits_{x\to0}\dfrac{\mathrm{e}^x-\mathrm{e}^{-x}}{x}=\lim\limits_{x\to0}\dfrac{\mathrm{e}^x+\mathrm{e}^{-x}}{1}=2$；

（2）$\lim\limits_{x\to1}\left(\dfrac{x}{x-1}-\dfrac{1}{\ln x}\right)=\lim\limits_{x\to1}\dfrac{x\ln x-x+1}{(x-1)\ln x}=\lim\limits_{x\to1}\dfrac{\ln x}{\ln x+\dfrac{x-1}{x}}=\lim\limits_{x\to1}\dfrac{x\ln x}{x\ln x+x-1}=\lim\limits_{x\to1}\dfrac{\ln x+1}{\ln x+2}=\dfrac{1}{2}$；

（3）$\lim\limits_{x\to\frac{\pi}{2}}(\sec x-\tan x)=\lim\limits_{x\to\frac{\pi}{2}}\left(\dfrac{1}{\cos x}-\dfrac{\sin x}{\cos x}\right)=\lim\limits_{x\to\frac{\pi}{2}}\left(\dfrac{1-\sin x}{\cos x}\right)$

$=\lim\limits_{x\to\frac{\pi}{2}}\dfrac{-\cos x}{-\sin x}=\lim\limits_{x\to\frac{\pi}{2}}\cot x=0$；

（4）$\lim\limits_{x\to0^+}\left(\dfrac{1}{x}\right)^{\tan x}=\mathrm{e}^{-\lim\limits_{x\to0}\frac{\ln x}{\cot x}}=\mathrm{e}^{\lim\limits_{x\to0}\frac{\frac{1}{x}}{\csc^2x}}=\mathrm{e}^{\lim\limits_{x\to0}\frac{\sin^2x}{x}}=1.$

8. 解　由已知 $\Rightarrow\lim\limits_{x\to0}\left(\dfrac{\sin3x+ax+bx^3}{x^3}\right)=0\left(“\dfrac{0}{0}”型\right)$

则 $\lim\limits_{x\to0}\dfrac{3\cos3x+a+3bx^2}{3x^2}=0\Rightarrow\lim\limits_{x\to0}(3\cos3x+a+3bx^2)=0$，因此 $a=-3$.

上式再次应用洛必达法则得

$$\lim_{x\to0}\frac{-9\sin3x+6bx}{6x}=\lim_{x\to0}\frac{-27\cos3x+6b}{6}=\lim_{x\to0}\left(-\frac{9}{2}+b\right)=0$$

因此，$b=\dfrac{9}{2}$.

9. 解　由已知，

$$\begin{cases}y'\big|_{x=1}=0,\\ y\big|_{x=1}=4,\end{cases}$$

即

$$\begin{cases}3a+b=0,\\a+b=4,\end{cases}$$

解得

$$\begin{cases}a=-2,\\b=6.\end{cases}$$

10. 解　由题意，$f'\left(\frac{\pi}{3}\right)=0$，即

$$a\cos\frac{\pi}{3}+\cos\pi=0,$$

解得

$$a=2,$$

由于

$$f''(x)=-2\sin x-3\sin 3x,$$

$$f''\left(\frac{\pi}{3}\right)=-2\sin\frac{\pi}{3}-3\sin\pi=-\sqrt{3}<0$$

故函数在 $x=\frac{\pi}{3}$ 处取得极大值；$f\left(\frac{\pi}{3}\right)=2\sin\frac{\pi}{3}+\frac{1}{3}\sin\pi=\sqrt{3}$.

11. 解　函数的定义域为 $(-\infty,+\infty)$，

$$f'(x)=3x^2-12=3(x+2)(x-2),$$

令 $f'(x)=0$，得驻点 $x_1=-2$，$x_2=2$. 驻点将定义域分为三个部分，$(-\infty,-2)$，$(-2,2)$，$(2,+\infty)$.

当 $x\in(-\infty,-2)\cup(2,+\infty)$ 时，$f'(x)>0$，故 $f(x)$ 在 $(-\infty,-2]\cup[2,+\infty)$ 内单调递增；

当 $x\in(-2,2)$ 时，$f'(x)<0$，故 $f(x)$ 在 $[-2,2]$ 内单调递减.

函数有极大值 $f(-2)=16$，极小值 $f(2)=-16$.

12. 解　函数的定义域为 $(-\infty,+\infty)$，

$$y'=6x^2+6x-12,\ f''(x)=6(2x+1),$$

令 $f''(x)=0$，得 $x=-\frac{1}{2}$.

当 $x\in\left(-\infty,-\frac{1}{2}\right)$ 时，$f''(x)<0$，$f(x)$ 的曲线为凸的；

当 $x\in\left(-\frac{1}{2},+\infty\right)$ 时，$f''(x)>0$，$f(x)$ 的曲线为凹的.

拐点为 $\left(-\frac{1}{2},\frac{21}{2}\right)$.

13. 解　(1) 因为 $\lim\limits_{x\to-1}f(x)=\lim\limits_{x\to-1}\frac{x^2+2x}{1+x}=\infty$，所以 $x=-1$ 为曲线的铅直渐近线，

因为 $\lim\limits_{x\to\infty}\frac{x^2+2x}{1+x}=\lim\limits_{x\to\infty}\frac{2x+2}{\frac{1}{x}+1}=\infty$，所以 $f(x)$ 无水平渐近线，

因为$\lim\limits_{x\to\infty}\frac{x^2+2x}{x^2+x}=1$. $\lim\limits_{x\to\infty}\left(\frac{x^2+2x}{1+x}-x\right)=\lim\limits_{x\to\infty}\frac{x^2+2x-x^2-x}{1+x}=\lim\limits_{x\to\infty}\frac{x}{1+x}=1$，所以 $y=x+1$ 为曲线的斜渐近线.

(2) $\lim\limits_{x\to\infty}f(x)=\lim\limits_{x\to\infty}x\mathrm{e}^{-x^2}=\lim\limits_{x\to\infty}\frac{x}{\mathrm{e}^{x^2}}=0$，又 $f(x)=x\mathrm{e}^{-x^2}$ 在 $(-\infty,+\infty)$ 处处有定义，故曲线 $f(x)=x\mathrm{e}^{-x^2}$ 有水平渐近线 $y=0$；但无垂直渐近线和斜渐近线.

14. 解　设矩形长为 x，宽为 y，则由已知有 $xy=S$.

周长

$$L=2(x+y)=2\left(x+\frac{S}{x}\right),$$

$$L'=2\left(1-\frac{S}{x^2}\right),\ L''=\frac{4S}{x^3}.$$

令 $L'=0$，得驻点 $x=\sqrt{S}$.

$$L''(\sqrt{S})>0,$$

所以 $x=\sqrt{S}$ 为极小值点，又因为驻点唯一，因此极小值点必为最小值点.

当 $x=\sqrt{S}$ 时，周长最小，最小值为 $L=2(x+y)=4\sqrt{S}$.

15. 解　设房租为每月 x 元，租出去的房子有 $50-\frac{x-180}{10}$ 套.

若每月的总收入用 y 来表示，则目标函数为 $y=(x-20)\left(50-\frac{x-180}{10}\right)$.

$$y'=\left(68-\frac{x}{10}\right)+(x-20)\left(-\frac{1}{10}\right)=70-\frac{x}{5}$$

令 $y'=0$，得唯一驻点 $x=350$.

故每月每套租金为 350 元时收入最高.

最大收入为 $y=(350-20)\left(68-\frac{350}{10}\right)=10890$(元)

16. 解　边际收益函数为 $R'(Q)=\frac{5(Q+1)-5Q}{(Q+1)^2}=\frac{5}{(Q+1)^2}$；

平均收益函数为 $\overline{R}=\frac{R(Q)}{Q}=\frac{5}{Q+1}$，

当 $Q=3$ 时，$R'(3)=\frac{5}{(3+1)^2}=\frac{5}{16}$.

其经济意义为当销售量为 3 个单位时，以后，再多卖出 1 个单位的产品，总收益就将增加$\frac{5}{16}$.

17. 解　(1) 根据定义，$E_d=\frac{P}{Q}Q'=\frac{P}{10-\frac{P}{3}}\left(-\frac{1}{3}\right)=\frac{-P}{30-P}=\frac{P}{P-30}$，

(2) $E_d(4)=-\frac{2}{13}$.

其经济意义为当 $P=4$ 时，价格上涨 1%，需求量下降 0.15%.

第二部分：拓展题

1. 解　$y'=3x^2+2ax+b$，$y''=6x+2a$，

依据题意有 $y(2)=4$，$y'(3)=0$，$y''(2)=0$，

即

$$\begin{cases}8+4a+2b+c=4,\\27+6a+b=0,\\12+2a=0,\end{cases}$$

解得 $a=-6$，$b=9$，$c=2$.

2. 已知方程 $a_0x^4+a_1x^3+a_2x^2+a_3x=0$ 有一正根 x_0，试证方程 $4a_0x^3+3a_1x^2+2a_2x+a_3=0$ 必有一小于 x_0 的正根.

证　令 $f(x)=a_0x^4+a_1x^3+a_2x^2+a_3x$，则 $f(x)$ 在 $[0,x_0]$ 上连续，$(0,x_0)$ 内可导，且 $f(0)=f(x_0)=0$，由罗尔定理，至少存在一点 $\xi\in(0,x_0)$，使得 $f'(\xi)=0$，即

$$4a_0\xi^3+3a_1\xi^2+2a_2\xi+a_3=0,$$

即 ξ 为 $4a_0x^3+3a_1x^2+2a_2x+a_3=0$ 的小于 x_0 的正根.

3. 证明　取函数 $f(x)=\arctan x+\operatorname{arccot} x(-\infty<x<+\infty)$. 因 $f'(x)=\dfrac{1}{1+x^2}-\dfrac{1}{1+x^2}\equiv 0$，

故 $f(x)\equiv C$. 取 $x=0$ 得 $f(0)=C=\dfrac{\pi}{2}$.

因此有 $\arctan x+\operatorname{arccot} x=\dfrac{\pi}{2}(-\infty<x<+\infty)$.

4. 证　取函数 $f(x)=\sin x-x$.

首先证明方程有根. 显然 $f(0)=0$，即 $x=0$ 是方程 $\sin x=x$ 的一个实根.

下面证明方程至多有一个实根. $f'(x)=\cos x-1\leqslant 0$，$f(x)$ 在 $\mathbf{R}$ 内单调递减，即曲线 $f(x)$ 与 x 轴至多有一个交点，$f(x)=0$ 至多有一个实根.

综上，$\sin x=x$ 只有一个实根.

5. 证　设 $x_0=\dfrac{x_1+x_2}{2}$，不妨设 $x_1<x_2$，则 $x_2-x_0=x_0-x_1=\dfrac{x_2-x_1}{2}$；

在 (x_1,x_0)，(x_0,x_2) 内分别应用拉格朗日中值定理，有

$f(x_0)-f(x_1)=f'(\xi_1)\cdot\dfrac{x_0-x_1}{2}$，$x_1<\xi_1<x_0$，

$f(x_2)-f(x_0)=f'(\xi_2)\cdot\dfrac{x_2-x_1}{2}$，$x_0<\xi_2<x_2$，

$\xi_1<\xi_2$，由于 $f''(x)>0$，所以 $f'(x)$ 单调增加，所以 $f'(\xi_1)<f'(\xi_2)$

故 $f(x_0)-f(x_1)<f(x_2)-f(x_0)$，

整理得 $f(x_1)+f(x_2)>2f(x_0)$，即 $\dfrac{f(x_1)+f(x_2)}{2}>f\left(\dfrac{x_1+x_2}{2}\right)$.

6. 解　(1) 取函数 $f(t)=2\sqrt{t}-3+\dfrac{1}{t}$，$t\in(1,x)$，$f'(t)=\dfrac{1}{\sqrt{t}}-\dfrac{1}{t^2}>0$，$t\in(1,x)$.

因此，函数$f(t)$在$[1,x]$上单调递增．故$x>1$时$f(x)>f(1)=0$，即$2\sqrt{x}>3-\frac{1}{x}$.

（2）取函数$f(t)=1+\frac{1}{2}t-\sqrt{1+t}$，$t\in(0,x)$，

$$f'(t)=\frac{1}{2}-\frac{1}{2\sqrt{1+t}}>0,\ t\in(0,x).$$

因此$f(t)$在$[0,x]$上单调递增．故当$x>0$时$f(x)>f(0)$，
即

$$1+\frac{1}{2}x-\sqrt{1+x}>1+\frac{1}{2}\cdot 0-\sqrt{1+0}=0,$$

亦即

$$1+\frac{1}{2}x>\sqrt{1+x}\quad (x>0).$$

（3）取函数$f(t)=t-\ln(1+t)$，$t\in(0,x)$，

$$f'(t)=1-\frac{1}{1+t}=\frac{t}{1+t}>0,\ t\in(0,x).$$

因此函数$f(t)$在$[0,x]$上单调递增．故当$x>0$时，$f(x)>f(0)$，
即

$$x-\ln(1+x)>0-\ln(1+0)=0,$$

亦即

$$x>\ln(1+x)\quad (x>0).$$

（4）取函数$f(t)=\cos t-1+\frac{1}{2}t^2$，$t\in(0,x)$，

$$f'(t)=-\sin t+t>0,\ t\in(0,x).$$

因此函数$f(t)$在$[0,x]$上单调递增．故当$x>0$，$f(x)>f(0)$，
即

$$\cos x-1+\frac{1}{2}x>\cos 0-1+\frac{1}{2}\cdot 0=0,$$

亦即

$$\cos x>1-\frac{1}{2}x^2\quad (x>0).$$

7. 证 $\lim\limits_{x\to a}\frac{f(x)}{F(x)}=\lim\limits_{x\to a}\frac{f(x)-0}{F(x)-0}=\lim\limits_{x\to a}\frac{f'(\xi)\cdot x}{F'(\xi)\cdot x}=\lim\limits_{x\to a}\frac{f'(\xi)}{F'(\xi)}=k$

8. 解 任取两点x_1，$x_2\in[a,b]$，且$x_1<x_2$，应用拉格朗日中值定理，得

$$f(x_2)-f(x_1)=f'(\xi)(x_2-x_1)\quad (x_1<\xi<x_2).$$

由于$x_2-x_1>0$，且$f'(x)>0$，于是有$f(x_2)-f(x_1)>0$，即$f(x_2)>f(x_1)$，因此函数$f(x)$在$[a,b]$上单调增加.

9. 解 设圆柱形容器底面半径为r，高为h，则由题意有$\pi r^2h=V$，则$h=\frac{V}{\pi r^2}$，

造价函数为

$$y=a\cdot 2\pi r^2+b\cdot 2\pi rh=a\cdot 2\pi r^2+b\cdot 2\pi r\,\frac{V}{\pi r^2}=a\cdot 2\pi r^2+b\cdot 2\,\frac{V}{r}\qquad r\in(0,+\infty)$$

$$y'=4a\pi r-\frac{2bV}{r^2},\ y''=4a\pi+\frac{4bV}{r^3}.$$

令 $y'=0$，得驻点 $r=\sqrt[3]{\frac{bV}{2a\pi}}$.

由 $y''\Big|_{r=\sqrt[3]{\frac{bV}{2a\pi}}}=12a\pi>0$ 知 $r=\sqrt[3]{\frac{bV}{2a\pi}}$为极小值点，又驻点唯一，故极小值就是最小值．此时 $h=\frac{V}{\pi r^2}=\sqrt[3]{\frac{4a^2V}{\pi b^2}}$，$2r:h=b:a$. 所以当底面直径与高的比例为 $b:a$ 时，造价最省．

10. 解　设宽为 x，则面积 $f(x)=x\cdot\frac{1}{2}(6-3x)=\frac{1}{2}(6x-3x^2)$，

$$f'(x)=\frac{1}{2}(6-6x)=3(1-x).$$

令 $f'(x)=0$，得驻点 $x_0=1$，又 $f''(x_0)=-3<0$，则函数 $f(x)$ 在 $x=1$ 处取得极大值. 从而 $f(1)=\frac{3}{2}$为最大值. 即当长为$\frac{3}{2}$m，宽为 1m 时，面积最大，最大值为$\frac{3}{2}\text{m}^2$.

11. 解　(1) 所给函数 $y=\frac{x}{1+x^2}$的定义域为$(-\infty,+\infty)$．由于 $y=\frac{x}{1+x^2}$是奇函数，它的图形关于原点对称，因此可以只讨论$[0,+\infty)$上该函数的图形，

$$y'=\frac{1+x^2-x\cdot 2x}{(1+x^2)^2}=\frac{1-x^2}{(1+x^2)^2},\ y''=\frac{2x(x^2-3)}{(1+x^2)^3}.$$

(2) 在$[0,+\infty)$内 y'的零点为 $x=1$，y''的零点为 $x=\sqrt{3}$和 $x=0$，根据这两点把区间$[0,+\infty)$分成三个区间：$[0,1]$，$[1,\sqrt{3}]$，$[\sqrt{3},+\infty]$.

(3) 在$[0,+\infty)$内的各部分区间内 y'及 y''的符号、相应曲线弧的升降及凹凸，以及极值点和拐点等如下表：

x	0	$(0,1)$	1	$(1,\sqrt{3})$	$\sqrt{3}$	$(\sqrt{3},+\infty)$
y'	+	+	0	−	−	−
y''	0	−	−	−	0	+
$y=f(x)$的图形	拐点	↗	极大	↘	拐点	↘

(4) 由于$\lim\limits_{x\to\infty}\frac{x}{1+x^2}=0$，所以图形有一条水平渐近线 $y=0$，图形无铅直渐近线及斜渐近线．

(5) 由 $f(0)=0$，$f(1)=\frac{1}{2}$，$f(\sqrt{3})=\frac{\sqrt{3}}{4}$得在$[0,+\infty)$内图形上的点$(0,0)$，$\left(1,\frac{1}{2}\right)$，$\left(\sqrt{3},\frac{\sqrt{3}}{4}\right)$

(6) 利用图形的对称性，作出图形如下图所示.

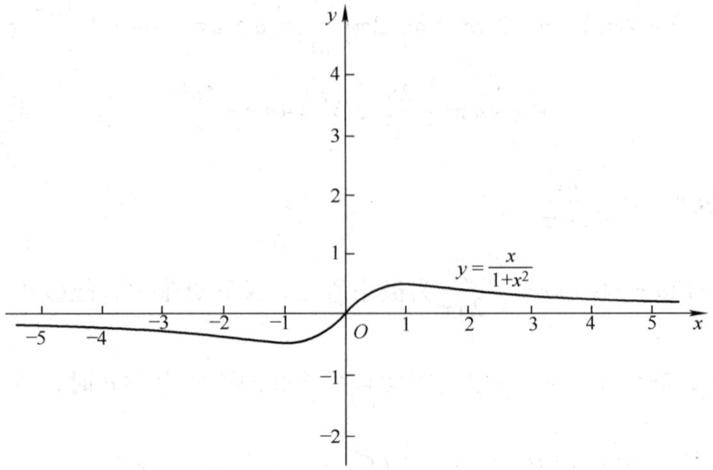

12. 解　(1) 定义域为$(-\infty,+\infty)$，该函数是偶函数.

(2) $f'(x)=-xe^{-\frac{x^2}{2}}$，令$f'(x)=0$，有$x_1=0$.

$f''(x)=e^{-\frac{x^2}{2}}(x^2-1)$，令$f''(x)=0$，有$x_2=1$，$x_3=-1$，不存在导数不存在的点.

(3) 列表.

x	$(-\infty,-1)$	-1	$(-1,0)$	0	$(0,1)$	1	$(1,+\infty)$
$f'(x)$	+		+	0	−		−
$f''(x)$	+	0	−		−	0	+
$f(x)$	↗凹	拐点	↗凸	极值点	↘凸	拐点	↘凹

(4) 渐近线.

$\lim\limits_{x\to\infty}f(x)=\lim\limits_{x\to\infty}e^{-\frac{x^2}{2}}=0$，所以$y=0$为函数图形的水平渐近线.

(5) 特殊点.

$(0,1)$，$\left(1,\frac{1}{\sqrt{e}}\right)$，$\left(-1,\frac{1}{\sqrt{e}}\right)$.

(6) 描图，如下图所示.

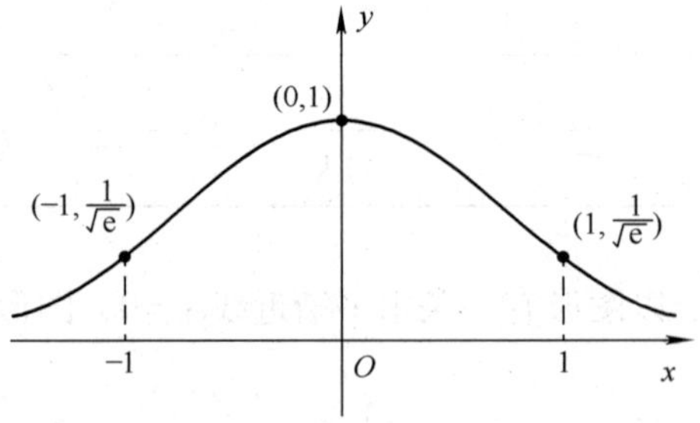

13. 解　$\overline{C}(Q)=\frac{C(Q)}{Q}=4Q+5+\frac{36}{Q}$，$(\overline{C}(Q))'=4-\frac{36}{Q^2}$，令$(\overline{C}(Q))'=0$，得$Q=3$，$Q=-3$(舍去).

又$(\overline{C}(Q))''=4+72Q^{-3}$，$(\overline{C}(3))''=\dfrac{20}{3}>0$，故当$Q=3$百件时，平均成本最低，此时$C(3)=87$百元.

14. 解　利润函数为$L(Q)=R(Q)-C(Q)=60Q-0.1Q^2-5000$；

边际利润函数为：$L'(Q)=60-0.2Q$.

$L'(100)=60-20=40$.

经济意义为当产量为100的时候，如果再生产一件产品，利润将增加40个单位.

第三部分：考研真题

一、选择题

1. 解　设$g(x)=(f(x))^2$，则$g'(x)=2f(x)f'(x)>0$，也就是$(f(x))^2$是单调增加函数. 也就得到$(f(1))^2>(f(-1))^2\Rightarrow|f(1)|>|f(-1)|$，所以选C.

2. 解　D

令$f(x)=x^5-5x+k$，$x\in(-\infty,+\infty)$，$f'(x)=5x^4-5$，有$f'(x)=0$可得$x=\pm1$，当$x\in(-1,1)$，$f'(x)<0$，$x\in(-\infty,-1)\cup(1,+\infty)$，$f'(x)>0$，则可得极大值为$f(-1)=-1+5+k=4+k$；极小值为$f(1)=1-5+k=k-4$.

同时$\lim\limits_{x\to-\infty}f(x)=-\infty$，$\lim\limits_{x\to+\infty}f(x)=+\infty$，若要$x^5-5x+k=0$由3个不同的实根，则必须满足：$\begin{cases}f(-1)>0\\f(1)<0\end{cases}$，即$\begin{cases}4+k>0\\k-4<0\end{cases}$，则$-4<k<4$.

二、填空题

1. 解　平均成本$\overline{C}(Q)=1+e^{-Q}$，则总成本为$C(Q)=Q\overline{C}(Q)=Q+Qe^{-Q}$，从而边际成本为$C'(Q)=1+(1-Q)e^{-Q}$.

2. 解　$y'=2x+\dfrac{2}{x}$.

$y''=2-\dfrac{2}{x^2}=0\Rightarrow x^2=1$，$x=1$，($x=-1$舍).

拐点$(1,1)$.

$y'(1)=2+2=4$.

切线方程：$y-1=4(x-1)$，即$y=4x-3$.

3. 解　$y'=\sin x+x\cos x-2\sin x=x\cos x-\sin x$，$y''=-x\sin x=0$，$x=0$或$\pi$

当$x<0$，$y''<0$；$x>0$，$y''<0$，则$(0,2)$不为拐点；

当$0<x<\pi$，$y''<0$；$\pi<x<\dfrac{3\pi}{2}$，$y''>0$，则$(\pi,-2)$为拐点.

4. 解　由$Q(P)=\dfrac{800}{P+3}-2$可知$P=\dfrac{800}{Q+2}-3$，则利润函数为$L(Q)=\left(\dfrac{800}{Q+2}-3\right)Q-(100+13Q)$，$\dfrac{dL(Q)}{dQ}=\dfrac{1600}{(Q+2)^2}-16$，令$\dfrac{dL(Q)}{dQ}=0$可得，$Q=8$，此时$\dfrac{d^2L(Q)}{dQ^2}=-\dfrac{3200}{(Q+2)^3}<0$，故取得最大利润.

5. 解　$L(Q)=R-C=PQ-C=\begin{cases}-0.5Q^2+20Q-150, & Q\leqslant20,\\-Q^2+30Q-150, & Q>20.\end{cases}$

$L'(Q)=\begin{cases}-Q+20, & Q<20\\-2Q+30, & Q>20\end{cases}$，当$Q<20$时，$L'(Q)>0$；当$Q>20$时，$L'(Q)<0$.

$L(20)=50$，所以最大利润为 50.

三、解答题

1. 解　设$f(x)=\dfrac{1}{\ln(1+x)}-\dfrac{1}{x}$，$x\in(0,1)$，则

$$f'(x)=-\frac{1}{(1+x)\ln^2(1+x)}+\frac{1}{x^2}=\frac{(1+x)\ln^2(1+x)-x^2}{x^2(1+x)\ln^2(1+x)}.$$

令 $g(x)=(1+x)\ln^2(1+x)-x^2$，则 $g(0)=0$，$g(1)=2\ln^2 2-1$.

$g'(x)=\ln^2(1+x)+2\ln(1+x)-2x$，$g'(0)=0$.

$g''(x)=\dfrac{2(\ln(1+x)-x)}{1+x}<0$，$x\in(0,1)$，所以 $g'(x)$在$(0,1)$上单调减少，

由于 $g'(0)=0$，所以当 $x\in(0,1)$时，$g'(x)<g'(0)=0$，也就是 $g(x)$，$g'(x)$在$(0,1)$上单调减少，当 $x\in(0,1)$时，$g(x)<g(0)=0$，进一步得到，当 $x\in(0,1)$时，$f'(x)<0$，也就是$f(x)$在$(0,1)$上单调减少.

$\lim\limits_{x\to0^+}f(x)=\lim\limits_{x\to0^+}\left(\dfrac{1}{\ln(1+x)}-\dfrac{1}{x}\right)=\lim\limits_{x\to0^+}\dfrac{x-\ln(1+x)}{x\ln(1+x)}=\dfrac{1}{2}$，$f(1)=\dfrac{1}{\ln2}-1$，也就是得到$\dfrac{1}{\ln2}-1<k<\dfrac{1}{2}$.

2. 解　当 $x>0$，$f'(x)=e^{2x\ln x}(2\ln x+2)=x^{2x}(2\ln x+2)$，

当 $x<0$，$f'(x)=e^x+xe^x$；

又 $\lim\limits_{x\to0^-}\dfrac{f(x)-f(0)}{x}=\lim\limits_{x\to0^-}\dfrac{xe^x+1-1}{x}=1=f'_-(0)$，

$\lim\limits_{x\to0^+}\dfrac{f(x)-f(0)}{x}=\lim\limits_{x\to0^+}\dfrac{x^{2x}-1}{x}=\infty$；故

$f'(x)=\begin{cases}x^{2x}(2\ln x+2), & x>0,\\ \text{不存在}, & x=0,\\ e^x+xe^x, & x<0,\end{cases}$　　令 $f'(x)=0$ 可得 $x_1=e^{-1}$，$x_2=-1$，

x	$(-\infty,\ -1)$	-1	$(-1,\ 0)$	0	$(0,\ e^{-1})$	e^{-1}	$(e^{-1},\ +\infty)$
$f'(x)$	$-$	0	$+$	不存在	$-$	0	$+$
$f(x)$	↘	极小值	↗	极大值	↘	极小值	↗

于是$f(x)$的极小值为$f(-1)=1-e^{-1}$，$f(e^{-1})=e^{-\frac{2}{e}}$，极大值为$f(0)=1$.

3. 解　(1) 将 $y(0)=0$ 代入 $ae^x+y^2+y-\ln(1+x)\cos y+b=0$ 得 $a+b=0$.

方程 $ae^x+y^2+y-\ln(1+x)\cos y+b=0$ 两边对 x 求导得

$$ae^x+2yy'+y'-\frac{1}{1+x}\cos y+\ln(1+x)\sin y\cdot y'=0,$$

将 $y'(0)=0$ 代入上式得 $a-1=0$，解得 $a=1$，$b=-1$.

(2) 由(1)知 $e^x+2yy'+y'-\dfrac{1}{1+x}\cos y+\ln(1+x)\sin y\cdot y'=0$，上式两边再对 x 求导得

$$e^x+2(y')^2+2yy''+y''+\frac{1}{(1+x)^2}\cos y+\frac{1}{1+x}\sin y\cdot y'+\left[\frac{1}{1+x}\sin y+\ln(1+x)\cos y\cdot y'\right]y'+\ln(1+x)\sin y\cdot y''=0,$$

将 $y(0)=0$，$y'(0)=0$ 代入上式得 $y''(0)=-2$，所以 $x=0$ 是函数 $y=y(x)$的极大值点.

4. 证 （1）将$f(x)$在$x_0=0$处展开为

$$f(x)=f(0)+f'(0)x+\frac{f''(\delta)x^2}{2!}=f'(0)x+\frac{f''(\delta)x^2}{2!},$$

其中δ介于0与x之间.

分别令$x=-a$和$x=a$，则

$$f(-a)=f'(0)(-a)+\frac{f''(\xi_1)a^2}{2!}\quad(-a<\xi_1<0),$$

$$f(a)=f'(0)(a)+\frac{f''(\xi_2)a^2}{2!}\quad(0<\xi_2<a),$$

两式相加可得

$$f(-a)+f(a)=a^2\frac{f''(\xi_1)+f''(\xi_2)}{2},$$

又函数$f(x)$在$[-a,a]$上有二阶连续导数，由介值定理知存在$\xi\in[\xi_1,\xi_2]\subset(-a,a)$，使得

$$\frac{f''(\xi_1)+f''(\xi_2)}{2}=f(\xi),$$

即$f(\xi)=\frac{1}{a^2}[f(-a)+f(a)]$.

（2）设$f(x)$在x_0处取得极值，则$f'(x_0)=0$.

将$f(x)$在x_0处展开为

$$f(x)=f(x_0)+f'(x_0)(x-x_0)+\frac{f''(\delta)(x-x_0)^2}{2!}=f(x_0)+\frac{f''(\delta)(x-x_0)^2}{2!},$$

其中δ介于x_0与x之间.

分别令$x=-a$和$x=a$，则

$$f(-a)=f(x_0)+\frac{f''(\eta_1)(a+x_0)^2}{2!}\quad(-a<\eta_1<x_0),$$

$$f(a)=f(x_0)+\frac{f''(\eta_2)(a-x_0)^2}{2!}\quad(x_0<\eta_2<a),$$

两式相减可得

$$f(a)-f(-a)=\frac{f''(\eta_2)(a-x_0)^2}{2}-\frac{f''(\eta_1)(a+x_0)^2}{2},$$

所以

$$\begin{aligned}|f(a)-f(-a)|&=\left|\frac{f''(\eta_2)(a-x_0)^2}{2}-\frac{f''(\eta_1)(a+x_0)^2}{2}\right|\\&\leqslant\frac{|f''(\eta_1)|(a+x_0)^2}{2}+\frac{|f''(\eta_2)|(a-x_0)^2}{2}\\&\leqslant\frac{|f''(\eta)|}{2}[(a+x_0)^2+(a-x_0)^2]\quad(|f''(\eta)|=\max(|f''(\eta_1)|,\ |f''(\eta_2)|))\\&\leqslant\frac{|f''(\eta)|}{2}[(a+x_0)+(a-x_0)]^2=2a^2|f''(\eta)|,\end{aligned}$$

即$|f''(\eta)|\geqslant\frac{1}{2a^2}|f(a)-f(-a)|$.

自测题 4

一、单项选择题

1. 解 A. 根据费马引理可得.

2. 解 C. 提示：驻点是可能的极值点. 极值点也可能是不可导点，如 $f(x)=|x|$，$x=0$ 为其极值点，但不是驻点.

3. 解 C. 提示：由罗尔定理有 $\xi\in(-1,1)$，使得 $f'(\xi)=\dfrac{2\xi}{1+\xi^2}=0$，解得 $\xi=0$.

4. 解 B. $\lim\limits_{x\to1}x^{\frac{1}{1-x}}=e^{\lim\limits_{x\to1}\frac{\ln x}{1-x}}=e^{\lim\limits_{x\to1}\frac{\frac{1}{x}}{-1}}=e^{-1}$

5. 解 A. $y'=\dfrac{a}{x}+2bx+1$，由题意知 $y'|_{x=1}=0$，$y'|_{x=2}=0$，

即
$$\begin{cases}a+2b+1=0,\\ \dfrac{a}{2}+4b+1=0.\end{cases}$$

解得，$a=-\dfrac{2}{3}$，$b=-\dfrac{1}{6}$.

6. 解 C. 由题意可知，$f(x)$在$(-a,a)$是连续的偶函数，且当 $0<x<a$ 时，$f(x)<f(0)$，则当 $-a<x<0$ 时，$f(x)<f(0)$，$f(0)$是$f(x)$在$(-a,a)$的极大值，也是最大值。凹凸性不能确定，因此也无法确定$f(0)$是否为曲线 $y=f(x)$的拐点的纵坐标.

7. 解 A. 根据定义，凹凸性发生改变的点为曲线的拐点.

8. 解 C. 由函数单调递减知 $f'(x)\leqslant0$，由曲线为凹曲线知 $f''(x)\geqslant0$.

9. 解 A. 由 $\lim\limits_{x\to\infty}\dfrac{y}{x}=\lim\limits_{x\to\infty}\dfrac{x^2-2x+4}{x^2+x}=\dfrac{2x-2}{2x+1}=1$，

$\lim\limits_{x\to\infty}(y-x)=\lim\limits_{x\to\infty}\dfrac{x^2-2x+4}{x+1}-x=\lim\limits_{x\to\infty}\dfrac{-3x+4}{x+1}=-3$. 斜渐近线为 $y=x-3$.

10. 解 D. 边际成本函数为 $C'(Q)=Q$，于是 $C'(6)=6$.

二、判断题

1. ×.

解 $f'(x)=x^2-1=0$，则在区间$(0,2)$内的驻点为 $x=1$.

2. √.

解 函数 $f(x)=x^2-1$ 在区间$[-1,1]$上满足罗尔定理条件，$\exists\xi\in(-1,1)$，使得
$$f'(\xi)=2\xi=0,$$
即函数在 $\xi=0$ 处的切线是水平的.

3. √.

解 由已知，函数 $y=f(x)$在区间$[x,x+\Delta x]$满足罗尔定理，故在 x，$x+\Delta x$ 之间至少有一点 ξ，使 $\Delta y=f'(\xi)\Delta x$.

4. ×.

解 错误，因为 $\lim\limits_{x\to\infty}\dfrac{\cos x}{1+x^2}$ 不是“$\dfrac{\infty}{\infty}$”型未定式.

5. √.

解 $\lim\limits_{x\to+\infty}\dfrac{e^x-e^{-x}}{e^x+e^{-x}}=1-2\lim\limits_{x\to+\infty}\dfrac{e^{-x}}{e^x+e^{-x}}=1$.

6. √.

7. √.

解　函数的可能的极值点包括驻点和导数不存在的点.

8. √.

9. √.

解　设 $y=x-\frac{1}{2}\sin x$，则 $y'=1-\frac{1}{2}\cos x>0\quad(-\infty<x<+\infty)$

因此 $y=x-\frac{1}{2}\sin x$ 在$(-\infty,+\infty)$上单调递增，于是不可能有两个零点.

而 $x=0$ 显然是方程 $x-\frac{1}{2}\sin x=0$ 的根，因此方程 $x-\frac{1}{2}\sin x=0$ 只有一个根 $x=0$.

10. ×.

解　由于 $\lim\limits_{x\to4}\frac{1}{x-4}=\infty$，所以该曲线的铅直渐近线为 $x=4$.

第 5 章　习题详解

5.1.5　同步习题

1. 解　(1) 正确；(2) 不正确；(3) 不正确(缺 dx)；(4) 正确；(5) 正确.

2. 解　(1) $f(x)=[2^x+\sin x+C]'=2^x\ln2+\cos x$.

(2) 由题意知 $f(x)=(\cos x)'-\sin x$，则 $\int f'(x)dx=f(x)+C=-\sin x+C$.

(3) 由于 $\frac{\sin x}{x}$ 是 $f(x)$ 的一个原函数，$\int f(x)dx=\frac{\sin x}{x}+C$.

由于 $\frac{\sin x}{x}$ 是 $f(x)$ 的一个原函数，$f(x)=\left[\frac{\sin x}{x}\right]'=\frac{x\cos x-\sin x}{x^2}$，

$$f'(x)=\left[\frac{x\cos x-\sin x}{x^2}\right]'=\frac{[\cos x-x\sin x-\cos x]x^2-(x\cos x-\sin x)2x}{x^4}$$

$$=\frac{-x^2\sin x-2x\cos x+2\sin x}{x^3}=\frac{2-x^2}{x^3}\sin x-\frac{2}{x^2}\cos x.$$

3. 解　(1) $y=\int3x^2dx=x^3+C$，又由于 $x=1$ 时，$y=2$，得 $C=1$，所以 $y=x^3+1$，故选 C.

(2) $\left[\int df(x)\right]=f(x)+C$，所以 $\left[\int df(x)\right]'=(f(x)+C)'=f'(x)$，故选 B.

(3) $\int d\arctan\sqrt{x}=\arctan\sqrt{x}+C$，故选 B.

(4) $\frac{2}{3}\ln\cos2x=\frac{2}{3}\frac{-\sin2x}{\cos2x}\times2=-\frac{4}{3}\tan2x$，则 $k=-\frac{4}{3}$，故选 D.

(5) $f(x)$ 的导函数是 $\sin x$，则 $f(x)=\int\sin x dx=-\cos x+C$，比较答案可知选 B.

4. (1) 证　由于 $\left[\frac{1}{3}\cdot(u^2-5)^{\frac{3}{2}}+C\right]'=\frac{1}{3}\cdot\frac{3}{2}\cdot(u^2-5)^{\frac{1}{2}}[u^2]'=u\sqrt{u^2-5}$，原式成立.

(2) 解　$[x(\ln x-1)]'=(\ln x-1)+x\cdot\frac{1}{x}=\ln x-1+1=\ln x$.

所以函数 $x(\ln x-1)$ 是函数 $\ln x$ 的一个原函数.

5.2.3 同步习题

1. 解 (1) 由基本积分表知 $\int x^5 dx = \frac{1}{6}x^6 + C$;

(2) 由基本积分表知 $\int \frac{1}{x^5}dx = -\frac{1}{4x^4} + C$;

(3) 由基本积分表知 $\int \frac{1}{\sqrt{x}}dx = 2\sqrt{x} + C$;

(4) 由基本积分表知 $\int \frac{1}{\sqrt[3]{x}}dx = \frac{3}{2}x^{\frac{2}{3}} + C$;

(5) 由基本积分表知 $\int 2^x e^x dx = \int (2e)^x dx = \frac{(2e)^x}{\ln 2e} + C = \frac{2^x e^x}{1+\ln 2} + C$.

2. 解 (1) $\int e^{x+1}dx = \int e^x e dx = e\int e^x dx = ee^x + C = e^{x+1} + C$, 故选 B;

(2) $\int 10^t \cdot 3^{2t}dt = \int (10 \cdot 3^2)^t dt = \int 90^t dt = \frac{1}{\ln 90}90^t + C$, 故选 B;

(3) $\int\left(\frac{1}{\sin^2 x} + \frac{1}{\cos^2 x}\right)dx = \int(\csc^2 x + \sec^2 x)dx = \tan x - \cot x + C$, 故选 B;

(4) $\int \tan^2 x dx = \int(\sec^2 x - 1)dx = \tan x - x + C$, 故选 B;

(5) $\int (x+1)\sqrt{x}dx = \int\left(x^{\frac{3}{2}} + x^{\frac{1}{2}}\right)dx = \frac{2}{5}x^2\sqrt{x} + \frac{2}{3}x\sqrt{x} + C$, 故选 C.

3. 解 (1) 原式 $= \int dx - 3\int x^2 dx = x - x^3 + C$;

(2) 原式 $= \int\left(\sqrt[3]{x} - \frac{1}{\sqrt{x}}\right)dx = \frac{3}{4}x^{\frac{4}{3}} - 2x^{\frac{1}{2}} + C$;

(3) 原式 $= \int\left(\sqrt{x} + \frac{3}{x} + \frac{1}{x^4}\right)dx = \frac{2}{3}x^{\frac{3}{2}} + 3\ln|x| - \frac{1}{3}x^{-3} + C$;

(4) 原式 $= \int \frac{(t+1)^3}{t^2}dt = \int \frac{t^3 + 3t^2 + 3t + 1}{t^2}dt = \int t dt + 3\int dt + 3\int \frac{1}{t}dt + \int \frac{1}{t^2}dt$

$= \frac{t^2}{2} + 3t + 3\ln|t| - \frac{1}{t} + C$;

(5) 原式 $= \int\left(1 - \frac{1}{x^2+1}\right)dx = x - \arctan x + C$;

(6) $\int \frac{1+2x^2}{x^2(1+x^2)}dx = \int \frac{1+x^2+x^2}{x^2(1+x^2)}dx = \int\left(\frac{1}{x^2} + \frac{1}{x^2+1}\right)dx = -\frac{1}{x} + \arctan x + C$;

(7) 原式 $= \int(x^2 + 3x + 9)dx = \frac{1}{3}x^3 + \frac{3}{2}x^2 + 9x + C$;

(8) 原式 $= \int(e^x + 1)dx = e^x + x + C$;

(9) 原式 $= \int\left[2 - \left(\frac{2}{3}\right)^x\right]dx = 2x - \frac{\left(\frac{2}{3}\right)^x}{\ln 2 - \ln 3} + C$;

(10) 原式 $= \int\left((3e)^x - \frac{2}{\sqrt{1-x^2}} + 3\sin x\right)dx = \frac{3^x e^x}{1+\ln 3} - 2\arcsin x - 3\cos x + C$;

(11) 原式 $= \int\left(e^x - \frac{1}{x} + 2\cos x\right)dx = e^x - \ln|x| + 2\sin x + C$;

(12) 原式 $= \int(\csc^2 x - 1)dx = -\cot x - x + C$;

(13) 原式 $= \int(e^2)^x dx = \frac{(e^2)^x}{\ln e^2} + C = \frac{1}{2}e^{2x} + C$;

(14) 原式 $= \frac{3}{2}\int\frac{1}{\sqrt{1-x^2}}dx = \frac{3}{2}\arcsin x + C$;

(15) 原式 $= \int\frac{\cos x + 1}{2}dx = \frac{1}{2}(x + \sin x) + C$;

(16) 原式 $= \int\frac{\cos^2 x - \sin^2 x}{\sin x + \cos x}dx = \int(\cos x - \sin x)dx = \sin x + \cos x + C$;

(17) 原式 $= \int\frac{\cos^2 x - \sin^2 x}{\sin^2 x\cos^2 x}dx = \int\frac{1}{\sin^2 x}dx - \int\frac{1}{\cos^2 x}dx = -\cot x - \tan x + C$;

(18) 原式 $= \int\frac{(\sin x + \cos x)^2}{\sin x + \cos x}dx = \int(\sin x + \cos x)dx = -\cos x + \sin x + C$.

5.3.3 同步习题

1. 解 (1) 因为$\left(\frac{1}{2}x^2\right)' = x$，所以 $x\,dx = d\left(\frac{1}{2}x^2\right)$.

(2) 因为$\left(\frac{1}{4}x^4\right)' = x^3$，所以 $x^3dx = d\left(\frac{1}{4}x^4\right)$.

(3) 因为$\left(\frac{1}{n+1}x^{n+1}\right)' = x^n$，所以 $x^n dx = d\left(\frac{1}{n+1}x^{n+1}\right)$.

(4) 因为$\left(-\frac{1}{x}\right)' = \frac{1}{x^2}$，所以$\frac{1}{x^2}dx = d\left(-\frac{1}{x}\right)$.

(5) 因为$(\ln|x|)' = \frac{1}{x}$，所以$\frac{1}{x}dx = d(\ln|x|)$.

(6) 因为$(\tan x)' = \sec^2 x = \frac{1}{\cos^2 x}$，所以$\frac{1}{\cos^2 x}dx = d(\tan x)$.

(7) 因为$(\sec x)' = \sec x\tan x$，所以 $\sec x\tan x\,dx = d(\sec x)$.

(8) 因为$\left(-\frac{2}{3}\cos\frac{3x}{2}\right)' = \sin\frac{3x}{2}$，所以 $\sin\frac{3x}{2}dx = d\left(-\frac{2}{3}\cos\frac{3x}{2}\right)$.

(9) 因为$\left(\frac{1}{2}e^{2x}\right)' = e^{2x}$，所以 $e^{2x}dx = d\left(\frac{1}{2}e^{2x}\right)$.

(10) 因为$\left(-2e^{-\frac{x}{2}}\right)' = e^{-\frac{x}{2}}$，所以 $e^{-\frac{x}{2}}dx = d\left(-2e^{-\frac{x}{2}}\right)$.

(11) 因为$(\arcsin x)' = \frac{1}{\sqrt{1-x^2}}$，所以$\frac{1}{\sqrt{1-x^2}}dx = d(\arcsin x)$.

(12) 因为$\left(\frac{1}{2}\arctan 2x\right)' = \frac{1}{1+4x^2}$，所以$\frac{1}{1+4x^2}dx = d\left(\frac{1}{2}\arctan 2x\right)$.

2. 解 (1) 由于 $f'(\ln x)=1+x$，令 $\ln x=t$，则 $x=\mathrm{e}^t$，所以 $f'(t)=1+\mathrm{e}^t$，所以 $f'(x)=1+\mathrm{e}^x$，所以 $f(x)=\int(1+\mathrm{e}^x)\mathrm{d}x=x+\mathrm{e}^x+C$，故选 A.

(2) 由于 $\int f(x)\mathrm{d}x=x^2+C$，所以 $f(x)=(x^2+C)'=2x$，所以 $xf(1-x^2)=x2(1-x^2)$

所以 $\int xf(1-x^2)\mathrm{d}x=-\frac{1}{2}(1-x^2)^2+C$，故选 D.

(3) 因为 $f(x)=\mathrm{e}^{-x}$，所以 $f'(x)=-\mathrm{e}^{-x}$，所以 $f'(\ln x)=-\mathrm{e}^{-\ln x}=-\frac{1}{x}$，所以 $\int\frac{f'(\ln x)}{x}\mathrm{d}x=\int-\frac{1}{x^2}\mathrm{d}x=\frac{1}{x}+C$，故选 C.

(4) $\int x(x+1)^{10}\mathrm{d}x=\int(x+1-1)(x+1)^{10}\mathrm{d}x=\int(x+1)^{11}\mathrm{d}x-\int(x+1)^{10}\mathrm{d}x$

$$=\frac{1}{12}(x+1)^{12}-\frac{1}{11}(x+1)^{11}+C，故选 C.$$

(5) $\int xf(x^2)f'(x^2)\mathrm{d}x=\frac{1}{2}\int f(x^2)f'(x^2)\mathrm{d}x^2=\frac{1}{2}\int f(x^2)\mathrm{d}f(x^2)=\frac{1}{4}f^2(x^2)+C$，故选 C.

3. 解 (1) 原式 $=\frac{1}{3}\int(3x-2)^{20}\mathrm{d}(3x-2)=\frac{1}{63}(3x-2)^{21}+C.$

(2) 原式 $=\int\frac{\mathrm{d}(1+x^2)}{1+x^2}=\ln(1+x^2)+C.$

(3) 原式 $=\frac{3}{4}\int\frac{\mathrm{d}x^4}{1-x^4}=-\frac{3}{4}\ln|1-x^4|+C.$

(4) 原式 $=-\frac{1}{2}\int\mathrm{e}^{1-2x}\mathrm{d}(1-2x)=-\frac{1}{2}\mathrm{e}^{1-2x}+C.$

(5) 原式 $=\frac{1}{2}\int\mathrm{e}^{x2-2x+2}\mathrm{d}(x^2-2x+2)=\frac{1}{2}\mathrm{e}^{x2-2x+2}+C.$

(6) 原式 $=\int\frac{1}{4+\mathrm{e}^x}\mathrm{d}(\mathrm{e}^x+4)=\ln(\mathrm{e}^x+4)+C.$

(7) 原式 $=-\frac{1}{2}\int\frac{1}{1-2x}\mathrm{d}(1-2x)=-\frac{1}{2}\ln|1-2x|+C.$

(8) 原式 $=-\frac{1}{2}\int\sqrt{1-x^2}\mathrm{d}(1-x^2)=-\frac{1}{3}(1-x^2)^{\frac{3}{2}}+C.$

(9) 原式 $=-\frac{1}{3}\int\frac{1}{\sqrt[3]{2-3x}}\mathrm{d}(2-3x)=-\frac{1}{3}\cdot\frac{3}{2}\cdot(2-3x)^{\frac{2}{3}}+C=-\frac{1}{2}(2-3x)^{\frac{2}{3}}+C.$

(10) 原式 $=\int\frac{1}{(x-2)^2+(\sqrt{2})^2}\mathrm{d}(x-2)=\frac{1}{\sqrt{2}}\arctan\frac{x-2}{\sqrt{2}}+C.$

(11) 原式 $=\frac{1}{4}\cdot\frac{2}{3}\int\frac{1}{1+\left(\frac{3}{2}x\right)^2}\mathrm{d}\left(\frac{3}{2}x\right)=\frac{1}{6}\arctan\frac{3}{2}x+C.$

(12) 原式 $=\int\frac{\mathrm{e}^x+(1-\mathrm{e}^x)}{\mathrm{e}^x-1}\mathrm{d}x=\int\left(\frac{\mathrm{e}^x}{\mathrm{e}^x-1}-1\right)\mathrm{d}x=\int\frac{1}{\mathrm{e}^x-1}\mathrm{d}(\mathrm{e}^x-1)-\int\mathrm{d}x=\ln|\mathrm{e}^x-1|-$

$x+C$.

(13) 原式 $=2\int e^{3\sqrt{x}}\mathrm{d}\sqrt{x}=\frac{2}{3}\int e^{3\sqrt{x}}\mathrm{d}\,3\sqrt{x}=\frac{2}{3}e^{3\sqrt{x}}+C$.

(14) 原式 $=\frac{1}{4}\int e^{x^4}\mathrm{d}x^4=\frac{1}{4}e^{x^4}+C$.

(15) 原式 $=\int\frac{e^x}{e^{2x}+1}\mathrm{d}x=\int\frac{1}{1+(e^x)^2}\mathrm{d}e^x=\arctan e^x+C$.

(16) 原式 $=\int\frac{e^{-x}}{e^{-x}\sqrt{e^{2x}-1}}\mathrm{d}x=-\int\frac{1}{\sqrt{1-(e^{-x})^2}}\mathrm{d}e^{-x}=\arccos e^{-x}+C$.

(17) 原式 $=\int\frac{1}{x\ln x}\mathrm{d}(x\ln x)=\ln|x\ln x|+C$.

(18) 原式 $=\int\frac{1}{\ln x\ln\ln x}\mathrm{d}\ln x=\int\frac{1}{\ln\ln x}\mathrm{d}\ln\ln x=\ln|\ln\ln x|+C$.

(19) 原式 $=\int\frac{1}{(\arcsin x)^3}\mathrm{d}\arcsin x=-\frac{1}{2(\arcsin x)^2}+C$.

(20) 原式 $=\frac{1}{2}\int\frac{\sin\sqrt{1+x^2}}{\sqrt{1+x^2}}\mathrm{d}(1+x^2)=\int\sin\sqrt{1+x^2}\mathrm{d}\sqrt{1+x^2}=-\cos\sqrt{1+x^2}+C$.

(21) 原式 $=\frac{3}{2}\int\cos\left(\frac{2}{3}x-5\right)\mathrm{d}\left(\frac{2}{3}x-5\right)=\frac{3}{2}\sin\left(\frac{2}{3}x-5\right)+C$.

(22) 原式 $=\frac{1}{2}\int\tan 2x\mathrm{d}2x+2\int\cot\frac{x}{2}\mathrm{d}\frac{x}{2}=-\frac{1}{2}\ln|\cos 2x|+2\ln\left|\sin\frac{x}{2}\right|+C$.

(23) 原式 $=-\int\frac{1}{\cos^3 x}\mathrm{d}(\cos x)=\frac{1}{2\cos^2 x}+C$.

(24) 原式 $=\int\frac{1-\cos 2x}{2}\mathrm{d}x=\frac{1}{2}\int\mathrm{d}x-\frac{1}{2}\int\cos 2x\mathrm{d}x=\frac{1}{2}x-\frac{1}{4}\int\cos 2x\mathrm{d}2x=\frac{1}{2}x-\frac{1}{4}\sin 2x+C$.

(25) 原式 $=\int\tan^2 x\tan x\sec x\mathrm{d}x=\int\tan^2 x\mathrm{d}\sec x=\int(\sec^2 x-1)\mathrm{d}\sec x=\frac{1}{3}\sec^3 x-\sec x+C$.

(26) 原式 $=\int\sin^2 x\cos^4 x\cos x\mathrm{d}x=\int\sin^2 x(1-\sin^2 x)^2\mathrm{d}\sin x$

$=\int(\sin^2 x-2\sin^4 x+\sin^6 x)\mathrm{d}\sin x=\frac{1}{3}\sin^3 x-\frac{2}{5}\sin^5 x+\frac{1}{7}\sin^7 x+C$.

(27) 原式 $=\int\frac{1}{x+\sin x}\mathrm{d}(x+\sin x)=\ln|x+\sin x|+C$.

(28) 原式 $=\int\frac{1}{\sqrt{\sin x-\cos x}}\mathrm{d}(\sin x-\cos x)=2\sqrt{\sin x-\cos x}+C$.

(29) 原式 $=\int\frac{\ln\tan x\cos x}{\cos^2 x\sin x}\mathrm{d}x=\int\frac{\ln\tan x}{\cos^2 x\frac{\sin x}{\cos x}}\mathrm{d}x=\int\frac{\ln\tan x}{\frac{\sin x}{\cos x}}\mathrm{d}\tan x=\int\ln\tan x\mathrm{d}\ln\tan x$

$=\frac{1}{2}(\ln\tan x)^2+C$.

(30) 原式 $=2\int\frac{\arctan\sqrt{x}}{1+(\sqrt{x})^2}\mathrm{d}\sqrt{x}=2\int\arctan\sqrt{x}\mathrm{d}\arctan\sqrt{x}=(\arctan\sqrt{x})^2+C$.

4. 解 (1) 设 $t=\sqrt{x}$，即 $x=t^2$，则 $dx=2tdt$，代入得

原式 $=\int\frac{t}{1+t^2}2tdt=2\int\frac{t^2+1-1}{1+t^2}dt=2t-2\arctan t+C\xlongequal{t=\sqrt{x}}2\sqrt{x}-2\arctan\sqrt{x}+C.$

(2) 设 $t=\sqrt{2x-3}$，即 $x=\frac{t^2+3}{2}$，则 $dx=tdt$，代入得

原式 $=\int\frac{t}{1+t}dt=\int\left(1-\frac{1}{1+t}\right)dt=t-\ln(t+1)+C\xlongequal{t=\sqrt{2x-3}}\sqrt{2x-3}-\ln|\sqrt{2x-3}+1|+C.$

(3) 设 $t=\sqrt[4]{3x+1}$，即 $x=\frac{t^4-1}{3}$，则 $dx=\frac{4t^3}{3}dt$，代入得

原式 $=\int\frac{\frac{t^4-1}{3}}{t}\frac{4t^3}{3}dt=\frac{4}{9}\int(t^6-t^2)dt=\frac{4}{63}t^7-\frac{4}{27}t^3+C\xlongequal{t=\sqrt[4]{3x+1}}\frac{4}{63}(3x+1)^{\frac{7}{4}}-\frac{4}{27}(3x+3)^{\frac{3}{4}}+C.$

(4) 被积函数中出现了两个根式 $\sqrt{x}$ 及 $\sqrt[3]{x}$，为了同时消去这两个根式，可设 $x=t^6$，于是 $dx=6t^5dt$，故 $\int\frac{dx}{(1+\sqrt[3]{x})\sqrt{x}}=\int\frac{6t^5}{(1+t^2)t^3}dt=6\int\frac{t^2}{1+t^2}dt=6\int\left(1-\frac{1}{1+t^2}\right)dt=6(t-\arctan t)+C\xlongequal{\sqrt[6]{x}=t}6(\sqrt[6]{x}-\arctan\sqrt[6]{x})+C.$

(5) 设 $t=\sqrt{x}$，则 $dx=2tdt$，

原式 $=\int\frac{2t}{1+t}dt=\int\left(2-\frac{2}{1+t}\right)dt=2t-2\ln(t+1)+C\xlongequal{t=\sqrt{x}}2\sqrt{x}-2\ln(1+\sqrt{x})+C.$

(6) 设 $t=\sqrt[3]{x+1}$，则 $dx=3t^2dt$，于是 $\int\frac{1}{\sqrt[3]{x+1}+1}dx=\int\frac{1}{t+1}(3t^2)dt$

$=3\int\left(t-1+\frac{1}{t+1}\right)dt=3\left(\frac{t^2}{2}-t+\ln|t+1|\right)+C\xlongequal{t=\sqrt[3]{x+1}}\frac{3}{2}\sqrt[3]{(x+1)^2}-3\sqrt[3]{x+1}+3\ln|\sqrt[3]{x+1}+1|+C.$

(7) 设 $x=\tan t$，则 $dx=\sec^2tdt$，于是 $\int\frac{1}{(1+x^2)^2}dx=\int\frac{1}{\sec^4t}(\sec^2t)dt$

$=\int\frac{1}{\sec^2t}dt=\int\cos^2tdt=\int\frac{1+\cos2t}{2}dt=\frac{1}{2}t+\frac{1}{4}\sin2t+C\xlongequal{t=\arctan x}\frac{1}{2}\arctan x+\frac{x}{2(1+x^2)}+C.$

(8) 设 $x=a\sin t$

原式 $=\int\frac{a^2\cos t\cdot a\cos t}{a^4\sin^4t}dt$

$=\frac{1}{a^2}\int\cot^2t\csc^2tdt$

$=\frac{-1}{a^2}\int\cot^2td\cot t$

$=-\frac{1}{a^2}\cdot\frac{1}{3}\cot^3t+C$

$= -\dfrac{(a^2-x^2)^{\frac{3}{2}}}{3a^2x^3}+C$

(9) 设 $x=\sin t$，则 $dx=\cos t dt$，于是 $\int\dfrac{x^2}{\sqrt{1-x^2}}dx = \int\dfrac{\sin^2 t}{\cos t}(\cos t)dt$

$= \int\dfrac{1-\cos 2t}{2}dt = \dfrac{1}{2}t-\dfrac{1}{4}\sin 2t + C = \dfrac{1}{2}t-\dfrac{1}{2}\sin t\cos t + C$

$= \dfrac{1}{2}\arcsin x - \dfrac{x\sqrt{1-x^2}}{2}+C.$

(10) 设 $x=\dfrac{2}{3}\sec t$，则 $dx=\dfrac{2}{3}\tan t\sec t dt$，于是 $\int\dfrac{1}{\sqrt{9x^2-4}}dx = \int\dfrac{1}{2\tan t}\dfrac{2}{3}\tan t\sec t dt$

$= \dfrac{1}{3}\int\sec t dt = \dfrac{1}{3}\ln|\sec t+\tan t|+C$ 回代得$\dfrac{1}{3}\ln\left|3x+\sqrt{9x^2-4}\right|+C.$

(11) 设 $x=\tan t$，则 $dx=\sec^2 t dt$，代入原式 $=\int\dfrac{1}{\sec^3 t}\sec^2 t dt = \int\cos t dt = \sin t + C = \dfrac{x}{\sqrt{1+x^2}}+C.$

(12) $x=3\sec t$，则 $dx=3\sec t\tan t dt$，代入原式 $=\int\dfrac{3\tan t}{9\sec^2 t}3\sec t\tan t dt$

$= \int(\sec t-\cos t)dt = \ln|\sec t+\tan t| - \sin t + C_1 = \ln\left|x+\sqrt{x^2-9}\right| - \dfrac{\sqrt{x^2-9}}{x}+C$

$(C = C_1 - \ln 3)$

(13) 设 $x=\sin t$，则 $dx=\cos t dt$，于是 $\int x^3\sqrt{1-x^2}dx = \int\sin^3 t\cos t\cos t dt$

$= -\int\sin^2 t\cos^2 t d\cos t = -\dfrac{1}{3}\cos^3 t+\dfrac{1}{5}\cos^5 t + C$

$= -\dfrac{1}{3}(\sqrt{1-x^2})^3+\dfrac{1}{5}(\sqrt{1-x^2})^5+C.$

(14) 设 $x=\dfrac{3}{2}\sin t$，则 $dx=\dfrac{3}{2}\cos t dt$，于是 $\int\dfrac{1+x}{\sqrt{9-4x^2}}dx = \int\dfrac{1+\dfrac{3}{2}\sin t}{3\cos t}\dfrac{3}{2}\cos t dt = \dfrac{1}{2}t - \dfrac{3}{4}\cos t + C = \dfrac{1}{2}\arcsin\dfrac{2x}{3} - \dfrac{1}{4}\sqrt{9-4x^2}+C.$

(15) 设 $x=\sin t$，则 $dx=\cos t dt$，于是 $\int\dfrac{1}{1+\sqrt{1-x^2}}dx = \int\dfrac{1}{1+\cos t}\cos t dt$

$= \int\left(1-\dfrac{1}{1+\cos t}\right)dt = t - \int\dfrac{1}{2\cos^2\dfrac{t}{2}}dt = t-\int\dfrac{1}{\cos^2\dfrac{t}{2}}d\dfrac{t}{2} = t-\tan\dfrac{t}{2}+C = \arcsin x - \dfrac{x}{1+\sqrt{1-x^2}}+C.$

(16) 设 $x=\dfrac{1}{t}$，则 $dx=-\dfrac{1}{t^2}dt$. 代入得

原式 $= -\int\dfrac{t^5}{1+4t^6}dt = -\dfrac{1}{24}\int\dfrac{1}{1+4t^6}d(1+4t^6) = -\dfrac{1}{24}\ln(1+4t^6)+C$

$= -\frac{1}{24}\ln\frac{x^6+4}{x^6} + C = -\frac{1}{24}\ln(x^6+4) + \frac{1}{4}\ln|x| + C.$

(17) 设 $x = \sin t$，则 $dx = \cos t dt$，于是 $\int \frac{1}{\sin t + \cos t}\cos t dt = \frac{1}{2}\int \frac{\sin t + \cos t + \cos t - \sin t}{\sin t + \cos t}dt$

$= \frac{1}{2}\int_1 dt + \frac{1}{2}\int \frac{d(\sin t + \cos t)}{\sin t + \cos t} = \frac{1}{2}t + \frac{1}{2}\ln|\sin t + \cos t| + C$

$= \frac{1}{2}\arcsin x + \ln|x + \sqrt{1-x^2}| + C.$

(18) 设 $x = \sec t$，则 $dx = \sec t\tan t dt$，于是 $\int \frac{1}{x\sqrt{x^2-1}}dx = \int \frac{1}{\sec t \tan t}\sec t\tan t dt$

$= t + C = \arccos\frac{1}{x} + C.$

同步习题 5.4.5

1. 解　(1) $\int xe^x dx = \int x de^x = xe^x - \int e^x dx + C = e^x(x-1) + C;$

(2) $\int xe^{-x}dx = -\int x de^{-x} = -xe^{-x} + \int e^{-x}dx + C = -e^{-x}(x+1) + C;$

(3) $\int x\sin x dx = -\int x d\cos x = -x\cos x + \int \cos x dx + C = -x\cos x + \sin x + C;$

(4) $\int \ln(x+1)dx = x\ln(x+1) + \int x d\ln(x+1) = x\ln(x+1) + \int \frac{x}{x+1}dx = (x+1)\ln(x+1) - x + C;$

(5) $\int xf''(x)dx = \int x df'(x) = xf'(x) + \int f'(x)dx + C = xf'(x) - f(x) + C.$

2. 解　(1) 因为若 $\sin x$ 是 $f(x)$ 的一个原函数，所以 $f(x) = (\sin x)' = \cos x$，而 $f'(x) = -\sin x$

$\int xf'(x)dx = -\int x\sin x dx = \int x d\cos x = x\cos x - \int \cos x dx + C = x\cos x - \sin x + C,$

故选 A.

(2) $\int \frac{\ln x}{x^2}dx = -\int \ln x d\frac{1}{x} = -\frac{1}{x}\ln x + \int \frac{1}{x}d\ln x + C = -\frac{1}{x}\ln x + \int \frac{1}{x}\frac{1}{x}dx + C$

$= -\frac{1}{x}\ln x - \frac{1}{x} + C$，故选 D.

(3) $\int x de^{-x} = xe^{-x} - \int e^{-x}dx + C = e^{-x}(x+1) + C$，故选 C.

(4) 因为若 $x\ln x$ 是 $f(x)$ 的一个原函数，所以 $f(x) = (x\ln x)' = \ln x + 1$，

$\int xf(x)dx = -\int x(\ln x + 1)dx = \int x\ln x dx + \int x dx = \frac{1}{2}\int \ln x dx^2 + \frac{1}{2}x^2 + C$

$= \frac{1}{2}(x^2\ln x - \int x^2 d\ln x) + \frac{1}{2}x^2 + C = \frac{1}{2}\left(x^2\ln x - \int x^2\frac{1}{x}dx\right) + \frac{1}{2}x^2 + C$

$= x^2\left(\frac{1}{4} + \frac{1}{2}\ln x\right) + C$，故选 B.

(5) 因为 e^x 是 $f(x)$ 的一个原函数，所以 $f(x)=(e^x)'=e^x$，

$\int xf(x)dx=\int xe^x dx=\int xde^x=xe^x-\int e^x dx+C=e^x(x-1)+C$ 故选 C.

3. 解 (1) $\int xe^{2x}dx=\frac{1}{2}\int xde^{2x}=\frac{1}{2}xe^{2x}-\frac{1}{2}\int e^{2x}dx+C=\frac{1}{2}xe^{2x}-\frac{1}{4}e^{2x}+C.$

(2) $\int xe^{-x}dx=-\int xde^{-x}=-xe^{-x}+\int e^{-x}dx+C=-e^{-x}(x+1)+C.$

(3) $\int x\sin xdx=-\int xd\cos x=-x\cos x+\int \cos xdx+C=-x\cos x+\sin x+C.$

(4) $\int x^2\cos xdx=\int x^2 d\sin x=x^2\sin x-\int \sin xdx^2+C$

$$=x^2\sin x-2\int x\sin xdx+C=x^2\sin x-2\int xd(-\cos x)+C$$

$$=x^2\sin x+2x\cos x-2\sin x+C.$$

(5) $\int x\cos\frac{x}{3}dx=3\int xd\sin\frac{x}{3}=3\left(x\sin\frac{x}{3}-\int\sin\frac{x}{3}dx\right)+C$

$$=3\left(x\sin\frac{x}{3}-3\int\sin\frac{x}{3}d\frac{x}{3}\right)+C=3x\sin\frac{x}{3}+9\cos\frac{x}{3}+C.$$

(6) $\int\ln(x^2+1)dx=x\ln(x^2+1)-\int xd\ln(x^2+1)+C=x\ln(x^2+1)-\int x\frac{2x}{x^2+1}dx+C$

$$=x\ln(x^2+1)-\int\left(2-\frac{2}{x^2+1}\right)dx+C=x\ln(x^2+1)-2x+2\arctan x+C.$$

(7) $\int\arccos xdx=x\arccos x-\int xd\arccos x$

$=x\arccos x+\int\frac{x}{\sqrt{1-x^2}}dx=x\arccos x-\frac{1}{2}\int\frac{1}{\sqrt{1-x^2}}d(1-x^2)=x\arccos x-\sqrt{1-x^2}+C.$

(8) $\int x^2\arctan xdx=\frac{1}{3}\int\arctan xdx^3=\frac{1}{3}(x^3\arctan x-\int x^3 d\arctan x)+C$

$=\frac{1}{3}\left(x^3\arctan x-\int x^3\frac{1}{1+x^2}dx\right)+C=\frac{1}{3}x^3\arctan x-\frac{1}{6}x^2+\frac{1}{6}\ln(1+x^2)+C.$

(9) $\int x^2\ln xdx=\frac{1}{3}\int\ln xdx^3=\frac{1}{3}(x^3\ln x-\int x^3 d\ln x)+C=\frac{1}{3}\left(x^3\ln x-\int x^3\frac{1}{x}dx\right)+C$

$=\frac{1}{3}x^3\ln x-\frac{1}{9}x^3+C.$

(10) $\int x\tan^2 xdx=\int x(\sec^2 x-1)dx=\int x\sec^2 xdx-\int xdx=\int xd\tan x-\int xdx=$

$x\tan x-\int\tan xdx-\frac{1}{2}x^2+C=-\frac{1}{2}x^2+x\tan x+\ln|\cos x|+C.$

(11) $\int e^x\cos xdx=\int\cos xde^x=e^x\cos x-\int e^x d\cos x+C=e^x\cos x+\int\sin xde^x+C$

$=e^x\cos x+e^x\sin x-\int e^x d\sin x+C$

$=e^x\cos x+e^x\sin x-\int e^x\cos xdx+C$，移项得 $\int e^x\cos xdx=\frac{e^x}{2}(\sin x+\cos x)+C.$

(12) $\int e^{-x}\sin^2 x\mathrm{d}x = \int e^{-x}\left(\frac{1-\cos 2x}{2}\right)\mathrm{d}x$

$= \frac{1}{2}\int e^{-x}\mathrm{d}x - \frac{1}{2}\int e^{-x}\cos 2x\mathrm{d}x = -\frac{1}{2}e^{-x} - \frac{1}{2}\int e^{-x}\cos 2x\mathrm{d}x$

$\int e^{-x}\cos 2x\mathrm{d}x$

$= -\int \cos 2x\mathrm{d}e^{-x} = -e^{-x}\cos 2x + \int e^{-x}\mathrm{d}\cos 2x = -e^{-x}\cos 2x - 2\int e^{-x}\sin 2x\mathrm{d}x$

$= -e^{-x}\cos 2x + 2\int \sin 2x\mathrm{d}e^{-x}$

$= -e^{-x}\cos 2x + 2e^{-x}\sin 2x - 4\int e^{-x}\cos 2x\mathrm{d}x$

$= -\frac{1}{5}e^{-x}\cos 2x + \frac{2}{5}e^{-x}\sin 2x + C,$

代入原式，$\int e^{-x}\sin^2 x\mathrm{d}x = -\frac{1}{2}e^{-x} - \frac{1}{5}e^{-x}\sin 2x + \frac{1}{10}e^{-x}\cos 2x + C.$

(13) $\int \frac{\ln\ln x}{x}\mathrm{d}x = \int \ln\ln x\mathrm{d}\ln x$. 令 $\ln x = t\int \ln t\mathrm{d}t = t,\ln t - \int t\mathrm{d}\ln t + C = t\ln t - \int t\frac{1}{t}\mathrm{d}t + C = t\ln t - t + C = \ln x(\ln\ln x - 1) + C.$

(14) $\int (x^2+1)\sin 2x\mathrm{d}x = \int x^2\sin 2x\mathrm{d}x + \int \sin 2x\mathrm{d}x$

$= -\frac{1}{2}\int x^2\mathrm{d}(\cos 2x) + \frac{1}{2}\int \sin 2x\mathrm{d}2x = -\frac{1}{2}(x^2\cos 2x - \int \cos 2x\mathrm{d}x^2) - \frac{1}{2}\cos 2x + C$

$= -\frac{1}{2}(x^2\cos 2x - \int 2x\cos 2x\mathrm{d}x) - \frac{1}{2}\cos 2x + C$

$= -\frac{1}{2}(x^2\cos 2x - \int x\mathrm{d}\sin 2x) - \frac{1}{2}\cos 2x + C$

$= -\frac{1}{2}(x^2\cos 2x - x\sin 2x + \int \sin 2x\mathrm{d}x) - \frac{1}{2}\cos 2x + C$

$= -\frac{1}{2}(x^2\cos 2x - x\sin 2x - \frac{1}{2}\cos 2x) - \frac{1}{2}\cos 2x + C$

$= -\frac{1}{2}\left(x^2 + \frac{1}{2}\right)\cos 2x + \frac{1}{2}x\sin 2x + C.$

(15) $\int x\cos^2\frac{x}{2}\mathrm{d}x = \int x\frac{1+\cos x}{2}\mathrm{d}x = \frac{1}{2}\int (x + x\cos x)\mathrm{d}x = \frac{1}{4}x^2 + \frac{1}{2}\int x\mathrm{d}\sin x$

$= \frac{1}{4}x^2 + \frac{1}{2}x\sin x - \frac{1}{2}\int \sin x\mathrm{d}x$

$= \frac{1}{4}x^2 + \frac{1}{2}x\sin x + \frac{1}{2}\cos x + C.$

(16) $\int \frac{\ln^2 x}{x^2}\mathrm{d}x = -\int \ln^2 x\mathrm{d}\frac{1}{x} = -\left(\frac{1}{x}\ln^2 x - \int \frac{1}{x}\mathrm{d}\ln^2 x\right) + C$

$= -\frac{1}{x}\ln^2 x + 2\int \frac{1}{x}\ln x\frac{1}{x}\mathrm{d}x + C$

$= -\frac{1}{x}\ln^2 x - 2\int \ln x\mathrm{d}\frac{1}{x} + C = -\frac{1}{x}\ln^2 x - 2\left(\ln x\frac{1}{x} - \int \frac{1}{x}\mathrm{d}\ln x\right) + C$

$= -\frac{1}{x}\ln^2 x - 2\left(\frac{1}{x}\ln x - \int\frac{1}{x}\frac{1}{x}dx\right) + C = -\frac{1}{x}\ln^2 x - 2\ln x\frac{1}{x} + 2\int\frac{1}{x}\cdot\frac{1}{x}dx + C$

$= -\frac{1}{x}(\ln^2 x + 2\ln x + 2) + C.$

(17) $\int x\sin x\cos x dx = \frac{1}{2}\int x\sin 2x dx = -\frac{1}{4}\int x d\cos 2x$

$= -\frac{1}{4}\left(x\cos 2x - \int\cos 2x dx\right) + C = -\frac{1}{4}x\cos 2x + \frac{1}{8}\int\cos 2x d2x + C$

$= -\frac{x}{4}\cos 2x + \frac{\sin 2x}{8} + C.$

(18) $\int x\ln(x+1)dx = \frac{1}{2}\int\ln(x+1)dx^2 = \frac{1}{2}\left[x^2\ln(x+1) - \int x^2 d\ln(x+1)\right] + C$

$= \frac{1}{2}\left[x^2\ln(x+1) - \int x^2\frac{1}{x+1}dx\right] + C = \frac{1}{2}x^2\ln(x+1) - \frac{1}{2}\int\left(x - 1 + \frac{1}{x+1}\right)dx + C$

$= \frac{1}{2}(x^2-1)\ln(x+1) - \frac{1}{4}x^2 + \frac{1}{2}x + C.$

(19) $\int(\arcsin x)^2 dx = x(\arcsin x)^2 - \int\frac{2x\arcsin x}{\sqrt{1-x^2}}dx$

$= x(\arcsin x)^2 + \int 2\arcsin x d\sqrt{1-x^2} = x(\arcsin x)^2 + 2\sqrt{1-x^2}\arcsin x - 2x + C.$

(20) $\int x\tan x\sec^4 x dx = \frac{1}{4}\int x d\sec^4 x = \frac{x}{4}\sec^4 x - \frac{1}{4}\int\sec^4 x dx$

$= \frac{x}{4}\sec^4 x - \frac{1}{4}\int(1+\tan^2 x)d\tan x = \frac{x}{4}\sec^4 x - \frac{1}{4}\tan x - \frac{1}{12}\tan^3 x + C.$

4. 解 $I_n = \int x^n e^x dx = \int x^n de^x = x^n e^x - n\int x^{n-1}e^x dx = x^n e^x - nI_{n-1}$,

$$I_0 = \int x^0 e^x dx = \int e^x dx = e^x + C,$$

则

$$I_1 = xe^x - e^x + C_1,$$
$$I_2 = x^2e^x - 2xe^x + 2e^x + C_2.$$

5. 证明

$I_n = \int\sin^n x dx = -\int\sin^{n-1}x d\cos x = -\cos x\sin^{n-1}x + \int\cos x d\sin^{n-1}x$

$= -\cos x\sin^{n-1}x + (n-1)\int\cos^2 x\sin^{n-2}x dx$

$= -\cos x\sin^{n-1}x + (n-1)\int[\sin^{n-2}x - \sin^n x]dx$

$= -\cos x\sin^{n-1}x + (n-1)(I_{n-2} - I_n)$

$= -\frac{1}{n}\sin^{n-1}x\cos x + \frac{n-1}{n}I_{n-2}.$

5.5.3 同步习题

1. 解 (1) 原式 $= \frac{1}{2}\int\left(\frac{1}{x+1} - \frac{1}{x-1}\right)dx = \frac{1}{2}\left(\int\frac{d(x+1)}{x+1} - \int\frac{d(x-1)}{x-1}\right) = \frac{1}{2}\ln|x+1| -$

$\frac{1}{2}\ln|x-1|+C.$

（2）因为 $\frac{x+3}{x^2-5x+6}=\frac{-5}{x-2}+\frac{6}{x-3}$，所以 $\int\frac{x+3}{x^2-5x+6}dx=\int\left(\frac{-5}{x-2}+\frac{6}{x-3}\right)dx=-5\ln|x-2|+6\ln|x-3|+C.$

（3）设 $\frac{x-1}{x(x^2+1)}=\frac{A}{x}+\frac{Bx+C}{x^2+1}=\frac{(A+B)x^2+Cx+A}{x(x^2+1)}$，比较等号两边分子上 x 的同次项系数，得 $A=-1$，$B=1$，$C=1$，因此 $=\frac{x-1}{x(1+x^2)}=-\frac{1}{x}+\frac{x+1}{x^2+1}$，

故 $\int\frac{x-1}{x(1+x^2)}dx=-\int\frac{1}{x}dx+\int\frac{1}{x^2+1}dx+\int\frac{x}{x^2+1}dx=-\ln|x|+\arctan x+\frac{1}{2}\int\frac{d(x^2+1)}{x^2+1}=-\ln|x|+\arctan x+\frac{1}{2}\ln(x^2+1)+C.$

（4）$\frac{2x+3}{x^3+x^2-2x}=\frac{2x+3}{x(x-1)(x+2)}.$

设 $\frac{2x+3}{x(x-1)(x+2)}=\frac{A}{x}+\frac{B}{x-1}+\frac{C}{x+2}$ 通分，两端去分母，得 $2x+3=(A+B+C)x^2+(A+2B-C)x-2A$ 比较两端同次幂的系数，

得 $A=-\frac{3}{2}$，$B=\frac{5}{3}$，$C=-\frac{1}{6}$ 故 $\int\frac{2x+3}{x^3+x^2-2x}dx=-\frac{3}{2}\int\frac{1}{x}dx+\frac{5}{3}\int\frac{1}{x-1}dx-\frac{1}{6}\int\frac{1}{x+2}dx$

$$=-\frac{3}{2}\ln|x|+\frac{5}{3}\ln|x-1|-\frac{1}{6}\ln|x+2|+C.$$

（5）$\int\frac{x^3}{x+3}dx=\int\left(x^2-3x+9-\frac{27}{x+3}\right)dx=\frac{1}{3}x^3-\frac{3}{2}x^2+9x-27\ln|x+3|+C.$

（6）$\int\frac{6}{x^3+1}dx=\int\frac{6}{(x+1)(x^2-x+1)}dx=\int\left(\frac{2}{x+1}+\frac{-2x+4}{x^2-x+1}\right)dx=2\ln|x+1|-\ln|x^2-x+1|+2\sqrt{3}\arctan\frac{2x-1}{\sqrt{3}}+C.$

（7）$\int\frac{x^2+1}{(x+1)^2(x-1)}dx=\int\left[\frac{1}{2(x-1)}+\frac{1}{2(x+1)}-\frac{1}{(x+1)^2}\right]dx=\frac{1}{2}\ln|x-1|+\frac{1}{2}\ln|x+1|+\frac{1}{x+1}+C=\frac{1}{x+1}+\frac{1}{2}\ln|x^2-1|+C$

（8）$\int\frac{2}{(x+1)(x+2)(x+3)}dx=\int\left[\frac{1}{x+1}-\frac{2}{x+2}+\frac{1}{(x+3)}\right]dx=\ln|x+1|-2\ln|x+2|+\ln|x+3|+C.$

2. 解 （1）$\int\frac{1}{1+\cos x}dx=\int\frac{1}{1+2\cos^2\frac{x}{2}-1}dx=\int\frac{1}{\cos^2\frac{x}{2}}d\frac{x}{2}=\int\sec^2\frac{x}{2}d\frac{x}{2}=\tan\frac{x}{2}+C.$

（2）设 $\tan\frac{x}{2}=t$，$x=2\arctan t$，$dx=\frac{2}{1+t^2}dt$，$\sin x=\frac{2t}{1+t^2}$，$\cos x=\frac{1-t^2}{1+t^2}$，代入原式，

$$\int \frac{1+\sin x}{\sin x(1+\cos x)}dx = \int \frac{1+\frac{2t}{1+t^2}}{\frac{2t}{1+t^2}\left(1+\frac{1-t^2}{1+t^2}\right)} \cdot \frac{2}{1+t^2}dt$$

$$= \int \frac{t^2+2t+1}{2t}dt = \int\left(\frac{1}{2}t+1+\frac{1}{2t}\right)dt$$

$$= \frac{1}{4}t^2+t+\frac{1}{2}\ln|t|+C = \frac{1}{4}\tan^2\frac{x}{2}+\tan\frac{x}{2}+\frac{1}{2}\ln\left|\tan\frac{x}{2}\right|+C.$$

(3) $\int \frac{1}{1+\sin^2 x}dx = \int \frac{1}{\sin^2 x} \cdot \frac{1}{\frac{1}{\sin^2 x}+1}dx$

$$= -\int \frac{1}{\csc^2 x+1}d\cot x = -\int \frac{1}{\cot^2 x+2}d\cot x$$

$$= -\frac{\sqrt{2}}{2}\arctan\left(\frac{\sqrt{2}}{2}\cot x\right)+C.$$

(4) 设 $\tan\frac{x}{2}=t$，$x=2\arctan t$，$dx=\frac{2}{1+t^2}dt$，$\sin x=\frac{2t}{1+t^2}$，$\cos x=\frac{1-t^2}{1+t^2}$，代入原式，

$$\int \frac{dx}{8-4\sin x+7\cos x} = \int \frac{1}{8-4\cdot\frac{2t}{1+t^2}+7\cdot\frac{1-t^2}{1+t^2}} \cdot \frac{2}{1+t^2}dt$$

$$= \int \frac{2}{8(1+t^2)-8t+7(1-t^2)}dt = \int \frac{2}{t^2-8t+15}dt$$

$$= \int\left(\frac{1}{t-5}-\frac{1}{t-3}\right)dt = \ln\left|\frac{t-5}{t-3}\right|+C$$

$$= \ln\left|\frac{\tan\frac{x}{2}-5}{\tan\frac{x}{2}-3}\right|+C.$$

总复习题 5

第一部分：基础题

1. 解 (1) 原式 $=\int \frac{1-\cos x}{1-\cos^2 x}dx = \int\left(\frac{1}{\sin^2 x}-\csc x\cot x\right)dx = -\cot x+\csc x+C.$

(2) 原式 $=2\int \arctan\sqrt{x}\,d\arctan\sqrt{x} = (\arctan\sqrt{x})^2+C.$

(3) 设 $t=\sqrt{2x}$ 即 $x=\frac{1}{2}t^2$，$dx=tdt$，则

原式 $=\int \frac{t}{1+t}dt = \int \frac{t+1-1}{1+t}dt = t-\ln|t+1|+C.$

$=\sqrt{2x}-\ln(\sqrt{2x}+1)+C.$

(4) 设 $x=\sin t$，则 $dx=\cos t dt$，代入原式得

原式 $=\int \frac{\cos t}{\sin^2 t\cos^3 t}dt = \int \frac{dt}{\sin^2 t\cos^2 t} = 4\int \frac{dt}{\sin^2 2t} = 2\int \frac{d(2t)}{\sin^2 2t} = -2\cot(2t)+C.$

$$= \frac{x}{\sqrt{1-x^2}} - \frac{\sqrt{1-x^2}}{x} + C.$$

(5) 原式 $= \frac{1}{2}\int x(1-\cos 2x)\,dx = \frac{x^2}{4} - \frac{1}{2}\int x\cos 2x\,dx$

$= \frac{x^2}{4} - \frac{1}{4}\int x\,d\sin 2x = \frac{x^2}{4} - \frac{1}{4}x\sin 2x + \frac{1}{4}\int \sin 2x\,dx = \frac{x^2}{4} - \frac{1}{4}x\sin 2x - \frac{1}{8}\cos 2x + C.$

(6) 原式 $= \left(\arctan\frac{1+x}{1-x}\right)' = \frac{1}{1+x}$

原式 $= \int \arctan\frac{1+x}{1-x}\,dx = \frac{1}{2}\left(\arctan\frac{1+x}{1-x}\right)^2 + C$

(7) 原式 $= \int \frac{d(x-2)}{\sqrt{4-(x-2)^2}} = \arcsin\frac{x-2}{2} + C.$

(8) 原式 $= \int \frac{1}{\sqrt{\sin x}}\,d\sin x = 2\sqrt{\sin x} + C$;

(9) 原式 $= \int \ln\cos x\,d\tan x = \tan x\ln\cos x - \int \tan x\,d\ln\cos x$

$= \tan x\ln(\cos x) + \tan x - x + C$;

(10) $\int \frac{1}{e^x - e^{-x}}\,dx = \int \frac{e^x}{(e^x)^2 - 1}\,dx$

$= \int \frac{1}{(e^x)^2-1}\,de^x = \frac{1}{2}\ln\left|\frac{e^x-1}{e^x+1}\right| + C.$

(11) 设 $\sqrt{x} = u$，$dx = 2u\,du$，原式 $= 2\int u\cos u\,du = 2\int u\,d\sin u = 2\left(u\sin u - \int \sin u\,du\right) + C$

$= 2(u\sin u + \cos u) + C = 2(\sqrt{x}\sin\sqrt{x} + \cos\sqrt{x}) + C$;

(12) 设 $\sqrt{e^x+1} = u$，$dx = \frac{2u}{u^2-1}du$，$\int \frac{dx}{\sqrt{1+e^x}} = 2\int \frac{du}{u^2-1} = \int\left(\frac{1}{u-1} - \frac{1}{u+1}\right)du =$

$\ln\left|\frac{u-1}{u+1}\right| + C = \ln\left|\frac{\sqrt{e^x+1}-1}{\sqrt{e^x+1}+1}\right| + C.$

第二部分：拓展题

1. 解　由于 $\int xf(x)\,dx = \arcsin x + C$，所以 $xf(x) = \frac{1}{\sqrt{1-x^2}}$，

即 $f(x) = \frac{1}{x\sqrt{1-x^2}}$，故有 $\int \frac{1}{f(x)}\,dx = \int x\sqrt{1-x^2}\,dx = -\frac{1}{3}\sqrt{(1-x^2)^3} + C.$

2. 解　设 $e^x = t$，则 $f'(t) = 1 + t^2$，所以有 $f(t) = t + \frac{t^3}{3} + C$，

即 $f(x) = x + \frac{x^3}{3} + C$，将 $f(0) = 1$ 代入原式，得 $C = 1$，

所以 $f(x) = x + \frac{x^3}{3} + 1.$

3. 解　由于 $\ln^2 x$ 是 $f(x)$ 的一个原函数，所以设 $F(x) = \ln^2 x$，$F(x)$ 为 $f(x)$ 的一个原函数，

$f(x)=F'(x)=(\ln^2 x)'=2\ln x\cdot\frac{1}{x}$，所以有

$$\int xf'(x)\,\mathrm{d}x=\int x\mathrm{d}f(x)=xf(x)-\int f(x)\,\mathrm{d}x=xf(x)-F(x)+C=\left(\frac{2}{x}\ln x\right)\cdot x-\ln^2 x+C$$
$$=2\ln x-\ln^2 x+C.$$

4. 解　原函数为 $-\sin x+C_1x+C_2$.

5. 解　设所求曲线方程为 $y=f(x)$，依题意有 $f'(x)=\frac{1}{x}$，故 $f(x)=\int\frac{1}{x}\mathrm{d}x=\ln|x|+C$. 代入点$(e^3,3)$得 $C=0$，所以该曲线方程 $y=\ln|x|$.

6. 解　依题意有 $f'(x)=x+e^x$，故 $f(x)=\int(x+e^x)\,\mathrm{d}x=\frac{1}{2}x^2+e^x+C$, 代入点 $(0,2)$ 得 $C=1$，所以 $f(x)=\frac{1}{2}x^2+e^x+1$.

7. 解　(1)已知 $v=\frac{\mathrm{d}s}{\mathrm{d}t}$，所以有 $v=\frac{\mathrm{d}s}{\mathrm{d}t}=\int\frac{\mathrm{d}^2s}{\mathrm{d}t^2}\mathrm{d}t=\int(4t^3-\cos t)\,\mathrm{d}t=t^4-\sin t+C_1$.

当 $t=0$ 时，$v_0=3$，所以 $C_1=3$，

即 v 和 t 之间的函数关系为 $v(t)=t^4-\sin t+3$；

(2)因为 $s=\int v\mathrm{d}t=\int(t^4+\sin t+3)\,\mathrm{d}t=\frac{t^5}{5}+\cos t+3t+C_2$.

且当 $t=0$ 时，$s_0=0$，所以 $C_2=-1$，

即 s 和 t 之间的函数关系为 $s(t)=\frac{t^5}{5}+\cos t+3t-1$.

8. 解　因为收入函数 $R(q)$是边际收入函数 $R'(q)$的原函数，所以 $R(q)=\int R'(q)\,\mathrm{d}q=\int(64q-q^2)\,\mathrm{d}q=32q^2-\frac{q^3}{3}+C$, 将 $R(0)=0$ 代入得 $C=0$，于是收入函数为 $R(q)=32q^2-\frac{q^3}{3}$.

9. 解　$c(q)=\int c'(q)\,\mathrm{d}q=\int 3e^{\frac{1}{3}q}\mathrm{d}q=9\int e^{\frac{1}{3}q}\mathrm{d}\,\frac{1}{3}q=9e^{\frac{1}{3}q}+C$.

因为总成本等于可变成本与固定成本之和，当产量为零时，可变成本为零，此时总成本为固定成本 89，即 $c(0)=89$. 代入总成本函数的一般形式，得 $c=80$，于是总成本函数为 $c(q)=9e^{\frac{1}{3}q}+80$.

第三部分：考研真题

1. 解　由已知 $\lim\limits_{x\to0^+}f(x)=\lim\limits_{x\to0^-}f(x)=f(0)=1$，即 $f(x)$连续.

所以 $F(x)$在 $x=0$ 处连续且可导，排除 A，C.

又 $x>0$ 时，$[(x+1)\cos x-\sin x]'=\cos x-(x+1)\sin x-\cos x=-(x+1)\sin x$,

排除 B. 故选 D.

2. 解　$\int e^x\arcsin\sqrt{1-e^{2x}}\,\mathrm{d}x=\int\arcsin\sqrt{1-e^{2x}}\,\mathrm{d}e^x$,

令 $e^x=\cos t$，$\mathrm{d}e^x=-\sin t\mathrm{d}t$,

则原积分 $=\int\arcsin\sin t\mathrm{d}\cos t=\int t\mathrm{d}\cos t=t\cos t-\sin t+C$.

$$=e^x\arccos e^x-\sqrt{1-e^{2x}}+C.$$

自测题 5

一、选择题

1. 解　由不定积分的定义易知选 B.

2. 解　由原函数的性质易知选 B.

3. 解　由于 $\int \frac{1}{1+x}dx = \ln|1+x| + C$, $\int \sin^3 x d\sin x = \frac{1}{4}\sin^4 x + C$, $\int f'(2x)dx = \frac{1}{2} f(2x) + C$, $\int \frac{\sin x}{1+\cos^2 x}dx = -\arctan(\cos x) + C$, 故选 A.

4. 解　两边求导得 $f(x) = 2xe^{2x}(1+x)$. 故选 D.

5. 解　由于 $(\sqrt{x})' = \frac{1}{2\sqrt{x}}$, 故选 B.

6. 解　由原函数的定义知 $f(x) = (\ln x)' = \frac{1}{x}$, 所以 $f'(x) = -\frac{1}{x^2}$, 故选 D.

7. 解　$\int\left(2^x e^x + \frac{2}{1+x^2} - \sqrt{x\sqrt{x}}\right)dx = \int (2e)^x dx + \int \frac{2}{1+x^2}dx - \int x^{\frac{3}{4}}dx = \frac{2^x e^x}{1+\ln 2} + 2\arctan x - \frac{4}{7}x^{\frac{7}{4}} + C$, 故选 B.

8. 解　由题意知 $f(x) = \left(\frac{\sin x}{x}\right)' = \frac{x\cos x - \sin x}{x^2}$ $\int xf'(x)dx = \int x df(x) = xf(x) - \int f(x)dx = x\cdot\frac{x\cos x - \sin x}{x^2} - \frac{\sin x}{x} + C = \cos x - \frac{2\sin x}{x} + C$. 故选 C.

9. 解　$\int \frac{2x-1}{x^2-5x+6}dx = \int\left(\frac{-3}{x-2} + \frac{5}{x-3}\right)dx = -3\ln|x-2| + 5\ln|x-3| + C$, 故选 A.

10. 解　令 $\sqrt{x+1} = t$, $x = t^2 - 1$, $dx = 2tdt$, $\int x\sqrt{x+1}dx = 2\int (t^2-1)t t dt = \frac{2}{5}t^5 - \frac{2}{3}t^3 + C = \frac{2}{5}(x+1)^{\frac{5}{2}} - \frac{2}{3}(x+1)^{\frac{3}{2}} + C$, 故选 D.

二、判断题

1. 解　$xdx = -\frac{1}{4}d(1-2x^2)$, 故错.

2. 解　$\int \tan x dx = \int \frac{\sin x}{\cos x}dx = -\int \frac{1}{\cos x}d\cos x = -\ln\cos x + C$, 故错.

3. 解　$d\int e^{-x^3}dx = e^{-x^3}dx$, 故错.

4. 解　$\int \frac{x}{2}dx^2 = \int \frac{x}{2}2xdx = \int x^2 dx = \frac{x^3}{3} + C$, 故正确.

5. 解　$\int 7^{2x}2\ln 7 dx = \int 7^{2x}\ln 7 d2x = 7^{2x} + C$, 故正确.

6. 解　由于 $f(x) = \int \frac{1}{\sqrt{1-x^2}}dx$, 所以 $f'(x) = \frac{1}{\sqrt{1-x^2}}$, 于是 $f'(0) = 1$, 故错.

7. 解　由定积分的定义知结论正确.

8. 解　由题意知 $f(x)=(x\sin x)'=\sin x+x\cos x$，故错.

9. 解　由题意知 $y'=\int 2x\mathrm{d}x=x^2+C$，且 $x=0$ 时 $y=2$，$y=x^2+2$，故正确.

10. 解　$\int \mathrm{e}^{-x}f(\mathrm{e}^{-x})\mathrm{d}x=-\int f(\mathrm{e}^{-x})\mathrm{d}\mathrm{e}^{-x}=-F(\mathrm{e}^{-x})+C$，故正确.

附　录

附录 A　初等数学常用公式

1. 乘法公式与二项式定理

（1）$(a+b)^2=a^2+2ab+b^2$；$(a-b)^2=a^2-2ab+b^2$；

（2）$(a+b)^3=a^3+3a^2b+3ab^2+b^3$；$(a-b)^3=a^3-3a^2b+3ab^2-b^3$；

（3）$(a+b)^n=C_n^0a^n+C_n^1a^{n-1}b+C_n^2a^{n-2}b^2+\cdots+C_n^ka^{n-k}b^k+\cdots+C_n^{n-1}ab^{n-1}+C_n^nb^n$；

（4）$(a+b+c)(a^2+b^2+c^2-ab-ac-bc)=a^3+b^3+c^3-3abc$；

（5）$(a+b-c)^2=a^2+b^2+c^2+2ab-2ac-2bc$.

2. 因式分解

（1）$a^2-b^2=(a+b)(a-b)$；

（2）$a^3+b^3=(a+b)(a^2-ab+b^2)$；$a^3-b^3=(a-b)(a^2+ab+b^2)$；

（3）$a^n-b^n=(a-b)(a^{n-1}+a^{n-2}b+\cdots+b^{n-1})$.

3. 对数运算

（1）$a^{\log_a^N}=N$；　（2）$\log_a^{b^n}=n\log_a^b$；　（3）$\log_a^{\sqrt[n]{b}}=\dfrac{1}{n}\log_a^b$；

（4）$\log_a^a=1$；　（5）$\log_a^1=0$；　（6）$\log_a^{MN}=\log_a^M+\log_a^N$；

（7）$\log_a^{\frac{M}{N}}=\log_a^M-\log_a^N$；　（8）$\log_a^b=\dfrac{1}{\log_b^a}$；　（9）$\lg a=\log_{10}^a$，$\ln a=\log_e^a$.

4. 排列组合

（1）$P_n^m=n(n-1)\cdots[n-(m-1)]=\dfrac{n!}{(n-m)!}$　（约定 $0!=1$）；

（2）$C_n^m=\dfrac{P_n^m}{m!}=\dfrac{n!}{m!(n-m)!}$；　（3）$C_n^m=C_n^{n-m}$；

（4）$C_n^m+C_n^{m-1}=C_{n+1}^m$；　（5）$C_n^0+C_n^1+C_n^2+\cdots+C_n^n=2^n$.

5. 三角公式

（1）$L_{弧长}=|\alpha|R=\dfrac{n\pi R}{180}$，　$S_{扇}=\dfrac{1}{2}LR=\dfrac{1}{2}R^2|\alpha|=\dfrac{n\pi\cdot R^2}{360}$.

（2）正弦定理　$\dfrac{a}{\sin A}=\dfrac{b}{\sin B}=\dfrac{c}{\sin C}=2R$（$R$ 为三角形外接圆半径）.

（3）余弦定理　$a^2=b^2+c^2-2bc\cos A$；

$b^2=a^2+c^2-2ac\cos B$；

$c^2=a^2+b^2-2ab\cos C$.

（4）和差角公式

1）$\sin(\alpha \pm \beta) = \sin\alpha\cos\beta \pm \cos\alpha\sin\beta$；

2）$\cos(\alpha \pm \beta) = \cos\alpha\cos\beta \mp \sin\alpha\sin\beta$；

3）$\tan(\alpha \pm \beta) = \dfrac{\tan\alpha \pm \tan\beta}{1 \mp \tan\alpha \cdot \tan\beta}$.

（5）二倍角公式　（含万能公式）

1）$\sin 2\theta = 2\sin\theta\cos\theta = \dfrac{2\tan\theta}{1 + \tan^2\theta}$；

2）$\cos 2\theta = \cos^2\theta - \sin^2\theta = 2\cos^2\theta - 1 = 1 - 2\sin^2\theta$；

3）$\tan 2\theta = \dfrac{2\tan\theta}{1 - \tan^2\theta}$；

4）$\sin^2\theta = \dfrac{\tan^2\theta}{1 + \tan^2\theta} = \dfrac{1 - \cos 2\theta}{2}$；

5）$\cos^2\theta = \dfrac{1 + \cos 2\theta}{2}$.

（6）积化和差公式：

1）$\sin\alpha\cos\beta = \dfrac{1}{2}[\sin(\alpha + \beta) + \sin(\alpha - \beta)]$；

2）$\cos\alpha\sin\beta = \dfrac{1}{2}[\sin(\alpha + \beta) - \sin(\alpha - \beta)]$；

3）$\cos\alpha\cos\beta = \dfrac{1}{2}[\cos(\alpha + \beta) + \cos(\alpha - \beta)]$；

4）$\sin\alpha\sin\beta = -\dfrac{1}{2}[\cos(\alpha + \beta) - \cos(\alpha - \beta)]$.

（7）和差化积公式

1）$\sin\alpha + \sin\beta = 2\sin\dfrac{\alpha + \beta}{2}\cos\dfrac{\alpha - \beta}{2}$；

2）$\sin\alpha - \sin\beta = 2\cos\dfrac{\alpha + \beta}{2}\sin\dfrac{\alpha - \beta}{2}$；

3）$\cos\alpha + \cos\beta = 2\cos\dfrac{\alpha + \beta}{2}\cos\dfrac{\alpha - \beta}{2}$；

4）$\cos\alpha - \cos\beta = -2\sin\dfrac{\alpha + \beta}{2}\sin\dfrac{\alpha - \beta}{2}$.

（8）反三角函数

名称	函数式	定义域	值域	性质
反正弦函数	$y = \arcsin x$	$[-1,1]$增	$\left[-\dfrac{\pi}{2}, \dfrac{\pi}{2}\right]$	$\arcsin(-x) = -\arcsin x$ 奇
反余弦函数	$y = \arccos x$	$[-1,1]$减	$[0,\pi]$	$\arccos(-x) = \pi - \arccos x$
反正切函数	$y = \arctan x$	**R**　增	$\left(-\dfrac{\pi}{2}, \dfrac{\pi}{2}\right)$	$\arctan(-x) = -\arctan x$ 奇
反余切函数	$y = \operatorname{arccot} x$	**R**　减	$(0,\pi)$	$\operatorname{arccot}(-x) = \pi - \operatorname{arccot} x$

附录B 积 分 表

1. 含有 $ax+b$ 的积分($a\neq 0$)

(1) $\int \frac{dx}{ax+b} = \frac{1}{a}\ln|ax+b| + C$;

(2) $\int (ax+b)^{\mu}dx = \frac{1}{a(\mu+1)}(ax+b)^{\mu+1} + C(\mu \neq -1)$;

(3) $\int \frac{x}{ax+b}dx = \frac{1}{a^2}(ax+b-b\ln|ax+b|) + C$;

(4) $\int \frac{x^2}{ax+b}dx = \frac{1}{a^3}\left[\frac{1}{2}(ax+b)^2 - 2b(ax+b) + b^2\ln|ax+b|\right] + C$;

(5) $\int \frac{dx}{x(ax+b)} = -\frac{1}{b}\ln\left|\frac{ax+b}{x}\right| + C$;

(6) $\int \frac{dx}{x^2(ax+b)} = -\frac{1}{bx} + \frac{a}{b^2}\ln\left|\frac{ax+b}{x}\right| + C$;

(7) $\int \frac{x}{(ax+b)^2}dx = \frac{1}{a^2}\left(\ln|ax+b| + \frac{b}{ax+b}\right) + C$;

(8) $\int \frac{x^2}{(ax+b)^2}dx = \frac{1}{a^3}\left(ax+b-2b\ln|ax+b| - \frac{b^2}{ax+b}\right) + C$;

(9) $\int \frac{dx}{x(ax+b)^2} = \frac{1}{b(ax+b)} - \frac{1}{b^2}\ln\left|\frac{ax+b}{x}\right| + C.$

2. 含有 $\sqrt{ax+b}$ 的积分

(10) $\int \sqrt{ax+b}\,dx = \frac{2}{3a}\sqrt{(ax+b)^3} + C$;

(11) $\int x\sqrt{ax+b}\,dx = \frac{2}{15a^2}(3ax-2b)\sqrt{(ax+b)^3} + C$;

(12) $\int x^2\sqrt{ax+b}\,dx = \frac{2}{105a^3}(15a^2x^2 - 12abx + 8b^2)\sqrt{(ax+b)^3} + C$;

(13) $\int \frac{x}{\sqrt{ax+b}}dx = \frac{2}{3a^2}(ax-2b)\sqrt{ax+b} + C$;

(14) $\int \frac{x^2}{\sqrt{ax+b}}dx = \frac{2}{15a^3}(3a^2x^2 - 4abx + 8b^2)\sqrt{ax+b} + C$;

(15) $\int \frac{dx}{x\sqrt{ax+b}} = \begin{cases} \frac{1}{\sqrt{b}}\ln\left|\frac{\sqrt{ax+b}-\sqrt{b}}{\sqrt{ax+b}+\sqrt{b}}\right| + C & (b>0), \\ \frac{2}{\sqrt{-b}}\arctan\sqrt{\frac{ax+b}{-b}} + C & (b<0); \end{cases}$

(16) $\int \frac{dx}{x^2\sqrt{ax+b}} = -\frac{\sqrt{ax+b}}{bx} - \frac{a}{2b}\int \frac{dx}{x\sqrt{ax+b}}$;

(17) $\int \frac{\sqrt{ax+b}}{x}dx = 2\sqrt{ax+b} + b\int \frac{dx}{x\sqrt{ax+b}}$;

(18) $\int \frac{\sqrt{ax+b}}{x^2}dx = -\frac{\sqrt{ax+b}}{x} + \frac{a}{2}\int \frac{dx}{x\sqrt{ax+b}}$.

3. 含有 $x^2 \pm a^2$ 的积分

(19) $\int \frac{dx}{x^2+a^2} = \frac{1}{a}\arctan\frac{x}{a} + C$;

(20) $\int \frac{dx}{(x^2+a^2)^n} = \frac{x}{2(n-1)a^2(x^2+a^2)^{n-1}} + \frac{2n-3}{2(n-1)a^2}\int \frac{dx}{(x^2+a^2)^{n-1}}$;

(21) $\int \frac{dx}{x^2-a^2} = \frac{1}{2a}\ln\left|\frac{x-a}{x+a}\right| + C$.

4. 含有 $ax^2+b(a>0)$ 的积分

(22) $\int \frac{dx}{ax^2+b} = \begin{cases} \frac{1}{\sqrt{ab}}\arctan\sqrt{\frac{a}{b}}\,x + C, & b>0 \\ \frac{1}{2\sqrt{-ab}}\ln\left|\frac{\sqrt{a}x-\sqrt{-b}}{\sqrt{a}x+\sqrt{-b}}\right| + C, & b<0 \end{cases}$

(23) $\int \frac{x}{ax^2+b}dx = \frac{1}{2a}\ln|ax^2+b| + C$;

(24) $\int \frac{x^2}{ax^2+b}dx = \frac{x}{a} - \frac{b}{a}\int \frac{dx}{ax^2+b}$;

(25) $\int \frac{dx}{x(ax^2+b)} = \frac{1}{2b}\ln\frac{x^2}{|ax^2+b|} + C$;

(26) $\int \frac{dx}{x^2(ax^2+b)} = -\frac{1}{bx} - \frac{a}{b}\int \frac{dx}{ax^2+b}$;

(27) $\int \frac{dx}{x^3(ax^2+b)} = \frac{a}{2b^2}\ln\frac{|ax^2+b|}{x^2} - \frac{1}{2bx^2} + C$;

(28) $\int \frac{dx}{(ax^2+b)^2} = \frac{x}{2b(ax^2+b)} + \frac{1}{2b}\int \frac{dx}{ax^2+b}$.

5. 含有 $ax^2+bx+c(a>0)$ 的积分

(29) $\int \frac{dx}{ax^2+bx+c} = \begin{cases} \frac{2}{\sqrt{4ac-b^2}}\arctan\frac{2ax+b}{\sqrt{4ac-b^2}} + C, & b^2<4ac \\ \frac{1}{\sqrt{b^2-4ac}}\ln\left|\frac{2ax+b-\sqrt{b^2-4ac}}{2ax+b+\sqrt{b^2-4ac}}\right| + C, & b^2>4ac \end{cases}$

(30) $\int \frac{x}{ax^2+bx+c}dx = \frac{1}{2a}\ln|ax^2+bx+c| - \frac{b}{2a}\int \frac{dx}{ax^2+bx+c}$.

6. 含有 $\sqrt{x^2+a^2}(a>0)$ 的积分

(31) $\int \frac{dx}{\sqrt{x^2+a^2}} = \operatorname{arsh}\frac{x}{a} + C_1 = \ln(x+\sqrt{x^2+a^2}) + C$;

(32) $\int \frac{dx}{\sqrt{(x^2+a^2)^3}} = \frac{x}{a^2\sqrt{x^2+a^2}} + C$;

(33) $\int \frac{x}{\sqrt{x^2+a^2}}dx = \sqrt{x^2+a^2} + C$;

(34) $\int \frac{x}{\sqrt{(x^2+a^2)^3}}\mathrm{d}x = -\frac{1}{\sqrt{x^2+a^2}}+C$;

(35) $\int \frac{x^2}{\sqrt{x^2+a^2}}\mathrm{d}x = \frac{x}{2}\sqrt{x^2+a^2}-\frac{a^2}{2}\ln(x+\sqrt{x^2+a^2})+C$;

(36) $\int \frac{x^2}{\sqrt{(x^2+a^2)^3}}\mathrm{d}x = -\frac{x}{\sqrt{x^2+a^2}}+\ln(x+\sqrt{x^2+a^2})+C$;

(37) $\int \frac{\mathrm{d}x}{x\sqrt{x^2+a^2}} = \frac{1}{a}\ln\frac{\sqrt{x^2+a^2}-a}{|x|}+C$;

(38) $\int \frac{\mathrm{d}x}{x^2\sqrt{x^2+a^2}} = -\frac{\sqrt{x^2+a^2}}{a^2x}+C$;

(39) $\int \sqrt{x^2+a^2}\,\mathrm{d}x = \frac{x}{2}\sqrt{x^2+a^2}+\frac{a^2}{2}\ln(x+\sqrt{x^2+a^2})+C$;

(40) $\int \sqrt{(x^2+a^2)^3}\,\mathrm{d}x = \frac{x}{8}(2x^2+5a^2)\sqrt{x^2+a^2}+\frac{3}{8}a^4\ln(x+\sqrt{x^2+a^2})+C$;

(41) $\int x\sqrt{x^2+a^2}\,\mathrm{d}x = \frac{1}{3}\sqrt{(x^2+a^2)^3}+C$;

(42) $\int x^2\sqrt{x^2+a^2}\,\mathrm{d}x = \frac{x}{8}(2x^2+a^2)\sqrt{x^2+a^2}-\frac{a^4}{8}\ln(x+\sqrt{x^2+a^2})+C$;

(43) $\int \frac{\sqrt{x^2+a^2}}{x}\mathrm{d}x = \sqrt{x^2+a^2}+a\ln\frac{\sqrt{x^2+a^2}-a}{|x|}+C$;

(44) $\int \frac{\sqrt{x^2+a^2}}{x^2}\mathrm{d}x = -\frac{\sqrt{x^2+a^2}}{x}+\ln(x+\sqrt{x^2+a^2})+C$.

7. 含有 $\sqrt{x^2-a^2}\,(a>0)$ 的积分

(45) $\int \frac{\mathrm{d}x}{\sqrt{x^2-a^2}} = \frac{x}{|x|}\operatorname{arch}\frac{|x|}{a}+C_1 = \ln\left|x+\sqrt{x^2-a^2}\right|+C$;

(46) $\int \frac{\mathrm{d}x}{\sqrt{(x^2-a^2)^3}} = -\frac{x}{a^2\sqrt{x^2-a^2}}+C$;

(47) $\int \frac{x}{\sqrt{x^2-a^2}}\mathrm{d}x = \sqrt{x^2-a^2}+C$;

(48) $\int \frac{x}{\sqrt{(x^2-a^2)^3}}\mathrm{d}x = -\frac{1}{\sqrt{x^2-a^2}}+C$;

(49) $\int \frac{x^2}{\sqrt{x^2-a^2}}\mathrm{d}x = \frac{x}{2}\sqrt{x^2-a^2}+\frac{a^2}{2}\ln\left|x+\sqrt{x^2-a^2}\right|+C$;

(50) $\int \frac{x^2}{\sqrt{(x^2-a^2)^3}}\mathrm{d}x = -\frac{x}{\sqrt{x^2-a^2}}+\ln\left|x+\sqrt{x^2-a^2}\right|+C$;

(51) $\int \frac{\mathrm{d}x}{x\sqrt{x^2-a^2}} = \frac{1}{a}\arccos\frac{a}{|x|}+C$;

(52) $\int \frac{\mathrm{d}x}{x^2\sqrt{x^2-a^2}} = \frac{\sqrt{x^2-a^2}}{a^2x}+C$;

(53) $\int \sqrt{x^2-a^2}\,dx = \frac{x}{2}\sqrt{x^2-a^2} - \frac{a^2}{2}\ln\left|x+\sqrt{x^2-a^2}\right| + C$;

(54) $\int \sqrt{(x^2-a^2)^3}\,dx = \frac{x}{8}(2x^2-5a^2)\sqrt{x^2-a^2} + \frac{3}{8}a^4\ln\left|x+\sqrt{x^2-a^2}\right| + C$;

(55) $\int x\sqrt{x^2-a^2}\,dx = \frac{1}{3}\sqrt{(x^2-a^2)^3} + C$;

(56) $\int x^2\sqrt{x^2-a^2}\,dx = \frac{x}{8}(2x^2-a^2)\sqrt{x^2-a^2} - \frac{a^4}{8}\ln\left|x+\sqrt{x^2-a^2}\right| + C$;

(57) $\int \frac{\sqrt{x^2-a^2}}{x}\,dx = \sqrt{x^2-a^2} - a\arccos\frac{a}{|x|} + C$;

(58) $\int \frac{\sqrt{x^2-a^2}}{x^2}\,dx = -\frac{\sqrt{x^2-a^2}}{x} + \ln\left|x+\sqrt{x^2-a^2}\right| + C$.

8. 含有 $\sqrt{a^2-x^2}\,(a>0)$ 的积分

(59) $\int \frac{dx}{\sqrt{a^2-x^2}} = \arcsin\frac{x}{a} + C$;

(60) $\int \frac{dx}{\sqrt{(a^2-x^2)^3}} = \frac{x}{a^2\sqrt{a^2-x^2}} + C$;

(61) $\int \frac{x}{\sqrt{a^2-x^2}}\,dx = -\sqrt{a^2-x^2} + C$;

(62) $\int \frac{x}{\sqrt{(a^2-x^2)^3}}\,dx = \frac{1}{\sqrt{a^2-x^2}} + C$;

(63) $\int \frac{x^2}{\sqrt{a^2-x^2}}\,dx = -\frac{x}{2}\sqrt{a^2-x^2} + \frac{a^2}{2}\arcsin\frac{x}{a} + C$;

(64) $\int \frac{x^2}{\sqrt{(a^2-x^2)^3}}\,dx = \frac{x}{\sqrt{a^2-x^2}} - \arcsin\frac{x}{a} + C$;

(65) $\int \frac{dx}{x\sqrt{a^2-x^2}} = \frac{1}{a}\ln\frac{a-\sqrt{a^2-x^2}}{|x|} + C$;

(66) $\int \frac{dx}{x^2\sqrt{a^2-x^2}} = -\frac{\sqrt{a^2-x^2}}{a^2x} + C$;

(67) $\int \sqrt{a^2-x^2}\,dx = \frac{x}{2}\sqrt{a^2-x^2} + \frac{a^2}{2}\arcsin\frac{x}{a} + C$;

(68) $\int \sqrt{(a^2-x^2)^3}\,dx = \frac{x}{8}(5a^2-2x^2)\sqrt{a^2-x^2} + \frac{3}{8}a^4\arcsin\frac{x}{a} + C$;

(69) $\int x\sqrt{a^2-x^2}\,dx = -\frac{1}{3}\sqrt{(a^2-x^2)^3} + C$;

(70) $\int x^2\sqrt{a^2-x^2}\,dx = \frac{x}{8}(2x^2-a^2)\sqrt{a^2-x^2} + \frac{a^4}{8}\arcsin\frac{x}{a} + C$;

(71) $\int \frac{\sqrt{a^2-x^2}}{x}\,dx = \sqrt{a^2-x^2} + a\ln\frac{a-\sqrt{a^2-x^2}}{|x|} + C$;

(72) $\int \frac{\sqrt{a^2-x^2}}{x^2}\,dx = -\frac{\sqrt{a^2-x^2}}{x} - \arcsin\frac{x}{a} + C$.

9. 含有 $\sqrt{\pm ax^2+bx+c}\,(a>0)$ 的积分

(73) $\displaystyle\int\frac{dx}{\sqrt{ax^2+bx+c}}=\frac{1}{\sqrt{a}}\ln\left|2ax+b+2\sqrt{a}\sqrt{ax^2+bx+c}\right|+C$;

(74) $\displaystyle\int\sqrt{ax^2+bx+c}\,dx=\frac{2ax+b}{4a}\sqrt{ax^2+bx+c}$;

(75) $\displaystyle\int\frac{x}{\sqrt{ax^2+bx+c}}dx=\frac{1}{a}\sqrt{ax^2+bx+c}$;

(76) $\displaystyle\int\frac{dx}{\sqrt{c+bx-ax^2}}=-\frac{1}{\sqrt{a}}\arcsin\frac{2ax-b}{\sqrt{b^2+4ac}}+C$;

(77) $\displaystyle\int\sqrt{c+bx-ax^2}\,dx=\frac{2ax-b}{4a}\sqrt{c+bx-ax^2}+\frac{b^2+4ac}{8\sqrt{a^3}}\arcsin\frac{2ax-b}{\sqrt{b^2+4ac}}+C$;

(78) $\displaystyle\int\frac{x}{\sqrt{c+bx-ax^2}}dx=-\frac{1}{a}\sqrt{c+bx-ax^2}+\frac{b}{2\sqrt{a^3}}\arcsin\frac{2ax-b}{\sqrt{b^2+4ac}}+C.$

10. 含有 $\sqrt{\pm\frac{x-a}{x-b}}$ 或 $\sqrt{(x-a)(b-x)}$ 的积分

(79) $\displaystyle\int\sqrt{\frac{x-a}{x-b}}dx=(x-b)\sqrt{\frac{x-a}{x-b}}+(b-a)\ln\left(\sqrt{|x-a|}+\sqrt{|x-b|}\right)+C$;

(80) $\displaystyle\int\sqrt{\frac{x-a}{b-x}}dx=(x-b)\sqrt{\frac{x-a}{b-x}}+(b-a)\arcsin\sqrt{\frac{x-a}{b-x}}+C$;

(81) $\displaystyle\int\frac{dx}{\sqrt{(x-a)(b-x)}}=2\arcsin\sqrt{\frac{x-a}{b-x}}+C\quad(a<b)$;

(82) $\displaystyle\int\sqrt{(x-a)(b-x)}\,dx=\frac{2x-a-b}{4}\sqrt{(x-a)(b-x)}+\frac{(b-a)^2}{4}\arcsin\sqrt{\frac{x-a}{b-x}}+C.$

11. 含有三角函数的积分

(83) $\displaystyle\int\sin x\,dx=-\cos x+C$;

(84) $\displaystyle\int\cos x\,dx=\sin x+C$;

(85) $\displaystyle\int\tan x\,dx=-\ln|\cos x|+C$;

(86) $\displaystyle\int\cot x\,dx=\ln|\sin x|+C$;

(87) $\displaystyle\int\sec x\,dx=\ln\left|\tan\left(\frac{\pi}{4}+\frac{x}{2}\right)\right|+C=\ln|\sec x+\tan x|+C$;

(88) $\displaystyle\int\csc x\,dx=\ln\left|\tan\frac{x}{2}\right|+C=\ln|\csc x-\cot x|+C$;

(89) $\displaystyle\int\sec^2x\,dx=\tan x+C$;

(90) $\displaystyle\int\csc^2x\,dx=-\cot x+C$;

(91) $\displaystyle\int\sec x\tan x\,dx=\sec x+C$;

(92) $\int \csc x \cot x \mathrm{d}x = -\csc x + C$;

(93) $\int \sin^2 x \mathrm{d}x = \frac{x}{2} - \frac{1}{4}\sin 2x + C$;

(94) $\int \cos^2 x \mathrm{d}x = \frac{x}{2} + \frac{1}{4}\sin 2x + C$;

(95) $\int \sin^n x \mathrm{d}x = -\frac{1}{n}\sin^{n-1}x\cos x + \frac{n-1}{n}\int \sin^{n-2}x \mathrm{d}x$;

(96) $\int \cos^n x \mathrm{d}x = \frac{1}{n}\cos^{n-1}x\sin x + \frac{n-1}{n}\int \cos^{n-2}x \mathrm{d}x$;

(97) $\int \frac{\mathrm{d}x}{\sin^n x} = -\frac{1}{n-1}\cdot\frac{\cos x}{\sin^{n-1}x} + \frac{n-2}{n-1}\int \frac{\mathrm{d}x}{\sin^{n-2}x}$;

(98) $\int \frac{\mathrm{d}x}{\cos^n x} = \frac{1}{n-1}\cdot\frac{\sin x}{\cos^{n-1}x} + \frac{n-2}{n-1}\int \frac{\mathrm{d}x}{\cos^{n-2}x}$;

(99) $\int \cos^m x \sin^n x \mathrm{d}x = \frac{1}{m+n}\cos^{m-1}x\sin^{n+1}x + \frac{m-1}{m+n}\int \cos^{m-2}x\sin^n x \mathrm{d}x$

$= -\frac{1}{m+n}\cos^{m+1}x\sin^{n-1}x + \frac{n-1}{m+n}\int \cos^m x\sin^{n-2}x \mathrm{d}x$;

(100) $\int \sin ax\cos bx \mathrm{d}x = -\frac{1}{2(a+b)}\cos(a+b)x - \frac{1}{2(a-b)}\cos(a-b)x + C$;

(101) $\int \sin ax\sin bx \mathrm{d}x = -\frac{1}{2(a+b)}\sin(a+b)x + \frac{1}{2(a-b)}\sin(a-b)x + C$;

(102) $\int \cos ax\cos bx \mathrm{d}x = \frac{1}{2(a+b)}\sin(a+b)x + \frac{1}{2(a-b)}\sin(a-b)x + C$;

(103) $\int \frac{\mathrm{d}x}{a+b\sin x} = \frac{2}{\sqrt{a^2-b^2}}\arctan\frac{a\tan\frac{x}{2}+b}{\sqrt{a^2-b^2}} + C \quad (a^2 > b^2)$;

(104) $\int \frac{\mathrm{d}x}{a+b\sin x} = \frac{1}{\sqrt{b^2-a^2}}\ln\left|\frac{a\tan\frac{x}{2}+b-\sqrt{b^2-a^2}}{a\tan\frac{x}{2}+b+\sqrt{b^2-a^2}}\right| + C \quad (a^2 < b^2)$;

(105) $\int \frac{\mathrm{d}x}{a+b\cos x} = \frac{2}{a+b}\sqrt{\frac{a+b}{a-b}}\arctan\left(\sqrt{\frac{a-b}{a+b}}\tan\frac{x}{2}\right) + C \quad (a^2 > b^2)$;

(106) $\int \frac{\mathrm{d}x}{a+b\cos x} = \frac{1}{a+b}\sqrt{\frac{a+b}{b-a}}\ln\left|\frac{\tan\frac{x}{2}+\sqrt{\frac{a+b}{b-a}}}{\tan\frac{x}{2}-\sqrt{\frac{a+b}{b-a}}}\right| + C \quad (a^2 < b^2)$;

(107) $\int \frac{\mathrm{d}x}{a^2\cos^2 x + b^2\sin^2 x} = \frac{1}{ab}\arctan\left(\frac{b}{a}\tan x\right) + C$;

(108) $\int \frac{\mathrm{d}x}{a^2\cos^2 x - b^2\sin^2 x} = \frac{1}{2ab}\ln\left|\frac{b\tan x + a}{b\tan x - a}\right| + C$;

(109) $\int x\sin ax \mathrm{d}x = \frac{1}{a^2}\sin ax - \frac{1}{a}x\cos ax + C$;

(110) $\int x^2\sin ax\mathrm{d}x=-\frac{1}{a}x^2\cos ax+\frac{2}{a^2}x\sin ax+\frac{2}{a^3}\cos ax+C$;

(111) $\int x\cos ax\mathrm{d}x=\frac{1}{a^2}\cos ax+\frac{1}{a}x\sin ax+C$;

(112) $\int x^2\cos ax\mathrm{d}x=\frac{1}{a}x^2\sin ax+\frac{2}{a^2}x\cos ax-\frac{2}{a^3}\sin ax+C$.

12. 含有反三角函数的积分(其中 $a>0$)

(113) $\int\arcsin\frac{x}{a}\mathrm{d}x=x\arcsin\frac{x}{a}+\sqrt{a^2-x^2}+C$;

(114) $\int x\arcsin\frac{x}{a}\mathrm{d}x=\left(\frac{x^2}{2}-\frac{a^2}{4}\right)\arcsin\frac{x}{a}+\frac{x}{4}\sqrt{a^2-x^2}+C$;

(115) $\int x^2\arcsin\frac{x}{a}\mathrm{d}x=\frac{x^3}{3}\arcsin\frac{x}{a}+\frac{1}{9}(x^2+2a^2)\sqrt{a^2-x^2}+C$;

(116) $\int\arccos\frac{x}{a}\mathrm{d}x=x\arccos\frac{x}{a}-\sqrt{a^2-x^2}+C$;

(117) $\int x\arccos\frac{x}{a}\mathrm{d}x=\left(\frac{x^2}{2}-\frac{a^2}{4}\right)\arccos\frac{x}{a}-\frac{x}{4}\sqrt{a^2-x^2}+C$;

(118) $\int x^2\arccos\frac{x}{a}\mathrm{d}x=\frac{x^3}{3}\arccos\frac{x}{a}-\frac{1}{9}(x^2+2a^2)\sqrt{a^2-x^2}+C$;

(119) $\int\arctan\frac{x}{a}\mathrm{d}x=x\arctan\frac{x}{a}-\frac{a}{2}\ln(a^2+x^2)+C$;

(120) $\int x\arctan\frac{x}{a}\mathrm{d}x=\frac{1}{2}(a^2+x^2)\arctan\frac{x}{a}-\frac{a}{2}x+C$;

(121) $\int x^2\arctan\frac{x}{a}\mathrm{d}x=\frac{x^3}{3}\arctan\frac{x}{a}-\frac{a}{6}x^2+\frac{a^3}{6}\ln(a^2+x^2)+C$.

13. 含有指数函数的积分

(122) $\int a^x\mathrm{d}x=\frac{1}{\ln a}a^x+C$;

(123) $\int \mathrm{e}^{ax}\mathrm{d}x=\frac{1}{a}\mathrm{e}^{ax}+C$;

(124) $\int x\mathrm{e}^{ax}\mathrm{d}x=\frac{1}{a^2}(ax-1)\mathrm{e}^{ax}+C$;

(125) $\int x^n\mathrm{e}^{ax}\mathrm{d}x=\frac{1}{a}x^n\mathrm{e}^{ax}-\frac{n}{a}\int x^{n-1}\mathrm{e}^{ax}\mathrm{d}x$;

(126) $\int xa^x\mathrm{d}x=\frac{x}{\ln a}a^x-\frac{1}{(\ln a)^2}a^x+C$;

(127) $\int x^na^x\mathrm{d}x=\frac{1}{\ln a}x^na^x-\frac{n}{\ln a}\int x^{n-1}a^x\mathrm{d}x$;

(128) $\int \mathrm{e}^{ax}\sin bx\mathrm{d}x=\frac{1}{a^2+b^2}\mathrm{e}^{ax}(a\sin bx-b\cos bx)+C$;

(129) $\int \mathrm{e}^{ax}\cos bx\mathrm{d}x=\frac{1}{a^2+b^2}\mathrm{e}^{ax}(b\sin bx+a\cos bx)+C$;

(130) $\int \mathrm{e}^{ax}\sin^n bx\mathrm{d}x=\frac{1}{a^2+b^2n^2}\mathrm{e}^{ax}\sin^{n-1}bx(a\sin bx-nb\cos bx)$;

(131) $\int e^{ax}\cos^n bx\mathrm{d}x = \frac{1}{a^2+b^2n^2}e^{ax}\cos^{n-1}bx(a\cos bx + nb\sin bx)$.

14. 含有对数函数的积分

(132) $\int \ln x\mathrm{d}x = x\ln x - x + C$;

(133) $\int \frac{\mathrm{d}x}{x\ln x} = \ln|\ln x| + C$;

(134) $\int x^n\ln x\mathrm{d}x = \frac{1}{n+1}x^{n+1}(\ln x - \frac{1}{n+1}) + C$;

(135) $\int (\ln x)^n\mathrm{d}x = x(\ln x)^n - n\int(\ln x)^{n-1}\mathrm{d}x$;

(136) $\int x^m(\ln x)^n\mathrm{d}x = \frac{1}{m+1}x^{m+1}(\ln x)^n - \frac{n}{m+1}\int x^m(\ln x)^{n-1}\mathrm{d}x$.

15. 含有双曲函数的积分

(137) $\int \mathrm{sh}x\mathrm{d}x = \mathrm{ch}x + C$;

(138) $\int \mathrm{ch}x\mathrm{d}x = \mathrm{sh}x + C$;

(139) $\int \mathrm{th}x\mathrm{d}x = \ln\mathrm{ch}x + C$;

(140) $\int \mathrm{sh}^2x\mathrm{d}x = -\frac{x}{2} + \frac{1}{4}\mathrm{sh}2x + C$;

(141) $\int \mathrm{ch}^2x\mathrm{d}x = \frac{x}{2} + \frac{1}{4}\mathrm{sh}2x + C$.

参 考 文 献

[1] 同济大学数学系. 高等数学：下册[M]. 7版. 北京：高等教育出版社，2014.
[2] 林伟初，郭安学. 高等数学：经管类下册[M]. 北京：北京大学出版社，2018.
[3] 侯风波. 高等数学[M]. 2版. 北京：高等教育出版社，2006.
[4] 顾聪，姜永艳. 微积分：经管类上册[M]. 北京：人民邮电出版社，2019.
[5] 顾聪，姜永艳. 微积分：经管类下册[M]. 北京：人民邮电出版社，2018.
[6] 国防科学技术大学数学竞赛指导组. 大学数学竞赛指导[M]. 北京：清华大学出版社，2009.
[7] 华东师范大学数学科学学院. 数学分析：下册[M]. 5版. 北京：高等教育出版社，2019.
[8] 复旦大学数学系. 数学分析：下册[M]. 4版. 北京：高等教育出版社，2018.
[9] 李振杰. 微积分若干重要内容的历史学研究[D]. 郑州：中原工学院，2019.
[10] 陈文灯. 高等数学复习指导：思路、方法与技巧[M]. 北京：清华大学出版社，2011.
[11] 朱雯，张朝伦，刘鹏惠，等. 高等数学：下册[M]. 北京：科学出版社，2010.
[12] 范周田，张汉林. 高等数学教程：下册[M]. 3版. 北京：机械工业出版社，2018.
[13] 刘玉琏. 数学分析讲义[M]. 4版. 北京：高等教育出版社，2006.
[14] 吴赣昌. 微积分：经管类[M]. 3版. 北京：中国人民大学出版社，2010.
[15] 傅英定，谢云荪. 微积分：下册[M]. 2版. 北京：高等教育出版社，2003.